AutoCAD二维、三维教程
——中文 2016 版

李良训　余志林
俞　琼　严　明　编著
瞿元赏

上海科学技术出版社

内 容 提 要

　　本书从设计绘图的实际需要出发,详细介绍了中文版 AutoCAD 2016 的基本知识、功能和操作方法。书中基本知识叙述简洁易懂,操作示例和实验指导详尽,并将 AutoCAD 二维、三维图形功能和基础知识合编于一书。本书每章都附有实验操作指导、思考与练习,以便读者理解、掌握、巩固其所学的知识和操作技能,增强应用能力。

　　本书集基础知识、实验指导、习题练习于一体,是一本较完整、全面的 AutoCAD 教材。它可作为计算机绘图教学用书,对自学者来说更是一本非常合适的指导性读本。

前　言

由全球最大的二维和三维设计、工程与娱乐软件公司 Autodesk 公司推出的 AutoCAD 系列软件,在当今各种工程领域中,已成为数字化设计和工程解决方案的主流软件。AutoCAD 是该系列中的基础软件,它作为一种通用软件,广泛应用于各种工程领域的设计制图和专业软件开发。

AutoCAD 软件从创立到现在,已经经历了 30 多年的时间。从 1982 版本号 AutoCAD-80,最初的 AutoCAD 辅助绘图程序,到 AutoCAD 1.0 的诞生,之后进入 AutoCAD 2.0 的时代。

1987 年起,版本号改用了 Rx 的编号形式。从 R9 到 R14 共 6 个版本,在那个时候 AutoCAD 就有了 3D 功能。从 1999 年起,以千年命名的世纪版本不断更新,从 AutoCAD 2000 一直到 AutoCAD 2008 版,AutoCAD 为不断改进性能,增强 DWG 文件,改善与其他软件的交互性方面做着不懈的努力。

AutoCAD 2009 首次采用了与微软 Office 2007 类似的 Ribbon 界面,AutoCAD 2010 和 2011、2012 则在 3D 建模上达到了新高度,引入了多种新特性,并同时在 32 和 64 位平台上兼容 Windows 7。

30 多年来,AutoCAD 不断进行创新,从绘图、三维设计、工作效率、可用性和设计一直演进到现在,已经从简单的绘图平台发展成了综合端的设计平台。其用户遍及全球,在中国使用者更是十分普遍,并且一路跟随着各种版本。

中文版 AutoCAD 2016 是该软件的最新版本,它不但继承了以前版本的优点,而且增添了多种方便用户的新功能。在用户界面、菜单安排、命令选项和某些操作方法等方面,都有较大的变化。无论是 AutoCAD 的新用户还是老用户,要熟悉和掌握该软件最新版本的基本知识和操作方法,手头都需要有一本指导性教材。基于上述想法,我们在先前编著出版的 AutoCAD 2000、2004、2008、2012 各版本相应教程的基础上重新编写了本书。除在用户界面、菜单安排、命令选项和操作方法等方面按 2016 版如实介绍外,为适应快速兴起的 3D 打印技术,在本书三维建模章节中增加了曲面建模的内容。

本书的特点是从设计绘图的实际需要出发,介绍该软件的基本功能和命令操作。在每章内容中附有实验操作指导、思考与练习,以巩固和加深读者对基本内容的理解,并增强应用能力。书中基本知识叙述简洁,操作示例和实验指导详尽,并从用户实际需要出发,将二维和三维图形功能的知识合编于一书中。因此,本书集基础知识、实验指导、习题于一体,是一本完整、全面的中文版 AutoCAD 二维和三维功能的教材。

　　全书共分十四章。第一至第十一章介绍了二维绘图部分的内容,主要包括:AutoCAD 2016 的基本操作、二维绘图基础、对象捕捉与几何约束及二维绘图命令、图形编辑、图形块、图案填充、字符注写、尺寸标注与标注约束、设计中心、布局与文件输出、绘制工程图样的工作方法;第十二至第十四章介绍了三维图形的内容,主要包括:三维图形基础、三维建模与模型图纸化、模型及其环境的修饰和显示。

　　本书可作为计算机绘图课程的教学用书,还可作为初、中级计算机绘图能力培训用书,对自学者来说更可作为指导性读本。

　　本书由上海大学李良训(第一、二、十二、十三、十四章)、余志林(第七、八、九、十、十一章)、俞琼和上海理工大学的瞿元赏(合编第三、四、五、六章)、严明(附录一、二)等编著,庄敏真、余文喆、李波、李岚、施辛等参加了绘图、校对等工作。上海大学、上海理工大学、上海海洋大学、上海海事高等技术学院的相关老师对书中内容提出了许多宝贵意见和建议。对此,我们深表谢意。由于本书编写时间紧促,书中还可能存在错误和不足,恳望读者不吝指正。

　　本书中使用的术语和符号约定如下:

　　1. 术语

　　"单击"、"点击"为将光标指在对象上,按鼠标左键一次。

　　"双击"为将光标指在对象上,连续按鼠标左键两次。

　　"右击"为将光标指在对象上,按鼠标右键一次。

　　"光标菜单"为按鼠标右键后,在光标处出现的文字菜单,也称为快捷菜单。

　　2. 符号

　　↵:Enter(回车)键。

　　⇒:下拉菜单选项连接符。

　　→:操作过程连接符。

　　XXX:功能键或对话框中的按钮。

　　XXX:操作中的输入内容。

　　(XXX):要求操作的提示内容。

　　本书中未指明的单位均可按相关行业(机械、建筑)规定理解。

编　者

2016 年 5 月

目 录

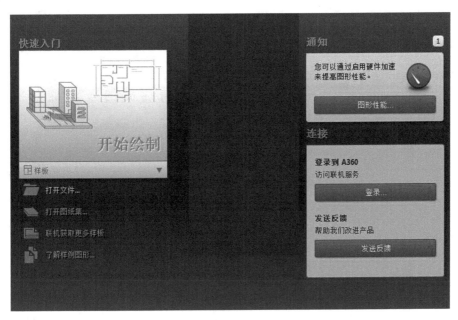

第一章 基本操作

本章知识点

- AutoCAD 2016 的启动和进入。
- AutoCAD 2016 的工作空间与用户界面及其设置。
- AutoCAD 2016 命令的各种输入途径。
- AutoCAD 2016 命令的终止、重复、取消、撤销等操作。
- AutoCAD 2016 显示控制的常用操作。
- AutoCAD 2016 图形文件管理。

1.1 AutoCAD 2016 的启动与工作空间

1.1.1 系统的启动

启动 AutoCAD 2016 只要双击 Windows 桌面上的 AutoCAD 2016 快捷图标即可。系统启动后的初始界面如图 1.1 所示。此时,可点击左上角的新建文件图标,为文件取名后进入工作界面。

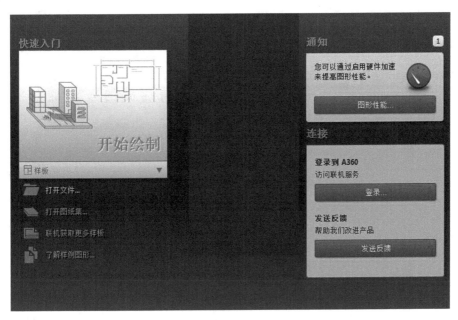

图 1.1 进入系统后的初始界面

1.1.2 工作空间与用户界面

根据用户的工作对象和操作习惯，AutoCAD 2016 提供了"草图与注释"、"三维基础"、"三维建模"三种工作空间。它们对应的用户界面分别如图 1.2，图 1.3，图 1.4 所示。其中"草图与注释"常为系统默认的工作空间。

"草图与注释"工作空间的用户界面，包括快速访问工具栏、标题栏、菜单栏、工具面板、工具选项板、图形窗口（绘图区）、命令键入与提示和历史记录窗口、状态栏、视图切换工具 ViewCube、导航栏等内容，如图 1.2 所示。

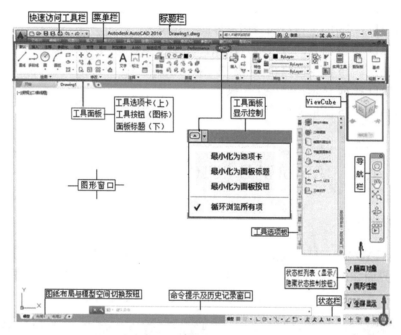

图 1.2 "草图与注释"工作空间

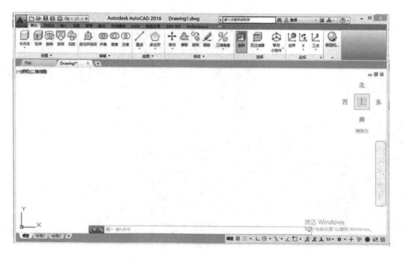

图 1.3 "三维基础"工作空间

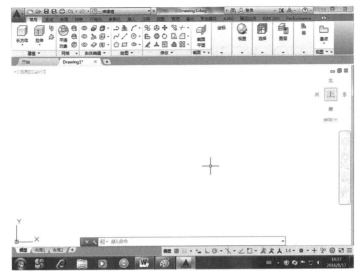

图 1.4 "三维建模"工作空间

其中,快速访问工具栏包括文件操作按钮和自定义快速访问工具栏下拉列表,标题栏显示当前图形文件的文件名;菜单栏和工具面板列出了 AutoCAD 2016 的各种功能和命令;工具选项板为用户提供各种专业一些常用工具和参数化图形工具;命令提示和历史记录窗口显示操作时调用的命令、系统提示和用户的输入等;状态栏显示图纸布局或自由绘图(模型空间)的状态切换,系统各种工作状态,如绘图辅助工具栅格打开/关闭,特殊点捕捉工具的设置,线宽的显示开/关等,可通过点击和右击其中相关按钮改变或设置工作状态。工具面板按工作空间不同,可选择显示不同的操作工具,使用户可以快速访问命令,并帮助用户减少在 AutoCAD 中显示用户界面元素的数量。如果在默认的工作空间没有显示菜单栏,可点击"快速访问"工具栏右边的下拉按钮,在弹出的列表的下端选择"显示菜单栏",予以打开。

"三维基础"、"三维建模"工作空间的用户界面,除上部结构与"草图与注释"工作空间有较大不同外,其余部分基本相同。而这三者的界面中,上部结构又采用同种格式。以"草图与注释"工作空间为例,用户界面的上部结构,除标题栏、快速访问工具栏外,还包括功能选项卡标题、选项卡内的工具面板(含图标工具及面板标题)。如图 1.2 所示。

工作空间的设置操作如下:

点击快速访问工具栏右边的下拉按钮,在弹出的列表中选择"工作空间",打开"工作空间"工具栏,再点击该工具栏右边的箭头,在弹出的列表中选择所需使用的工作空间,如图 1.5 所示。也可以在状态栏中点击"切换工作空间"图标, ⚙ ▾,进行切换。

（a）快速访问下拉列表和工作空间选项

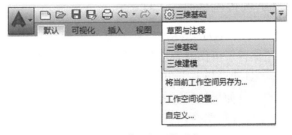

（b）工作空间下拉列表

图 1.5 快速访问下拉列表和工作空间下拉列表

1.2 用户个性化设置

1.2.1 系统选项设置

为方便新老用户的使用习惯,系统提供了多种个性化设置,其中有常需改变默认设置的窗口元素配色方案(明/暗),图形窗口的背景颜色,十字光标的大小,自动保存文件的路径和间隔时间等的设置。现将这些选项的设置操作介绍如下:

将光标移动至图形窗口后右击,在弹出的快捷菜单中选择"选项",打开"选项"设置窗口,如图 1.6 所示。在窗口中点击"显示"选项卡,在"窗口元素"栏的"配色方案"中可选择"明"或"暗"(工作空间上部功能区的底色为白或黑);点击"颜色"按钮,在弹出的"图形窗口颜色"面板中,设置图形窗口的背景色,如图 1.7 所示。在"选项"设置窗口,点击"文件"选项卡,在"搜索路径、文件名和文件位置"栏,展开"自动保存文件位置"选项,用户可根据需要改变自动保存文件位置。在"选项"设置窗口,点击"打开和保存"选项卡,在"文件安全措施"栏,勾选"自动保存"复选框,并设置自动保存的间隔时间。

有关其他选项设置,读者可根据需要参照上述方法操作。各种选项完成后,不忘点击"应用"、"确定"按钮。

图 1.6 "选项"设置窗口

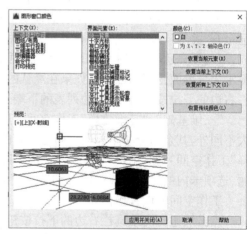

图 1.7 "图形窗口颜色"设置面板

1.2.2 系统传统操作界面设置

对于 AutoCAD 的老用户,新的操作界面会感到陌生,往往习惯于传统的操作界面。为此,系统还保留了可供设置成传统操作界面的功能。该设置的操作方法如下:

点击工具选项板右上角的关闭按钮×,隐藏该选项板。

点击"工具面板显示控制"按钮将窗口上部功能区转换为"最小化为选项卡",再按 1.1.2 节所述方法打开菜单栏,然后,点击菜单栏中的"工具"⇒"工具栏"⇒"AutoCAD"⇒工具栏列表,从中选择要打开的工具栏。

如果要隐藏"视图立方体(ViewCube)"和导航栏图标,可分别键入命令 NAVVCUBE 和系统变量名 NAVBARDISPLAY 或在工具栏中点击关闭按钮。

NAVVCUBE 命令的操作如下：

命令：NAVVCUBE：↵

输入选项[开(ON)/关(OFF)/设置(S)]<ON>：of：↵

关闭导航栏的操作如下：

方法一：点击该工具栏右上角的关闭图标按钮×。

方法二：在命令栏键入 NAVBARDISPLAY(系统变量名)，其操作如下：

命令：NAVBARDISPLAY↵

输入 NAVBARDISPLAY 的新值<1>：0↵

图 1.8 为打开了"标准"、"绘图"和"修改"等工具栏及隐藏了"视图立方体"及"导航栏"图标后的传统操作界面。

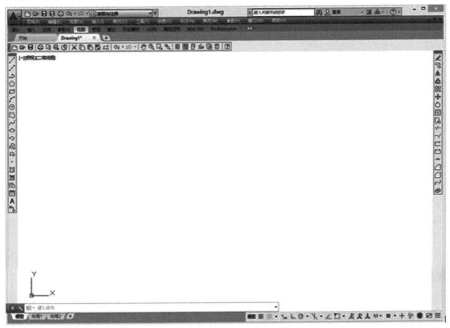

图 1.8　传统操作界面

为便于版面排列和新老用户使用，本书基本按传统操作界面介绍系统内容。

1.3　鼠标键的功能及使用

在 AutoCAD 2016 中，鼠标左键称为拾取键，其功能是点取工具图标或菜单命令、在图形窗口指定某种点的位置以及选择实体等。使用时，只要移动鼠标使光标指向目标(对象)或位置，然后按该键即可。

本书约定，按左键一次为"单击"；连续按左键两次为"双击"；按右键一次为"右击"。

必须特别指出，当光标在图形窗口且系统处于等待命令时，若点击实体会使实体改变显示状态呈虚线状，并在关键点处出现蓝色小方块，表示选择了该实体；若点击空白处，系统将等待指定另一角点,以产生一矩形窗口去选择实体。初学者若不小心按了鼠标左键,一个矩形窗口会像橡皮筋一样,粘在光标上,此时,在图形窗口内再单击一下即可消除该现象。

若单击鼠标右键,其功能随光标所处位置而不同。当光标在图形窗口且系统处于等待命令时,右击引出常用命令的快捷菜单(也称"光标菜单"),如图 1.9(a)所示。当光标在图形窗口且系统处于执行命令时,右击引出命令执行方式(确认、取消等)的快捷菜单,图 1.9(b)为在画圆命令下右击引出的快捷菜单。

若右键与 Shift 键连用(先按下 Shift 键不放,再右击),引出用以捕捉特殊点的快捷菜单,如图 1.9(c)所示。当光标处在任一工具栏的某一图标上时,右击引出工具栏控制(开/关)菜单,如图 1.9(d)所示。

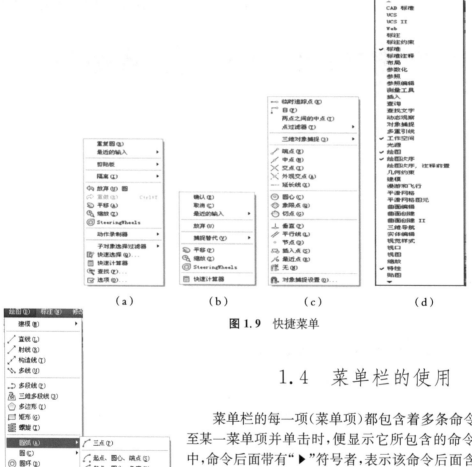

（a）　　　　（b）　　　　（c）　　　　（d）

图 1.9 快捷菜单

1.4 菜单栏的使用

菜单栏的每一项(菜单项)都包含着多条命令。当光标移至某一菜单项并单击时,便显示它所包含的命令(菜单)。其中,命令后面带有"▶"符号者,表示该命令后面含有级联菜单(选项或子命令),将光标移至"▶"处,选项或子命令便显示出来。若命令后面带有省略号"…",表示该命令将以对话框形式出现,并要求用户输入相关内容。

从菜单调用命令时,应先将光标移至菜单栏的相应菜单项上,并单击;然后,从弹出的命令中,单击所需命令。若命令后面有级联菜单,应再单击所需选项或子命令,如图 1.10 所示。命令调用后,应根据命令窗口的提示,作相应的输入。

图 1.10 下拉菜单及级联菜单

"草图与注释"、"三维基础"、"三维建模"三种操作空间的菜单栏,默认情况下是被隐藏的。如果要打开它,可按 1.1.2 节所述方法打开。

1.5 工具选项板、工具栏操作及图标命令的使用

如前所述,工具选项板为各种专业的用户提供常用图形的参数绘图工具,按系统提示输入图形参数后快速生成相应图形,选择选项板中的专业类型,然后点击所需图形工具,按系统提示输入所需参数后即可完成绘图。依次点击菜单栏中的“工具”⇒“选项板”⇒“工具选项板”,就可打开或关闭之。初学者暂不使用,可关闭之。

工具栏是一组图标的集合,是以图标形式显示的菜单。每一个图标一般都代表一条命令。它可以打开(显示)、关闭(不显示)、移位。操作方法如下:

(1) 右击已经打开的工具栏的任一图标(非工具面板中的工具),在弹出的工具栏列表中,打开的工具栏其名左边显示有“√”;关闭的工具栏左边无记号,如图 1.9(d)所示。单击关闭的工具栏名可使之打开;单击打开的工具栏名可使之关闭。也可按 1.2.2 节所述方法打开或关闭工具栏。

(2) 将光标指在工具栏的边缘,然后按下鼠标左键不放拖动工具栏,使其水平放置在图形窗口内。此时,工具栏右端有一 ⊠ 形关闭按钮。单击该按钮,工具栏即被关闭。按此方法拖动工具栏,可使工具栏放置在屏幕的任一位置,如将工具栏移至屏幕左边或右边时,可使工具栏垂直放置。如果工具栏不能拖动,可右击任一工具,在弹出的工具栏列表下部点击“锁定位置”⇒“全部▶”⇒“解锁”。然后进行拖动。

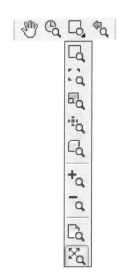

从工具栏的工具中调用命令时,先单击相应图标,然后,根据命令窗口或光标旁的提示,键入关键字确定选项或输入数据,逐步完成命令操作。

有的图标右下角带有一个黑色的小三角,这种图标含有下级工具栏(称作弹出式工具栏)。需要单击下级工具栏图标时,应将光标指在主工具栏的图标上,然后按下鼠标左键不放,同时移动鼠标,使光标指向所需图标,再释放左键,该下级图标对应的命令就被调用,如图 1.11 所示。

图 1.11 弹出式工具条

在“草图与注释”、“三维基础”、“三维建模”等工作空间中,图标工具包含在选项卡中,选项卡下的工具图标,以面板形式排列,并在面板下面显示面板标题,点击标题旁的箭头,可显示该面板中的其余工具。如图 1.12 所示。

图 1.12 工具面板标题的展开

1.6　键入命令

在 AutoCAD 的所有工作空间,都允许用户键入命令名(命令全称或缩写,字母大小写不限)来调用命令,键入命令后,一定要按 Enter 键进行确认。命令调用后,系统在命令窗口将显示该命令的操作选项。选项中有直接要求用户输入数据的或一项带有尖括号< >的默认选项。选用默认选项时,可按 Enter 键确认,若要求输入数据的可直接输入数据。非默认选项,一般以方括号〔 〕显示,并都有一个或几个英文大写字母(称为该选项的关键字)。选用这些选项时,应先键入关键字后按 Enter 键,再根据下一步提示输入数据或作进一步选择。当动态输入功能打开时,也可在十字光标处显示的长方框内输入相应的内容。动态输入功能打开的按钮显示在状态栏中,若未显示,可点击状态栏末端的"自定义"按钮,在弹出的列表中,选择显示该功能按钮。

本书在叙述操作过程或列举操作示例时,把输入的命令、选择关键字、数据等,均用灰色底纹字符表示。

1.7　命令的终止、重复、取消和撤销操作

在 AutoCAD 中,有的命令调用后将处于循环状态,若要终止其继续执行,只要按 Enter 键或按空格键或按 Esc 键即可。也可将光标移至图形窗口后右击,再在弹出的快捷菜单中单击"确认"或"取消"选项。

一个命令执行结束后又要重复执行,只要按 Enter 键或空格键;也可将光标移至图形窗口后右击,再在弹出的快捷菜单中单击"重复(命令名)"。

一个命令调用后尚未执行完毕就想退出,可按 Esc 键;也可将光标移至图形窗口后右击,再在弹出的快捷菜单中单击"取消"或"退出"。

一个命令执行后要撤销其结果,可在"命令:"提示下键入 U 并按 Enter 键;也可单击工具栏中的撤销图标 ↶;还可将光标移至图形窗口后右击,再在弹出的快捷菜单中单击"放弃"。此操作连续使用,就逐一撤销已经执行的命令,直至回到文件的初始状态。

1.8　屏幕显示控制

在绘图过程中改变实体的显示位置和视觉大小,就是屏幕显示控制,其中有视区移动、显示范围缩放、屏幕刷新、曲线显示精度控制等。

1.8.1　视区移动(PAN 命令)

要把偏于屏幕某一边的整体图形移至屏幕适当位置,可键入 PAN(缩写为 P)命令,或单击标准工具栏中的"实时平移"或导航工具中的"平移"图标 ✋。命令调用后,屏幕上的光标变成一个手型,按下鼠标左键不放的同时移动鼠标,可拖动整个视区到理想的位置。退出命令

时,可按 Enter 键;或右击,在弹出的菜单中单击"退出",该操作称为视区移动。它将整个图形连同坐标系一起移动,不改变实体的绝对位置和相对位置,只改变视觉位置。实际只是改变了对实体的观察位置。

利用鼠标滚轮也可实现视区移动,只要将光标指在图形窗口,按下滚轮并移动鼠标,就可使视区移动。

1.8.2 屏幕缩放(ZOOM 命令)

显示器的尺寸是固定的,而绘图的尺寸范围是可变的。要在屏幕内显示任一大小的尺寸范围,就需要对屏幕单位尺度进行缩放(俗称屏幕缩放)。

在绘图或编辑过程中,要把显示很小的图形放大但不能改变图形的尺寸,就需要进行屏幕缩放。屏幕缩放只是改变单位显示尺度的大小,不改变实体的实际尺寸,即只改变视觉尺寸。

常用的屏幕缩放方式有:

1. 窗口缩放

这种方式是用光标拉出一个矩形窗口,把需要放大的区域框出,使之放大到整个图形窗口。操作时,先调用 ZOOM(缩写为 Z)命令,或单击标准工具栏中的"窗口缩放"图标（该图标含有下级工具栏,可在弹出式工具栏中,可按图 1.8 操作),命令调用后,单击目标区域上一点,然后移动鼠标,拉出所需大小的窗口后,再单击窗口的另一角点,所选区域随即放大。窗口拉得越小,实体显示越大。被放大显示的实体,必须位于窗口内。

2. 全部缩放(将图形界限或所有实体显示在图形窗口内)

将设置的图形界限显示在图形窗口内,或当图形画出屏幕外时,可将屏幕外的图形缩到屏幕内。操作时,先调用 ZOOM 命令,然后键入 A 并按 Enter 键;或单击标准工具栏中的"全部缩放"图标,该图标与"窗口缩放"在同一个下级工具栏中。

3. 缩放上一个(恢复最近一次缩放前的屏幕)

这种方式可以恢复每次缩放前的屏幕,直至恢复到初始图界或视区。操作时,先调用 ZOOM 命令,再键入 P 并按 Enter 键;或单击标准工具栏中的"缩放上一个"图标,该图标在"窗口缩放"工具的右边。

4. 比例缩放(输入缩放倍数进行缩放)

输入一个比例因子(缩放倍数)进行整体缩放。比例因子大于 1 为放大;小于 1 为缩小。缩放时,以屏幕中心为基点,沿四周放大或缩小。操作时,先调用 ZOOM 命令或单击标准工具栏中的"比例缩放"图标（该图标与"窗口缩放"同在一个下级工具栏中),然后键入一个数值并按 Enter 键。缩放倍数有绝对倍数和相对倍数之分。绝对倍数是相对于初始屏幕的缩放倍数,输入时,只需输入一数值;相对倍数是相对于当前屏幕的缩放倍数,输入时,在一数值后需加字母 X。

5. 实时缩放

光标拖动实现缩放。操作时,先调用 ZOOM 命令,在选择方式提示下按 Enter 键,或单击标准工具栏中的"实时缩放"图标（该图标位于实时平移图标的右侧)。命令调用后,屏幕上的光标变成一个放大镜。按下鼠标左键不放的同时移动鼠标,由上往下拖动,单位尺度缩小;由下往上拖动,单位尺度放大。退出命令时,可按 Enter 键或右击,在弹出的菜单中单击"退出"。

将光标指在图形窗口,向上或向下转动鼠标滚轮也可使视区放大或缩小。

6. 范围缩放

将全部实体充满图形窗口，以可能的最大比例显示。操作时，先调用 ZOOM 命令，然后键入 E↵ 并按 Enter 键；或单击标准工具栏中的"范围缩放"图标 （该图标与"窗口缩放"同在一个下级工具栏中）。

以上显示范围的缩放命令也可通过显示控制导航工具栏中调用。

1.8.3　曲线显示精度控制（重生成命令）

圆或圆弧等曲线经多次屏幕缩放后，往往显示成多段直线。这是由于屏幕显示精度过低而造成的。要使曲线恢复光滑显示，可调用重生成命令。方法是单击菜单"视图"⇒"重生成"。

1.9　图形文件操作

1.9.1　打开和保存样板文件和非样板图形文件

样板文件是 AutoCAD 预设的一种图形文件，它预设了图纸大小、计数单位（公制或英制）、打印格式等内容。利用样板文件可为用户省去许多操作，如果用户把每个新建文件所必须或常用的设置，如图纸幅面、图框和标题栏、文字样式、标注样式、常用图块、打印格式、图层及其线型和颜色等设置完成后创建一个样板文件予以保存（图形窗口可为空白，不见图形），则每次绘制一个新图时就可以避免很多重复劳动，节省许多时间。

样板文件的格式为 dwt（drawing template 的缩写），打开系统样板文件可在启动系统后，在初始界面点击左边图形下方的"样板"字样，然后在弹出的列表中选择所需的样板文件（如 acadiso. dwt）。如果在完成一项工作后，另需打开一个样板文件，则可在点击"快速访问工具栏"中的"新建"图标；或调用菜单"文件"⇒"新建"命令，在弹出的列表中选择所需的样板文件。

保存用户自己创建的样板文件，可调用菜单"文件"⇒"另存为"命令，在弹出的列表中选择文件类型 dwt，然后取名按所需路径保存。

AutoCAD 的非样板的图形文件的格式为 dwg，保存和打开时应选择该类型格式后按常规文件操作进行。

1.9.2　新建文件的绘图界限设置

新建文件时，若非打开样板文件，在进入操作空间后，必须根据所要绘制图形的大小，进行图形窗口绘图界限（显示区域大小）的设置。

绘图界限设置是改变单位尺度的视觉大小，使需要作图的范围能在屏幕上显示出来。为了使屏幕绘图界限与输出时的图纸幅面和绘图比例相匹配，并避免在屏幕绘图时因绘图比例作尺寸数值计算，绘图界限应按下面的公式确定：

绘图界限＝图纸幅面/输出比例

例如，欲在 A3(420,297)图纸上画 1∶2 的图，绘图界限＝A3/(1/2)＝2 A3。即 840×594（长、宽两方向均需放大）。在此界限中，以实体的实际尺寸值输入绘图。输出时，由绘图机以

1∶2打印,图形和界限同时缩小二分之一。于是达到预定的幅面为 A3,图形比例为 1∶2 的要求。

设置绘图界限的命令为 LIMITS(或菜单"格式"⇒"图形界限"),操作如下:

命令:LIMITS↵

重新设置模型空间界限:

指定左下角点或[开(ON)/关(OFF)]<0.0000,0.0000>:↵ （默认左下角坐标为 0,0)

指定右上角点<420.0000,297.0000>:840,594↵ （输入右上角角点坐标）

命令提示中的[开(ON)/关(OFF)]提示用于控制界限功能。设为 ON 时,不允许图形画出界限;设为 OFF 时,允许图形出界。由于 LIMITS 命令只用于设置界限范围,并不改变屏幕显示状态,所以在界限设置后,必须用 ZOOM 命令按如下操作方式把界限显示在屏幕内:

命令:Z↵ （ZOOM 屏幕缩放）

指定窗口的角点,输入比例因子(nX 或 nXP),或者[全部(A)/中心(C)/动态(D)/范围(E)/上一个(P)/比例(S)/窗口(W)/对象(O)]<实时>:A↵

1.10 实验及操作指导

【实验 1.1】 启动和进入 AutoCAD 2016。

【要求】 工作空间为"草图与注释",新文件采用公制系统,A3 幅面。

【操作指导】 双击 Windows 桌面上的 AutoCAD 2016 图标,稍等片刻,系统进入初始界面,点击"样板",选择 acadiso.dwt 样板文件,显示默认工作空间的用户界面。若默认工作空间不是"草图与注释",应按本章 1.1.2 节中介绍的工作空间设置操作,将工作空间设置为"草图与注释"。

当前工作空间为"草图与注释"后,接着按下列操作设置绘图界限:

命令:LIMITS↵ （或单击菜单"格式"⇒"图形界限"）

重新设置模型空间界限:

指定左下角点或[开(ON)/关(OFF)] <0.0000,0.0000>:↵ （默认左下角坐标为 0,0)

指定右上角点<420.0000,297.0000>:↵ （默认右上角角点坐标 420,297)

命令:Z↵

指定窗口的角点,输入比例因子(nX 或nXP),或者[全部(A)/中心(C)/动态(D)/范围(E)/上一个(P)/比例(S)/窗口(W)/对象(O)]<实时>:A↵

【实验 1.2】 将默认操作界面改变为传统界面。

【要求】 完成后如图 1.8 所示。

【操作指导】 按如下步骤操作:

1. 点击工具面板显示控制按钮[■▼]的下拉箭头,在弹出的列表中选择"最小化为选项卡"。

2. 点击界面顶部"自定义快速访问工具栏"右边的下拉箭头[▼],在弹出的列表中选择"显示菜单栏"。

3. 在菜单栏中依次点击"工具"⇒"工具栏"⇒"AutoCAD"⇒"标准",并重复操作,打开"绘图"和"修改"工具栏。

4. 按课文 1.2.2 节所述方法,隐藏"视图立方体(ViewCube)"和"导航栏"图标。

【实验 1.3】 练习从键盘输入命令。

【要求】 按以下原样操作(阴影部分为输入内容,其余为系统提示),记下每一步生成的图形,了解从键盘输入命令的一般操作过程(不要求完全理解每一步的含义):

命令:L↵

LINE 指定第一点:45,255↵

指定下一点或[放弃(U)]:@−30,0↵

指定下一点或[放弃(U)]:@30<−60↵

指定下一点或[闭合(C)/放弃(U)]:@60<60↵

指定下一点或[闭合(C)/放弃(U)]:↵

以上命令操作最后生成的图形如图 1.13(a)所示。

命令:↵

LINE 指定第一点:120,255↵

指定下一点或[放弃(U)]:@30<225↵

指定下一点或[放弃(U)]:@30<135↵

指定下一点或[闭合(C)/放弃(U)]:@100,0↵

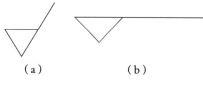

（a）　　　　　（b）

图 1.13 【实验 1.3】生成的图形

指定下一点或[闭合(C)/放弃(U)]:↵

以上命令操作最后生成的图形如图 1.13(b)所示。

【操作指导】 在输入数据前,确认状态栏中的"动态输入"按钮 ⊞ 为暗显(功能关闭,若亮显时,点击它使其暗显。下同)如果在命令操作中发现输入错误,但尚未按 Enter 键时,可按退格键 ← 向前消去已有的输入,然后重新输入;若已按 Enter 键,可键入 U 并再按 Enter 键,放弃本次输入;若发现本次操作最后生成的图形不对,可在"命令:"提示下键入 U 并按 Enter 键,撤销本次命令,然后重做。

【实验 1.4】 练习从工具栏调用命令。

【要求】 在【实验 1.3】同一文件中,按以下步骤操作,记下每一条命令生成的图形,了解从工具栏调用命令的操作过程。单击绘图工具栏中的"圆"图标,如图 1.14 所示(界面中的工具栏,一般是竖放的)。

图 1.14 "绘图"工具栏和画圆图标命令

按以下原样从键盘输入:

命令:_circle 指定圆的圆心或[三点(3P)/两点(2P)/切点、切点、半径(T)]:260,230↵

指定圆的半径或[直径(D)]<……>:40↵

命令:↵

CIRCLE 指定圆的圆心或［三点(3P)/两点(2P)/切点、切点、半径(T)］：2p↵

指定圆直径的第一个端点：@↵

指定圆直径的第二个端点：@0,40↵

命令：↵

CIRCLE 指定圆的圆心或［三点(3P)/两点(2P)/切点、切点、半径(T)］：2p↵

指定圆直径的第一个端点：@0,−40↵

指定圆直径的第二个端点：@40<210↵

命令：↵

CIRCLE 指定圆的圆心或［三点(3P)/两点(2P)/切点、切点、半径(T)］：2p↵

指定圆直径的第一个端点：@40<30↵

指定圆直径的第二个端点：@40<−30↵

本实验最后生成的图形如图 1.15 所示。

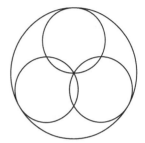

图 1.15 【实验 1.4】生成的图形(4 个圆)

【操作指导】　如果在命令操作中发现输入错误，但尚未按 Enter 键时，可按退格键 ← 向前消去已作的输入，然后重新输入；若已按 Enter 键，应按 Esc 键，取消命令后在"命令："提示下键入 U 并按 Enter 键，撤销命令回到本实验的开头，然后重做。

【实验 1.5】　练习从菜单中调用命令(在实验 1.3、实验 1.4 同一文件中做，不另建新文件)。

图 1.16 调用菜单

【要求】　按以下步骤操作，记下每一命令生成的图形，了解从菜单调用命令的一般操作过程。

(1) 单击菜单"绘图"⇒"圆弧"⇒"起点，圆心，角度"选项，如图 1.16 所示。

(2) 按以下原样操作：

命令：_arc 指定圆弧的起点或［圆心(C)］：120,180↵

指定圆弧的第二个点或［圆心(C)/端点(E)］：_c 指定圆弧的圆心：@100<247.5↵

指定圆弧的端点或［角度(A)/弦长(L)］：_a 指定包含角：45↵

命令：↵

ARC 指定圆弧的起点或［圆心(C)］：↵

指定圆弧的端点：@20<112.5↵

(3) 再单击菜单"绘图"⇒"圆弧"⇒"起点，圆心，角度"选项，然后，按以下命令从键盘输入：

命令：_arc 指定圆弧的起点或［圆心(C)］：@↵

指定圆弧的第二个点或［圆心(C)/端点(E)］：_c 指定圆弧的圆心：@120<−67.5↵

指定圆弧的端点或[角度(A)/弦长(L)]：_a 指定包含

角：−45 ↵

命令：↵

ARC 指定圆弧的起点或[圆心(C)]：↵

指定圆弧的端点：@20<−112.5 ↵

图 1.17 实验 1.5 生成的腰圆图形

本实验最后生成的图形是如图 1.17 所示的腰圆图形。

【操作指导】 如果在命令操作中输入错误或实验结果与图 1.17 不符,可按实验 1.3 操作指导处理。

【实验 1.6】 练习视区移动操作。

【要求】 移动视区,使实验 2、3、4 生成的图形基本处于图形窗口的中间,如图 1.18 所示(图中工具选项板关闭)。

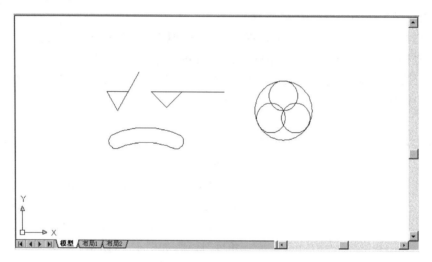

图 1.18 视区移动要求

【操作指导】

方法一:键入 PAN 命令或单击标准工具栏中的"实时平移"手形图标,当屏幕上出现手形光标时,按下鼠标左键不放,同时移动鼠标,将视区中的图形大致移至居中,按 Enter 键或按鼠标右键后,在弹出的菜单中单击"退出"选项,退出命令。

方法二:键入 ZOOM 命令,并采用"中心点(C)"选项。当系统提示"指定中心点:"时,单击 4 个图的中心点位置(凭目测),然后,在"输入比例或高度< >:"提示下按 Enter 键。

【实验 1.7】 练习显示范围缩放操作。

【要求】

(1) 使图 1.18 中的 4 个圆显示为上下充满图形窗口,如图 1.19 所示的局部满窗放大。

(2) 恢复图 1.18 屏幕。

(3) 使图 1.18 中的图形一方向满窗显示,如图 1.20 所示全图 X 方向满窗放大。

【操作指导】

(1) 键入 ZOOM 命令或单击标准工具栏中的"窗口缩放"图标,然后,移动光标至大圆左上角后按鼠标左键,再移动鼠标,将光标移至大圆右下角(拉出一窗口,正好包含大圆)后按鼠标左键,4 个圆即显示为上下满窗。

(2) 紧接着上面操作按 Enter 键(重复 ZOOM 命令),然后,键入 P(恢复先前屏幕)并按 Enter 键,即恢复图 1.18 屏幕。

(3) 再按 Enter 键(重复 ZOOM 命令),然后,键入 E(范围缩放)并按 Enter 键,图 1.18 中的图形即左右满窗显示。

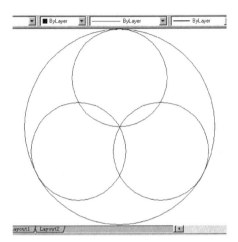

图 1.19　局部满窗放大(使用窗口缩放)　　　图 1.20　全图满窗放大(使用范围缩放)

【实验 1.8】　练习图形文件操作。

【要求】

(1) 将图 1.19 所示图形文件取名"FIRSTLAB"保存于 C 盘根目录中,然后关闭文件。

(2) 不退出系统,另建一新文件。

(3) 在新文件未使用的情况下,打开已保存的"FIRSTLAB"文件。

【操作指导】

(1) 键入 SAVE 命令或单击菜单"文件"⇒"另存为"命令,然后,在弹出的"图形另存为"对话框中,单击"保存于(I)"下拉列表框右边的箭头,在拉出的目录列表中单击"(C:)";在对话框的"文件名(N)"编辑框内输入图名"FIRSTLAB",上述操作完成后,单击对话框中的 保存 按钮,文件被保存。

(2) 单击标准工具栏中的"新建"图标或单击菜单"文件"⇒"新建"命令,然后,在弹出的"选择样板"对话框中,选择"acadISO"样板文件,单击 打开 按钮,新文件即建立。

(3) 单击标准工具栏中的"打开"图标或单击菜单"文件"⇒"打开"命令,在弹出的"选择文件"对话框中,单击对话框中"查找范围"列表框右边的箭头,在拉出的目录列表中,双击文件名"FIRSTLAB"(或单击文件名"FIRSTLAB"后,再单击 打开 按钮),"FIRSTLAB"文件即被打开。

【实验 1.9】　练习状态栏功能按钮的操作与应用。

【要求】　显示或隐藏各种功能按钮,理解下列按钮的功能及操作:

① 坐标;② 栅格;③ 动态输入;④ 正交模式;⑤ 线宽;⑥ 切换工作空间。

【操作指导】

（1）坐标按钮：点击状态栏最右边的"自定义"按钮 ☰，在弹出的列表顶部选择"坐标"。观察状态栏出现了一串数字，然后在图形窗口移动鼠标，这些数字会随光标的移动而变化。坐标按钮的功能就是显示光标的实时位置。如要关闭坐标显示，可在自定义列表中再次点击"坐标"选项。

（2）栅格按钮：点击状态栏中已显示的图标 ▦，观察图形窗口变化，若图形窗口原显示网格，则网格隐藏。反之，若原无网格，则显示网格。栅格可用于绘图时尺寸参考。

（3）动态输入按钮：点击状态栏中已显示的图标 ⊢。然后，在命令窗口输入 L↵，再移动光标在图形窗口任意位置点击一下，观察光标处跟随一个输入框，提示用户输入下一点的位置。再次点击该图标，输入框便不再显示。该功能帮助用户快速输入数据或命令的选项。

（4）正交模式按钮：点击状态栏中已显示的图标 ㄴ。然后，在命令窗口输入 L↵，再移动光标在图形窗口任意位置点击一下，再次移动光标，光标只能沿水平或垂直两个方向移动。该按钮的功能是在绘制水平和垂直线时，保证不会偏移。

（5）线宽按钮：点击状态栏最右边的"自定义"按钮 ☰，在弹出的列表中选择"线宽"。再按打开工具栏操作方法，打开"特性"工具栏，点击工具栏中第三个"Bylayer"的下拉箭头，在弹出的列表中选择 0.5（线宽）。如图 1.21 所示。

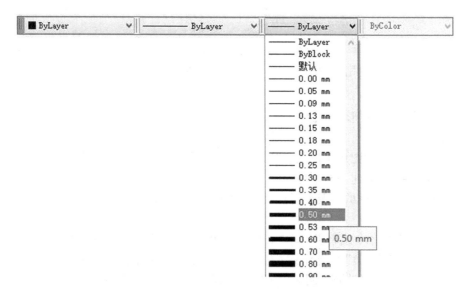

图 1.21 "特性"工具栏和"线宽"下拉列表

在命令窗口输入 L↵，移动光标在图形窗口任意两位置各点击一下，看看画出的直线，是否显示粗线，若未显示，说明线宽显示功能未打开，如需显示，可点击状态栏自定义列表中的"线宽"按钮。反之，若画出的直线显示了线宽，说明线宽显示功能已打开，如需关闭线宽显示功能，可再次点击"线宽"按钮。

（6）切换工作空间按钮：点击状态栏中已显示的图标 ⚙ ▾ 右边的箭头，在弹出的列表中选择要切换到希望的工作空间，操作界面随之立即转换。

思考与练习

1. AutoCAD 2016 有几种工作空间？如何设置和切换工作空间？

2. 怎样打开和关闭菜单栏、工具栏？

3. 如何设置或改变图形窗口背景色、功能区窗口元素的颜色？

4. 如何设置或改变自动保存文件的路径和间隔时间？

5. 进入工作空间后，如何确定和设置新文件的绘图界限？

6. 从菜单调用命令与从工具面板、工具栏选择或键入命令是否有区别？怎样使用命令窗口的系统提示中默认选项和非默认选项？

7. 什么是视区移动？视区移动会改变实体的实际位置吗？为什么？使用视区移动命令能只移动多个实体中的一个吗？

8. 显示范围缩放有几种方式？全部缩放和范围缩放有什么不同？ZOOM－2X 和 ZOOM－2 又有什么不同？

9. 取消命令和撤销命令有什么区别？

10. 完全清除屏幕上的实体，转画新图有几种方法？各如何操作？

11. 样板文件有什么用途，如何建立和保存样板文件？

12. 通过实验1.3、实验1.4、实验1.5 你能否找出 AutoCAD 2016 绘制简单图形的操作规律？能否把这规律总结出来？

13. 用文字记下绘图工具栏中的所有命令，再抄录菜单中"绘图"菜单条的所有绘图命令（级联菜单略），然后，比较一下两者是否完全相同，差别何在？

第二章 二维绘图基础

本章知识点

- AutoCAD 的二维坐标类型及数值表达方式。
- 图层的概念、设置与控制。
- 实体属性(颜色、线型、线宽)的设置与控制。
- 绘图辅助工具栅格及其捕捉的控制及使用。
- 绘图命令的一般操作和基本绘图命令 POINT(点)、LINE(直线)、CIRCLE(圆)的绘图方式和操作。

2.1 AutoCAD 的二维坐标类型和数值表达

2.1.1 二维坐标类型

AutoCAD 用坐标表示一个二维点的位置,有如下三种类型:

1. 绝对坐标

绝对坐标是相对于直角坐标系原点的坐标。一般情况下,坐标系的原点设于屏幕的左下角,原点右边为 X 轴的正向,左边为负向。原点的上方为 Y 轴正向,下方为 Y 轴负向。

绝对坐标的输入方式为 X,Y(两数之间用逗号隔开),如 10,20。

2. 相对直角坐标

相对于前一点(当前点)的 X,Y 方向的位差 dx、dy。位差也有正负之分。一点在前一点的右上方时,X、Y 相对坐标为正;反之,一点在前一点的左下方时,X、Y 相对坐标均为负。相对直角坐标的输入方式为@dx,dy(以符号@开头,两数之间用逗号隔开),如@10,20。当位差 dx、dy 均为 0 时,@0,0 可简化输入为@。

3. 相对极坐标

以极坐标形式表示与前一点(当前点)的位差。极点为当前点,极半径为目标点(要定的点)到极点的距离,极角为方位角。方位角的衡定规则如下:

从当前点引正向水平线(0°线),从该水平线到当前点与目标点连线的逆时针方向转角为方位角的正向;反之,顺时针方向转角为方位角的负向,如图 2.1 所示。

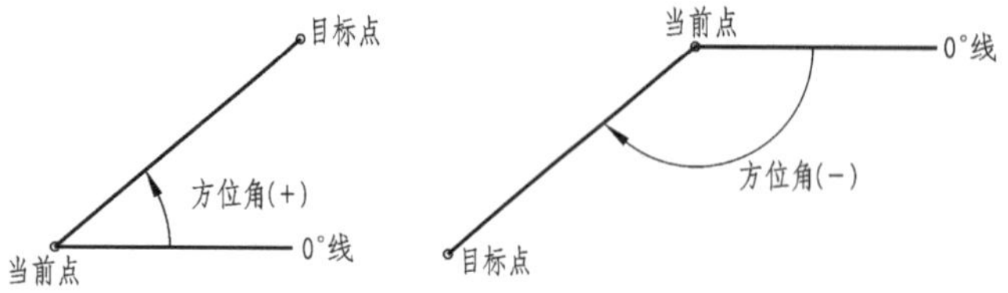

图 2.1 方位角的衡定

相对极坐标的输入方式为@$dis<\theta$ [以符号@开头,dis 为当前点到目标点的距离,θ 为方位角(单位:°),距离和方位角之间用小于号"<"隔开],如@10<30。

在工程设计绘图中,由于图形的尺寸往往都是相对尺寸,所以相对坐标用得较多。

2.1.2　数值表达

AutoCAD 在表达长度(距离、高度、半径等)和角度时,除用一数值表示外,还可以用两点表示。如在画圆时,当指定圆心后,系统提示输入半径,此时,用户可指定一点。该点到圆心的距离即为圆的半径(系统会自动测量)。又如在旋转一实体时,当指定旋转中心后,系统提示输入旋转角度,用户也可指定一点,旋转中心到该点的连线的方位角即为实体的旋转角(系统也会自动测量)。

2.2　图层及其控制

一张工程图样包含许多内容。例如,一张建筑平面图,包含墙体、门窗、楼梯、卫生设施等的视图和尺寸、轴线编号等内容。又如,一张机械部件的装配图,包含了多个零件的视图,还注有必要的尺寸、序号,附有零件明细表等。在手工设计绘图中,往往一张图纸的某些内容在不同工种或部门被重复绘制。建筑设备(水、电、风)的设计部门,要重新描绘建筑平面图中的墙体;机械零件的设计,需要由装配图拆绘零件图。这些工程设计中的重复劳动,需要在 CAD 中得以避免。另外,在计算机设计绘图中,绘制某一部分图形时,另一部分内容,不一定需要显示。为了减少屏幕上的图线,加快系统的运行速度,可以把图样的不同要素分页绘制,并且根据需要控制每页的显示,AutoCAD 软件提供了一种称为"图层"的功能,可实现分页绘图的需要。

图层好比多层透明纸,图形实体可以画在不同的层上,并且每一层的显示状态可以随意控制。还可以对每一层的实体赋予某种颜色和线型。AutoCAD 系统设有缺省图层 0。该图层是每一个图形文件必有的,也是不能更名和删除的。

一个图形文件如果需要多个图层,必须预先进行定义和设置,对新的图层取名,并指定颜色和线型。图层名应能体现该图层上的内容,尽量避免用数字和字母命名,便于图层的控制。

图层有当前层和非当前层之分。要在一个图层上画图,必须将该图层设置为当前层。当前层只能有一个,将一个层设置为当前层,原来的当前层自动改为非当前层。

图层的显示状态有关闭(OFF)、打开(ON)、冻结(FREEZE)、解冻(THAW)、加锁(LOCK)、解锁(UNLOCK)、隔离(LAYISO)和取消隔离(LAYUNISO)、匹(LAYMCH)等。

新定义的图层未经关闭、冻结和加锁都是打开的、非冻结和非加锁的。关闭和冻结的图层,其上的图形实体是不可见的。关闭的图层上的实体,在系统运行过程中,仍需对其进行计算;冻结图层上的实体被暂时搁置。

另外,当前层可以被关闭和加锁,但不能被冻结。关闭或加锁了的当前层还可以在其上画图(画图时,关闭图层上的图形看不见,打开后,图形便可见)。加锁的图层上的实体仍然可见,但不能选择,这些实体得到了保护。关闭和冻结的图层上的实体不能被输出,但加锁的图层上的实体可以被输出。隐藏或锁定除选定对象的图层之外的所有图层可使用隔离图层。将选定对象的图层更改为与目标图层相匹配可使用图层匹配(类似格式刷功能)。

2.2.1　图层的定义和设置

1. 图层的定义

键入 LAYER↵，或单击图层工具栏中的图层特性管理器图标，弹出"图层特性管理器"对话框（图2.2）。单击对话框中的新建工具，在图层列表框内，就增加了一个"图层1"的新图层。当"图层1"呈蓝色，并在线框状态下，键入新名称时将"图层1"更名。

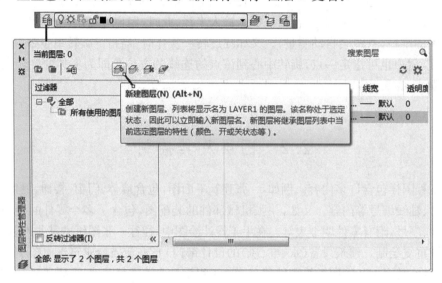

图 2.2　图层特性管理器

图 2.3　"选择线型"对话框

2. 图层的设置

单击新图层的颜色项下的"白"色，将弹出"选择颜色"对话框，从中可选择新图层的实体颜色。单击新图层线型项下的"continuous"（实线），将弹出"选择线型"对话框（图2.3），从中可以利用 加载 按钮装入所需线型，并以此作为新图层的线型。单击新图层线宽项下的"默认"，弹出"线宽"对话框，从中可选择新图层使用的线宽（如要在图形窗口显示所画图线的线宽，应打开状态栏中的"线宽"按钮 ＋ ）。

通过图层列表框中的"打印"选项，设置该图层的打印功能，单击打印机图例，出现红色标记，该层实体将不能打印。

2.2.2　图层的状态控制

单击图层工具栏中图层特性管理器右边的下拉列表箭头（图2.4），然后在弹出的图层列表中单击灯泡图例，若灯泡由亮变暗，该图层就被关闭；反之，若灯泡由暗变亮，该图层被打开。单击灯泡右边图例，若图例由亮变暗，该图层被冻结；反之，若图例由

图 2.4　图层控制下拉列表

暗变亮,该图层被解冻。单击锁图例,若锁由亮变暗,该图层被加锁;反之,若锁图例由暗变亮,该图层被解锁。单击图层名,该图层被置为当前层。状态改变完成后,只要在列表外任何处单击,即可退出控制列表。

2.3 实体属性(颜色、线型、线宽)的设置与控制

2.3.1 实体的颜色

用不同颜色绘制实体,能区分实体类型,方便操作,并有利于打印输出时,设置图线的输出宽度和浓度。

实体的颜色有三种状态:ByLayer(随图层)、ByBlock(随图块)和独立色。其中,ByLayer为实体的颜色与所在图层颜色一致;ByBlock 实体的颜色为白色(黑底),由这种颜色的实体组成的图块,插入时,若当前颜色为 ByLayer,则插入的图块与当前层颜色一致(关于图块的知识,将在以后的章节中介绍);独立色即实体的颜色不随图层,也不随图块,图层的颜色改变时,实体的颜色始终不变。设置图层颜色操作如前 2.2.1 节所述。

设置实体颜色操作如下:

键入 COLOR ↵,或单击菜单"格式"⇒"颜色",或单击"特性"工具栏中的"颜色控制"下拉列表箭头(图 2.5),在弹出的颜色列表中单击所需颜色。若所需颜色不在其中,可单击"选择颜色"选项,然后,在弹出的"选择颜色"对话框中(图 2.6),选取所需颜色,单击 确定 按钮进行确认。

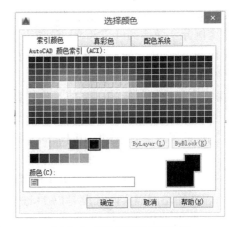

图 2.5 "特性"工具栏及颜色控制下拉列表　　**图 2.6** "选择颜色"对话框

2.3.2 实体的线型和线宽

不同的线型在工程图样中有不同的含义,AutoCAD 为工程设计提供了众多线型。与颜色一样,实体的线型也有三种状态:ByLayer、ByBlock 和独立于层和块。其中,ByBlock 线型为实线,以该线型的实体组成的图块,在插入时,若当前线型为 ByLayer,则插入的图块与当前层的线型一致。设置图层线型的操作如 2.2.1 节所述。

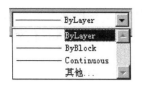

图 2.7 属性工具栏及
线型控制下拉列表

设置实体线型的操作如下：

键入 LINETYPE ↙，或单击属性工具栏中的"线型控制"下拉列表箭头（图 2.7），在弹出的线型列表中选择所需线型。若所需线型未列在表中，可单击"其他"，在"线型管理器"对话框（图 2.8）中，单击 加载 按钮，弹出"加载或重载线型"对话框（图 2.9），选取所需线型，单击 确定 ，再回到"线型管理器"对话框选择该线型。

图 2.8 "线型管理器"对话框   **图 2.9** "加载或重载线型"对话框

由于非实线线型是间断式的，其线段长度和间隔的设计值是固定的，所以当屏幕显示范围很大或输出的缩小倍数达到一定值时，线段间隔在屏幕上和图纸中可能小得肉眼不能分辨，或者当所画线段的长度小于某种线型中线段的设计长度时，在屏幕上和图纸中只能显示和画出该线型的线段部分，不能真实反映该线型的原形。AutoCAD 用线型比例（LTSCALE）来调节线型的显示或输出状况。

线型比例分全局比例（LTSCALE）和当前对象缩放比例（个体比例 CELTSCALE）两种。所谓全局比例，是作用于所有实体的比例；而当前对象缩放比例仅作用于比例设置后所画实体或当前正在编辑的实体。由于全局比例作用于所有实体，所以设置当前对象线型的缩放比例时，必须考虑全局比例的影响。当前对象线型实际比例与全局比例的关系如下：

当前对象线型实际比例＝个体比例×全局比例

线型比例的确定，可用线型中间隔的实际输出长度和设计长度（原始长度）以及与全图的输出比例关系来推算。该关系如下：

全局比例＝（希望输出间隔实际长度/原始间隔长度）/输出比例

其中，希望输出间隔实际长度是以 1∶1 进行测量的测量值。

例如：一幅图拟以 1∶5 比例输出，图中采用的虚线原始间隔为 3，希望实际输出间隔为 1.5，则全局比例＝(1.5/3)/(1/5)＝2.5。

全局线型比例可在任何时候设置。设置后，不管何时画的图线，均按当前设置比例显示。使用 LTSCALE 命令设置全局线型比例的操作如下：

命令：LTSCALE ↙

输入新线型比例因子<1.0000>：（输入比例值）

设置全局线型比例还可在线型管理器（图 2.8）中单击 显示细节 按钮，在详细显示区关闭"缩放时使用图纸空间单位"单选按钮，在"全局比例因子"编辑框中输入比例值。

为了统一文件中的线型比例,并根据工程设计中的常用线型需要,本书建议在绘图中使用下列 ISO(国际标准)系列线型:

　　虚线 ACAD_ISO02W100(描述为 ISO dash ＿ ＿ ＿ ＿ ＿ ＿ ＿ ＿ ＿ ＿ ＿ ＿ ＿)。

　　长点划线 ACAD_ISO04W100(描述为 ISO long-dash dot ＿＿ . ＿＿ . ＿＿ . ＿＿ .)。

　　短点划线 ACAD_ISO10W100(描述为 ISO dash dot ＿ . ＿ . ＿ . ＿ . ＿ .)。

　　中心线 ACAD_ISO08W100(描述为 ISO long-dash short-dash ＿＿ ＿ ＿＿ ＿ ＿＿)。

　　长双点划线 ACAD_ISO05W100(描述为 ISO long-dash double-dot ＿＿ .. ＿＿ ..)。

　　短双点划线 ACAD_ISO12W100(描述为 ISO dash double-dot ＿ .. ＿ .. ＿ ..)。

以上线型的原始间隔均为 3。

　　当前实体线型比例可使用系统变量 CELTSCALE 设置。也可在线型管理器中(图 2.8)单击显示细节按钮,然后在详细显示区关闭"缩放时使用图纸空间单位"单选按钮,在"当前对象缩放比例"编辑框中输入比例值。

　　不同的线型要求使用不同的线宽。AutoCAD 2016 可以设置线的宽度,并且线宽可以被控制显示或不显示。单击对象属性工具栏中的"线宽控制"下拉列表,在弹出的列表中选择宽度值,以后所画图形的线宽即被设定。如果要显示线宽,可单击状态栏中的"线宽"按钮。若不需显示,再单击该按钮关闭(详细操作见第一章实验 9)。

2.4　实体图层和属性的改变

　　对已画好的实体,无论要改变所在的图层还是改变其颜色、线型和线宽,都可采用先选择(单击或框选)实体,然后在图层或对象特性工具栏的相应列表中,单击所需的图层或属性。所需的图层和线型必须是已经定义和加载的,否则,应先建立所需的图层,加载所需的线型,然后再行使用。

2.5　绘图辅助工具的控制及使用

　　AutoCAD 提供了一种利用栅格代替数值输入的绘图辅助工具。包括两个部分:一是栅格的设置与控制;二是光标切格移动(也称栅格捕捉)控制。

2.5.1　栅格(GRID)

　　按键盘上的 F7 键,或单击状态栏中的"栅格"按钮(亮显),绘图界限内出现网格,这就是栅格。此时,屏幕图形区的绘图界限内像一张坐标纸,用户可以参照栅格绘图。而在图形输出时,栅格不会被打印。

　　栅格的间隔可以设置。纵向和横向距离可以相同,也可以不同。栅格还可以旋转一个角度,用于斜视图的绘制或进行倾斜方向有规则排列的阵列复制。栅格的类型除纵横互成直角的标准型以外,还有互成 120°角的正等轴测(Isometric)型,用于绘制正等轴测图。本节只介绍初始状态下的栅格(未作旋转的标准型)的控制和使用。

2.5.2　栅格捕捉(SNAP)

强迫光标只能按一定步长跳动,而不能随意移动,称为栅格捕捉。由于光标按一定距离移动,所以能用光标精确定位。如果同时打开栅格显示和栅格捕捉功能,使光标沿着栅格移动并指点,就能代替点的坐标输入,进行精确绘图。

栅格捕捉的步长也可以设置,纵向和横向距离也可以相同或不同,并且,捕捉步长与栅格间距可以一致,也可以不一致。为了直观、形象,一般都将两者设为一致。

2.5.3　栅格和捕捉的设置与控制

栅格间距和栅格捕捉步长的设置操作如下:

右击状态栏中的栅格或捕捉按钮,在弹出菜单中单击"…设置"选项;或单击菜单"工具"⇒"绘图设置",弹出"草图设置"对话框,如图 2.10 所示。

图 2.10　"草图设置"对话框

单击对话框中的"捕捉和栅格"选项卡,其中"启用捕捉"开关用于控制栅格捕捉功能的打开或关闭,小方框显示"√"时,功能被打开;反之,功能被关闭;"捕捉 X 轴间距"和"捕捉 Y 轴间距"用以设置纵横捕捉步长;"角度"用以设置栅格旋转角度和捕捉方向;"X 基点"、"Y 基点"用以设置栅格旋转中心的位置(X 坐标和 Y 坐标);开关"启用栅格"用于控制栅格的显示与关闭(操作同开关"启用捕捉")。"栅格 X 轴间距"、"栅格 Y 轴间距"用以设置栅格纵横间距。

根据需要改变对话框中内容后,单击 确定 完成设置。

栅格的显示与关闭还可以通过按功能键 F7 ,或单击状态栏中的"栅格"按钮进行切换。栅格捕捉功能的打开或关闭,还可以通过按功能键 F9 ,或单击状态栏中的 捕捉 按钮进行切换。但两者都不能改变栅格间距和捕捉步长。

必须注意,栅格的显示范围仅限于绘图界限之内。超出界限部分就不显示。如果用户需要扩大栅格的显示范围,就必须重新设置绘图界限。

2.6　二维图元与绘图命令的一般操作

根据工程设计和一般绘图需要,AutoCAD 提供了多种二维图元的绘制命令,其中有:点(POINT)、直线(LINE)、射线(RAY)、构造线(CONSTRUCTION LINE——按一定要求画的无限长直线)、多段线(PLINE——可画直线、圆弧、粗线、细线)、正多边形(POLYGON)、矩形(RECTANG)、圆弧(ARC)、圆(CIRCLE)、云线(REVCLOUD)、样条曲线(SPLINE)、椭圆和椭圆弧(ELLIPSE)、多线(MLINE——可同时画多条平行的直线)、圆环(DONUT——两同心圆组成的实体)、二维填充多边形(SOLID)等。

大多数绘图命令在绘图工具面板、工具栏和菜单中均可以调用,少数命令只能在菜单中或键入调用。绘图工具栏中的命令与对应图标如图 2.11 所示。

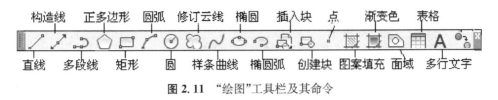

图 2.11 "绘图"工具栏及其命令

以上命令操作,大致分为三种类型:

第一,直线类命令(可画单一直线的命令,如"直线"、"构造线"、"多段线"等),这类命令调用后,先指定起点或通过点,然后输入后续点或选择画线方式后再输入后续点。这类命令一般都无休止执行,终止命令时可按 Enter 键响应。

第二,多方式生成图元的命令(如"圆"、"圆弧"、"正多边形"、"椭圆"),这类命令调用后,需选择绘制方式。部分命令可在菜单中直接选择绘制方式,然后,根据选定的方式输入相应的数据。如果采用键入命令或从工具栏调用命令,绘制方式和数据输入为逐一进行;而直接从菜单调用命令和选择绘制方式时,只要按选定的方式顺序输入数据即可。这类命令在生成一个图元后,命令自动结束。

第三,单一方式生成图元的命令(如"点"、"圆环"、"二维填充"、"样条"),这类命令调用后,除"圆环"命令需要先输入必要参数外,其余都只需直接输入点的位置。

为便于初学者进一步理解一般绘图命令的操作,本节对"点"、"直线"、"圆"三个基本命令的相关内容进行介绍,其余命令将在第三章中详细叙述。

2.7 基本绘图命令——点、直线、圆

2.7.1 点(POINT)

POINT 命令主要用于在指定位置放置某种形式的标记点。AutoCAD 提供了多种点的显示样式,用户在置点前可以先设定其中之一,并设定显示大小,然后调用命令,输入点的位置(坐标),完成置点操作。

设置点的显示大小,AutoCAD 提供了两种设置方式:一种是相对于图形区显示高度的百分数(相对于屏幕设置大小),如图形区显示高度为 297,点的大小为 5%时,点的实际显示高度为 297×5%=14.85。以该方式设置点的显示大小,同一值的点在不同显示高度的图形区中的视觉大小是相同的。必须注意,当用 ZOOM 命令改变图形区显示范围时,应用重生成命令重生成图形,才能保持点的显示大小。另一种是绝对尺寸(按绝对单位设置大小),即为当前单位显示尺度的某一倍数。如当前图形区的显示高度为 297,点的大小为 10,相当于第一种表示法约为 3.36%。以该方式设置点的显示大小,同一值的点在不同显示高度的图形区中的实际大小是不同的,图形区显示高度值越小,点显示越大;反之,图形区显示高度值越大,点显示越小。

设置点的显示样式和大小的操作如下:

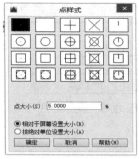

图 2.12 "点样式"对话框

单击菜单"格式"⇒"点样式",弹出"点样式"对话框(图2.12),从中选择所需样式,再选择对话框下方的设置方式,然后在"点大小"编辑框中输入新的显示尺寸,单击 确定 按钮,设置即告完成。

置点命令 POINT 的操作如下:

在命令窗口的"命令:"提示下,键入 POINT ↵(或 PO ↵),或单击绘图工具的"点"图标 ⋅,或单击菜单"绘图"⇒"点"⇒"单点",在系统提示"指定点:"提示下,输入点的位置(坐标或光标指定)。

2.7.2 直线(LINE)

"直线"命令用于绘制单一或连续的直线段,所画的每一段直线为一独立的实体。

1. 画线方式

用 LINE 命令画直线有如下 4 种方式:

(1) 给定端点:命令调用后输入起点和后续点。

(2) 闭合方式:连续画出两段以上线段后,连接起点和终点,使其成闭合线框,命令自动结束后,当前点位于闭合前的终点。

(3) 接续方式:新直线以前线段的最后点为起点,若前线段为圆弧,该方式所画的直线与圆弧相切,此时,在"指定第一点"提示下按 Enter 键,输入切线长度即可。前面为直线时,以前面直线的末点为起点,按 Enter 键后指定后续点。

(4) 放弃方式:在画线过程中,可以在"指定下一点或[放弃]:"提示下,输入 U ↵,将画错的线段消除,并将当前点退回到前一点再继续画线。

2. 命令调用

单击菜单"绘图"⇒"直线",或单击绘图工具"直线"图标 ⁄,或键入 LINE ↵(或 L ↵)。

3. 操作示例

用 LINE 命令分别画出三个相邻的四边形 *SABC*、*SDEF* 和 *FGHI*(图2.13),起点为 *S*,画线顺序按字母 ABCDEFGHI 排列,图中 *SD1* 为画错需删除的直线。

操作过程如下:

命令:LINE ↵

指定第一点:(光标指定起点 S,起点位置未明确时,可在适当位置指定)

指定下一点或[放弃(U)]:@−50,0↵　　　(至 *A* 点)

指定下一点或[放弃(U)]:@0,−50↵　　　(至 *B* 点)

指定下一点或[闭合(C)/放弃(U)]:@50,0↵　(至 *C* 点)

指定下一点或[闭合(C)/放弃(U)]:c↵

　　　　　　　　　　　　　　　　　　　　　　(闭合 *CS*)

命令:↵　　　　　　　　　　　　　　　　　(重复 LINE 命令)

LINE 指定第一点:↵　　　　　(从 *S* 点接续前线段 *CS*)

指定下一点或[放弃(U)]:@25,50 ↵　　　　(至 *D1* 点)

指定下一点或[放弃(U)]:u↵　(消除线段 *SD1*,回退至 *S* 点)

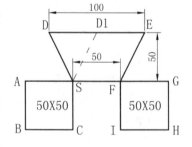

图 2.13 LINE 图形

指定下一点或［放弃(U)］：@-25,50↵　　　　　　　　　　（至 D 点）

指定下一点或［放弃(U)］：@100,0↵　　　　　　　　　　（至 E 点）

指定下一点或［闭合(C)/放弃(U)］：@-25,-50↵　　　　　（至 F 点）

指定下一点或［闭合(C)/放弃(U)］：c↵　　　　　　　　　（闭合 FS）

命令：↵　　　　　　　　　　　　　　　　　　　　　　　（重复 LINE 命令）

LINE：指定第一点@↵　　　　（以当前点 F 作起点，@＝@0,0）

指定下一点或［放弃(U)］：@50,0↵　　　　　　　　　　（至 G 点）

指定下一点或［放弃(U)］：@0,-50↵　　　　　　　　　　（至 H 点）

指定下一点或［闭合(C)/放弃(U)］：@-50,0↵　　　　　　（至 I 点）

指定下一点或［闭合(C)/放弃(U)］：c↵　　　　　　　　　（闭合 IF）

2.7.3　圆（CIRCLE）

用于绘制整圆而不能绘制圆弧。

1. 画圆方式

(1)"圆心,半径"方式：为默认方式而无需说明。命令调用后,分别指定圆心和输入半径。半径除输入一数值外,还可输入一点,该点到圆心的距离即为半径。

(2)"圆心,直径"方式：在命令调用后,先指定圆心位置,再输入 D↵（关键字）后,输入直径。也可直接选用菜单"绘图"⇒"圆"⇒"圆心,直径",然后,依次输入圆心和直径。

(3)"两点"方式（以直径两端点画圆）：在命令调用后,先输入 2P↵（方式名）,然后,依次输入直径上第一端点和第二端点。也可直接选用菜单"绘图"⇒"圆"⇒"两点",然后,依次输入直径上第一端点和第二端点。

(4)"三点"方式（圆周上任意三点画圆）：在命令调用后,先输入 3P↵（方式名）,然后,依次输入第一点、第二点和第三点。也可直接选用菜单"绘图"⇒"圆"⇒"三点",然后,依次输入第一点、第二点和第三点。

(5)"相切,相切,半径"方式（与两个已有实体相切,再给定半径）：在命令调用后,先输入 T↵（方式名）,然后,单击第一相切实体和第二相切实体（均需点在切点附近）,再输入半径。也可直接选用菜单"绘图"⇒"圆"⇒"相切,相切,半径",然后,单击第一相切实体和第二相切实体（均点在希望的相切点附近）,再输入半径。

(6)"相切,相切,相切"方式（与三个已有实体相切）：只能从菜单"绘图"⇒"圆"⇒"相切,相切,相切"调用。调用后,只要单击第一、第二和第三相切实体即可。

2. 命令调用及操作顺序

(1) 命令调用：单击菜单"绘图"⇒"圆"⇒（绘制方式）,或单击绘图工具"圆"图标⊙,或键入 CIRCLE↵（或 C↵）。

(2) 操作顺序：命令⇒选择绘制方式（默认方式除外）⇒输入相应数据

3. 操作示例

例 2.1：以"圆心,半径"方式画 01 和 02 圆,以"圆心,直径"方式画 03 圆（见图 2.14,直线不画）。

命令：**CIRCLE**↵

CIRCLE 指定圆的圆心或［三点(3P)/两点(2P)/切点、切点、半径 (T)］：（光标指定 01 的圆心）

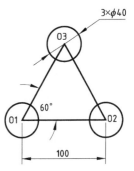

图 2.14　CIRCLE 命令示例1

指定圆的半径或[直径(D)]< >：20↵   （输入半径 20）

命令：↵   （重复 CIRCLE 命令）

CIRCLE 指定圆的圆心或[三点(3P)/两点(2P)/切点、切点、半径(T)]：@100,0↵

    （02 圆心）

指定圆的半径或[直径(D)]<20.0000>：↵   （默认半径 20）

命令：↵   （重复 CIRCLE 命令）

CIRCLE 指定圆的圆心或[三点(3P)/两点(2P)/切点、切点、半径(T)]：@100<120↵

    （03 圆心）

指定圆的半径或[直径(D)]<20.0000>：d↵   （以直径方式输入）

指定圆的直径<40.0000>：40↵   （输入直径 40）

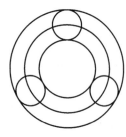

图 2.15 CIRCLE
命令示例 2

例 2.2：接上例，以"三点"方式通过三小圆心画圆。再以"相切、相切、相切"方式作两圆分别与三小圆内侧和外侧相切（图 2.15）。

    命令：c↵   （画圆命令）

    CIRCLE 指定圆的圆心或[三点(3P)/两点(2P)/切点、切点、半径(T)]：3p↵   （三点画圆）

    指定圆上的第一个点：@↵   （第一点为当前点圆心 03）

    指定圆上的第二个点：@100<240↵   （第二点为圆心 01）

    指定圆上的第三个点：@100,0↵   （第三点为圆心 02）

    命令：（单击菜单"绘图"⇒"圆"⇒"相切,相切,相切"）

命令：_circle 指定圆的圆心或[三点(3P)/两点(2P)/切点、切点、半径(T)]：_3p

指定圆上的第一个点：_tan 到（单击 01 圆周上近 45°位置）

指定圆上的第二个点：_tan 到（单击 02 圆周上近 135°位置）

指定圆上的第三个点：_tan 到（单击 03 圆周上近 270°位置）   （完成内侧切圆）

    命令：（单击菜单"绘图"⇒"圆"⇒"相切,相切,相切"）

    命令：_circle 指定圆的圆心或[三点(3P)/两点(2P)/切点、切点、半径(T)]：_3p

指定圆上的第一个点：_tan 到（单击 01 圆周上近 225°位置）

指定圆上的第二个点：_tan 到（单击 02 圆周上近 315°位置）

指定圆上的第三个点：_tan 到（单击 03 圆周上近 90°位置）   （完成外侧切圆）

2.8 实验及操作指导

【实验 2.1】 练习绘图界限设置。

【要求】 设置新文件输出幅面为 A4(297×210)，输出比例为 1:2 的屏幕绘图界限。

【操作指导】 确定界限：LIMITS＝图纸幅面/输出比例＝A4/(1/2)＝2A4＝594×420。

进入 AutoCAD 系统：双击 Windows 桌面上的 AutoCAD2016 图标。

界限设置：调用 LIMITS 命令或单击菜单"格式"⇒"图形界限"，输入图形区左下角坐标 0,0↵、右上角坐标 594,420↵，再键入 Z↵（调用 ZOOM 命令）→A↵（全部缩放），将界限显示在屏幕图形区内。

【实验 2.2】 练习图层设置。

【要求】 接【实验 2.1】,在该文件中按表 2-1 所列内容设置图层。

表 2-1 图层设置

图层名	状 态	颜 色	线 型	其 他
Star	默认	红色	Continuous(实线)	缺省设置
Slide	默认	青色	Continuous(实线)	缺省设置
Nut	默认	蓝色	Continuous(实线)	缺省设置
3-Circle	默认	绿色	ISO dash(虚线)	缺省设置
Shelf	默认	品红	Continuous(实线)	缺省设置
Cord	默认	黄色	Continuous(实线)	缺省设置

【操作指导】 单击图层工具栏的 图标,弹出"图层特性管理器"对话框(图 2.2)。单击对话框中的 新建 按钮,在图层列表框中出现蓝色的"图层 1"图层名,此时,键入 Star 替代"图层 1",新图层"Star"即产生。单击新图层中的黑色颜色块或"白色"颜色名,在出现的颜色表中选择红色,完成新图层"Star"的颜色设置。

按同样顺序和方法设置其他图层及其颜色属性。对于图层"3-Circle"的线型,可按以下步骤设置:单击该图层的"Continuous"线型名,出现"选择线型"对话框,单击对话框中的 加载 按钮,在弹出的"载入或重载线型"对话框中选择 ISO dash 线型后,单击 确定 按钮,退回"选择线型"对话框。选择刚载入的 ISO dash 线型后,单击 确定 完成设置。

【实验 2.3】 练习图层控制中当前层设置,二维坐标输入和"直线"(LINE)、"圆"(CIRCLE)命令的操作。

【要求 1】 在图层"Star"中,绘制如图 2.16 所示的五角星,顶点 S 的坐标为 96,380。

【操作指导】 单击图层工具栏中图层控制下拉列表箭头,在弹出的图层列表中,单击"Star"图层名,使该层成为当前层。

调用直线命令,输入起点 S 的坐标 96,380 后,按 ABCD 次序采用极坐标形式指定后续点。各点相对于前一点的极坐标为:

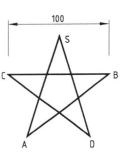

图 2.16 五角星

A 点相对于 S 点:@100 < 252

B 点相对于 A 点:@100 < 36

C 点相对于 B 点:@100 < 180

D 点相对于 C 点:@100 < -36

画至 D 点后,键入 C↵,闭合起止点 SD,完成作图。

【要求 2】 在图层 Slide 中,绘制如图 2.17 所示导轨,起点 S 的坐标为 224,308。

【操作指导】 单击图层工具栏中图层控制下拉列表箭头,在弹出的图层列表中,单击"Slide"图层名,使该层成为当前层。

调用"直线"命令,输入起点 S 的坐标 224,308 后,按 ABCDEFG 次序采用相对直角坐标

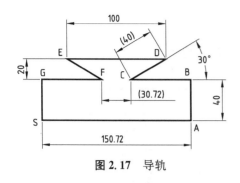

图 2.17　导轨

或极坐标指定后续点。各点相对于前一点的直角坐标或极坐标为：

A 点相对于 S 点：@150.72,0

B 点相对于 A 点：@0,40

C 点相对于 B 点：@$-$60,0

D 点相对于 C 点：@40 $<$30

E 点相对于 D 点：@$-$100,0

F 点相对于 E 点：@40 $<-$30

G 点相对于 F 点：@$-$60,0

画至 G 点后，键入 C↵，闭合起止点 SG，完成作图。

【要求 3】　在图层 Nut 中，绘制如图 2.18 所示螺母坯，中心 O 的坐标为 520,338。

【操作指导】

（1）按要求 1、2 操作，将图层 Nut 设置为当前层。

（2）调用"圆"命令，采用默认方式"圆心，半径"绘制圆 O（圆心坐标 520,338，半径为 30）。

（3）调用"直线"命令，按 ABCDEF 顺序绘制六边形。各点相对于前一点的直角坐标或极坐标如下：

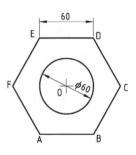

图 2.18　螺母坯

A 点相对于 O 点：@60 $<$240

B 点相对于 A 点：@60,0

C 点相对于 B 点：@60 $<$60

D 点相对于 C 点：@60 $<$120

E 点相对于 D 点：@$-$60,0

F 点相对于 E 点：@60 $<-$120

画至 F 点后，键入 C↵，闭合起止点 AF，完成作图。

【实验 2.4】　练习线型比例的确定与设置及"圆"（CIRCLE）命令部分绘制方式的使用和操作。

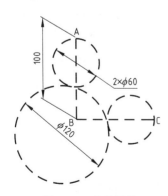

图 2.19　虚线图形

【要求】　在图层 3-Circle 中，绘制如图 2.19 所示虚线图形。图中两直线 AB 和 BC 的长度均为 100，A 点的坐标为 100,220。两直径为 60 的圆分别通过 A 点和 C 点，圆心分别在 AB 和 BC 上。直径 120 的大圆与两小圆相切。图形输出时，要求虚线实际间隔（1:1测量）为 2。

【操作指导】　按上个实验操作，将图层 3-Circle 设置为当前层。

调用直线命令，从 A 点（100,220）开始画直线 ABC。

调用圆命令，以"两点"方式先画通过 C 点的圆。第一点就是当前点 C（可键入@↵），第二点相对于第一点的坐标为@$-$60,0，再以同样的方式画通过 A 点的圆。该圆直径上第一点 A 的坐标就是定位坐标 100,220（绝对坐标），第二点相对于 A 的坐标为@0,$-$60。

调用"圆"命令，以"相切，相切，半径（T）"方式画直径为 120 的大圆。指点相切目标时，应分别指在两圆的左下部(接近切点附近,切莫指点在直线上)。

键入 LTSCALE↵(线型比例)命令,输入符合要求的虚线显示比例。比例值按正文所列公式计算如下:

LTSCALE=(希望输出间隔实际长度/原始间隔长度)/输出比例

=(2/3)/(1/2)=1.333……取 1.3

【实验 2.5】 练习栅格的设置与使用及点的样式设置和点命令的操作。

【要求 1】 在图层 Shelf 中,采用栅格功能绘制图 2.20 所示柜架。柜架把手采用图中点的样式绘制,显示尺寸为 8%。该图左下角角点坐标为 280,40。

【操作指导】 按上个实验操作,将图层 Shelf 设置为当前层。

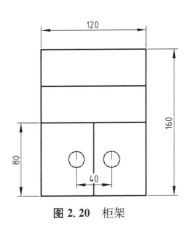

图 2.20 柜架

右击状态栏中的"栅格"或"捕捉"按钮,在弹出的光标菜单中单击"设置"选项,弹出"草图设置"对话框,如图 2.10 所示。在捕捉和栅格区将 X,Y 间隔均设为 20,并将"启用捕捉"和"启用栅格"均勾选(打开),设置完成后,单击 确定 按钮关闭对话框。

调用"直线"命令,从左下角角点(280,40)开始,采用光标捕捉栅格定点画图中直线(每格间距均为 20,走笔不要重复)。

单击菜单"格式"⇒"点样式",出现"点样式"对话框,点选题图需要的点样式,并在确认单选项"相对于屏幕设置大小"打开的情况下,将"点大小"编辑框中的数字改为 8,然后调用"点"命令,并采用光标捕捉栅格定位,完成把手绘制。

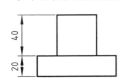

【要求 2】 在图层 Cord 中,采用栅格功能绘制如图 2.21 所示塞子的两视图,图中圆心的位置在绝对坐标 540,80 处,两视图之间相隔 20。

【操作指导】 按上个实验操作,将图层 Cord 设置为当前层。并延用本实验【要求 1】的栅格设置。

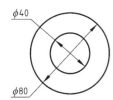

图 2.21 塞子两视图

调用"圆"命令,采用默认方式"圆心,半径"画两圆。圆心可用坐标(540,80)输入;半径可输入数值,也可采用光标切格指定(小圆半径为 1 格,大圆半径为 2 格)。

调用"直线"命令画主视图。直线端点均采用光标切格定位,并与俯视图对齐,因主、俯视图之间相隔 20(正好为一格),所以画线的起点应放在图形底部的左边或右边,以利定位。

思考与练习

1. 在绘制如图 2.16 所示的五角星时,各点相对于前一点的极坐标中的角度是如何确定的?

2. 一幅图拟以 2:1 画在 A3(420×297)图纸上。屏幕绘图时,绘图界限应设多大?画图时,输入的尺寸要否将实际尺寸值乘 2?

3. 试举出几个可用图层组织图样,以达到一图多用目的的例子?

4. 一图形文件中,图层的数量有限制吗?最少的图层数是多少?

5. 当前层可以关闭、冻结、加锁吗？

6. 图层 0 可以关闭、冻结、加锁、删除吗？什么样的图层可以被删除？

7. 同一图层上可以绘制不同颜色、线型的实体吗？怎样使实体的颜色、线型与图层一致？

8. 改变绘图界限的实质是改变什么？

9. 使用虚线绘制的直线，在屏幕上仍显示为实线，这是什么原因？如何才能还其本来面貌？

10. 辅助绘图工具栅格的显示范围是否有限制？

11. 用直线、圆命令绘制图 2.22、图 2.23。

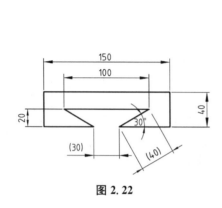

图 2.22

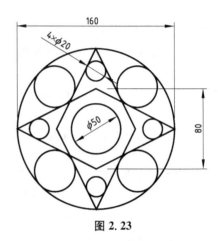

图 2.23

第二章 对象捕捉及二维绘图命令

本章知识点

- 对象捕捉、对象追踪、极轴的含义。
- 对象捕捉的两种方法。
- 创建几何约束的两种方法。
- 二维绘图命令的功能与操作。

3.1 对象捕捉

在绘图过程中，经常需要找到已有实体上的特殊点，如：圆弧的圆心、两直线的交点、直线的中点、线段的端点等。只要实体存在，这些特殊点可以通过对象捕捉的方法来精确定位。对象捕捉不是命令，只有在执行其他命令需要定点的过程中才能使用。

3.1.1 对象捕捉类型及其工具栏

AutoCAD2016 提供了众多的对象类型。图 3.1 是对象捕捉工具栏图标对应的对象类型及用途。

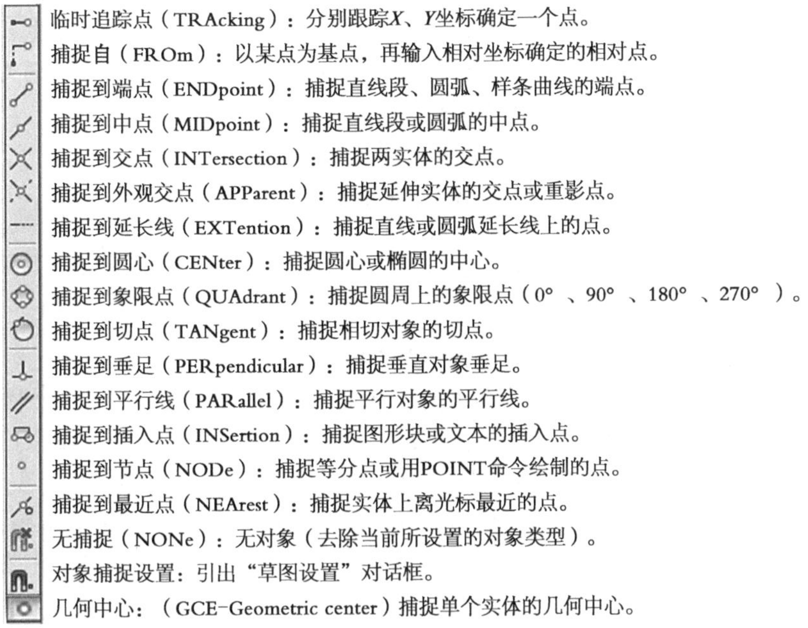

临时追踪点（TRAcking）：分别跟踪 *X*、*Y* 坐标确定一个点。

捕捉自（FROm）：以某点为基点，再输入相对坐标确定的相对点。

捕捉到端点（ENDpoint）：捕捉直线段、圆弧、样条曲线的端点。

捕捉到中点（MIDpoint）：捕捉直线段或圆弧的中点。

捕捉到交点（INTersection）：捕捉两实体的交点。

捕捉到外观交点（APParent）：捕捉延伸实体的交点或重影点。

捕捉到延长线（EXTention）：捕捉直线或圆弧延长线上的点。

捕捉到圆心（CENter）：捕捉圆心或椭圆的中心。

捕捉到象限点（QUAdrant）：捕捉圆周上的象限点（0°、90°、180°、270°）。

捕捉到切点（TANgent）：捕捉相切对象的切点。

捕捉到垂足（PERpendicular）：捕捉垂直对象垂足。

捕捉到平行线（PARallel）：捕捉平行对象的平行线。

捕捉到插入点（INSertion）：捕捉图形块或文本的插入点。

捕捉到节点（NODe）：捕捉等分点或用POINT命令绘制的点。

捕捉到最近点（NEArest）：捕捉实体上离光标最近的点。

无捕捉（NONe）：无对象（去除当前所设置的对象类型）。

对象捕捉设置：引出"草图设置"对话框。

几何中心：（GCE-Geometric center）捕捉单个实体的几何中心。

图 3.1 对象捕捉工具栏

3.1.2 对象捕捉的两种用法

使用对象捕捉在实体上确定特殊点有两种方式：

1. 临时捕捉（一次有效）方式

用于个别需要采用对象捕捉作输入或对象类型多变的场合。使用时，只要在提示时输入某种点，选择对象捕捉类型，然后移动光标，当看到特殊点标记时单击。该对象使用后，系统不再记忆刚设置的对象类型，下一次输入点时，可用坐标、光标或其他对象类型捕捉定位，所以这种方式仅一次有效。另外，临时捕捉不管状态行中的 对象捕捉 按钮是否打开，均可使用。

选择对象捕捉类型可用下列方法中的任意一种：

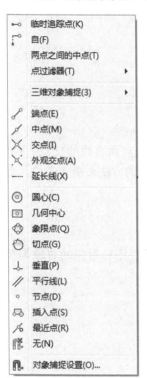

（1）单击如图 3.1 所示的工具栏中对象类型图标。

（2）键入如图 3.1 所示对象类型的前三个字母。

（3）按下 Shift 键不放再右击，在弹出的对象捕捉类型菜单中单击对象类型，如图 3.2 所示。

操作示例（图 3.3）：

作一个三角形，顶点分别位于已知圆的圆心和已知直线的中点，一边与圆相切。

命令：L↵

LINE 指定第一点：MID↵（或点取中点图标）

_ MID 于（移动十字光标至直线附近，当出现中点标记时按下左键。）

指定下一点或［放弃(U)］：TAN↵（或点取对应图标）_ TAN 到（移动十字光标至圆周切点附近，当出现切点标记时按下左键。）

指定下一点或［放弃(U)］：CEN↵（或点取圆心图标）_ CEN 于（移动十字光标至圆周或圆心附近，当出现圆心标记时按下左键。）

指定下一点或［闭合(C)/放弃(U)］：C↵　　　（与起点闭合）

2. 连续捕捉方式

一般用于捕捉多个同类型的对象点。使用时先设置对象捕捉类型，打开状态行中的 对象捕捉 按

图 3.2　对象捕捉快捷菜单

钮。然后在图形绘制或编辑时，连续使用设置的对象捕捉类型。

单击对象捕捉工具栏中的"对象捕捉设置"图标 n，或键入 OSNAP↵，或右击状态行中的"对象捕捉" 按钮，在弹

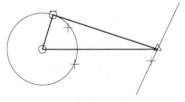

图 3.3　临时捕捉操作例

出的菜单中直接选择对象捕捉类型（图标前面打"✔"）如图 3.4 所示；或选择"对象捕捉设置"。在绘图区弹出"草图设置"对话框，如图 3.5 所示。复选框的左面图案对应对象类型的标记。单击所需对象捕捉类型后按 确定 按钮，设置完毕。这样，在执行绘图或编辑命令提示要求输入点时，根据光标的位置自动捕捉所设置的特殊点。若由于设置的对象捕捉类型过多，看不见所要找的捕捉点，可按 Tab 键进行切换选择。操作中务必观察屏幕，看到标记后再单击。

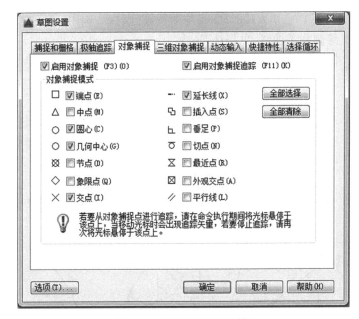

图 3.4　"对象捕捉"快捷菜单　　　　　　图 3.5　"草图设置"对话框

在操作过程中,可同时使用连续捕捉和临时捕捉,但临时捕捉对象优先。在绘图过程中,可按 F3 键,或单击状态行中的"对象捕捉" 按钮,打开或关闭连续捕捉状态。

在"草图设置"对话框中,单击 选项(T)... 按钮,将弹出"选项"中的"绘图"选项卡,在此移动滑块中,可改变标记和靶区的大小,并可根据绘图区的背景设置捕捉标记的颜色。

操作示例:依次连接已知正五边形的各顶点,构成一个五角星(图 3.6)。操作步骤如下:

(1) 设置"端点"为连续捕捉对象类型。

在对象捕捉工具栏中,单击图标 →选择对象类型"端点"→单击 确定 按钮。

(2) 绘图:

命令:L↵ 或单击 图标 LINE 指定第一点:(捕捉 A 点)

指定下一点或[放弃(U)]:(捕捉 B 点)

指定下一点或[放弃(U)]:(捕捉 C 点)

指定下一点或[闭合(C)/放弃(U)]:(捕捉 D 点)

指定下一点或[闭合(C)/放弃(U)]:(捕捉 E 点)

指定下一点或[闭合(C)/放弃(U)]:C↵　　　　　　　　　　(与 A 点连接)

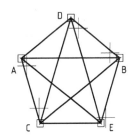

图 3.6　连续捕捉操作示例

3.1.3　对象追踪

对象追踪是在选定点的正交或按设定方向产生追踪线来确定点的一种方法。使用对象追踪需要同时打开(图标蓝显)状态行中"对象捕捉追踪" 、"极轴追踪" 、"对象捕捉" 三个按钮,追踪的对象(选定点)必须是"草图设置"对话框中选中的对象捕捉类型;设定方向就是"草图设置"对话框中设定的极轴追踪角度。操作时,可在一条追踪线上输入长度来确定点,也可使用两条追踪线相交来确定点。

【操作示例】

例 3.1：已知 $R192$、$R384$ 与 8 条等分射线，调用"样条曲线" $\sim$（SPLINE）命令和对象追踪工具绘制样条曲线，见图 3.7(a)。

【操作步骤】

命令：SPLINE ↵ 或（单击 $\sim$ 图标）

_SPLINE 当前设置：方式＝拟合　节点＝弦

指定第一个点或［方式(M)/节点(K)/对象(O)］：（指定 $R384$ 右下端点）

输入下一个点或［起点切向(T)/公差(L)］：（对象追踪对应点）　　　　　　　（见图 3.7(b)）

……（对象追踪对应点）　　　　　　　　　　　　　　　　　　　（依次追踪对应点）

输入下一个点或［端点相切(T)/公差(L)/放弃(U)］：↵　　　　（结束点输入，退出该命令）

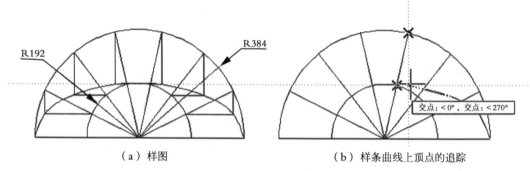

（a）样图　　　　　　　　　　　　　（b）样条曲线上顶点的追踪

图 3.7　对象追踪操作示例

3.1.4　极轴追踪

极轴追踪是在用户设置的角度及其倍数角方向上确定点的一种方法。当状态栏中的"极轴追踪" 按钮打开时，极轴追踪功能被启用。设置极轴追踪的角度，可将鼠标移至状态栏的"捕捉模式"、"栅格显示"、"极轴追踪"或"对象捕捉追踪"、对象捕捉或"对象捕捉"任一按钮上并右击，在弹出的快捷菜单中单击"设置"，选择"极轴追踪"选项卡，在"极轴角设置"区，点击"增量角"下拉列表，从中选择所需角度，或单击 新建 按钮，在"附加角"栏内输入新的角度。

"极轴追踪"还可与"对象捕捉追踪"连用，确定目标点。

例 3.2：已知正方形 100 mm×100 mm，应用极轴与对象追踪，绘制正方体的斜二等轴测图［图 3.8(a)］。

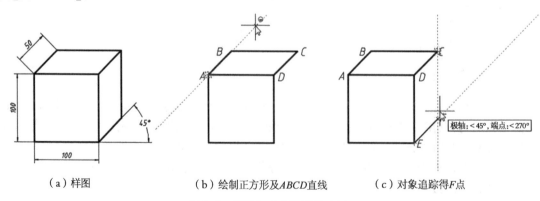

（a）样图　　　　　　　　（b）绘制正方形及 $ABCD$ 直线　　　　　　　（c）对象追踪得 F 点

图 3.8　极轴与对象追踪的应用

操作步骤：

(1) 按图 3.9 所示设置极轴角为 45°。或按底部"极轴追踪"右侧上拉箭头 ⟲↳ 勾选角度。

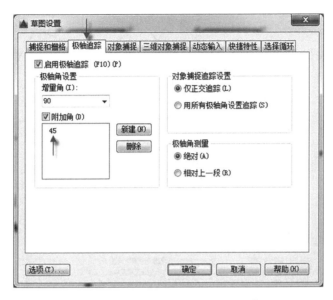

图 3.9　草图设置中的极轴追踪对话框

(2) 绘图：

命令：RECTANG↵或（单击矩形 □ 图标）

指定第一个角点或[倒角(C)/标高(E)/圆角(F)/厚度(T)/宽度(W)]：（移动鼠标使十字光标至合适位置后单击）　　　　　　　　　　　　　　　（定出正方形的左下角点）

指定另一个角点或[面积(A)/尺寸(D)/旋转(R)]：@100,100↵　　　　　　（画出正方形）

命令：L↵（或单击直线 ╱ 图标)_line 指定第一点：（捕捉正方形的 A 点）

指定下一点或[放弃(U)]：（移动光标，拖出 45°跟踪线，输入 50↵）　　　（画到 B 点）

指定下一点或[放弃(U)]：（移动光标，拖出水平跟踪线，输入 100↵）　　（画到 C 点）

指定下一点或[放弃(U)]：（移动光标，目标捕捉到 D 点。）　　　　　　（画到 D 点）

指定下一点或[放弃(U)]：↵　　　　　　　　　　　　　[退出直线命令，见图 3.8(b)]

命令：↵　　　　　　　　　　　　　　　　　　　　　　　（重复"直线"命令）

_line 指定第一点：（对象捕捉到 E 点）

指定下一点或[放弃(U)]：（同时出现过 B 点的水平跟踪线与过 C 点的 45°跟踪线单击之）

　　　　　　　　　　　　　　　　　　　　　　　　　　　　[画到 F 点，见图 3.8(c)]

指定下一点或[闭合(C)/放弃(U)]：捕捉 C 点

指定下一点或[闭合(C)/放弃(U)]：↵　　　　　　　　　　　　　　（完成全图）

例 3.3：用相对极角按图示尺寸绘制图 3.10。

操作步骤：

(1) 设置相对极轴角。打开"草图设置"对话框中的"极轴追踪"选项卡，在"极轴角测量"区，选择"相对上一段"选项，然后，在"极轴角设置"区，先后单击"新建"按钮，设置相对极轴附加角−102、−105、85、−85、−135（规定逆时针方向为正，顺时针方向为负。输入负角，系统自动计算成正角),拖到滚动条可见其余设置角度。见图 3.11。

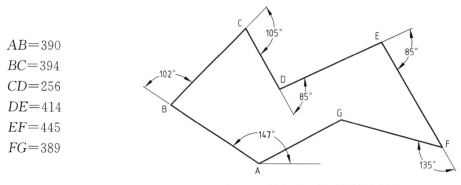

$AB=390$
$BC=394$
$CD=256$
$DE=414$
$EF=445$
$FG=389$

图 3.10 相对极轴的应用

图 3.11 相对极轴的应用

(2) 绘图(操作时看到极轴跟踪线,并观察光标处显示的角度,确认正确后输入线段长度)。

命令:_LINE 指定第一点:(光标指定 A 点)   (起点为 A)

指定下一点或[放弃(U)]:@390<147↵   (画出 AB)

指定下一点或[放弃(U)]:(移动鼠标,看到 258°跟踪线,输入长度,394↵) (画出 BC)

指定下一点或[闭合(C)/放弃(U)]:(看到 255°跟踪线,输入长度 256↵) (画出 CD)

指定下一点或[闭合(C)/放弃(U)]:(看到 85°跟踪线,输入长度,414↵) (画出 DE)

指定下一点或[闭合(C)/放弃(U)]:(看到 275°跟踪线,输入长度 445↵) (画出 EF)

指定下一点或[闭合(C)/放弃(U)]:(看到 225°跟踪线,输入长度,389↵) (画出 FG)

指定下一点或[闭合(C)/放弃(U)]:c↵   (画出 GA)

3.2 几何约束

对象捕捉是在绘图过程中捕捉已有实体上的特殊点创建新的几何元素,但这种几何关系随着几何元素的位置变化而失效,如图 3.12(a)所示,已知圆,过点作圆的切线,若移动直线相切关系消除。几何约束是对已有的实体建立几何约束,而这种几何约束随着几何元素位置的变换约束继续有效,如图 3.12(b)所示,已知圆和直线建立了相切的几何关系,若移动直线或圆,其相切关系保持不变。

若几何约束与尺寸约束配合使用,可以实现参数化绘图,即形状由几何约束来控制,大小由尺寸约束来控制,一般的尺寸标注只有度量功能而没有驱动功能。

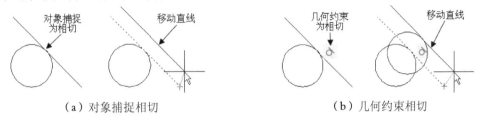

（a）对象捕捉相切　　　　　　　　　　　　（b）几何约束相切

图 3.12　对象捕捉与几何约束的区别

3.2.1　几何约束工具栏

AutoCAD 2016 提供了 12 种几何约束的类型。图 3.13 是几何约束工具栏图标及名称。

3.2.2　创建几何约束的两种方法

创建几何约束有两种方法:

1. 对已有实体建立几何约束

以图 3.14(a)为例,单击"重合"图标,约束两个点使其重合或约束一个点使其位于选定的对象上。

命令:单击 _GcCoincident

选择第一个点或［对象(O)/自动约束(A)］<对象>:（选择第一条直线的端点）

选择第二个点或［对象(O)］<对象>:（选择第二条直线的端点）

（出现点的标记后单击之,如图 3.14(b)所示）

结果如图 3.14(c)所示,注意:在建立几何约束的过程中,第一条直线的位置不变,若改变选择顺序,其操作结果如图 3.14(d)所示。若响应"对象"(O),则可以选择对象,然后选择点,使所选点与对象重合。若响应"自动约束"(A),按选定的对象自动约束或者无解。

图 3.13　几何约束工具栏

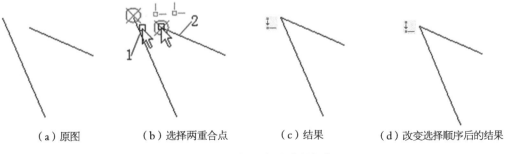

（a）原图　　　　（b）选择两重合点　　　　（c）结果　　　　（d）改变选择顺序后的结果

图 3.14　"重合"几何约束的操作

其他类型的几何约束功能及其操作见表 3-1。

表 3-1　几何约束的功能及其操作

类型	功　能	原　图	选择顺序	约束结果
垂直	约束两条直线或多段线线段,使其夹角为90°,第一个选定对象方位不变。		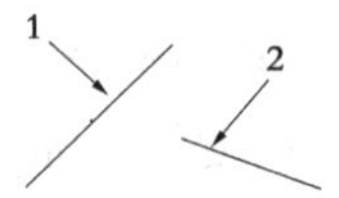	
平行	约束两条直线使其相互平行,第一个选定对象方位不变。		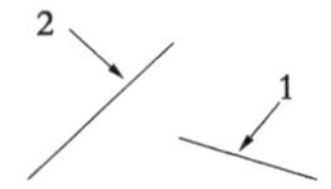	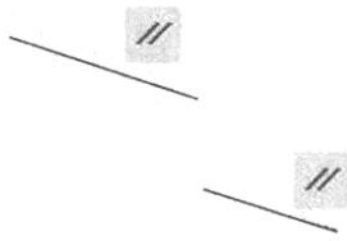
相切	约束两条曲线或直线与曲线,使其相切或与延长线相切,第一个选定对象方位不变。		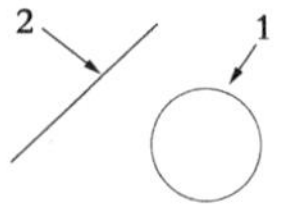	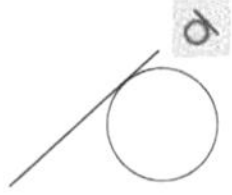
水平	约束一条直线或两点使其水平。	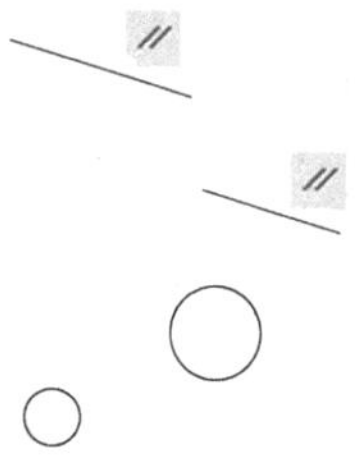	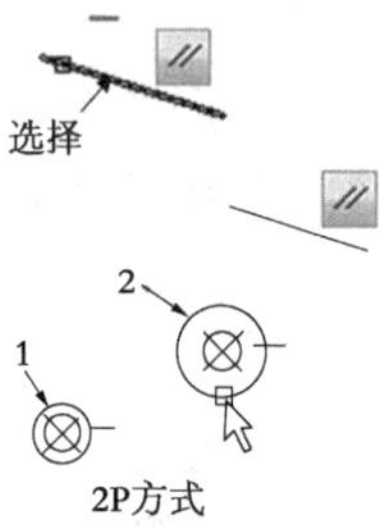	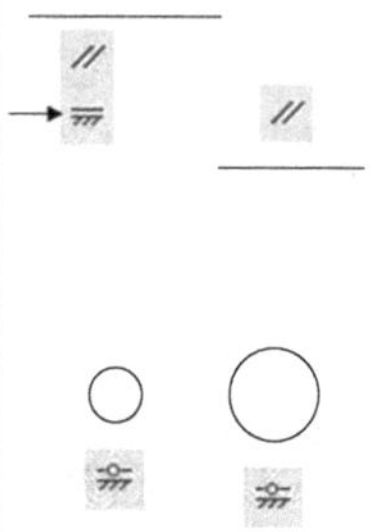
竖直	与"水平"类似,约束一条直线或两点使其竖直。光标靠近的那个端点不动。			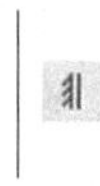
共线	约束两条直线使其共线。第一条选定的直线方位不变。	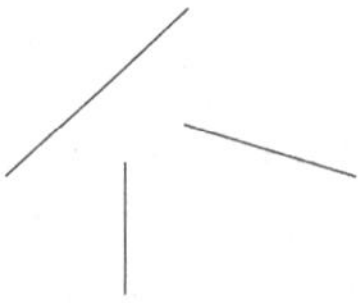	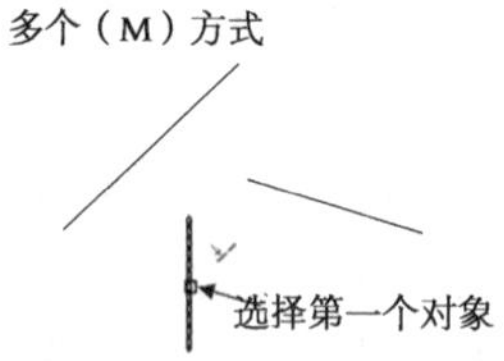	
同心	约束选定的圆、圆弧或椭圆同心,第一个选定对象的圆心不变。	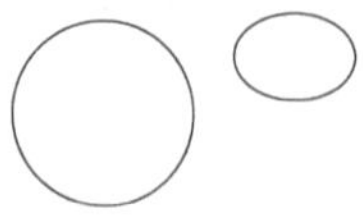	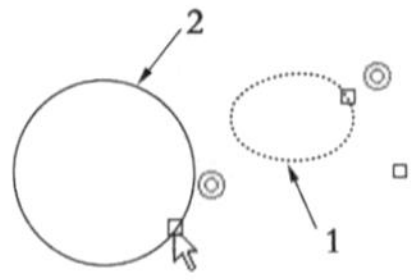	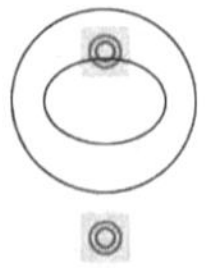
平滑	约束一条样条曲线与另一条样条曲线、直线、圆弧或多段线平滑连接。选定的第一个对象必须为样条曲线。		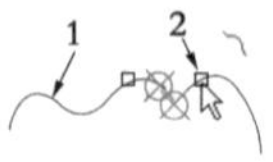	

（续表）

类型	功　能	原图	选择顺序	约束结果
对称	约束两个对象使其与对称线对称，也可以直接选择两点对称。第一个选定的对象大小、方位不变。			线对称 / 点对称 / 半径相等
相等	约束两条直线段使其具有相等的长度，或约束圆弧和圆具有相等的半径。第一个选定的对象大小、方位不变。			半径相等 / 圆心不变
固定	约束一个点或一个对象使其固定。		固定圆心 / 固定圆	圆心不变 / 圆固定不变

2. 作图时自动生成几何约束

打开(蓝显)屏幕下方"推断约束"功能键，若状态栏中未显示该图标，可在状态栏中单击"自定义"图标，勾选"推断约束"结合对象捕捉，自动生成几何约束。

如图 3.15(a)所示，已知两圆，打开"切点"对象捕捉模式，同时"推断约束"开，调用直线命

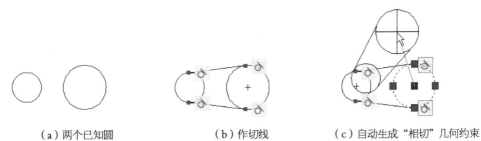

（a）两个已知圆　　　　（b）作切线　　　　（c）自动生成"相切"几何约束

图 3.15　几何约束的自动生成

令画出上下两条切线,如图3.15(b)所示,这时会看到"相切"几何约束自动生成,当拖动右端圆时,相切关系保持不变。如图3.15(c)所示。

3.2.3 几何约束的删除与隐藏

要删除或隐藏几何约束,前提条件必须使约束栏可见,可右击屏幕下方的"推断约束" 🖰,选择"设置",引出"约束设置"对话框,如图3.16所示,有关几何约束,可以勾选"推断几何约束",在"约束栏的显示设置"中选择全部约束栏,移动透明度滑尺,改变约束栏的透明度。

图3.16 约束设置对话框

几何约束一旦建立,便在对象附近自动显示几何约束栏,如图3.17(a)所示;当鼠标移至 ╳ 约束栏,使其蓝显并显示"垂直"标签,同时两直线醒目显示,如图3.17(b)所示;若要删除"垂直"几何约束,可右击 ╳ 约束栏,引出快捷菜单,如图3.17(c)所示,选择"删除";若要保持"垂直"约束,但又不想在画面上显示 ╳ 约束栏,可选择"隐藏"或"全部隐藏"或单击约束栏右上角"X",如图3.17(b)所示;当鼠标移至几何约束的对象时,会重现 ╳ 约束栏。

（a）两直线垂直   （b）约束栏标签   （c）约束栏的快捷菜单

图3.17 几何约束的删除和隐藏

3.3　二维绘图命令

在 AutoCAD 2016 中,命令选项可以直接在命令提示区看到🖑单击之 多边形(P),方便操作。

3.3.1　圆弧(ARC)

1. 命令调用

单击菜单栏"绘图"⇒"圆弧 ▶",或单击绘图工具栏"圆弧"图标 ⟋,或键入 ARC↵(或 A↵)。

2. 画弧方式及约定

(1) 给定弧上三点(3P 为缺省方式)。

(2) 给定起点、圆心和终点(S,C,E 或 C,S,E),从起点到终点按逆时针方向画弧。

(3) 给定起点、圆心和夹角(S,C,A 或 C,S,A),其中,夹角为圆弧所对应的圆心角,其值为正时,从起点按逆时针方向画弧;其值为负时,按顺时针方向画弧,角度单位为度。

(4) 给定起点、圆心和弦长(S,C,L 或 C,S,L),其中,弦长为正值时,按逆时针方向画短弧;弦长为负值时,按逆时针方向画长弧,如图 3.18 所示。

(5) 给定起点、终点和中心角(S,E,A),中心角约定与方式(3)相同。

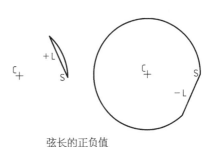

弦长的正负值

图 3.18　给定起点、圆心和弦长画弧

(6) 给定起点、终点和半径(S,E,R),其中,半径为正值时,按逆时针方向画劣(短)弧;半径为负值时,按逆时针方向画优(长)弧,如图 3.19 所示。

(7) 给定起点、终点和起点的切矢方向(S,E,D),其中,起点的切矢方向可用一点指定,该点与起点的连线确定切矢方向。

(8) 连续方式(CONTINUE),所画圆弧的起点是前面圆弧或直线的终点,方向相切或称一阶导数连续。操作时,只要以回车响应画弧方式,系统将自动给出起点与起点的切矢方向,然后输入终点即可。

以上 8 种画弧方式可选择。作图时必须确定绘制方式,牢记系统约定,注意当前点位置。

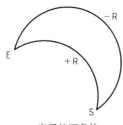

半径的正负值

图 3.19　给定起点、终点和半径画弧

3. 操作示例

绘制由直线和圆弧光滑连成的长圆形(图 3.20)。

命令:L↵　　　　　　　　　　　　(输入 LINE 命令)

_LINE 指定第一点:(用光标指定起点 S)

指定下一点或[放弃(U)]:@20<0↵(或 @20,0↵)

指定下一点或[放弃(U)]:↵　　　　(终止直线命令)

命令:A↵　　　　　　　　　　　　(输入"圆弧"命令)

_ARC 指定圆弧的起点或[圆心(C)]:↵　　(采用连续方式)

指定圆弧的端点:@15<90↵(或 @0,15↵)

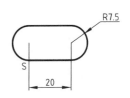

图 3.20　用"直线"、"圆弧"命令绘图

命令：L↵　　　　　　　　　　　　　　　　（输入 LINE 命令）

_LINE 指定第一点：↵　　　　　　　　　　　（采用连续方式）

直线长度：20↵　　　　　　　　（与切矢方向同向,长度数值为正）

指定下一点或[放弃(U)]：↵　　　　　　　　（终止直线命令）

命令：A↵　　　　　　　　　　　　　　　　（输入 ARC 命令）

_ARC 指定圆弧的起点或[圆心(C)]：↵　　　（采用接续方式）

指定圆弧的端点：捕捉 S 点或 @15<-90↵ 或 @0,-15↵

指定圆弧的端点：↵

　　本例的定点均采用输入坐标确定,也可借助正交或对象追踪方式,移动光标会出现一条水平线或垂直线,这条直线确定了输入点相对当前点的方向,然后输入两点间的距离,这样操作更简便。

3.3.2　多段线(PLINE)

1. 功能

可绘制具有给定宽度且起点和终点的宽度可相等也可不相等的连续线段,线段可以是直线或圆弧,该连续线段属于同一实体,可用编辑多段线(PEDIT)命令操作。

2. 命令调用

菜单栏"绘图"⇒"多段线",或绘图工具栏"多段线"图标 ,或键入 PLINE ↵（或 PL ↵）

3. 屏幕提示与选择

(1) 直线方式：

命令：PLINE↵

指定起点：(给定起点)

当前线宽为 0.0000

指定下一个点或[圆弧(A)/半宽(H)/长度(L)/放弃(U)/宽度(W)]：(输入下一点)

指定下一点或[圆弧(A)/闭合(C)/半宽(H)/长度(L)/放弃(U)/宽度(W)]：(输入下一点或选择操作)

各选项含义如下(选择时只需键入其大写字母并回车即可)：

●指定下一个点：默认方式,直接输入直线的端点。

●圆弧(A)：转入圆弧方式。

●闭合(C)：用直线段与起点相连,构成封闭折线并终止命令。

●半宽(H)：设置线的半宽,并要求给定起点与终点的半宽,绘制线段仍为全宽(半宽的两倍)。

●长度(L)：输入直线的长度,该直线与前面圆弧相切,或与前面直线同向。

●放弃(U)：删除最后画的一条线段,退回到前一点后可继续画线。

●宽度(W)：设置线的全宽,并要求输入起点与终点的宽度。

(2) 圆弧方式：当在直线方式的提示中选择"圆弧"(键入字母 A ↵)后,屏幕提示转入圆弧方式,提示如下：

指定圆弧的端点或[角度(A)/圆心(CE)/闭合(CL)/方向(D)/半宽(H)/直线(L)/半径(R)/第二个点(S)/放弃(U)/宽度(W)]：

各选项的含义和作用如下(与直线方式相同的提示不再重述)：

● 指定圆弧的端点:默认方式,直接输入圆弧的终点,所画圆弧与前面线段相切。

● 角度(A):要求输入圆弧的圆心角。

● 圆心(CE):要求输入圆弧的圆心。

● 闭合(CL):用圆弧闭合起点和终点,并结束命令。

● 方向(D):要求输入圆弧起点的切矢方向。

● 直线(L):转入直线方式。

● 半径(R):要求输入圆弧的半径。

● 第二个点(S):要求输入圆弧上的第二点。

4. 填充开关 FILL

调用 FILL 命令,选择 ON 或键入 1,可以绘制实心 PLINE;选择 OFF 或键入 0,绘制空心 PLINE。

5. 操作示例

例 3.4:用"多段线"PLINE 命令的直线方式绘制图 3.21。

(1) 按 F8 键,打开正交方式,水平移动鼠标确定点的方位,然后输入两点间的距离来确定端点的坐标。

(2) 绘图:

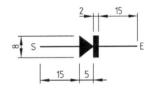

图 3.21 "多段线"命令的应用

命令:PLINE↵ (输入"多段线"命令)

_PLINE 指定起点:(用光标指定 S 点)

当前线宽为 0.0000

指定下一个点或[圆弧(A)/半宽(H)/长度(L)/放弃(U)/宽度(W)]:15↵

(绘制长度15,宽度为 0 的水平线)

指定下一点或[圆弧(A)/闭合(C)/半宽(H)/长度(L)/放弃(U)/宽度(W)]:w↵

(设置宽度)

指定起点宽度<0.0000>:8↵ (起点宽度)

指定端点宽度<8.0000>:0↵ (终点宽度)

指定下一点或[圆弧(A)/闭合(C)/半宽(H)/长度(L)/放弃(U)/宽度(W)]:5↵

(绘制长度为5,变宽度的水平线呈三角形)

指定下一点或[圆弧(A)/闭合(C)/半宽(H)/长度(L)/放弃(U)/宽度(W)]:w↵

指定起点宽度<0.0000>:8↵

指定端点宽度<8.0000>:↵

指定下一点或[圆弧(A)/闭合(C)/半宽(H)/长度(L)/放弃(U)/宽度(W)]:2↵

(绘制长度为2,等宽度的水平线)

指定下一点或[圆弧(A)/闭合(C)/半宽(H)/长度(L)/放弃(U)/宽度(W)]:w↵

指定起点宽度<8.0000>:0↵

指定端点宽度<0.0000>:↵

指定下一点或[圆弧(A)/闭合(C)/半宽(H)/长度(L)/放弃(U)/宽度(W)]:15↵

(绘制长度15,宽度为 0 的水平线)

指定下一点或[圆弧(A)/闭合(C)/半宽(H)/长度(L)/放弃(U)/宽度(W)]:↵或

(按 Esc 键)

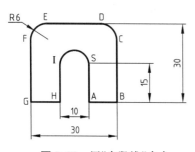

图 3.22 用"多段线"命令
绘制的平面图形

例 3.5：用 PLINE 命令绘制图 3.22。

从 S 点出发按逆时针方向绘制图形,点的定位方式同前例。

命令：PLINE↵

指定起点：(光标指定 S 点)

当前线宽为 0.0000

指定下一个点或[圆弧(A)/半宽(H)/长度(L)/放弃(U)/宽度(W)]：<正交开> 15↵　　　(画到 A 点)

指定下一点或[圆弧(A)/闭合(C)/半宽(H)/长度(L)/放弃(U)/宽度(W)]：10↵　　　(B 点)

指定下一点或[圆弧(A)/闭合(C)/半宽(H)/长度(L)/放弃(U)/宽度(W)]：24↵　　(C 点)

指定下一点或[圆弧(A)/闭合(C)/半宽(H)/长度(L)/放弃(U)/宽度(W)]：a↵

(转圆弧方式)

指定圆弧的端点或[角度(A)/圆心(CE)/闭合(CL)/方向(D)/半宽(H)/直线(L)/半径(R)/第二个点(S)/放弃(U)/宽度(W)]：@−6,6↵　　　(画到 D 点)

指定圆弧的端点或[角度(A)/圆心(CE)/闭合(CL)/方向(D)/半宽(H)/直线(L)/半径(R)/第二个点(S)/放弃(U)/宽度(W)]：1↵　　　(转直线方式)

指定下一点或[圆弧(A)/闭合(C)/半宽(H)/长度(L)/放弃(U)/宽度(W)]：18↵

(E 点)

指定下一点或[圆弧(A)/闭合(C)/半宽(H)/长度(L)/放弃(U)/宽度(W)]：a↵

(转圆弧方式)

指定圆弧的端点或[角度(A)/圆心(CE)/闭合(CL)/方向(D)/半宽(H)/直线(L)/半径(R)/第二个点(S)/放弃(U)/宽度(W)]：@−6,−6↵　　　(画到 F 点)

指定圆弧的端点或[角度(A)/圆心(CE)/闭合(CL)/方向(D)/半宽(H)/直线(L)/半径(R)/第二个点(S)/放弃(U)/宽度(W)]：1↵　　　(转直线方式)

指定下一点或[圆弧(A)/闭合(C)/半宽(H)/长度(L)/放弃(U)/宽度(W)]：24↵

(G 点)

指定下一点或[圆弧(A)/闭合(C)/半宽(H)/长度(L)/放弃(U)/宽度(W)]：10↵

(H 点)

指定下一点或[圆弧(A)/闭合(C)/半宽(H)/长度(L)/放弃(U)/宽度(W)]：15↵ (I 点)

指定下一点或[圆弧(A)/闭合(C)/半宽(H)/长度(L)/放弃(U)/宽度(W)]：a↵

(转圆弧方式)

指定圆弧的端点或[角度(A)/圆心(CE)/闭合(CL)/方向(D)/半宽(H)/直线(L)/半径(R)/第二个点(S)/放弃(U)/宽度(W)]：CL↵　　　(用圆弧闭合)

3.3.3　定数等分(DIVIDE)

1. 功能

对选定的一个实体按等分数从实体的起点开始等分,整圆等分起点为零度点,等分数可从 2 至 32767。在等分点处以预先设置的点标记或图形块显示,等分点可用"NOD"(节点)对象类型捕捉,等分后的实体仍为一个实体。

在等分点处插入图形块(BLOCK)时,该图形块必须是当前文件中的内部块,如同极点阵列,块可按等分实体的法线方向校正或不校正(关于图形块的有关知识,将在第五章中介绍)。

2. 命令调用

单击菜单栏"绘图"⇒"点▶"⇒"",或键入 DIVIDE ↵(或 DIV ↵)。

3. 操作顺序

(1) 以点的标记显示等分点:命令(DIV ↵)→选择等分实体→输入等分数。

(2) 以图形块显示等分点:命令(DIV ↵)→选择等分实体→B→输入块名→↵(校正)或 N ↵(不校正)→输入等分数。

4. 操作示例

例 3.6:对闭合的多段线作五等分(图 3.23):

命令:DIVIDE ↵

选择要定数等分的对象:(选择多段线)

输入线段数目或[块(B)]:6 ↵　　　(从起点开始六等分)　**图 3.23**　等分 PLINE

为使等分点可见,须在等分前预先设置点的合适样式(菜单栏"格式"⇒"点样式")。

例 3.7:对圆弧五等分,并在等分点处显示图形块(图 3.24)。

等分前将椭圆定义成块,块名为 Ellipse。

命令:DIVIDE ↵

选择要定数等分的对象:(选择圆弧)

输入线段数目或[块(B)]:b ↵　　　　　　　　　　　　　(插入图块)

输入要插入的块名:Ellipse ↵　　　　　　　　　(在等分前已经定义图形块)

是否对齐块和对象?[是(Y)/否(N)]<Y>:↵　　(图 3.24(a))或 N ↵(图 3.24(b))

输入线段数目:5 ↵　　　　　　　　　　　　　　　　　(输入等分数)

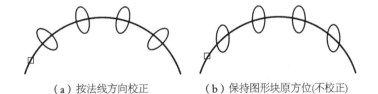

(a)按法线方向校正　　　　(b)保持图形块原方位(不校正)

图 3.24　在等分点处插入图形块

3.3.4　定距等分(MEASURE)

1. 功能

该命令与"定数等分"(DIVIDE)命令的功能基本相同,但"定距等分"(MEASURE)是按给定长度在选定的实体上进行分割,量截到小于定长度为止,测量起点为靠近选择点的一端。

2. 命令调用

单击菜单栏"绘图"⇒"点▶"⇒"",或键入 MEASURE ↵(或 ME ↵)。

3. 操作示例(图 3.25)

命令:ME ↵_MEASURE

选择要定距等分的对象:(点取要量截的直线)

指定线段长度或[块(B)]：15 ↵ （测量长度）

为使测量点可见，等分前须预先设置点的合适样式。

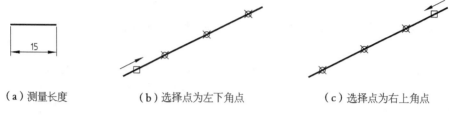

（a）测量长度　　　　　（b）选择点为左下角点　　　　（c）选择点为右上角点

图 3. 25　按给定长度量截线段

3.3.5　样条曲线（SPLINE）

1. 功能

将给定数据点拟合成一条二维或三维的样条曲线，也可把由多段线拟合的样条转换为样条曲线。样条曲线为一个实体，可用样条编辑命令 SPLINEDIT 修改。

2. 命令调用

单击菜单栏"绘图"⇒"样条曲线"，或单击绘图工具栏"样条曲线"图标 ～，或键入 SPLINE ↵（或 SPL ↵）。

3. 屏幕提示与选择

命令：SPLINE ↵ _SPLINE

当前设置：方式＝拟合　节点＝弦

指定第一个点或[方式(M)/节点(K)/对象(O)]：（输入起点）

输入下一个点或[起点切向(T)/公差(L)]：（输入第二点或选项关键字）

输入下一个点或[端点相切(T)/公差(L)/放弃(U)]：（输入下一点或选项关键字）

输入下一个点或[端点相切(T)/公差(L)/放弃(U)/闭合(C)]：（输入下一点或选项关键字）

各选项的含义和作用如下：

● 方式(M)：控制样条曲线是使用拟合点(F)还是使用控制点(CV)来创建。

● 节点(K)：当选择"拟合点"(F)方式创建样条曲线，便会出现该选项，它是一种计算方法，指定节点参数化，用来确定样条曲线中连续拟合点之间的零部件曲线如何过渡。（SPLKNOTS 系统变量）

● 对象(O)：选择用样条曲线拟合的多段线，转换为样条曲线。

● 闭合(C)：闭合样条曲线，并要求输入闭合处的切矢方向（指定点），确定样条走向。

● 拟合公差(L)：要求输入拟合公差，它可以控制样条曲线与给定点的接近程度。数值为 0 时，通过给定点。

● 放弃(U)：在提示中该选项不出现（实际存在），可依次退回到前一点，重新输入新的点。

● 起点切向(T)：当给出了样条曲线上的第一、第二点后，就开始出现该选项，按 Enter 键，则终止命令。

● 端点切向(T)：设置端点的切矢角度来控制样条曲线的方向。

4. 操作示例

给定 S、A、B、C、D、E 点，绘制样条曲线，如图 3.26 所示。

命令：SPLINE ↵_SPLINE

当前设置：方式＝拟合　节点＝弦

指定第一个点或［方式（M）/节点（K）/对象（O）］：

（用光标指定 S 点）　　　　（光标指定或输入坐标）

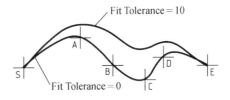

图 3.26　不同拟合公差绘制的样条曲线

输入下一个点或［起点切向（T）/公差（L）］：

（指定 A 点）

输入下一个点或［端点相切（T）/公差（L）/放弃

（U）］：（指定 B 点）

输入下一个点或［端点相切（T）/公差（L）/放弃（U）/闭合（C）］：（指定 C 点）

输入下一个点或［端点相切（T）/公差（L）/放弃（U）/闭合（C）］：（指定 D 点）

输入下一个点或［端点相切（T）/公差（L）/放弃（U）/闭合（C）］：（指定 E 点）

输入下一个点或［端点相切（T）/公差（L）/放弃（U）/闭合（C）］：↵　　　　　（结束命令）

3.3.6　修订云线（REVCLOUD）

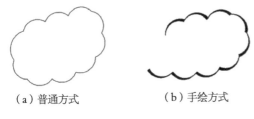

（a）普通方式　　　　（b）手绘方式

图 3.27　闭环与开环云线

1. 功能

用于创建由连续圆弧组成的多段线来构成云形对象，如图 3.27 所示。也可以将闭合对象（例如圆、椭圆、闭合的多段线或闭合的样条曲线）转换为修订云线。将闭合对象转换为修订云线时，如果将变量 DELOBJ 设置为 1（默认值），原始对象将被删除，如图 3.28

（a）所示。绘制的云线为一个实体。使用修订云线可亮显要查看的图形部分，以提高工作效率。

2. 命令调用

单击菜单栏"绘图"⇒"修订云线"，或单击绘图工具栏"修订云线"图标 或键入 REVCLOUD ↵。

3. 屏幕提示与选择

命令：REVCLOUD ↵_REVCLOUD

最小弧长：15　最大弧长：20　样式：普通　类型：徒手画

指定第一个点或［弧长（A）/对象（O）/矩形（R）/多边形（P）/徒手画（F）/样式（S）/修改（M）］<对象>：（指定第一点）

沿云线路径引导十字光标...（移动光标形成云线）

（碰到起点形成封闭云线并退出命令，按 Enter 形成开环云线）

反转方向［是（Y）/否（N）］<否>：↵（方向不变）Y ↵　　　　（反转云线方向）

修订云线完成。

其余各选项含义如下：

● 弧长（A）：设置弧长，依次给定云线的最小弧长与最长弧长。弧长也可以指点两点确定。

● 对象（O）：选择已有实体将其转换为云线。

● 矩形（R）：参考矩形的两角点画云线。依次给定矩形的两角点。如图 3.28（b）所示。

● 多边形(P)：给定多边形的顶点自动生成封闭云线。如图 3.28(c)所示。

● 修改(M)：添加或删除云线的侧边。单击此项,系统提示如下：

选择要修改的多段线：(选择想修改的云线)　　　　　　　(选择云线最近点默认为起点)

指定下一个点或[第一个点(F)]：(指定云线的通过点)

指定下一个点或[放弃(U)]：(指定云线的通过点)

指定下一个点或[放弃(U)]：↵

拾取要删除的边：(选择要删除的云线)　　　　　　　　　　　　　　　　[图 3.28(d)]

● 样式(S)：设置圆弧样式,其样式分"普通 N"与"手绘 C"两种,N 样式绘制等宽度云线,C 样式绘制变宽度云线。如图 3.27(b)所示。

修订云线也可以直接拖到界标点控制云线的形状。

4. 操作示例

将椭圆转换为云线,如图 3.28(a)所示。

（a）0-对象方式　　　　（b）R-矩形方式　　　（c）P-多边形方式　　（d）M-修改方式

图 3.28　修订云线方式

命令：DELOBJ ↵

输入 DELOBJ 的新值<1>：0 ↵

命令：REVCLOUD ↵_REVCLOUD

最小弧长:17　最大弧长:34　样式:普通

指定起点或[弧长(A)/对象(O)/样式(S)]<对象>：↵

选择对象：(选择椭圆)

反转方向[是(Y)/否(N)]<否>：↵

修订云线完成。

3.3.7　二维填充(SOLID)

1. 功能

绘制一个任意四边形或三角形为边界的空心(系统变量 Fill 为 OFF 时)或实心(Fill 为 ON 时)图形。

2. 命令调用

键入 SOLID ↵(或 SO ↵)。

3. 顶点连接次序

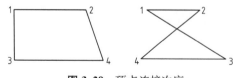

图 3.29　顶点连接次序

顶点连接按 1→2→4→3→1 次序构图,如图 3.29 所示。当 1 与 2 或 3 与 4 重合时,绘制三角

形。"二维填充"(SOLID)命令可连续绘制四边形,且前一图形的
3、4 点为后一图形的 1、2 点,若以 Enter 键响应第三点,则命令
结束。

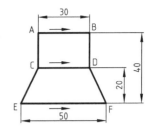

图 3.30　用"二维填充"命令
绘制空心图形

4. 操作示例

例 3.8:绘制空心图形(图 3.30)。

命令:FILL↵

输入模式[开(ON)/关(OFF)]<开>:off ↵或 0↵

命令:SOLID ↵_SOLID

指定第一点:(用光标指定 A 点)

指定第二点:@30<0↵　　　　　　　　　　　　　　　　　　(B 点)

指定第三点:@−30,−20↵　　　　　　　　　　　　　　　　(C 点)

指定第四点或 <退出>:@30<0↵　　　　　　　　　　　　　(D 点)

指定第三点:@−40,−20↵　　　　　　　　　　　　　　　　(E 点)

指定第四点或 <退出>:@50,0↵　　　　　　　　　　　　　(F 点)

指定第三点:↵

例 3.9:绘制实心图形(图 3.31)。

图 3.31　SOLID 命令
绘制实心图形

命令:FILL↵

FILL 输入模式[开(ON)/关(OFF)]<关>:on ↵

命令:SOLID ↵

指定第一点:(用光标指定点 1)

指定第二点:(用光标指定点 2)

指定第三点:(用光标指定点 3)

指定第四点或 <退出>:(用光标指定点 4)

指定第三点:↵　　　　　　　　　　　　　　　　　　　　(命令结束)

3.3.8　矩形(RECTANGLE)

1. 功能

给定矩形的两个对角点绘制矩形,对矩形的四个角可倒棱角或倒圆角,绘制的矩形为一个
由多段线构成的实体。

2. 命令调用

单击菜单栏"绘图"⇒"矩形",或单击绘图工具栏"矩形"图标▢,或键入 RECTANG↵
(或 REC↵)。

3. 操作示例

例 3.10:绘制图 3.32(a)所示的矩形。

命令:RECTANGLE ↵_RECTANG

指定第一个角点或[倒角(C)/标高(E)/圆角(F)/厚度(T)/宽度(W)]:(指定左下角点)

指定另一个角点或[面积(A)/尺寸(D)/旋转(R)]:@30,20↵

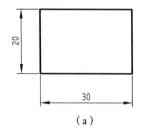
（a）

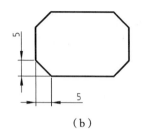
（b）

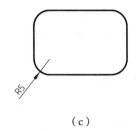
（c）

图3.32 用"矩形"（RECTANGLE）命令绘制不同矩形

例3.11：绘制倒棱角的矩形，见图3.32(b)。

命令：↵_RECTANG　　　　　　　　　　　　　　　　　　（重复前道命令）

指定第一个角点或[倒角(C)/标高(E)/圆角(F)/厚度(T)/宽度(W)]：c↵

（设置倒角距离）

指定矩形的第一个倒角距离<0.0000>：5↵　　　　　　　　（距离为5）

指定矩形的第二个倒角距离<5.0000>：↵　　　　　　　　（距离为5）

指定第一个角点或[倒角(C)/标高(E)/圆角(F)/厚度(T)/宽度(W)]：（指定左下角点）

指定另一个角点或[面积(A)/尺寸(D)/旋转(R)]：@30,20↵

注：若第一距离和第二距离不同，从起点开始，按逆时针方向排序线段，并在前第一和后一线段上分别截取第一距离和第二距离。两对角点为倒角前的两边交点（下同）。

例3.12：绘制倒圆角的矩形，见图3.32(c)。

命令：↵_RECTANG　　　　　　　　　　　　　　　　　　（重复前道命令）

当前矩形模式：　倒角=5.0000×5.0000

指定第一个角点或[倒角(C)/标高(E)/圆角(F)/厚度(T)/宽度(W)]：f↵

指定矩形的圆角半径<5.0000>：↵　　　　　　　　　　　（半径取缺省值）

指定第一个角点或[倒角(C)/标高(E)/圆角(F)/厚度(T)/宽度(W)]：（指定左下角点）

指定另一个角点或[面积(A)/尺寸(D)/旋转(R)]：@30,20↵

选项中，"标高(E)"，"厚度(T)"用于三维绘图。

3.3.9　正多边形（POLYGON）

1. 功能

用于绘制正多边形，是由多段线构成的同一个实体。

2. 命令调用

单击菜单栏"绘图"⇒"正多边形"，或单击绘图工具栏正多边形图标 ⬠，或键入POLYGON↵（或POL↵）。

3. 绘制方式

（1）边长（Edge）方式：给定边数和一条边的两端点，按逆时针方向绘制各边。

（2）I/C方式：给定边数和指定多边形中心以及外接圆或内切圆半径。

4. 操作示例

例3.13：用Edge方式绘制一边长为15的正五边形（图3.33）。

命令：POLYGON↵

_POLYGON 输入侧面数<4 >：5 ↵

指定正多边形的中心点或[边(E)]：e↵

指定边的第一个端点：(用光标指定 A 点)

指定边的第二个端点：@15<0↵ (图 3.33(a))或

@15<180↵ 或 (看到水平跟踪线 键入 15↵)(图 3.33

(b))

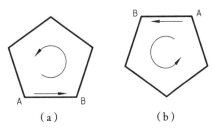

图 3.33　用"边长"(Edge)方式
绘制正五边形

例 3.14：用 I/C 方式作一外接圆半径或内切圆半

径为 10 的正五边形，如图 3.34 所示。

命令：POLYGON ↵

POLYGON 输入侧面数<5 >：↵　　　　　　　　　　　　　　　　　(边数)

指定正多边形的中心点或[边(E)]：(用光标指定中心)　　(外接圆或内切圆的圆心)

输入选项[内接于圆(I)/外切于圆(C)]<I>：I↵ (或 C↵)

指定圆的半径：10 ↵　　(半径以数值响应，底边水平；半径以点响应，该点与中心的连线即

为圆的半径。同时确定了多边形放置方向)

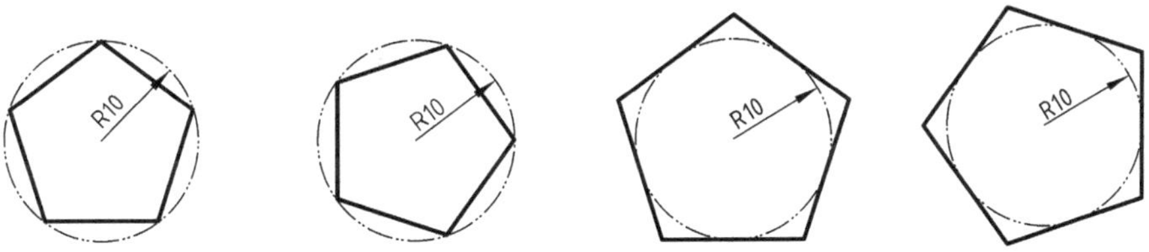

半径以10响应　　　　　半径以@10,0响应　　　　　半径以10响应　　　　　半径以@10,0响应

(a) I方式(正多边形内接于圆周)　　　　　　(b) C方式(正多边形外切于圆周)

图 3.34　用 I/C 方式作正五边形

3.3.10　椭圆(ELLIPSE)

1. 功能

用于绘制平面图中的椭圆或椭圆弧；轴测图中平行于坐标面的圆或圆弧。绘制的椭圆中
心和长、短轴端点可分别用 CEN(圆心)，QUA(象限点)对象类型捕捉。

2. 命令调用

单击菜单栏"绘图"⇒"椭圆▶"，或单击绘图工具栏椭圆图标，或键入 ELLIPSE ↵(或
EL ↵)。

3. 绘制方式与操作示例

(1) "轴、端点"方式：给定椭圆一根轴的两端点(E1，E2)和另一根轴的半长(D)，如图

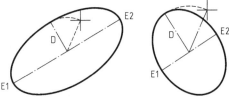

图 3.35　用"轴、端点"方式绘制椭圆

3.35 所示，操作如下：

命令：ELLIPSE ↵

_ELLIPSE 指定椭圆的轴端点或[圆弧(A)/中
心点(C)]：(输入端点 E1)

指定轴的另一个端点：(输入端点 E2)

指定另一条半轴长度或[旋转(R)]：(输入另

一半轴长度或用点响应,该点到椭圆中心的距离为半轴长度。)

(2) 旋转(Rotation)方式:给定椭圆长轴的两端点 E1,E2,以长轴为直径的圆绕长轴旋转的角度,角度的最大值为 89.4°,该角度使圆投影成相应的椭圆,如图 3.36 所示,操作如下:

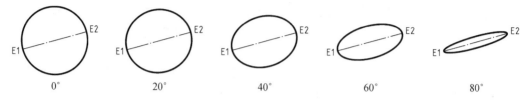

图 3.36 用旋转方式绘制椭圆

命令:ELLIPSE↵

_ELLIPSE 指定椭圆的轴端点或[圆弧(A)/中心点(C)]:(输入端点 E1)

指定轴的另一个端点:(输入端点 E2)

指定另一条半轴长度或[旋转(R)]:R↵　　　　　　　　　　　(选择旋转方式)

指定绕长轴旋转的角度:(输入角度或以点响应)

(椭圆心与该点连线的方向角为输入角度)

(3) 中心(Center)方式:给定椭圆中心(C)、一根轴的端点(E1)和另一根轴的半长或旋转角度,如图 3.37 所示。

操作如下:

命令:ELLIPSE↵

_ELLIPSE 指定椭圆的轴端点或[圆弧(A)/中心点(C)]:C↵

指定椭圆的中心点:(输入椭圆中心 C)

指定轴的端点:(输入端点 E1)

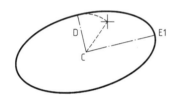

图 3.37 用"中心"方式绘制椭圆

指定另一条半轴长度或[旋转(R)]:(输入半轴长度 D 或指点,也可选择旋转方式绘制椭圆)

(4) "等轴测"(I)方式:先设置轴测坐标系:单击菜单栏"工具"⇒"绘图设置"⇒"捕捉和栅格"⇒"等轴测捕捉"⇒确定。此时,调用 ELLIPSE 命令就会出现"等轴测圆"(I)选项,可以绘制圆的轴测图。

在 AutoCAD 2016 中增加了在底部状态栏的图标设置,如图 3.38(a)所示,激活"等轴测草图",单击右侧三角形,勾选轴测平面进行切换,打开状态栏中的"正交跟踪",绘制轴测图比先前版本要方便得多。

绘制图 3.38(b)所示圆半径为 15 的轴测投影,操作如下:

(a)轴测平面设置　　(b)侧平等轴测圆的绘制

图 3.38 等轴测圆的设置与绘制

命令:ELLIPSE↵

_ELLIPSE 指定椭圆轴的端点或[圆弧(A)/中心点(C)/等轴测圆(I)]:C↵

指定等轴测圆的圆心:(输入圆心)

指定等轴测圆的半径或[直径(D)]:15↵　　(或以点响应,该点与中心的距离即为半径)

(5) "圆弧(A)"方式:椭圆弧是先按上述画椭圆的方法构造椭圆,然后按给定的条件在椭圆上按逆时针方向截取椭圆弧。若以角度确定椭圆弧,始终以椭圆中心指向第一端点为 0°方向,逆时针为正,顺时针为负。图 3.39(a)的操作如下。

命令：ELLIPSE↵

_ELLIPSE

指定椭圆的轴端点或[圆弧(A)/中心点(C)]：↵ （选择画椭圆弧方式）

指定椭圆弧的轴端点或[中心点(C)]：（输入端点 $E1$）

指定轴的另一个端点：（输入端点 $E2$）

指定另一条半轴长度或[旋转(R)]：（输入另一半轴长度）

指定起始角度或[参数(P)]：0↵

（输入起始角，C 至 $E1$ 为 0°方向，也可以点 A 响应(图 3.39(c))

指定终止角度或[参数(P)/包含角度(I)]：270↵（或以点 B 响应）(图 3.39(c))，
(也可键入 I↵，再输入椭圆弧所对的总张角)(图 3.39(b))

其中"参数(P)"选项，是利用椭圆区域与整个椭圆区域面积之比来定义椭圆弧夹角。

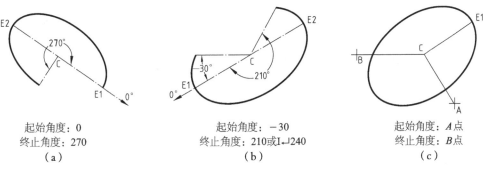

起始角度：0 　　　　　 起始角度：−30 　　　　　 起始角度：A 点
终止角度：270 　　　　 终止角度：210或I↵240 　 终止角度：B 点
（a） 　　　　　　　　（b） 　　　　　　　　（c）

图 3.39　用"圆弧(A)"方式绘制椭圆弧

3.3.11　圆环(DONUT)

1. 作图条件

给定内直径和外直径及圆心，可连续绘制多个平面圆环。当内直径为 0 时，圆环为一实心圆。

2. 命令调用

单击菜单栏"绘图"⇒◎"圆环"，或键入 DONUT ↵（或 DO ↵）

3. 操作示例（图 3.40）

命令：DONUT ↵_DONUT

指定圆环的内径<0.5000 >：14↵

指定圆环的外径<1.0000 >：20↵

指定圆环的中心点或 <退出>：（输入圆心 C）

指定圆环的中心点或 <退出>：↵（或继续输入圆心）

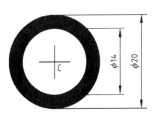

图 3.40　圆环
（终止命令）

3.3.12　多线(MLINE)

多线由若干称为元素的平行线组成，每一元素由其到中心的偏距来定义。中心自身偏距为 0，图 3.41 为一典型多线偏距示意图。

1. 设置多线样式

绘制多线应先设置样式。

图3.41　多线偏距示意图

（1）命令调用：单击菜单栏"格式"⇒"多线样式"，或键入 MLSTYLE ↵。

（2）多线设置：命令调用后，引出如图 3.42 所示"多线样式"对话框，当前的多线样式名为"STANDARD"，由两条平行线组成，总间距为1，端头形式为垂直不封口。注意，不能编辑 STANDARD 多线样式，或图形中正在使用的任何多线样式的元素和多线特性。要编辑现有多线样式，必须在使用该样式绘制任何多线之前进行。

单击 新建 按钮，引出"创建新的多线样式"对话框，如图 3.43 所示，输入 USER 新样式名，单击 继续 按钮，引出"修改多线样式"对话框，如图 3.44 所示。也可在"说明"栏内输入多线样式的说明，便于选择调用。

对话框右边的"图元"栏用于设置平行线条数，单击 添加 按钮增加平行线，单击 删除 按钮擦除平行线。设置位置（由偏移数值确定）、颜色、线型时，注意相互对应。

左边"封口"用于改变多线端头的形式（图3.45），端头形式可以自由组合，设置效果可在"多线样式"对话框中的预览框显示。端头形式仅对非闭合的多线有效。

"填充"栏设定多线是否填充及填充颜色。

若选择下方的"显示连接"，在预览框内会显示中间转折点的端头形式。

图3.42　"多线样式"对话框

图3.43　"创建新的多线样式"对话框　**图3.44　"USER 多线样式"对话框**

不封口　　　　直线　　　　　　外弧　　　　　　内弧　　　　　直线 角度＝45°

图3.45　多线端头形式

设定完毕按 确定 ，返回到"多线样式"对话框，见图 3.46。"预览"框内显示"USER"多线样式,"说明"栏显示对应的多线说明。单击 确定 ,完成多线样式设定,若按 保存 按钮,可将多线样式以"Mln"文件类型保存,在其他作业中就可按 加载 按钮调用。一个图形文件中可以设置多个样式,从"样式"列表中选择一个名称,然后选择"置为当前"。设置用于后续创建的多线的当前多线样式。注意,不能删除STANDARD多线样式、当前多线样式或正在使用的多线样式。

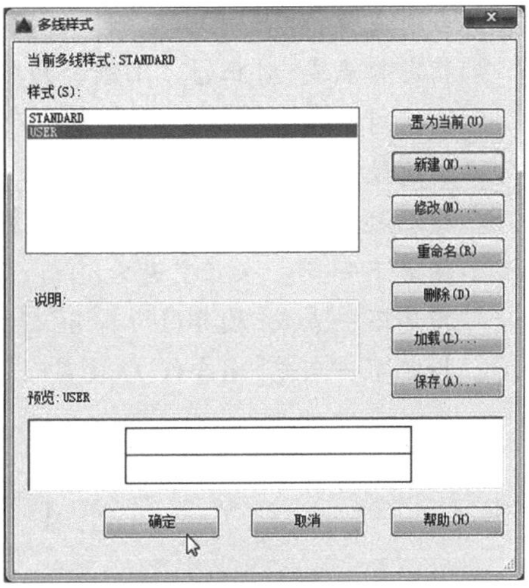

2. 绘制多线(MLINE)

(1) 命令调用:单击菜单栏"绘图"⇒"多线",或键入 MLINE ↙(或 ML ↙)。

命令调用后,系统提示:

当前设置:对正＝上,比例＝20.00,样式＝STANDARD

指定起点或[对正(J)/比例(S)/样式(ST)]:j↙

输入对正类型[上(T)/无(Z)/下(B)]<上>:

(2) 命令选项的含义:

●对正(J):设置走笔部位。有三种部位可供选择:"上(T)"、"无(Z)"和"下(B)",如图3.47所示。

图 3.46　新建样式后的"多线样式"对话框

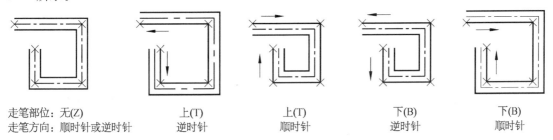

| 走笔部位:无(Z) | 上(T) | 上(T) | 下(B) | 下(B) |
| 走笔方向:顺时针或逆时针 | 逆时针 | 顺时针 | 逆时针 | 顺时针 |

图 3.47　多线的走笔部位、走笔方向示意图

按逆时针方向画线时用 T 方式,多线偏于走向的右侧;用 B 方式,多线偏于走向的左侧;按顺时针方向画线时,均反向;用 Z 方式时与画线走向无关。

●比例(S):偏距的比例系数。注意缺省值是20(不是1)。虽然标准多线的原始缺省的总偏距为1,但多线的实际间距是20。

●样式(S):要求选用设置好的样式。

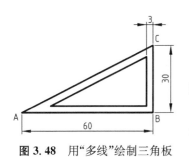

图 3.48　用"多线"绘制三角板

(3) 操作示例:

绘制如图3.48所示的三角板。

命令:ML ↙

_MLINE 当前设置:对正＝上,比例＝20.00,样式＝STANDARD

指定起点或[对正(J)/比例(S)/样式(ST)]:s绘制多线应先设置样式

输入多线比例<20.00>:3 ↙　　　　　　　　　(1×3＝3)

当前设置:对正＝上,比例＝3.00,样式＝STANDARD

指定起点或[对正(J)/比例(S)/样式(ST)]:j↵

输入对正类型[上(T)/无(Z)/下(B)]<上>:b↵

当前设置:对正＝下,比例＝3.00,样式＝STANDARD

指定起点或[对正(J)/比例(S)/样式(ST)]:(指定 A 点)

指定下一点: <正交开> 60↵　　　　　　　　　　　　　(B 点打开正交方式)

指定下一点或[放弃(U)]:30↵　　　　　　　　　　　　(C 点)

指定下一点或[闭合(C)/放弃(U)]:c↵　　　　　　　　(与 A 点闭合)

3.4　实验及操作指导

【实验 3.1】 练习连续捕捉对象类型的设置方法。

【要求】 以已有长方形中心为圆心作一圆(绘图环境 A3,尺寸自定,保留一种方法所画的图形)。

【操作指导】

(1) 设置"中点"为连续捕捉的对象类型:单击图标█或将光标移至 对象捕捉 按钮,右击"设置"→选择"中点"对象类型→单击 确定 按钮或直接在光标菜单中选择"中点",这种方法操作更快捷。

(2) 调用"圆"命令,在"_circle 指定圆的圆心或[三点(3P)/两点(2P)/相切、相切、半径

图 3.49　对象追踪

(T)]:"提示下,按功能键 F11 或单击下方的"对象捕捉追踪"按钮,使其蓝显。当移动光标在 AB 上出现中点标记时,向上移动光标出现垂直虚线,将光标继续向 AD 中点移近出现中点标记。继续移动光标至长方形的中心附近,当出现如图 3.49 所示的两虚线(跟踪线)交点符号"×"时单击圆心即被确定(注意:看到中点标记不要按键)。

指定圆的半径或[直径(D)]<3.0000>:(输入圆的半径)

【实验 3.2】 练习"平行线"对象类型的捕捉方法。

【要求】 按图 3.50(a)所示尺寸,用 1:1 比例绘制 ABCD 菱形(在实验 3.1 文件中继续作图,不另建新图)。

【操作指导】 用直线命令绘制 ABC 两线段,用"平行线"对象捕捉类型。

操作步骤如下:

命令:L↵

_line 指定第一点:(用光标指定 A 点)

指定下一点或[放弃(U)]:@30<30↵

指定下一点或[放弃(U)]:@30<－30↵

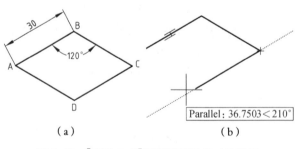

(a)　　　　　　　　　(b)

图 3.50　【实验 3.2】题图及平行线对象捕捉

指定下一点或[闭合(C)/放弃(U)]:

单击平行图标 ⁄⁄ ,移动到平行对象 *AB* 附近出现平行标记,不要按键,继续移动光标至 *D* 点附近会出现一条与对象相平行的虚线,如图 3.50(b)所示,同时出现提示:

_PAR 到 30↵ （输入直线的长度）

指定下一点或[闭合(C)/放弃(U)]:C↵ （与起点闭合,终止直线命令）

【实验 3.3】 练习对象追踪的操作方法。

【要求】 在【实验 3.2】的菱形 *ABCD* 内,按标注尺寸加画两个直径为 6 的小圆(图 3.51)。

【操作指导】 单击画圆工具图标 ⊙ ,在"_circle 指定圆的圆心或[三点(3P)/两点(2P)/相切、相切、半径(T)]:"提示下,相对于 *A* 点向右拖出一条跟踪线,然后输入 15 ↵ ,再输入圆的半径 3 ↵ ,按同样方法绘制右边小圆。

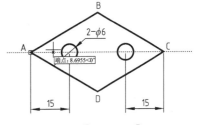

图 3.51 【实验 3.3】题图

【实验 3.4】 练习"等分"(DIVIDE)命令的操作。

【要求】 按尺寸用 1:1 绘制如图 3.52(a)所示屋架图(另建文件,绘图界限 6 000×3 000)。

【操作指导】

(1) 按 F8 键打开正交方式,用"直线"(LINE)命令从 *A* 点画到 *B* 点、*C* 点、*D* 点、*E* 点。

(2) 用 Fro(捕捉自)对象类型相对于 *A* 点确定 *F* 点的坐标后与起点 *A* 闭合,再用"定数等分"命令将 *EF* 直线五等分,见图 3.52(b)。

具体操作如下:

命令:L↵ _line 指定第一点:（光标定点）

指定下一点或[放弃(U)]:<正交开>2200 ↵

指定下一点或[放弃(U)]:1500 ↵

指定下一点或[闭合(C)/放弃(U)]:1500 ↵

指定下一点或[闭合(C)/放弃(U)]:1350 ↵

指定下一点或[闭合(C)/放弃(U)]: _from 基点:单击 *A* 点<偏移>:@1500,500 ↵

指定下一点或[闭合(C)/放弃(U)]:c ↵

命令:divide ↵

选择要定数等分的对象:（点选直线 *EF*）

输入线段数目或[块(B)]:5 ↵

(3) 调用"直线"(LINE)命令,打开"端点"和"节点"对象类型捕捉,连接相应的端点和等分点,见图 3.52(c)。

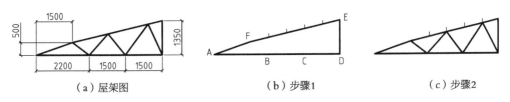

（a）屋架图 （b）步骤1 （c）步骤2

图 3.52 【实验 3.4】题图及操作步骤

图 3.53 【实验 3.5】题图

【实验 3.5】 练习对象捕捉方法在绘图中的综合应用。

【要求】 按尺寸 1:1 绘制图 3.53(在实验 3.3 同一文件中继续作图,不另建新图)。

【操作指导】 (见图 3.54)

(1) 调用"圆"(CIRCLE)命令绘制直径为 80 的圆,见图 3.54(a)。

(2) 调用"正多边形"(POLYGON)命令的"I"方式且半径以点(用"象限点"捕捉)响应,绘制正方形见图 3.54(b)。

(3) 调用"直线"命令用"端点"或"象限点"或"交点"等对象捕捉绘制两相交直线,见图 3.54(c)。

(4) 调用"圆"命令的"三点"方式绘制四边形的内切圆,圆弧上的三点用"相切"对象类型捕捉,见图 3.54(d)。

(5) 再次调用"圆"命令的"二点"方式绘制 4 个小圆,小圆直径上的两点分别用"中点"和"垂直"(指点 φ80 圆周)对象类型捕捉,见图 3.54(e)。

(6) 调用"圆弧"(ARC)的"三点"方式绘制 4 段圆弧,三点依次采用"交点"、"中点"、"圆心"等对象捕捉,见图 3.54(f)。

将【实验 3.1】至【实验 3.5】的全部图形存盘。

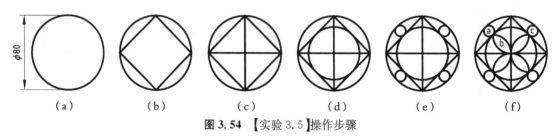

图 3.54 【实验 3.5】操作步骤

【实验 3.6】 继续练习对象追踪的操作方法。

【要求】 按尺寸 1:1 绘制如图 3.55 所示的三视图,用对象跟踪方法确定对齐点(建新图,绘图环境 A3)。

【操作指导】

(1) 设置"端点"为连续捕捉的对象类型。单击图标 🔍 ,选择"端点"对象类型,单击 OK 按钮。

(2) 设置正交跟踪状态。按功能键 F3 、 F8 和 F11 或单击 捕捉 、 正交 和 对象追踪 按钮,使其凹显。

(3) 绘图操作步骤:

① 绘制主视图:

命令: L↙

_line 指定第一点:(用光标指定 S 点)

指定下一点或[放弃(U)]:(光标下移后键入 40 ↙)

指定下一点或[放弃(U)]:(光标右移后键入 40 ↙)

指定下一点或[闭合(C)/放弃(U)]:(光标上移后键入 40 ↙)

指定下一点或[闭合(C)/放弃(U)]:(光标左移后键入 10 ↙)

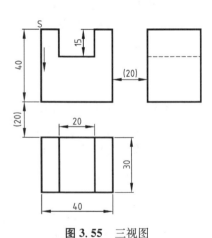

图 3.55 三视图

指定下一点或[闭合(C)/放弃(U)]：（光标下移后键入 15 ↵）

指定下一点或[闭合(C)/放弃(U)]：（光标左移后键入 20 ↵）

指定下一点或[闭合(C)/放弃(U)]：（光标上移后键入 15 ↵）

指定下一点或[闭合(C)/放弃(U)]：c ↵

② 绘制俯视图。

③ 绘制左视图。绘制两视图时，大多数的点都可用对象跟踪的方法确定，注意观察跟踪线（参照实验 3.1）。

【实验 3.7】 练习圆弧的各种绘制方法。

【要求】 用不同操作方法，按图示尺寸 1∶1 绘制图 3.56。

【操作指导】 本图可用圆弧命令和不同方法，从 S 点出发，按逆时针方向绘制。

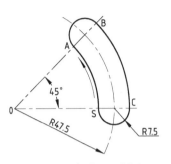

图 3.56 实验 3.7 题图

(1) 用键入"圆弧"命令的方法绘制：

① 用"起点、圆心、角度"或"起点、圆心、端点"方式绘制 *SA* 弧：

命令：A ↵

ARC 指定圆弧的起点或[圆心(C)]：（指定 *S* 点）

指定圆弧的第二个点或[圆心(C)/端点(E)]：C ↵

指定圆弧的圆心：@40 <180 ↵　　　　　　　　　　　　（确定 *O* 点）

指定圆弧的端点或[角度(A)/弦长(L)]：A ↵

指定包含角：45 ↵　　　　　　　　　　　　　　　　　（圆心角）

② 用接续方式绘制 *AB* 弧：

命令：↵

ARC 指定圆弧的起点或[圆心(C)]：↵

指定圆弧的端点：@15 <45 ↵

③ 用"起点，圆心，角度"方式绘制 *BC* 弧：

命令：↵

ARC 指定圆弧的起点或[圆心(C)]：@↵　　　　　　　　（*B* 点为起点）

指定圆弧的第二个点或[圆心(C)/端点(E)]：C ↵

指定圆弧的圆心：（捕捉 *O* 点）

指定圆弧的端点或[角度(A)/弦长(L)]：A ↵

指定包含角：—45 ↵

④ 用接续方式绘制 *CS* 弧：

命令：↵

ARC 指定圆弧的起点或[圆心(C)]：↵

指定圆弧的端点：@15 <180 ↵

(2) 调用菜单栏的"圆弧"命令及与方法(1)对应的绘制方式绘制本图，单击"绘图"⇒"圆弧"⇒(绘制方式)后，依次输入该方式所需的参数(操作过程略)。

(3) 调用 PLINE 命令绘制。

命令：PL ↵

_pline 指定起点：（指定 S 点）

当前线宽为 1.0000

指定下一个点或[圆弧(A)/半宽(H)/长度(L)/放弃(U)/宽度(W)]：A↵

指定圆弧的端点或[角度(A)/圆心(CE)/方向(D)/半宽(H)/直线(L)/半径(R)/第二个点(S)/放弃(U)/宽度(W)]：ce↵

指定圆弧的圆心：@40 <180↵

指定圆弧的端点或[角度(A)/长度(L)]：A↵

指定包含角：45↵

指定圆弧的端点或[角度(A)/圆心(CE)/闭合(CL)/方向(D)/半宽(H)/直线(L)/半径(R)/第二个点(S)/放弃(U)/宽度(W)]：@15 <45↵

指定圆弧的端点或[角度(A)/圆心(CE)/闭合(CL)/方向(D)/半宽(H)/直线(L)/半径(R)/第二个点(S)/放弃(U)/宽度(W)]：ce↵

指定圆弧的圆心：@55 <-135↵

指定圆弧的端点或[角度(A)/长度(L)]：A↵

指定包含角：-45↵

指定圆弧的端点或[角度(A)/圆心(CE)/闭合(CL)/方向(D)/半宽(H)/直线(L)/半径(R)/第二个点(S)/放弃(U)/宽度(W)]：CL↵

【实验3.8】 练习"多段线"命令的操作。

【要求】 用"多段线"命令按图示尺寸1:1绘制图3.57(a)、(b)、(c)、(d)。

【操作指导】

(1) 图3.57(a)操作：

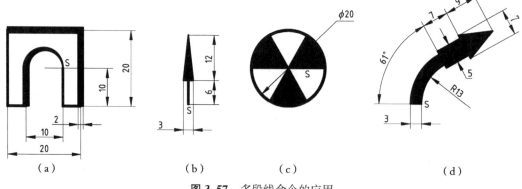

（a）　　　　　　（b）　　　　　　（c）　　　　　　（d）

图3.57 多段线命令的应用

命令：PLINE↵

指定起点：（指定 S 点）

当前线宽为 0.0000

指定下一个点或[圆弧(A)/半宽(H)/长度(L)/放弃(U)/宽度(W)]：（光标下移输入 10↵）

指定下一点或[圆弧(A)/闭合(C)/半宽(H)/长度(L)/放弃(U)/宽度(W)]：（光标右移输入 5↵）

指定下一点或[圆弧(A)/闭合(C)/半宽(H)/长度(L)/放弃(U)/宽度(W)]：W↵

指定起点宽度<0.0000 >：2↵

指定端点宽度<2.0000 >：↵

指定下一点或［圆弧（A）/闭合（C）/半宽（H）/长度（L）/放弃（U）/宽度（W）］：（光标上移输入 20 ↵）

指定下一点或［圆弧（A）/闭合（C）/半宽（H）/长度（L）/放弃（U）/宽度（W）］：（光标左移输入 20 ↵）

指定下一点或［圆弧(A)/闭合(C)/半宽(H)/长度(L)/放弃(U)/宽度(W)］：W↵

指定起点宽度<2.0000 >：0 ↵

指定端点宽度<0.0000 >：↵

指定下一点或［圆弧（A）/闭合（C）/半宽（H）/长度（L）/放弃（U）/宽度（W）］：（光标下移输入 20 ↵）

指定下一点或［圆弧（A）/闭合（C）/半宽（H）/长度（L）/放弃（U）/宽度（W）］：（光标右移输入 5 ↵）

指定下一点或［圆弧（A）/闭合（C）/半宽（H）/长度（L）/放弃（U）/宽度（W）］：W↵

指定起点宽度<0.0000 >：2 ↵

指定端点宽度<2.0000 >：↵

指定下一点或［圆弧（A）/闭合（C）/半宽（H）/长度（L）/放弃（U）/宽度（W）］：（光标上移输入 10 ↵）

指定下一点或［圆弧(A)/闭合(C)/半宽(H)/长度(L)/放弃(U)/宽度(W)］：A↵

指定圆弧的端点或

［角度(A)/圆心(CE)/闭合(CL)/方向(D)/半宽(H)/直线(L)/半径(R)/第二个点(S)/放弃(U)/宽度(W)］：W↵

指定起点宽度<2.0000 >：↵

指定端点宽度<2.0000 >：0 ↵

指定圆弧的端点或［角度(A)/圆心(CE)/闭合(CL)/方向(D)/半宽(H)/直线(L)/半径(R)/第二个点(S)/放弃(U)/宽度(W)］：C↵

有歧义的响应,请澄清...CEnter 或 CLose?　CL↵

（2）图 3.57(b)操作：

命令：PLINE↵

指定起点：（指定 S 点）

当前线宽为 0.0000

指定下一个点或［圆弧（A）/半宽（H）/长度（L）/放弃（U）/宽度（W）］：（光标上移输入 6 ↵）

指定下一点或［圆弧（A）/闭合（C）/半宽（H）/长度（L）/放弃（U）/宽度（W）］：W↵

指定起点宽度<0.0000 >：3 ↵

指定端点宽度<3.0000 >：0 ↵

指定下一点或［圆弧（A）/闭合（C）/半宽（H）/长度（L）/放弃（U）/宽度（W）］：（光标上移输入 12 ↵）

指定下一点或［圆弧(A)/闭合(C)/半宽(H)/长度(L)/放弃(U)/宽度(W)］：↵

（3）图 3.57(c)操作：

命令：CIRCLE↵

指定圆的圆心或[三点(3P)/两点(2P)/相切、相切、半径(T)]：（光标指定圆心）

指定圆的半径或[直径(D)]：10↵

命令：PLINE↵

指定起点（对象追踪圆心右移光标后输入 5↵）

当前线宽为 0.0000

指定下一个点或[圆弧(A)/半宽(H)/长度(L)/放弃(U)/宽度(W)]：W↵

指定起点宽度<0.0000>：10↵

指定端点宽度<10.0000>：↵

指定下一个点或[圆弧(A)/半宽(H)/长度(L)/放弃(U)/宽度(W)]：A↵

指定圆弧的端点或[角度(A)/圆心(CE)/方向(D)/半宽(H)/直线(L)/半径(R)/第二个点(S)/放弃(U)/宽度(W)]：CE↵

指定圆弧的圆心：（捕捉圆心）

指定圆弧的端点或[角度(A)/长度(L)]：A↵

指定包含角：60↵

指定圆弧的端点或[角度(A)/圆心(CE)/闭合(CL)/方向(D)/半宽(H)/直线(L)/半径(R)/第二个点(S)/放弃(U)/宽度(W)]：↵

调用"阵列""镜像"或"pline"命令完成全图。

（4）图 3.57(d)操作：

命令：单击"多段线" 图标

_PLINE↵

指定起点：（指定 S 点）

当前线宽为 3.0000↵

指定下一个点或[圆弧(A)/半宽(H)/长度(L)/放弃(U)/宽度(W)]：A↵

指定圆弧的端点或[角度(A)/圆心(CE)/方向(D)/半宽(H)/直线(L)/半径(R)/第二个点(S)/放弃(U)/宽度(W)]：CE↵

指定圆弧的圆心：@13,0↵

指定圆弧的端点或[角度(A)/长度(L)]：A↵

指定圆弧的端点或[角度(A)/长度(L)]：A 指定包含角：−61↵

指定圆弧的端点或[角度(A)/圆心(CE)/闭合(CL)/方向(D)/半宽(H)/直线(L)/半径(R)/第二个点(S)/放弃(U)/宽度(W)]：W↵

指定起点宽度<3.0000>：5↵

指定端点宽度<5.0000>：↵

指定圆弧的端点或[角度(A)/圆心(CE)/闭合(CL)/方向(D)/半宽(H)/直线(L)/半径(R)/第二个点(S)/放弃(U)/宽度(W)]：L↵

指定下一点或[圆弧(A)/闭合(C)/半宽(H)/长度(L)/放弃(U)/宽度(W)]：L↵

指定直线的长度：7↵

指定下一点或[圆弧(A)/闭合(C)/半宽(H)/长度(L)/放弃(U)/宽度(W)]：W↵

指定起点宽度<5.0000 >：7↵

指定端点宽度<7.0000 >：0↵

指定下一点或［圆弧(A)/闭合(C)/半宽(H)/长度(L)/放弃(U)/宽度(W)］：L↵

指定直线的长度：9↵

指定下一点或［圆弧(A)/闭合(C)/半宽(H)/长度(L)/放弃(U)/宽度(W)］：　↵

【实验3.9】　练习"圆"、"正多边形"、"椭圆"命令的操作。

【要求】　按图示尺寸1∶1绘制图3.58。

【操作指导】

(1) 调用"圆"命令的"圆心,半径"方式绘制φ20和φ60两个圆,见图3.59(a)。

(2) 调用"正多边形"命令的"I"方式绘制正六边形,见图3.59(b)。

(3) 调用"椭圆"命令的"中心(C)"方式绘制三椭圆,椭圆的端点可捕捉六边形顶点,另一轴半径均为10,见图3.59(c)。

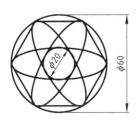

图3.58 【实验3.9】题图

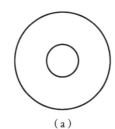 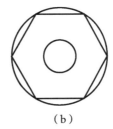 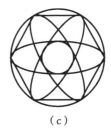

(a)　　　　　　　　(b)　　　　　　　　(c)

图3.59 【实验3.9】操作步骤

思考与练习

1. 连续捕捉与临时捕捉在操作时有何区别?

2. 在正文图3.3的三角形中,若要过切点作对边的垂线,那么切点和垂足该用何种对象类型捕捉?

3. 在多线绘制中有哪几种走笔方式?

4. 如何设置多线的样式? 多线偏距的比例系数的缺省值是多少?

5. 用"多段线"和"直线"命令绘制多段连续的直线,区别何在?

6. 解释"正多边形"命令中的"内接(I)"、"外切(C)"和"边(E)"绘制方式?

7. 正文中图3.56的BC弧能否用"起点,圆心,端点"方式绘制?

8. 椭圆的中心和轴的端点各用什么对象类型捕捉?

9. 选择合适的绘图命令,1∶1绘制图一、二、三。

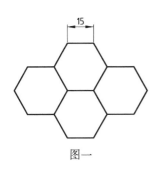 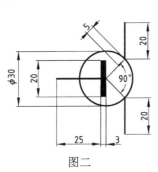 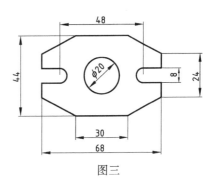

图一　　　　　　　　　　图二　　　　　　　　　　图三

10. 按 1∶1 画出由下列操作过程所生成的图形(先在纸上作图,然后上机验证)。

命令:PLINE↵

_PLINE 指定起点:(用光标在屏幕中定点)

当前线宽为 0.0000

指定下一个点或[圆弧(A)/半宽(H)/长度(L)/放弃(U)/宽度(W)]:@40＜90↵

指定下一点或[圆弧(A)/闭合(C)/半宽(H)/长度(L)/放弃(U)/宽度(W)]:w↵

指定起点宽度<0.0000 >:↵

指定端点宽度<0.0000 >:2↵

指定下一点或[圆弧(A)/闭合(C)/半宽(H)/长度(L)/放弃(U)/宽度(W)]:@30＜0↵

指定下一点或[圆弧(A)/闭合(C)/半宽(H)/长度(L)/放弃(U)/宽度(W)]:@40＜－90↵

指定下一点或[圆弧(A)/闭合(C)/半宽(H)/长度(L)/放弃(U)/宽度(W)]:w↵

指定起点宽度<2.0000 >:0↵

指定端点宽度<0.0000 >:↵

指定下一点或[圆弧(A)/闭合(C)/半宽(H)/长度(L)/放弃(U)/宽度(W)]:@7＜－180↵

指定下一点或[圆弧(A)/闭合(C)/半宽(H)/长度(L)/放弃(U)/宽度(W)]:@20＜90↵

指定下一点或[圆弧(A)/闭合(C)/半宽(H)/长度(L)/放弃(U)/宽度(W)]:w↵

指定起点宽度<0.0000 >:↵

指定端点宽度<0.0000 >:1↵

指定下一点或[圆弧(A)/闭合(C)/半宽(H)/长度(L)/放弃(U)/宽度(W)]:A↵

指定圆弧的端点或

[角度(A)/圆心(CE)/闭合(CL)/方向(D)/半宽(H)/直线(L)/半径(R)/第二个点(S)/放弃(U)/宽度(W)]:@16＜180↵

指定圆弧的端点或

[角度(A)/圆心(CE)/闭合(CL)/方向(D)/半宽(H)/直线(L)/半径(R)/第二个点(S)/放弃(U)/宽度(W)]:l↵

指定下一点或[圆弧(A)/闭合(C)/半宽(H)/长度(L)/放弃(U)/宽度(W)]:@20＜－90↵

指定下一点或[圆弧(A)/闭合(C)/半宽(H)/长度(L)/放弃(U)/宽度(W)]:w↵

指定起点宽度<1.0000 >:0↵

指定端点宽度<0.0000 >:↵

指定下一点或[圆弧(A)/闭合(C)/半宽(H)/长度(L)/放弃(U)/宽度(W)]:C↵

命令:ARC↵

_arc 指定圆弧的起点或[圆心(C)]:(用光标指定起点)

指定圆弧的第二个点或[圆心(C)/端点(E)]:C↵

指定圆弧的圆心:@20＜210↵

指定圆弧的端点或[角度(A)/弦长(L)]:@0,20↵

命令:↵

ARC 指定圆弧的起点或[圆心(C)]:↵

指定圆弧的端点：@20<210↵

命令：↵

ARC 指定圆弧的起点或[圆心(C)]：@↵

指定圆弧的第二个点或[圆心(C)/端点(E)]：c↵

指定圆弧的圆心：@5<－30↵

指定圆弧的端点或[角度(A)/弦长(L)]：A↵

指定包含角：210↵

命令：↵

ARC 指定圆弧的起点或[圆心(C)]：↵

指定圆弧的端点：@16,0↵

命令：↵

ARC 指定圆弧的起点或[圆心(C)]：↵

指定圆弧的端点：（捕捉起点）

第四章

图 形 编 辑

本章知识点

- 编辑对象的选择方式。
- 各种编辑命令的功能及其操作。
- 各种编辑命令的使用场合和条件。

对已作的图形进行修改、复制、移动等操作均称为图形编辑。AutoCAD 2016 提供了多种编辑命令,为用户加快绘图速度、提高工作效率创造了条件。

4.1 编辑对象的选择方式

在已有的实体中选择要编辑的对象,常用的有以下几种方式:

1. 直接指点方式(默认方式)

调用编辑命令后,系统出现选择对象的提示,原先的十字光标变成一个小方块,将小方块移至实体的任何部位后单击,实体就被选中。选中的实体将醒目显示(加粗蓝显)。同时,在命令提示区以文本显示选中的实体个数。对一次可编辑多个对象的命令,可作连续选择,若要结束选择,可按 Enter 或空格键或右击。

2. 完全窗口方式

当小方块未碰到实体就单击,再移动光标便出现一个矩形窗口,指定窗口的对角点(矩形窗彩显),窗口就被确定。若第二个角点位于第一个角点的右侧(先左后右),为完全窗口(拖出的窗口呈实线),只有完全包含在窗口内的实体才被选中。

3. 交叉窗口方式

若窗口的角点顺序为先右后左,则为交叉窗口(拖出的窗口呈虚线),这时除完全包含在窗口内的实体当然被选中外,与窗口边界接触到的实体也被选中。

4. L(LAST)方式

键入 L↵,系统自动选择了最后画的实体。

5. P(PREVIOUS)方式

键入 P↵,系统自动选择前一次选择过的实体。

6. All 方式

键入 ALL↵,系统自动选择全部实体。

7. F(Fence)方式

键入 F↵,要求输入篱笆的顶点(类似于直线命令),凡穿越篱笆线的实体都被选中。

8. R(Remove)方式

键入 R↵,转为扣除模式,然后用指点或窗口框选方式选取多选的实体,也可按住 Shift 键不放,选择要扣除的目标,实际操作时这种方式更简便。

9. A(Add)方式

在扣除模式下,键入 A↵,从扣除模式转为增加模式,然后继续选择要编辑的实体。

4.2　编辑命令

使用编辑命令时可打开其工具栏图标,如图 4.1 所示。

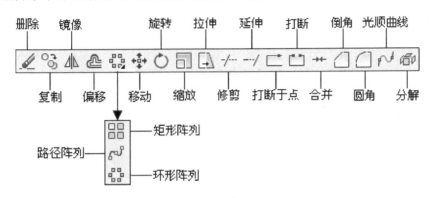

图 4.1 编辑命令的工具栏

4.2.1　删除(ERASE)

1. 功能

擦除选中实体的全部。

2. 命令调用

单击菜单栏"修改"⇒"删除",或单击编辑工具栏"删除"图标 ✐,或键入 ERASE↵(或 E↵)。

3. 操作顺序

命令(E↵)→选择实体→选完按↵。

4. 操作示例

调用"删除"(ERASE)命令,按图 4.2 所示的选择实体过程,擦除指定的线条,图中全部线段均由 LINE 命令绘制,最后画的线段为 L2。

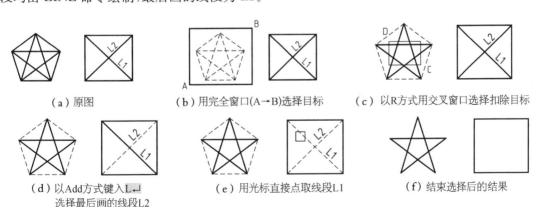

（a）原图　　（b）用完全窗口(A→B)选择目标　　（c）以R方式用交叉窗口选择扣除目标

（d）以Add方式键入L↵　　（e）用光标直接点取线段L1　　（f）结束选择后的结果
选择最后画的线段L2

图 4.2 用"删除"命令擦除选择的实体

具体操作如下：

命令：ERASE↵

选择对象：指定对角点：（用光标指定 A 点和 B 点形成完全窗口）找到 6 个　　（图 4.2(b)）

选择对象：指定对角点：（按住 Shift 用光标指定 C 点和 D 点形成交叉窗口）找到 5 个，删除 5 个，总计 1 个　　　　　　　　　　　　　　　　　（扣除多选对象图 4.2(c)）

选择对象：L↵ 找到 1 个，总计 2 个　　　　　　　　　（选择最后画的线段 L2 图 4.2(d)）

选择对象：（用光标指定线段 L1）找到 1 个，总计 3 个　　　　　　　　　（图 4.2(e)）

选择对象：↵　　　　　　　　　　　　　　　（选择结束，擦除选中的实体图 4.2(f)）

4.2.2　恢复(OOPS)

1. 功能

恢复最后一次用"删除"(ERASE)命令擦除的实体，若最后一次擦除多个实体，则恢复相应实体。它可以紧接在命令之后，也可隔开其他命令之后使用。

2. 命令调用

键入 OOPS↵。

4.2.3　放弃(UNDO)

1. 功能

废除前一道或前几道命令所做的工作(包括屏幕控制等各种命令的操作)。

2. 命令调用

单击标准工具栏"放弃"图标↶，或键入 UNDO↵(或 U↵)。

3. 操作示例

命令：UNDO↵

输入要放弃的操作数目或[自动(A)/控制(C)/开始(BE)/结束(E)/标记(M)/后退(B)]<1>：（输入要废除的命令数↵）

（其他选择项，主要用于控制自动废除命令的数量或起止位置。）

若废除前一道命令，可按U↵或单击顶端的↶，连续执行该命令，可以返回到初始屏幕。也可直接点开"放弃"图标右下角的下拉列表，在下拉列表中点取要放弃的命令，如图 4.3 所示。

图 4.3　"放弃"命令的下拉列表

4.2.4　重做(REDO)

1. 功能

恢复刚用 U 或 UNDO 命令废除的操作结果。

2. 命令调用

单击标准工具栏图标↷，或键入 REDO↵。

4.2.5　修剪(TRIM)

1. 功能

主要功能是用一条或几条线段剪除与之相交的另一条或几条线段的一部分(以交点为

界）。前者称为裁剪边,后者称为被裁剪（或要剪除)的对象。还可用于以某些线段为边界延伸未与之相交的线段使与之相交。

裁剪边和被裁剪目标可以未经延长相交,也可以是延长相交。被裁剪的目标不能是整段线,只能是线段的一部分。操作时按住 Shift 键选择要延伸的对象。

2. 命令调用

单击菜单栏"修改"⇒"修剪",或单击编辑工具栏"修剪"图标 ⁄ ,或键入 TRIM↵（或 TR↵)。

3. 操作顺序

命令(TR↵)→选择裁剪边(选择结束按↵)→选取要剪除的对象→↵。

或命令(TR↵)→↵(屏幕上的全部实体为裁剪边)→选取要剪除的对象→↵。

4. 操作示例

(1) 用"修剪"命令修剪图 4.4。

命令：TRIM↵

当前设置:投影＝UCS,边＝无

（当前设置:投影模式为用户坐标、边界模式为可延伸裁剪边界)

选择剪切边…

选择对象或<全部选择>：↵

（选择全部实体为裁剪边界)

选择要修剪的对象,或按住 Shift 键选择要延伸的对象,或[栏选(F)/窗交(C)/投影(P)/边（E)/删除（R）/放弃（U）]：（**用光标逐一点取要剪除的目标**)

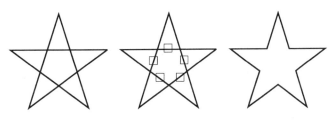

（a）修剪前　（b)逐一点取要剪除的目标　（c）修剪后

图 4.4 调用 TRIM 命令修剪五角星

选择要修剪的对象,或按住 Shift 键选择要延伸的对象,或[栏选(F)/窗交(C)/投影(P)/边(E)/删除(R)/放弃(U)]：↵

（退出 TRIM 命令)

(2) 用"修剪"命令的"栏选"(篱笆)方式,完成图 4.5 中多余线段的修剪。

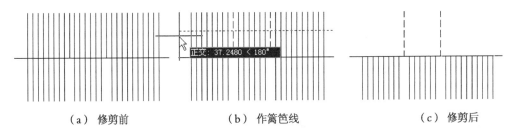

（a）修剪前　　　　（b）作篱笆线　　　　（c）修剪后

图 4.5　用"修剪"命令和"栏选"方式修剪多余线段

命令：TRIM↵

_TRIM 当前设置:投影＝UCS,边＝无选择剪切边…

选择剪切边…

选择对象或<全部选择>：↵

（选择全部实体为裁剪边界)

选择要修剪的对象,或按住 Shift 键选择要延伸的对象,或[栏选(F)/窗交(C)/投影(P)/边(E)/删除(R)/放弃(U)]：f↵

（选用栏选方式)

指定第一个栏选点：<对象捕捉关>（光标指定第一点）　　　　　　　　（篱笆线的第一点）

指定下一个栏选点或[放弃(U)]：（光标指定第二点）

（篱笆线的第二点，虚线为独立线段不修剪。）

指定直线的端点或[放弃(U)]：↵　　　　　　　　　　　　　　　（退出篱笆线）

选择要修剪的对象，或按住 Shift 键选择要延伸的对象，或[栏选(F)/窗交(C)/投影(P)/
边(E)/删除(R)/放弃(U)]：↵　　　　　　　　　　　　（完成后退出 TRIM 命令）

（3）用"修剪"命令的"窗交"选择方式，完成图 4.6 的修剪。

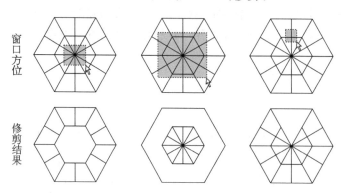

图 4.6 用"修剪"命令的"窗交"(c)方式修剪

命令：TRIM ↵

当前设置：投影＝UCS，边＝无

选择剪切边...

选择对象或<全部选择>：↵　　　　　　　　　　　　（选择全部实体为裁剪边界）

选择要修剪的对象，或按住 Shift 键选择要延伸的对象，或[栏选(F)/窗交(C)/投影(P)/
边(E)/删除(R)/放弃(U)]：（指定交叉窗口的第一个角点）　　　　（按图示位置确定窗口）

指定对角点：（光标指定窗口的第二角点）　　　　　（修剪与窗口边线相交的对象）

选择要修剪的对象，或按住 Shift 键选择要延伸的对象，或[栏选(F)/窗交(C)/投影(P)/
边(E)/删除(R)/放弃(U)]：↵　　　　　　　　　　　　　　　（退出 TRIM 命令）

AutoCAD 2016 中，开窗时同步预览修剪结果，被剪除的实体呈灰显。读者不妨改变窗口
的方向，观察修剪结果的变化。

4.2.6 打断(BREAK)

1. 功能

将线段部分擦除或断开成两个实体。

（a）断开前　（b）选择断开目标及断开点　（c）断开后

图 4.7 BREAK 命令的应用

2. 命令调用

单击菜单栏"修改"⇒"打断"，或单击编辑工具栏"打断"图标，或键入 BREAK↵（或 BR↵）。

3. 操作顺序

命令(BREAK↵)→选择要断开的一个实体（光标点取的位置为第一断点）→指定第二断点（该点可以指点在实体外，如图 4.7 所示）。

或命令(BREAK↵)→选择要断开的一个实体(若光标点取的位置不是第一断点)→F↵→
重新指定第一断点→指定第二断点。

4. 操作示例

用"打断"命令断开圆周(图4.8)。

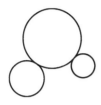　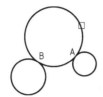　

（a）断开前　　　　（b）选择断开目标及断开点　　　（c）断开后

图 4.8　"打断"命令的应用

命令：BREAK ↵_BREAK

选择对象：(选择大圆)

指定第二个打断点或[第一点(F)]：f↵　　　　　　　　　　　（需重新指定第一断点）

指定第一个打断点：(用"交点"模式捕捉 A 点)　　　　　　　　（第一断点）

指定第二个打断点：(捕捉 B 点)　　　　　　　　　　　　　（第二断点）

注意：圆弧的断开,从第一断点至第二断点按逆时针方向断开。

直接用"打断于点"□⁺ 命令,指定一点将线段一切
为二,操作过程见图4.9。

命令：单击图标□⁺

_BREAK 选择对象：(选择直线)

指定第二个打断点或[第一点(F)]：_f

指定第一个打断点：(捕捉中点)

指定第二个打断点：@

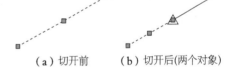

（a）切开前　　（b）切开后(两个对象)

图 4.9　"打断于点"命令的应用

（自动退出 BREAK 命令）

4.2.7　合并(JOIN)

1. 功能

合并相似对象以形成一个完整的对象,可将圆弧或椭圆弧闭合为整圆和椭圆,是断开
(BREAK)命令的逆向操作。

2. 命令调用

单击菜单栏"修改"⇒"合并",或单击编辑工具栏"合并"图标 ⊶ ,或键入 JOIN ↵(或 J ↵)。

3. 操作顺序

命令(JOIN ↵)→选择源对象→选择要合并到源的对象→选择要合并到源的对象→……↵

4. 操作示例

合并前　　　合并后

图 4.10　合并直线

(1) 用"合并"命令合并直线(图4.10)。

命令：JOIN ↵_JOIN 选择源对象或要一次合并的多个对
象：(选择一条直线)找到 1 个

选择要合并的对象：(选择另一段直线)找到1个,总计2个

选择要合并的对象：↵

2 条直线已合并为 1 条直线 （退出 JOIN 命令）

也可直接选择要合并的两个对象,操作更快捷,操作过程如下:

命令：JOIN ↵

命令：_JOIN 选择源对象或要一次合并的多个对象：(指定选择窗口的第一角点)

指定对角点：(指定选择窗口的第二角点)找到 2 个

选择要合并的对象：↵

2 条直线已合并为 1 条直线 （退出 JOIN 命令）

合并前　　　合并后

图 4.11　圆弧合并成整圆

已将圆弧转换为圆。

(2) 用"合并"命令将圆弧合并成圆(图 4.11)。

命令：JOIN ↵

命令： _JOIN 选择源对象或要一次合并的多个对象：(选择圆弧)找到 1 个

选择要合并的对象：↵

选择圆弧,以合并到源或进行[闭合(L)]：L↵

（退出 JOIN 命令）

(3) 用"合并"命令合并两段圆弧(图 4.12)。

命令：JOIN ↵_JOIN

选择源对象或要一次合并的多个对象：(选择第一段圆弧)找到 1 个

(按选择顺序从一到二逆时针方向合并圆弧,也可直接窗选两段圆弧)

选择要合并的对象：(选择第二段圆弧)找到 1 个,总计 2 个

(如图 4.12 所示)

选择要合并的对象：↵

2 条圆弧已合并为 1 条圆弧

（退出 JOIN 命令）

图 4.12　圆弧的合并

4.2.8　移动(MOVE)

1. 功能

把一个或多个实体从原来位置平移到一个新的位置,平移后原图消失。

2. 命令调用

单击菜单栏"修改"⇒"移动",或单击编辑工具栏"移动"图标 ✛,或键入 MOVE↵(或 M↵)。

3. 位移表示方法与操作顺序

(1) 给定两点确定位移量：

命令(MOVE↵)→选择要移动的实体(选择结束按↵)→给定平移前参考点的位置→给定平移后参考点的位置(精确定位时,常用目标捕捉指定移动的位移量)。

(2) 直接给出 X、Y 方向的位移量 ΔX 和 ΔY：

命令(MOVE ↵)→选择要移动的实体(选择结束按↵)→ΔX,ΔY ↵→↵。

4. 操作示例(图 4.13)

命令：MOVE ↵_MOVE

选择对象：(指定窗口第一角点)

指定对角点：(指点窗口对角点)找到 4 个 (窗选下部小腰形)

选择对象：↵　　　　　　　　　　　　　　　　　　　　　　　　（平移目标选择结束）

指定基点或［位移(D)］<位移>：（捕捉小圆圆心）或 0,10↵　　　　　　　（A 点）

指定第二个点或<使用第一个点作为位移>：（捕捉大圆圆心）或↵　　　　（B 点）

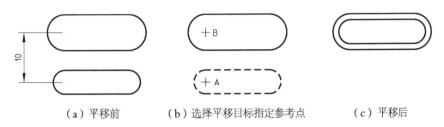

（a）平移前　　　　（b）选择平移目标指定参考点　　　（c）平移后

图 4.13　"移动"命令的应用

4.2.9　旋转(ROTATE)

1. 功能

把一个或多个实体绕指定点(基点)旋转指定角度,到达期望位置,旋转后原图消失。若要保留原图,可选择"复制"(C)选项。

2. 命令调用

单击菜单栏"修改"⇒"旋转",或单击编辑工具栏"旋转"图标 ↻,或键入 ROTATE↵(或 RO↵)。

3. 角位移输入方式与操作顺序

(1) 默认方式:直接输入旋转角度(逆时针旋转为正,顺时针旋转为负)。操作顺序为:

命令(RO↵)→选择要旋转的实体(选择结束按↵)→指定旋转中心(基点)→输入角度↵。

(2) 指点方式:指定一点,该点与基点连线的水平倾角为旋转角度。操作顺序为:

命令(RO↵)→选择要旋转的实体(选择结束按↵)→指定旋转中心(基点)→指定一点。

(3) 参考(REFERENCE)方式:给出旋转前后参照线的方位角。实际旋转角＝旋转后水平倾角－旋转前方位角。若旋转前参照角不明,可用两点表示;若旋转后参照角不明,可用一点指定,该点与旋转中心连线,确定方位角,操作顺序为:

命令(RO↵)→选择要旋转的实体(选择结束按↵)→指定旋转中心→R↵→旋转前方位角(或以两点响应)→旋转后水平倾角(或用一点指定)。

4. 操作示例

如图 4.14、4.15、4.16 所示。其中虚线矩形为旋转前的方位,实线矩形为旋转后的方位。

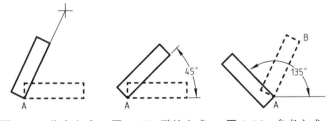

图 4.14　指点方式　　**图 4.15**　默认方式　　**图 4.16**　参考方式

例 4.1:使用默认、指点方式。

命令：ROTATE↵_ROTATE

UCS 当前的正角方向： ANGDIR＝逆时针　ANGBASE＝0

选择对象：(选择水平矩形)找到 1 个

选择对象：↵　　　　　　　　　　　　　　　　　　　　　　(选择结束)

指定基点：(捕捉 A 点)　　　　　　　　　　　　　　　　　　(基点)

指定旋转角度，或[复制(C)/参照(R)]<0＞：45 ↵(图 4.15)或(光标定点)　　(图 4.14)

例 4.2:使用参考方式。

命令：ROTATE ↵_ROTATE

UCS 当前的正角方向： ANGDIR＝逆时针　ANGBASE＝0

选择对象：(选择矩形)找到 1 个

选择对象：↵　　　　　　　　　　　　　　　　　　　　　　(选择结束)

指定基点：(捕捉 A 点)　　　　　　　　　　　　　　　　　　(基点)

指定旋转角度，或[复制(C)/参照(R)]<45＞：R ↵　　　　　　(选用参考方式)

指定参照角 <0＞(捕捉 A 点)

指定第二点：(捕捉 B 点)　　　　　　　　　　　　　　(由此确定旋转前的角度)

指定新角度：135 ↵　　　　　　　　　　　　　　　　　　(旋转后的角度)

4.2.10　延伸(EXTEND)

1. 功能

主要功能是完成与修剪命令相反的操作,即有界延伸。将线段指定端沿自身趋向延长,与指定的临近边界相交,该命令在操作时也可按住 Shift 键选择要修剪的对象,起修剪作用。"栏选"(F)、"窗交"(C)的操作含义同 TRIM 的对应选项。

2. 命令调用

单击菜单栏"修改"⇒"延伸",或单击编辑工具栏"延伸"图标┅∕,或键入 EXTEND ↵(或 EX ↵)。

3. 操作顺序

命令(EX↵)→选择边界(选择结束按↵)→逐一指点延伸端或"栏选"(F)或"窗交"(C)→↵。

命令(EX ↵)→↵(选择屏幕上的全部实体为边界)→逐一指点延伸端或"栏选"(F)或"窗交"(C)→↵。

4. 操作示例(图 4.17)

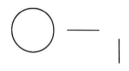

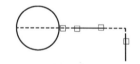

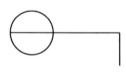

（a）延伸前　　　　　　（b）选择边界点取延伸端　　　　　　（c）延伸后

图 4.17 "延伸"命令的操作

命令：EX ↵_extend

当前设置：投影＝UCS,边＝无

选择边界的边...

选择对象或<全部选择>：↵　　　　　　　　　　(选择屏幕上的全部实体为边界)

选择要延伸的对象,或按住 Shift 键选择要修剪的对象,或[栏选(F)/窗交(C)/投影(P)/边(E)/放弃(U)]:E↵　　　　　　　　　　　　　　　　　　（需选用边界模式）

　输入隐含边延伸模式[延伸(E)/不延伸(N)]<不延伸>:E↵　　　　　　　（延长相交方式）

选择要延伸的对象,或按住 Shift 键选择要修剪的对象,或[栏选(F)/窗交(C)/投影(P)/边(E)/放弃(U)]:（用光标逐一点取延伸端）

选择要延伸的对象,或按住 Shift 键选择要修剪的对象,或[栏选(F)/窗交(C)/投影(P)/边(E)/放弃(U)]:↵

4.2.11 拉伸(STRETCH)

1. 功能和使用要求

功能是将图形的一部分作拉伸或压缩处理,如图 4.18 所示。门扇右移的同时,左边墙身被拉长,右边墙身被压缩。选择实体的拉伸端必须用交叉窗口（先右后左）,且不能包含不动的角点或端点,否则将与"移动"(MOVE)命令等效;位移量的给定也与 MOVE 命令相同。

"圆"(CIRCLE)、"椭圆"(ELLIPSE)等实体不能作拉伸或压缩处理;"圆弧"(ARC)实体拉伸时弦高不变,如图 4.19 所示。

2. 命令调用

单击菜单栏"修改"⇒"拉伸",或单击编辑工具栏"拉伸"图标，或键入 STRETCH↵(或S↵)。

3. 操作顺序

命令(STRETCH↵)→用交叉窗口选择拉伸对象（选择结束按↵）→给定位移量（两点或$\Delta X,\Delta Y$↵→↵）。

4. 操作示例

例 4.3:图 4.18 的操作。

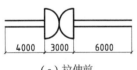

（a）拉伸前

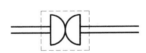

（b）交叉窗口选择拉伸对象

（c）拉伸后

图 4.18 "拉伸"命令的操作

命令:STRETCH↵_STRETCH

以交叉窗口或交叉多边形选择要拉伸的对象…

　选择对象:（指定窗口的第一角点）

　指定对角点:（指定窗口的另一对角点)找到 2 个　　　　　　（交叉窗口选择拉伸对象）

　选择对象:↵

　指定基点或[位移(D)]<位移>:1000,0↵　　　　　　　　　　　（位移量）

　指定第二个点或<使用第一个点作为位移>:↵

例 4.4:图 4.19 的操作。

命令:STRETCH↵_STRETCH

以交叉窗口或交叉多边形选择要拉伸的对象…

选择对象：(指定窗口的第一角点)　　　　　　　(交叉窗口选择拉伸对象)

指定对角点：(指定窗口的另一对角点)找到 1 个

选择对象：↵

指定基点或[位移(D)]<位移>：(捕捉 A 点)

指定第二个点或<使用第一个点作为位移>：(捕捉 B 点)

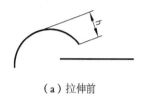　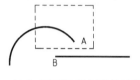　

（a）拉伸前　　　　　　（b）交叉窗口选择拉伸对象　　　　　（c）拉伸后

图 4.19　用"拉伸"命令拉伸圆弧(弦高不变)

4.2.12　比例(缩放)(SCALE)

1. 功能

将选择的实体按给定比例作位移缩放,不但改变实体的视觉尺寸,还改变实体的实际尺寸。缩放后的图形位置取决于位似中心(基点)和缩放比例。缩放后原图消失。若要保留原图,可选择"复制(C)"选项。

2. 命令调用

单击菜单栏"修改"⇒"缩放",或单击编辑工具栏"缩放"图标　,或键入 SCALE↵(或 SC↵)。

3. 缩放比例输入方式及其操作顺序

(1) 直接输入比例因子。比例因子大于 1 为放大,小于 1 为缩小。操作顺序为：

命令(SC↵)→选择缩放目标(选择结束按↵)→指定位似中心→输入比例因子。

(2) 参考方式(REFERENCE)。若无法确定比例因子时可用这种方式。输入一线段缩放前、后的长度或给出三点,前两点距离为缩放前的线段长度,后一点到位似中心的距离为缩放后的线段长度。实际的比例因子为缩放后、前两线段的长度之比。操作顺序为：

命令(SC↵)→选择缩放目标(选择结束按↵)→指定位似中心→R↵→输入缩放前的线段长度(或指定两点)→输入缩放后的线段长度(或指定一点)。

图 4.20　直接输入比例因子缩小原图

4. 操作示例

例 4.5：直接输入比例因子缩放(图 4.20 和图 4.21,虚线为原图,实线为缩放后的图形)。

命令：SC↵_SCALE

选择对象：(选择腰形图)找到 4 个

选择对象：↵

指定基点：(捕捉 A 点)

指定比例因子或[复制(C)参照(R)]：0.5↵　　　　　　　(原图缩小 1/2)

例 4.6：使用参考方式(图 4.21)。

命令：SC↵_SCALE

选择对象：(选择矩形)找到 1 个

选择对象：↵

指定基点：(捕捉 *A* 点)

指定比例因子或[复制(C)参照(R)]：R↵ (参考方式)

指定参照长度<1>：(捕捉 *A* 点)

指定第二点：(捕捉 *B* 点)

(*A*、*B* 两点的距离为缩放前的长度)

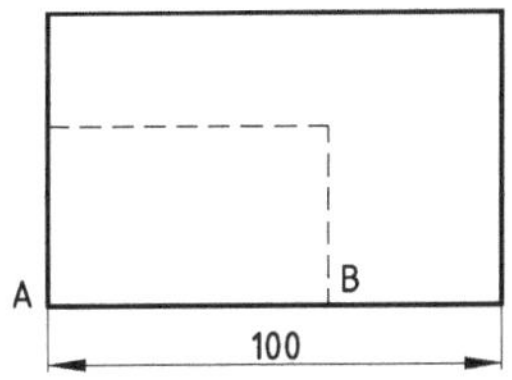

图 4.21 用参考方式放大原图

指定新长度：100 ↵ (缩放后的线段长度)

4.2.13 拉长(LENGTHEN)

1. 功能

改变直线、多段线、圆弧、椭圆弧的长度,但不能用于封闭的图形。有 4 种改变的方式:给定长度或角度的增量(DElta);给定长度或角度的百分比(Percent,100%为原长);给定改变后的总长度或总张角(Total);用光标动态拖动(DYnamic)。

2. 命令调用

单击菜单栏"修改"⇒"拉长",或单击编辑工具栏"拉长"图标，或键入 lengthen↵(或 len↵)。

3. 操作顺序

(1) 动态方式(Dynamic):

命令(LENGTHEN↵)→DY↵→指定变长端→光标定点确定线长。

(2) 其他方式(DElta/Percent/Total):

命令(LENGTHEN↵)→指定变长方式→输入相应数值→指定变长端→↵。

4. 操作示例

例 4.7:使用动态(Dynamic)方式(图 4.22)。

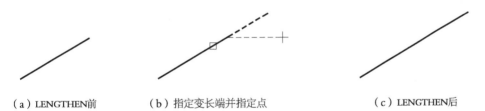

（a）LENGTHEN前 （b）指定变长端并指定点 （c）LENGTHEN后

图 4.22 "拉长"(LENGTHEN)命令动态(Dynamic)方式的操作

命令：LENGTHEN ↵ _LENGTHEN

选择要测量的对象或[增量(DE)/百分比(P)/总计(T)/动态(DY)]<总计(T)>：dy↵

选择要修改的对象或[放弃(U)]：(指定变长端)

指定新端点：(光标定点确定线段长度)……

例 4.8:使用长度增量(DElta)方式(图 4.23)。

命令：LENGTHEN ↵ _LENGTHEN

选择要测量的对象或[增量(DE)/百分比(P)/总计(T)/动态(DY)]<动态(DY)>：DE↵

或(在命令提示区单击该选项)

输入长度增量或[角度(A)]<0.0000 >：10 ↵[图 4.23(b)]或 —10 ↵[图 4.23(c)]

选择要修改的对象或[放弃(U)]：(指定变长端)

选择要修改的对象或[放弃(U)]：↵　　　　　　　　　　　　　　　　　　　　　　(退出)

使用"百分数"(Percent)和"全部"(Total)方式的操作类同。读者可自行操作。

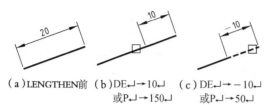

（a）LENGTHEN前　（b）DE↵→10↵　　（c）DE↵→-10↵
　　　　　　　　　　　或P↵→150↵　　　　或P↵→50↵
　　　　　　　　　　　或T↵→30↵　　　　　或T↵→10↵

图 4.23　"拉长"(LENGTHEN)命令的 DElta 方式操作

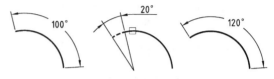

（a）LENGTHEN前　（b）DE↵→a↵→20↵　（c）LENGTHEN后

图 4.24　"拉长"命令的角度增量方式

例 4.9：使用角度增量(DElta)方式(图 4.24)。

命令：LENGTHEN ↵ _lengthen

选择要测量的对象或[增量(DE)/百分比(P)/总计(T)/动态(DY)]<动态(DY)>：DE ↵

或(在命令提示区单击该选项)

输入长度增量或[角度(A)]<0.0000>：a ↵　　　　　　　　　　(选择角度增量方式)

输入角度增量<0>：20 ↵　　　　　　　　　　　　　　　　　　(角度增量为 20°)

选择要修改的对象或[放弃(U)]：(指定变长端)

选择要修改的对象或[放弃(U)]：↵

百分数和总计方式操作也类同,不再赘述。

4.2.14　复制对象(COPY)

1. 功能

将选定实体作一次或连续不规则排列的复制,位移量的给定方式与"移动"(MOVE)命令相同;也可将选定的对象在指定方向上阵列。复制模式分单个复制和多个复制两种。

2. 命令调用

单击菜单栏"修改"⇒"复制",或单击编辑工具栏"复制"图标,或键入 COPY↵(或 CP↵)。

3. 操作顺序

命令(CP↵)→选择要复制的实体(选择结束按↵)→选择复制模式(单个、多个)→给定位移量。

4. 操作示例

例 4.10：多个复制(图 4.25)：

（a）复制前

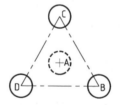

（b）选择复制对象给定位移量

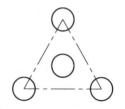

（c）复制后

图 4.25　"复制对象"命令的操作

命令：COPY ↵_COPY

选择对象：(选择小圆)找到 1 个

选择对象：↵

当前设置：　复制模式＝单个

指定基点或[位移(D)/模式(O)/多个(M)]<位移>：M↵　　　　　(选择多个复制方式)

指定基点或[位移(D)/模式(O)/多个(M)]<位移>：(捕捉圆心 A 点)

指定第二个点或[阵列(A)]<使用第一个点作为位移>：(捕捉 B 点)

指定第二个点或[阵列(A)/退出(E)/放弃(U)]<退出>：(捕捉 C 点)

指定第二个点或[阵列(A)/退出(E)/放弃(U)]<退出>：(捕捉 D 点)

指定第二个点或[阵列(A)/退出(E)/放弃(U)]<退出>：↵　　　　　(退出 COPY 命令)

例 4.11：阵列复制(图 4.26)。

命令：COPY ↵_COPY

选择对象：(选择矩形)找到 1 个

选择对象：↵

当前设置：　复制模式＝单个

指定基点或[位移(D)/模式(O)/

多个(M)]<位移>：(捕捉 A 点)

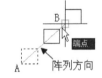

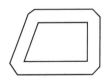

（a）复制前　　　（b）一般阵列　　　（c）布满（F）方式

图 4.26　"阵列对象"命令的操作

指定第二个点或[阵列(A)]<使用第一个点作为位移>：A↵　　　　　(选择阵列复制方式)

输入要进行阵列的项目数：3↵　　　　　(选择阵列个数为 3 个)

指定第二个点或[布满(F)]：(捕捉 B 点)　　　　　[如图 4.26(b)所示]

或指定第二个点或[布满(F)]：F↵

指定第二个点或[阵列(A)]：(捕捉 B 点)　　　　　[如图 4.26(c)所示]

4.2.15　偏移(OFFSET)

1. 功能

按给定距离与方位,画指定线段(直线、圆弧、多段线、样条曲线)、封闭图形(圆、正多边形、椭圆、长方形)的等距线(平行线)。除封闭图形外,等距线线端在原线段端点的法线上。

偏移源对象时,由"删除[E]"选项确定源对象的保留与删除,由"图层[L]"控制偏移对象的图层是随当前层还是源对象层。

OFFSETGAPTYPE 系统变量用以控制偏移对象是否倒角,见图 4.27。

OFFSETGAPTYPE＝0　　　　　OFFSETGAPTYPE＝1　　　　　OFFSETGAPTYPE＝2

图 4.27　OFFSETGAPTYPE 系统变量的几何含义

2. 命令调用

单击菜单栏"修改"⇒"偏移",或单击编辑工具栏"偏移"图标,或键入 offset↵(或 O↵)。

3. 偏移量输入方式及其操作顺序

（1）"距离（D）"方式

给定距离数值或用两点表示距离。操作顺序为：

命令（O↵）→给定距离数值或用两点表示距离→选择要偏移复制的一个实体→给定一点确定等距线的方位→↵。

（2）"通过点（T）"方式

指定等距线的通过点。操作顺序为：

命令（O↵）→T↵→选择要复制的实体（原图线）→指定等距线的通过点→↵。

4. 操作示例

例4.12：使用距离（DISTANCE）方式（图4.28）。

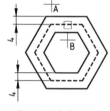

（a）偏移前　　　　　（b）给定距离，选择复制对象，指定方位　　　　（c）偏移后

图4.28 "距离"（Distance）方式画等距线

命令：OFFSET ↵ _OFFSET

当前设置：删除源＝是　图层＝源　OFFSETGAPTYPE＝0

指定偏移距离或［通过（T）/删除（E）/图层（L）］<15.0000 >：e↵　　　　（改变删除模式）

要在偏移后删除源对象吗？［是（Y）/否（N）］<是>：n↵　　　　（不删源对象）

指定偏移距离或［通过（T）/删除（E）/图层（L）］<15.0000 >：l↵　　　　（改变图层模式）

输入偏移对象的图层选项［当前（C）/源（S）］<源>：c↵　　　（偏移对象的图层随当前层）

指定偏移距离或［通过（T）/删除（E）/图层（L）］<15.0000 >：4 ↵

（等距线之间的距离为4）

选择要偏移的对象，或［退出（E）/放弃（U）］<退出>：（选择六边形）

指定要偏移的那一侧上的点，或［退出（E）/多个（M）/放弃（U）］<退出>：（指定 A 点）

（位于原图外侧，确定等距线的方位）

选择要偏移的对象，或［退出（E）/放弃（U）］<退出>：（再次选择原图）

指定要偏移的那一侧上的点，或［退出（E）/多个（M）/放弃（U）］<退出>：（指定 B 点）

（距离不变位于原图内侧）

选择要偏移的对象，或［退出（E）/放弃（U）］<退出>：↵　　　　（退出 OFFSET 命令）

例4.13：使用"通过（T）"方式（图4.29）。

命令：OFFSET ↵ _OFFSET

当前设置：删除源＝否　图层＝源　OFFSETGAPTYPE＝0

指定偏移距离或［通过（T）/删除（E）/图层（L）］<通过>：↵

选择要偏移的对象，或［退出（E）/放弃（U）］<退出>：（选择图线）

指定通过点或[退出(E)/多个(M)/放弃(U)]<退出>：(用光标指定点)

(等距线通过该点)

选择要偏移的对象，或[退出(E)/放弃(U)]<退出>：↵

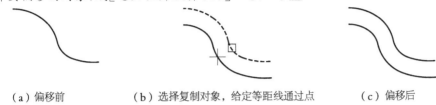

（a）偏移前　　　　（b）选择复制对象，给定等距线通过点　　　　（c）偏移后

图 4.29 "通过"(THROUGH)方式画等距线

4.2.16 矩形阵列(ARRAY)

1. 功能

按任意行、列和层级将选定实体作有规则排列复制。

2. 命令调用

单击菜单栏"修改"⇒"阵列"，或单击编辑工具栏"矩形阵列"图标 ⊞，或键入
ARRAYRECT↵（或 AR↵）。

3. 选项及其操作

矩形阵列是按"行"、"列"形式作选定对象排列复制，行、列数可通过指点的方式确定，也可
选择[计数(COU)]设定；相邻两行对应点的垂直距离称为行距，相邻两列对应点的水平距离
称为列距，行距与列距也可通过指点的方式确定，也可选择[间距(S)]设定，向原图上方排列，
行距为正值时，反之为负；向原图右方排列，列距为正值，反之为负；当[关联(AS)]设置为
"是"，阵列后生成一个新的阵列实体，反之则为分解实体。也可用"分解"命令炸开阵列实体。

4. 操作示例

例 4.14：直接输入阵列参数的操作(图 4.30)。

命令 ARRAYRECT↵_ARRAYRECT

选择对象：(选择三角形)找到 3 个

选择对象：↵

类型＝矩形　关联＝是

(关联打开所生成的阵列体为一个实体)

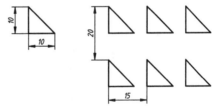

（a）阵列对象　　　（b）阵列结果

图 4.30 矩形阵列

选择夹点以编辑阵列或[关联(AS)/基点(B)/计
数(COU)/间距(S)/列数(COL)/行数(R)/层数(L)/
退出(X)]<退出>：COU　　　　　　　　　　　　(选择计数方式)

　　输入列数数或[表达式(E)]<4>：3↵　　　　　　　　　　　　(3 列)

　　输入行数数或[表达式(E)]<3>：2↵　　　　　　　　　　　　(2 行)

　　选择夹点以编辑阵列或[关联(AS)/基点(B)/计数(COU)/间距(S)/列数(COL)/行数
(R)/层数(L)/退出(X)]<退出>：s↵　　　　　　　　　　　　(选择间距方式)

　　指定列之间的距离或[单位单元(U)]<15>：15↵　　　　　　　(向原图的右方排列)

　　指定行之间的距离<15>：−20↵　　　　　　　　　　　　　　(向原图的下方排列)

　　选择夹点以编辑阵列或[关联(AS)/基点(B)/计数(COU)/间距(S)/列数(COL)/行数

（R）/层数（L）/退出（X）］<退出>：↵ （确认阵列并退出命令）

例4.15：用界标点修改矩形阵列体的布局（图4.31）。

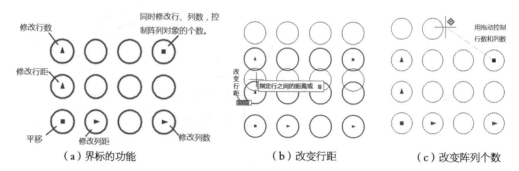

（a）界标的功能   （b）改变行距   （c）改变阵列个数

图4.31 阵列体的界标点控制

命令：ARRAYRECT↵_ARRAYRECT

选择对象：（选择圆）找到1个

类型＝矩形 关联＝是   ［默认出现3行4列的矩形阵列，图4.31（a）］

选择夹点以编辑阵列或［关联（AS）/基点（B）/计数（COU）/间距（S）/列数（COL）/行数（R）/层数（L）/退出（X）］<退出>：

用界标点编辑阵列体的操作如图4.31所示，读者不妨一试。

修改阵列体（包括环形阵列与路径阵列）的四种方法：

（1）拖动界标点修改（例4.15所示）。

（2）单击或键入修改选项（连续操作不能中断）。

（3）选中阵列体，在顶端的修改面板作修改（在"草图与注释"工作空间）。

（4）调用"编辑阵列"🔳（从修改Ⅱ中调出）或单击菜单栏："修改"⇒"对象"⇒"编辑阵列"。

例4.16：用矩形阵列的工具面板修改阵列体。

选中矩形阵列体，在"草图与注释"的工作空间中，屏幕顶端自动出现"矩形阵列修改"面板，如图4.32所示，可直接输入参数驱动阵列体，激活（蓝显）"编辑来源"🔳，屏幕提示：选择阵列中的项目：（选择其中一个阵列对象），出现"阵列编辑状态"对话框，如图4.33（a）所示，按 **确定** 。调用绘图与编辑命令修改源对象，屏幕跟踪预览阵列结果。键入Arrayclose↵，出现"阵列关闭"对话框，若要保存对阵列对象所做的更改，按 是 ，矩形阵列结果如图4.33（b）所示。

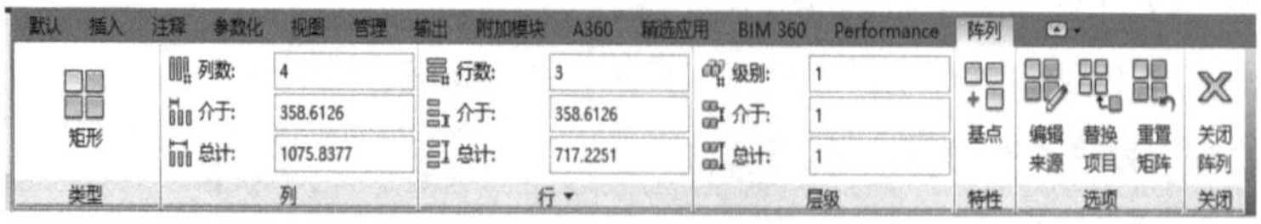

默认 插入 注释 参数化 视图 管理 输出 附加模块 A360 精选应用 BIM 360 Performance 阵列
矩形 列数：4 行数：3 级别：1 ⋯

图4.32 矩形阵列的修改面板

若要对阵列个体作局部的修改，预先画好要替换的图形后，按"替换项目选项"🔳。命令行提示：

选择替换对象：（选择替换对象）

选择替换对象的基点或［关键点（K）］<质心>：↵ （以质心为基点）

选择阵列中要替换的项目或[源对象(S)]：找到 1 个……（依次选择若干被替换的对象）

选择阵列中要替换的项目或[源对象(S)]：↵　　　　　　　　　　　　　（选择完毕）

输入选项[源(S)/替换(REP)/基点(B)/行(R)/列(C)/层(L)/重置(RES)/退出(X)]<退出>：

修改结果如图 4.33(c)所示。若要撤销替换,可按"重置阵列"。

（a）"陈列编辑状态"对话框

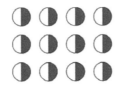
（b）编辑源对象

（c）替换源对象

图 4.33 应用"阵列工具面板"修改阵列

4.2.17 环形阵列(ARRAYPOLAR)

1. 功能

将选定对象以指定中心点或旋转轴作环形复制生成阵列。可以添加阵列圈数和层数,实现三维阵列。

2. 命令调用

单击菜单栏"修改"⇒"阵列"⇒"环形阵列",或单击编辑工具栏"阵列"图标,或键入ARRAYPOLAR↵（或 AR↵）。

3. 操作示例

例 4.17:环形阵列(图 4.34)。

（a）ARRAY前

（b）指定极点

（c）旋转阵列对象

（d）不旋转阵列对象

（e）填充角度为 -90

图 4.34 二维环形阵列

命令：ARRAYPOLAR ↵_ARRAYPOLAR

选择对象：(选择三角形)找到 1 个

选择对象：↵

类型＝极轴　关联＝是

指定阵列的中心点或[基点(B)/旋转轴(A)]：(选择圆心)

　　　　　　　　　　　[出现含界标点的一周 6 个的预阵列体,图 4.34(a)]

选择夹点以编辑阵列或[关联(AS)/基点(B)/项目(I)/项目间角度(A)/填充角度(F)/行(ROW)/层(L)/旋转项目(ROT)/退出(X)]<退出>：I↵　　　　　（切换至改变项目数）

输入阵列中的项目数或[表达式(E)]<6>：4↵　　　　　　　　　　　（阵列个数为 4）

选择夹点以编辑阵列或[关联(AS)/基点(B)/项目(I)/项目间角度(A)/填充角度(F)/行

(ROW)/层(L)/旋转项目(ROT)/退出(X)]<退出>：↵　　　　　　　　　　[如图 4.34(c)]

若键入 f↵设置总的填充角度。

指定填充角度（＋＝逆时针，－＝顺时针）或[表达式(EX)]<360＞：－90↵

选择夹点以编辑阵列或[关联(AS)/基点(B)/项目(I)/项目间角度(A)/填充角度(F)/行(ROW)/层(L)/旋转项目(ROT)/退出(X)]<退出>：↵

[结果如图 4.34(e)所示，以顺时针方向阵列]

若键入 rot↵为阵列时的旋转控制。

是否旋转阵列项目？[是(Y)/否(N)]<是>：N↵　　[不旋转阵列对象，如图 4.34(d)所示]

若键入 L↵为三维阵列。

输入层数或[表达式(E)]<1>：3↵　　　　　　　　　　　[层数为 3，包含源对象]

指定层之间的距离或[总计(T)/表达式(E)]<1>：10↵

[层距为 10，阵列结果如图 4.35(a)所示]

若键入 ROW↵为增加阵列圈数与层数。

输入行数数或[表达式(E)]<1>：2↵　　　　　　　　　　（阵列圈数为 2，包含原图）

指定行数之间的距离或[总计(T)/表达式(E)]<6.6205＞：8↵　　　　　（径向距离为 8）

指定行数之间的标高增量或[表达式(E)]<0＞：10↵　　[层距为 10，如图 4.35(b)所示]

若标高增量输入为 0，则为二维阵列。

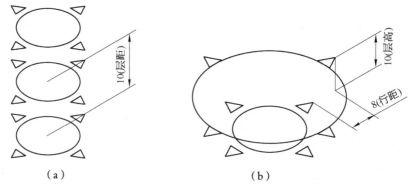

图 4.35　三维环形阵列

与矩形阵列类似，当选中阵列体后，自动出现控标点，对其进行操作可以修改极点、项目间的夹角、项目数来限定的阵列参数，读者不妨一试。当选中阵列体，在"草图与注释"的工作空间中，在屏幕顶端的工具面板中同步显示阵列状态，如图 4.36 所示，可根据修改要求编辑，不再重述。

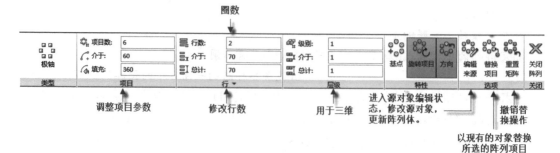

图 4.36　修改阵列体的工具面板

4.2.18　路径阵列(ARRAYPATH)

1. 功能

将选定实体沿指定路径作阵列复制,路径可以是平面曲线也可以是空间曲线。

2. 命令调用

单击菜单栏"修改"⇒"阵列"⇒"路径阵列",或单击编辑工具栏"路径阵列"图标 ,或键入 ARRAYPATH↵(或 AR↵)。

3. 操作示例

例4.18:用路径阵列完成三角形的阵列(图4.37)

命令: ARRAYPATH ↵_ARRAYPATH

选择对象:(选择三角形):找到3个

选择对象:↵

类型＝路径　关联＝是

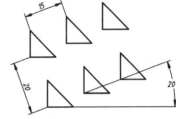

选择路径曲线:(选择20度斜线)(注意:直线长度大于2倍列距)

选择夹点以编辑阵列或[关联(AS)/方法(M)/基点(B)/切向(T)/项目(I)/行(R)/层(L)/对齐项目(A)/z方向(Z)/退出(X)]<退出>:I↵

图4.37　三角形的倾斜阵列

指定沿路径的项目之间的距离或[表达式(E)]<15>:15↵　　　　　　　　　　(列距)

最大项目数＝4

指定项目数或[填写完整路径(F)/表达式(E)]<4>:3↵　　　　　　　　　(列数)

选择夹点以编辑阵列或[关联(AS)/方法(M)/基点(B)/切向(T)/项目(I)/行(R)/层(L)/对齐项目(A)/z方向(Z)/退出(X)]<退出>:R↵

输入行数数或[表达式(E)]<1>:2↵　　　　　　　　　　　　　　　　(行数)

指定行数之间的距离或[总计(T)/表达式(E)]<15>:20↵(列距)

指定行数之间的标高增量或[表达式(E)]<0>:↵(标高0为二维)

选择夹点以编辑阵列或[关联(AS)/方法(M)/基点(B)/切向(T)/项目(I)/行(R)/层(L)/对齐项目(A)/z方向(Z)/退出(X)]<退出>:↵　　　　　　　　　　(完成全图)

例4.19:用路径阵列完成螺旋楼梯(图4.38)。

命令: ARRAYPATH ↵或 单击"路径阵列"图标 _ARRAYPATH

选择对象:(选择踏板)找到1个

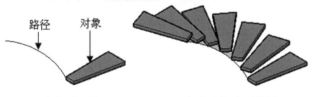

（a）阵列前　　　　　　（b）路径阵列结果

图4.38　路径阵列

选择对象:↵

类型＝路径　关联＝是

选择路径曲线:(选择螺旋线)

选择夹点以编辑阵列或[关联(AS)/方法(M)/基点(B)/切向(T)/项目(I)/行(R)/层(L)/对齐项目(A)/z

方向(Z)/退出(X)] <退出>：I↵

输入沿路径的项目数或[表达式(E)] <5>：7↵

选择夹点以编辑阵列或[关联(AS)/方法(M)/基点(B)/切向(T)/项目(I)/行(R)/层(L)/对齐项目(A)/z 方向(Z)/退出(X)] <退出>：↵

[沿路径定数等分，阵列结果如图 4.38(b)所示。]

路径阵列及其修改与极点阵列的操作类同，不再重述。

4.2.19 镜像(MIRROR)

1. 功能

将选定的实体按镜像线作对称复制和移动。

2. 命令调用

单击菜单栏"修改"⇒"镜像"，或单击编辑工具栏"镜像"图标 ⚎，或键入 MIRROR↵（或 MI↵）。

3. 操作顺序

命令(MI↵)→选择要镜像的实体(选择结束按↵)→指定镜像线的第一点→指定镜像线的第二点→N↵(原图不删除)或 Y↵(原图删除)。

4. 操作示例（图 4.39）

（a）MIRROR前　（b）选择复制对象指定镜像线　　　（c）镜像时原图不删除　　　（d）镜像时原图删除

图 4.39 "镜像"(MIRROR)命令操作示例

命令：MIRROR↵_MIRROR

选择对象：(选择复制对象)找到 1 个

选择对象：↵

指定镜像线的第一点：(指定 A 点)

指定镜像线的第二点：(指定 B 点)　　　(打开正交拖动方式，在 A 点上方任指一点)

要删除源对象？[是(Y)/否(N)] <N>：y

4.2.20 圆角(FILLET)

1. 功能

按给定半径对两条线段(直线、圆弧、多段线)或圆或一条多段线线中的所有转角倒圆角，也可用半圆连接两平行线的末端。当修剪模式设置为"修剪"(TRIM)时，除整圆外，倒圆角的同时，自动对多余线段进行剪除，对不足线段进行延长。当 R=0 时(或按 shift 键选择第二个对象)，还可对两相交线段进行修剪或延伸。这种操作方式在实际作图中相当方便，如图 4.40 所示。若选择"多个[M]"选项可以连续倒圆角。

2. 命令调用

单击菜单栏"修改"⇒"圆角"，或单击编辑工具栏"圆角"图标 ⌐，或键入 FILLET↵

（或 F ↵）。

3. 操作顺序

命令(F ↵)→R ↵→输入半径→点取要倒角的两个实体(或 P ↵)→选择多段线)。

4. 操作示例

例 4.20：对多段线倒圆角(图 4.40)。

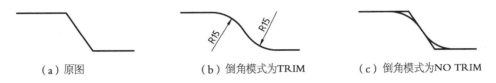

（a）原图　　　　　　（b）倒角模式为TRIM　　　　　（c）倒角模式为NO TRIM

图 4.40　对整条 POLYLINE 倒圆角

命令：FILLET ↵ _FILLET

当前设置：模式＝不修剪，半径＝0.0000　　　　　　　　　　　　（不修剪模式，R＝0）

选择第一个对象或[放弃(U)/多段线(P)/半径(R)/修剪(T)/多个(M)]：R ↵

指定圆角半径<0.0000 >：15 ↵

选择第一个对象或[放弃(U)/多段线(P)/半径(R)/修剪(T)/多个(M)]：T ↵

（改变当前的修剪模式）

输入修剪模式选项[修剪(T)/不修剪(N)]<不修剪>：T ↵　　　　　　　（设置修剪模式）

选择第一个对象或[放弃(U)/多段线(P)/半径(R)/修剪(T)/多个(M)]：p ↵　（多段线）

选择二维多段线：(选择多义多段线)

2 条直线已被倒圆角　　　　　　　　　　　　　　　　　　　（退出 FILLET 命令）

例 4.21：对两相交线段倒圆角(图 4.41)。

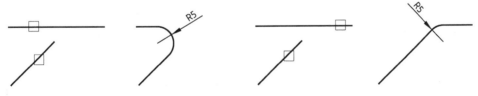

图 4.41　对两相交线段倒圆角

命令：FILLET ↵ _FILLET 当前设置：模式＝修剪，半径＝15.0000

选择第一个对象或[放弃(U)/多段线(P)/半径(R)/修剪(T)/多个(M)]：R ↵

指定圆角半径<0.0000 >：5 ↵　　　　　　　　　　　　　　　　（设定半径为5）

选择第一个对象或[放弃(U)/多段线(P)/半径(R)/修剪(T)/多个(M)]：
(选择第一条线)

选择第二个对象，或按住 Shift 键选择要应用角点的对象：(选择第二条线)

注意：倒圆角的方位与光标点取的位置有关，光标应点在需保留的线段上。

例 4.22：对两平行线段倒圆角(图 4.42)，当选择两条平行直线倒圆角时，系统自动用半圆光滑连接，半圆位置与点取直线的顺序有关。

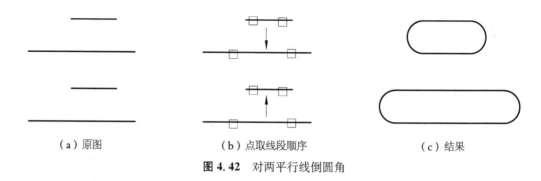

（a）原图　　　　　　　（b）点取线段顺序　　　　　　（c）结果

图 4.42　对两平行线倒圆角

例 4.23：不同图线、不同圆角及不同半径的圆角图例（图 4.43）。

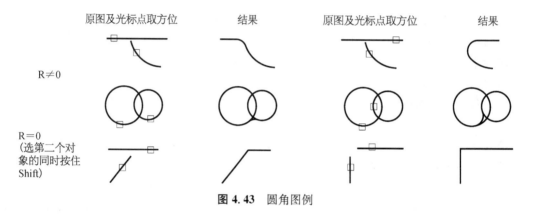

原图及光标点取方位　　　结果　　　　　原图及光标点取方位　　　结果

R≠0

R＝0
（选第二个对象的同时按住Shift）

图 4.43　圆角图例

4.2.21　倒角（CHAMFER）

1. 功能

将两相交线段或整条多段线，从交点处出发，分别截取指定长度（Distance），然后把两端点用直线连接起来。第一距离对应第一条边，第二距离对应第二条边，多段线经倒角后仍是多段线。

2. 命令调用

单击菜单栏"修改"⇒"倒角"，或单击编辑工具栏"倒角"图标，或键入 CHAMFER ↵
（或 CHA ↵）。

3. 操作顺序

命令（CHA ↵）→输入倒角方式→输入倒角数值→选择第一边（或 P ↵）→选择第二边（或选择多段线）

4. 操作示例

例 4.24：对两条相交直线倒角（图 4.44）。

命令：CHAMFER ↵ _CHAMFER

（"修剪"模式）当前倒角距离 1＝10.0000，距离 2＝10.0000

选择第一条直线或［放弃（U）/多段线（P）/距离（D）/角度（A）/修剪（T）/方式（E）/多个（M）］：d ↵

指定 第一个 倒角距离 <10.0000 >：15 ↵

指定 第二个 倒角距离 <15.0000>：10↵

选择第一条直线或[放弃(U)/多段线(P)/距离(D)/角度(A)/修剪(T)/方式(E)/多个(M)]：(选L1)

选择第二条直线,或按住Shift键选择直线以应用角点或[距离(D)/角度(A)/方法(M)]：(选L2)　　[若按住Shift键选择L2,用0值替代当前的倒角距离,返回原图;

若先选L2,后选L1,其结果如图4.44(d)所示。]

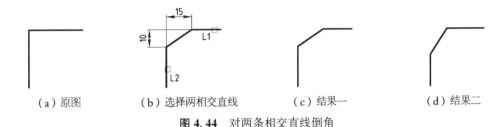

（a）原图　　　　（b）选择两相交直线　　　　（c）结果一　　　　（d）结果二

图4.44 对两条相交直线倒角

例4.25：用角度（ANGLE）方式对两条相交直线倒角（图4.45）。

命令：CHAMFER↵_CHAMFER

（"修剪"模式）当前倒角距离　1＝10.0000,距离　2＝10.0000

选择第一条直线或[放弃(U)/多段线(P)/距离(D)/角度(A)/修剪(T)/方式(E)/多个(M)]：A↵

指定第一条直线的倒角长度 <0.0000>：20↵

指定第一条直线的倒角角度 <0>：30 ↵

选择第一条直线或[放弃(U)/多段线(P)/距离(D)/角度(A)/修剪(T)/方式(E)/多个(M)]：(选择线段L1)

选择第二条直线,或按住 Shift 键选择直线以应用角点或[距离(D)/角度(A)/方法(M)]：(选择线段L2)

（a）原图　　　　（b）给定距离和角度再选择两相交直线　　　　（c）结果

图4.45 用角度（ANGLE）方式对两条相交直线倒角

例4.26：对整条多段线倒角（图4.46）。

命令：CHAMFER↵_CHAMFER

（"修剪"模式）当前倒角长度＝20.0000,角度＝30

选择第一条直线或[放弃(U)/多段线(P)/距离(D)/角度(A)/修剪(T)/方式(E)/多个(M)]：d↵

指定 第一个 倒角距离 <10.0000>：10↵

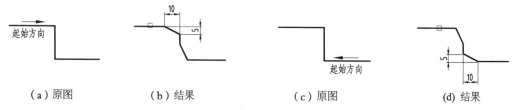

图 4.46　对整条多段线倒角

指定　第二个　倒角距离 ＜10.0000 ＞：5 ↵

选择第一条直线或［放弃（U）/多段线（P）/距离（D）/角度（A）/修剪（T）/方式（E）/多个（M）］：p ↵

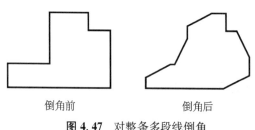

图 4.47　对整条多段线倒角

选择二维多段线或［距离（D）/角度（A）/方法（M）］：（选择多段线）

2 条直线已被倒角

对整条多段线倒角时，两截取长度的边从多段线起点开始排列，即第一距离在第一条边上截取，第二距离在第二条边上截取，依次类推。如果多段线包含的线段过短而无法容纳倒角距离，则不对这些线段倒角。如图 4.47 所示。

4.2.22　光顺曲线（BLEND）

1. 功能

在两条开放曲线的端点之间创建相切或平滑的样条曲线，其形状取决于指定的连续性，源对象保持不变。

2. 命令调用

单击菜单栏"修改"⇒"光顺曲线"，或单击编辑工具栏"光顺曲线"图标 ，或键入 BLEND ↵（或 BL ↵）。

3. 操作顺序

命令（BL ↵）→选择连续性的要求（平滑或相切）→选择被连接的曲线。

4. 操作示例

例 4.27：用样条曲线光顺连接两已知曲线（图 4.48）。

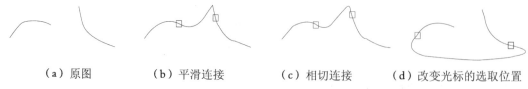

（a）原图　　　　　（b）平滑连接　　　　（c）相切连接　　　（d）改变光标的选取位置

图 4.48　光顺曲线

命令：BLEND ↵ ＿BLEND

连续性＝平滑

选择第一个对象或［连续性（CON）］：（选择一条样条曲线）

选择第二个点：（选择另一条样条曲线）　　　　　　　　［结果如图 4.48（b）所示］

若改变连续性为相切,结果如图 4.48(c)所示;若改变选择曲线的位置,结果如图 4.48(d)所示,所以连接曲线形状与位置取决于光标的位置。

4.2.23　分解(EXPLODE)

1. 功能

将多段线、多线按顶点分解成各段自成实体的直线或圆弧(含有宽度的多段线,炸开后将失去宽度);将图形块分解成组成块的各独立实体(多重插入的图形块不能分解);将尺寸分解成自成实体的线段、箭头和文本;将属于同一实体的图案、剖面线炸开,使每一条线成为一个独立的实体。

2. 命令调用

单击菜单栏"修改"⇒"分解",或单击编辑工具栏"分解"图标，或键入 EXPLODE ↵(或 X ↵)。

3. 操作顺序

命令(X ↵)→选择要分解的对象→↵。

4.2.24　编辑多段线(PEDIT)

1. 功能

- "打开"(OPEN)或"闭合"(CLOSE)多段线。
- 连接头尾相接的多段线、直线或圆弧构成一条新的多段线。
- 改变整条多段线的线宽。
- 将多段线拟合成通过顶点的曲线。
- 将多段线拟合成样条曲线。
- 把多段线中的圆弧改为直线段,或把由多段线拟合的曲线改成直多段线。
- 控制非连续线型在多段线中的画法(ON:以整条线绘制,OFF:以每段线绘制)。
- 对多段线的顶点进行编辑,包括顶点移动、插入、断开、拉直、改变一段线的粗度、改变顶点处切矢方向等。

2. 命令调用

单击菜单栏"修改"⇒"对象"⇒"多段线",或单击"修改 II"编辑工具栏"编辑多段线"图标，或键入 PEDIT ↵(或 PE ↵)。

3. 各功能的操作顺序(**图 4.49**)

命令: PEDIT ↵

_PEDIT 选择多段线或[多条(M)]:(用光标点取要编辑的多段线)

(若输入 M,可以编辑多条多段线)

输入选项[闭合(C)/合并(J)/宽度(W)/编辑顶点(E)/拟合(F)/样条曲线(S)/非曲线化(D)/线型生成(L)/反转(R)/放弃(U)]:

其中:

- C ↵(CLOSE):使开式的多段线闭合或使闭式的多段线打开。
- J ↵(JOIN)→选择要连接的线段→↵。
- W ↵(WIDTH):改变整条多段线的宽度→指定所有线段的新宽度(输入整条多段线的新宽度)→↵。

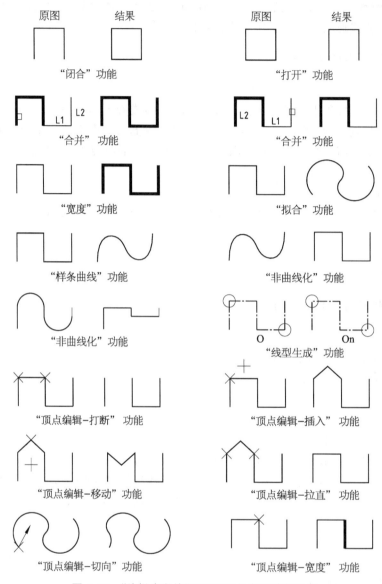

图 4.49 "编辑多段线"(PEDIT)的各项编辑功能

- F↵(FIT):拟合成通过顶点的圆弧曲线。
- S↵:拟合成样条曲线。
- D↵(DECURVE):使拟合的曲线或多段线中的圆弧段变成直多段线。
- L↵(LTYPE GEN)→以整条线绘制或以每段线绘制,用于间断线型。
- R↵:(REVERSE)根据修改需要,反转多段线顶点的顺序。
- U↵(UNDO):作废前一次操作。
- E↵(EDIT VERTEX):所选多段线起点处出现"×"顶点指针并出现下列提示:

输入顶点编辑选项

[下一个(N)/上一个(P)/打断(B)/插入(I)/移动(M)/重生成(R)/拉直(S)/切向(T)/宽度(W)/退出(X)]<N>:

其中：

● ↵或 N↵（NEXT）：将顶点指针后移一个顶点,连续操作可将指针符号"×"后移至要编辑的顶点处。

● P↵（PREVIOUS）：将顶点指针前移一个顶点。

● B↵（BREAK）：从当前指针所在顶点位置开始断开→用 N↵或 P↵将指针移至要断开的终止顶点→G↵（执行）→X↵（退出顶点编辑）→↵（退出 PEDIT 命令）。

● I↵（INSERT）：在指针所在的顶点后插入一个新的顶点→指定新的顶点的位置→X↵（退出顶点编辑）→↵（退出 PEDIT 命令）。

● M↵（MOVE）：移动指针所在顶点的位置→指定新的位置→X↵→↵。

● R↵（REGEN）：重新生成。

● S↵（STRAIGHTEN）：从当前指针所在顶点位置开始拉直,以减少多段线的顶点→移动指针至拉直的终点→G↵→X↵→↵。

● T↵（TANGENT）：用角度数值或指定一点确定指针所在顶点处的切线方向,控制曲线拟合时该点的曲率和弯曲方向→输入角度或用点响应→X↵→F↵（曲线拟合）→↵。

● W↵（WIDTH）：改变从指针所在顶点至后一个顶点的线段宽度→输入起点宽度→输入终点宽度→X↵→↵。

4.2.25 多线编辑（MLEDIT）

1. 功能

修改多线（MULTILINE）,执行该命令后屏幕弹出"多线编辑工具"对话框,如图 4.50 所示。显示了修改模式及其对应的名称。只要根据绘图要求,选用相应的样式就可修改,注意光标点取的部位对修改结果的影响。

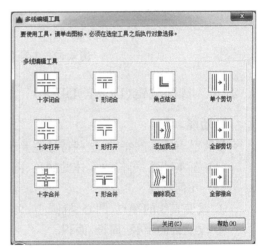

图 4.50 "多线编辑工具"对话框

2. 命令调用

单击菜单栏"修改"⇒"对象"⇒ 多线(M)... ,或键入 MLEDIT↵。

3. 操作顺序

命令（MLEDIT↵）→点取修改模式→确定→按要求依次选择多线。

4. 操作示例（见图 4.51、图 4.52）

命令：MLEDIT↵

（弹出图 4.50 对话框,选择"十字合并"模式,单击确定按钮。）

_MLEDIT 选择第一条多线：（点取位置□1）

选择第二条多线：（点取位置□2）

选择第一条多线或[放弃(U)]：↵   （退出）

从上述两个图例中可以看出,多线的编辑结果与点取多线的部位有关,后选的多线为通道线。

使用其他多线编辑工具如图 4.52 所示。

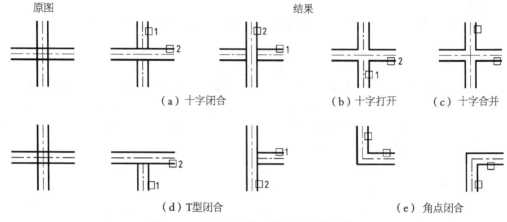

图 4.51 各种多线修改模式的操作图例一

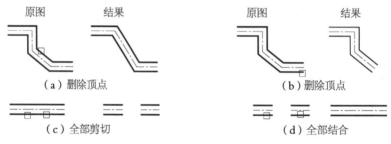

图 4.52 各种多线修改模式的操作图例二

4.2.26 特性编辑（DDMODIFY）

1. 功能

修改已有实体的特性,这些特性主要包括下列几种:

（1）基本特性:可修改实体的颜色、图层、线型、线型比例、线宽、厚度。

（2）几何特性:

① 改变直线的端点、圆心、椭圆心、文本和块的插入点的位置。

② 改变圆的半径、周长、面积。

③ 改变椭圆的长轴、短轴、短轴与长轴之比、起始角、终止角。

④ 改变多段线的宽度、顶点的位置。

（3）文本特性:改变文本的字型、高度、转角、内容、定位方式、宽高比等。

（4）其他如尺寸特性、图形块特性等,将在后面章节介绍。

2. 命令调用

单击菜单栏"修改"⇒"特性",或光标菜单先选实体→右击→点取光标菜单"特性"选项或单击标准工具栏的"特性"图标▣,或键入 DDMODIFY ↵。

3. 操作顺序

方法一:先选实体→右击→点取"特性"选项→在特性管理器编辑栏中修改对应项→单击左上角关闭按钮→按 Esc 键,恢复实体的正常显示状态。

方法二:引出"Properties"管理器→选中实体→在"Properties"管理器编辑栏中修改对应

项→单击左上角关闭按钮。

在操作中,编辑栏呈灰显的数值不能进行修改。

4. 操作示例

调用"特性"管理器,将图 4.53 中的 φ20 圆周的线型改为虚线,直径改为 φ40,圆心移至点划线的交点。

选中 φ20 圆,单击"特性"图标⊞,弹出"特性"管理器,如图 4.54 所示。在下拉列表框中显示对象名称为"圆",按实体的特性分类显示该类型特性的详细项目。

点取"基本"类型中的"线型"选项,单击下拉列表箭头,选取"DASHED2";再点取"几何图形"类型中的"直径"选项,将编辑栏中的数值改为 40 并按回车或单击右边的▦,引出"快速计算器"中修改。这时屏幕显示直径为 40 的虚线圆。

点取"几何图形"类型中的"圆心 X 坐标"项或"圆心 Y 坐标"项,再单击右边的图标▨,切换至图形编辑状态,捕捉点划线的交点,修改结果见图 4.53(b)。

（a）原图　　　　　　（b）修改后的结果

图 4.53 用"特性"(DDMODIFY)命令修改圆的特性

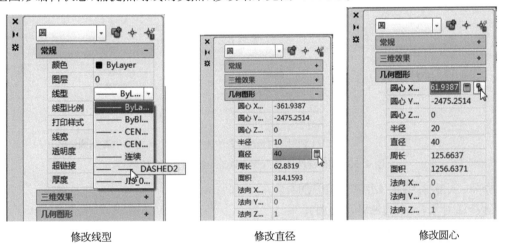

修改线型　　　　　　修改直径　　　　　　修改圆心

图 4.54 "特性"管理器

5. "特性"管理器的特点

能实时显示和修改选中实体的各项特性,是一种交互式的管理器,不同于一般的对话框,打开时不妨碍其他操作。若光标移至竖向"特性"栏右击,在弹出的菜单中选中"自动隐藏";当光标移出"特性"管理器外,"特性"管理器自动消失,当光标移至竖向"特性"栏,重显该页。若在菜单中选中"大小",可以拖动角点改变"特性"管理器的大小。

4.2.27　特性匹配(MATCH PROPERTIES)

1. 功能

根据选定实体(源对象)的特性来改变修改对象的特性。

2. 命令调用

单击菜单栏"修改"⇒"特性匹配",或单击标准工具栏"特性匹配"图标▨,或键入

MATCHPROP ↵(或 MA ↵)。

3. 操作顺序

命令(MA ↵)→选择一个源对象→选择要修改的实体→选择要修改的实体⋯⋯↵。

4. 操作示例(图 4.55)

将小圆的线型改为与大圆线型一致的虚线；将文字"计算机绘图"字高改为与"上海大学"字高相同。

（1）按大圆线型显示

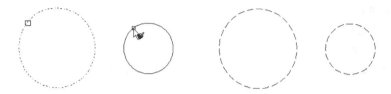

（2）按"上海大学"字高显示

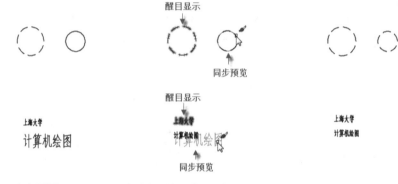

（a）原图　　　　　　（b）源对象与修改对象的选择　　　　　（c）匹配后的结果

图 4.55　用"特性匹配"(MATCH)命令修改实体特性

命令：点图标▨或 MATCHPROP↵

选择源对象：（点选源对象大圆）

当前活动设置：颜色 图层 线型 线型比例 线宽 透明度 厚度 打印样式 标注 文字 图案填充多段线 视口 表格材质 阴影显示 多重引线

选择目标对象或[设置(S)]：（点选要修改对象小圆）

　　　　　　　　　　　　　　　　　　（用带有刷子的光靶选择要修改的对象）

选择目标对象或[设置(S)]：↵　　　　　　　　　　　　　　（命令结束）

命令：↵

选择源对象：（点选文字"上海大学"）

当前活动设置：颜色 图层 线型 线型比例 线宽 透明度 厚度 打印样式 标注 文字 图案填充多段线 视口 表格材质 阴影显示 多重引线选择目标对象或[设置(S)]：（点选文字"计算机绘图"）

选择目标对象或[设置(S)]：↵

提示中选项[设置(S)]的作用，是对各种特性项是否更改作选择，若要更改，可按 S↵后在弹出的"特性设置"对话框中选择。如图 4.56 所示。

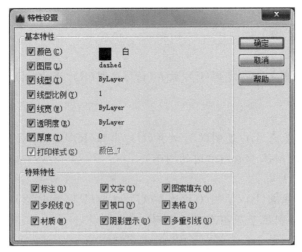

图 4.56 "特性设置"对话框

4.3 界标点技术

1. 功能

在"命令:"提示状态下,未输入任何命令而直接选择实体,实体上会出现蓝色小方块。这些小方块称为界标点。再次点取某界标点,该点变成红色小方块,这时命令提示区自动出现编辑命令的提示:"**拉伸**指定拉伸点或[基点(B)/复制(C)/放弃(U)/退出(X)]:"按回车或空格键,可依次切换到其他编辑命令:**移动**→**旋转**→**缩放**→**镜像**→**拉伸**。注意:这 5 个编辑命令中都隐含了"复制"命令,若键入 C↙,则在相应编辑命令后还显示"多重",如:**拉伸(多重)**。

该功能在编辑实体的同时,保留原图,是对原有单个编辑命令功能的增强,操作也很方便。

2. 操作顺序

选择实体→点取某界标点→按回车或空格键切换到需要的编辑命令→作相应的应答操作→按 Esc 键退出。

3. 操作示例

例 4.28:已知竖直方向的图形,用绕 C 点旋转在其左右两边复制两个图形,旋转角度均为 60°,原图保留(图 4.57)。

选择实体,点取下方界标点使其变成红色界标点。以下为屏幕提示和操作:

** 拉伸 **

指定拉伸点或[基点(B)/复制(C)/放弃(U)/退出(X)]:↙

** 移动 **

指定移动点或[基点(B)/复制(C)/放弃(U)/退出(X)]:↙

(切换到旋转命令)

** 旋转 **

指定旋转角度或[基点(B)/复制(C)/放弃(U)/参照(R)/退出(X)]:b↙

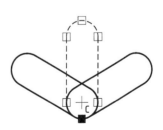

图 4.57 旋转(复制)

（重新置基点，否则系统默认红色界标点为基点）

指定基点：(捕捉 C 点)

＊＊ 旋 转 ＊＊

指定旋转角度或[基点(B)/复制(C)/放弃(U)/参照(R)/退出(X)]：c↵

（旋转时原图保留）

＊＊ 旋转（多重）＊＊

指定旋转角度或[基点(B)/复制(C)/放弃(U)/参照(R)/退出(X)]：－60 ↵

（输入旋转角度，绘制位于原图右边的图形）

＊＊ 旋转（多重）＊＊

指定旋转角度或[基点(B)/复制(C)/放弃(U)/参照(R)/退出(X)]：60 ↵

（输入旋转角度，绘制位于原图左边的图形）

＊＊ 旋转（多重）＊＊

指定旋转角度或[基点(B)/复制(C)/放弃(U)/参照(R)/退出(X)]：↵ （或 X↵或

按 Esc 键）

（退出）

操作中应注意红色界标点对应各条编辑命令中的默认含义。在"拉伸"、"移动"命令中为由两点给定位移量的第一点；在"旋转"命令中为旋转中心，在"比例缩放"命令中为位似中心，在"镜像"命令中为镜像线上的第一点。若不取默认值，可按 B↵另选基点。

例4.29：应用界标点技术对实体进行编辑（图4.58中带有界标点的实体为原图）。

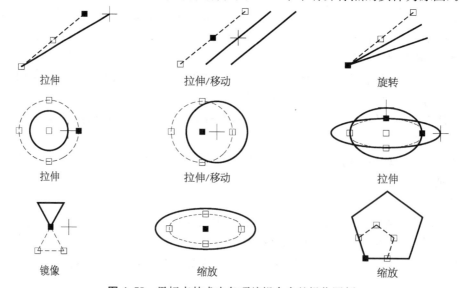

拉伸　　　　　　拉伸/移动　　　　　　旋转

拉伸　　　　　　拉伸/移动　　　　　　拉伸

镜像　　　　　　缩放　　　　　　缩放

图 4.58 界标点技术中各项编辑命令的操作图例

4.4　实验及操作指导

【实验4.1】 练习"偏移"(OFFSET)、"环形阵列"(ARRAYPOLAR)、"修剪"(TRIM)命令的操作。

【要求】 按 1∶1 绘制图 4.59(绘图界限 A3)。

【操作指导】

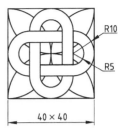

图 4.59 实验 4.1 题图

(1) 分别调用"矩形"、"圆弧"和"多段线"绘制正方形、圆弧和腰圆形。腰圆形可以画在外面,再用"移动"命令移入正方形内。也可利用"对象追踪"捕捉正方形中点或端点后输入相对坐标,确定起点,直接在正方形内绘制,见图 4.60(a)。

(2) 调用"偏移"命令复制 R5 腰圆形,偏移距离为 5,见图 4.60(b)。

(3) 调用"环行阵列"与"编辑阵列"命令复制圆弧(共 4 条)和双线腰圆形(共两个),阵列中心取圆弧的中点,见图 4.60(c)。

(4) 调用"分解"命令炸开阵列体。

(5) 用"修剪"命令修剪图形,完成全图,见图 4.60(d)。

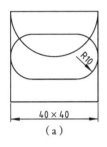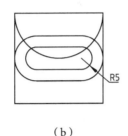

（a） （b） （c） （d）

图 4.60 实验 4.1 操作步骤

【实验 4.2】 练习"多段线"、"环形阵列"、"拉长"命令的操作。

【要求】 按所给的长度与角度,按 1∶1 绘制图 4.61(a)所示的"风玫瑰"。

【操作指导】

(1) 画一条长度为 70 的水平线,然后,环形阵列该水平线,项目总数为 16,填充角度为 360,见图 4.61(b)。

(2) 调用"分解"命令炸开阵列体。

(3) 用"拉长"命令的"全部"(T)方式,修改各射线的长度,见图 4.61(c)。

(4) 调用"多段线"命令连接各端点,再加长水平线和垂直线,在垂直线上方加画箭头。

长度	角度	长度	角度
70	0	30	180
50	22.5	40	202.5
80	45	40	225
50	87.5	70	247.5
70	90	60	270
70	112.5	70	292.5
100	135	60	315
70	157.5	70	337.5

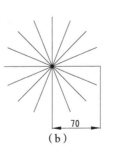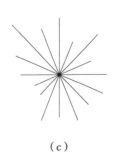

（a） （b） （c）

图 4.61 实验 4.2 题图及操作步骤

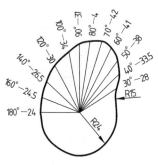

图 4.62 凸轮轮廓图

【实验 4.3】 练习"编辑多段线"、"圆角"和"删除"命令的操作。

【要求】 按 1∶1 绘制图 4.62 凸轮轮廓图(在实验 4.1 文件中继续作图,不另建新图,位置自定)。

【操作指导】

(1) 调用"直线"命令,以极坐标输入,绘制各射线,见图 4.63(a)。

(2) 设置"端点"为连续捕捉的目标类型,并用"多段线"命令依次连接射线的各个端点,见 4.63(b)。

(3) 调用"编辑多段线"的"拟合"(FIT)方式,将多段线拟合成曲线,见图 4.63(c)。

(4) 调用"圆弧"命令绘制 R24 半圆,见图 4.63(d)。

(5) 首先调用"分解"命令炸开多段线,再用"圆角"命令(R=15)倒圆角,见图 4.63(e)。

(6) 调用"删除"命令,删除凸轮内部的线段,见图 4.63(f)。

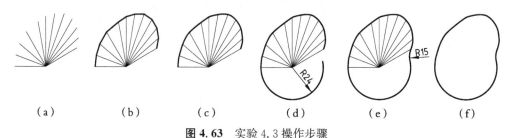

(a)　　　　　(b)　　　　　(c)　　　　　(d)　　　　　(e)　　　　　(f)

图 4.63 实验 4.3 操作步骤

【实验 4.4】 练习"修剪"、"阵列"命令和"特性"管理器的操作。

【要求】 按 1∶1 绘制图 4.64(在实验 4.1 文件中继续作图,不另建新图,位置自定)。

【操作指导】

(1) 调用"圆"命令,绘制直径不等的 5 个圆,见图 4.65(a)。

(2) 按 F8 键打开正交方式,过 φ20 圆周上的 0°、180°象限点向下作垂直线,过 φ64 圆心向上作垂直线,见图 4.65(b)。

(3) 调用"修剪"命令修剪直线和圆弧,见图 4.65(c)。

(4) 调用"环行阵列"命令与阵列体编辑方法将上部图形复制成三个,见图 4.65(d)。

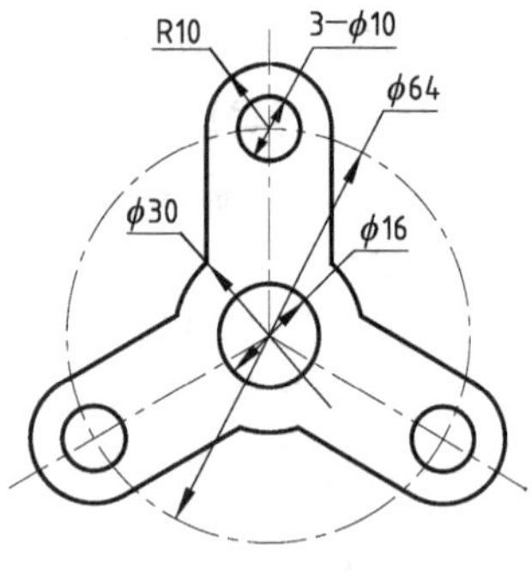

图 4.64 实验 4.4 题图

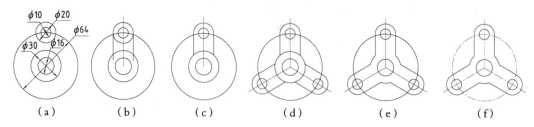

(a)　　　　　(b)　　　　　(c)　　　　　(d)　　　　　(e)　　　　　(f)

图 4.65 实验 4.4 操作步骤

（5）调用"分解"命令炸开阵列体。

（6）再次调用"修剪"命令修剪φ30圆弧，见图4.65（e）。

（7）调用"对象特性"命令，按图形要求将指定线段改为点画线，见图4.65（f）。

【实验4.5】 编辑命令的综合应用。

【要求】 按1:1绘制如图4.66所示扳手轮廓图（在【实验4.1】文件中继续作图，不另建新图，位置自定）。

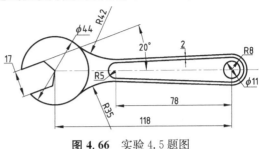

图4.66 实验4.5题图

【操作指导】

（1）调用"圆"命令绘制4个圆，见图4.67（a）。

（2）用"直线"命令捕捉"切点"作切线，见图4.67（b）。

（3）用"修剪"命令修剪圆弧，见图4.67（c）。

（4）调用"偏移"命令绘制等距线，见图4.67（d）。

（5）首先用"圆角"命令作两连接圆弧，然后用"正多边形"的"外切于圆（C）"方式绘制六边形，见图4.67（e）。

（6）用"旋转"命令将六边形旋转20°，见图4.67（f）。

（7）用"移动"命令将六边形右端顶点移至圆心，见图4.67（g）。

（8）用"修剪"命令修剪六边形左方的两条边，见图4.67（h）。

（9）先用"延伸"命令延伸六边形的两条对边，然后用"修剪"命令修剪圆弧，并添画扳手的中心线，见图4.67（i）。

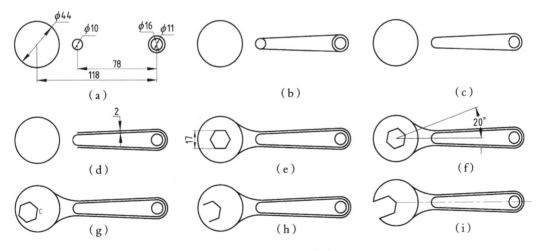

图4.67 实验4.5操作步骤

【实验4.6】 练习"偏移"、"圆角"、"编辑多段线"命令和"对象特性"管理器的操作。

【要求】 按1:1绘制如图4.68所示挂轮架轮廓图（在实验4.1文件中继续作图）。

【操作指导】

（1）调用"直线"、"偏移"命令绘制各段中心线，见图4.69（a）。

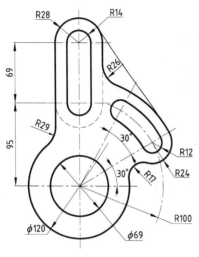

图 4.68　挂轮架轮廓图

（2）首先用"直线"、"圆弧"命令的"接续"方式绘制竖直方向的腰形孔，再用"圆弧"命令的"起点、圆心、角度"和"接续"方式绘制四弧腰形孔，也可用"圆"、"直线"和"修剪"命令绘制，见图 4.69(b)。

（3）用"偏移"命令绘制等距线，见图 4.69(c)。

（4）调用"圆角"命令，按图示半径倒圆角，见图 4.69(d)。

（5）用"直线"命令补画因倒圆角(R26)而擦除的直线段。最后用"直线"命令和"切点"目标类型绘制右上部切线，见图 4.69(e)。

（6）调用"特征"管理器，按图形要求，将指定线段改为点画线与虚线。调用 PEDIT"(合并)J"、"(线型生成)L"将图中的虚线段修改成长度一致。见图 4.69(f)。

（7）调用"拉长"命令的"动态"(DY)方式调整点划线的长度，见图 4.69(g)。

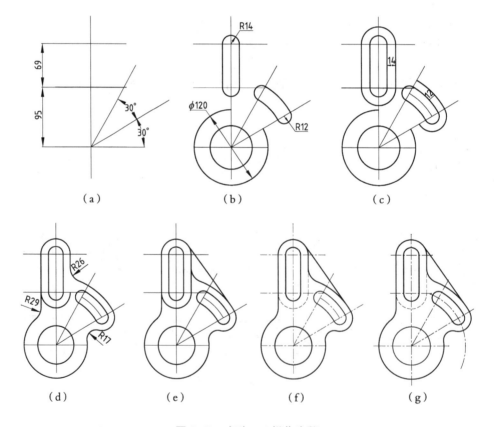

（a）　　　　　　（b）　　　　　　（c）

（d）　　　　　（e）　　　　　（f）　　　　　（g）

图 4.69　实验 4.6 操作步骤

【实验 4.7】　练习"偏移"、"修剪"、"圆角"命令操作。

【要求】　按 1∶1 绘制如图 4.70 所示凸轮轮廓图(绘图界限：297×210)。

【操作指导】 按下列步骤操作：

（1）用"圆"命令绘制三个圆，见图 4.71（a）。

（2）用"圆"命令的"相切、相切、半径"（TTR）方式绘制已知圆的相切圆，见图 4.71（b）。

（3）用"修剪"命令修剪多余线条，见图 4.71（c）。

（4）用"偏移"命令的"距离"方式画等距线，见图 4.71（d）。

（5）用"圆角"命令倒圆角，见图 4.71（e）。

（6）再用"修剪"命令修剪多余线条，见图 4.71（f）。

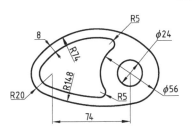

图 4.70 凸轮轮廓图

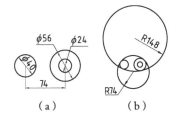

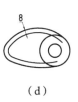
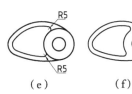

（a）　　　　　（b）　　　　　（c）　　　　　（d）　　　　　（e）　　　　　（f）

图 4.71 实验 4.7 操作步骤

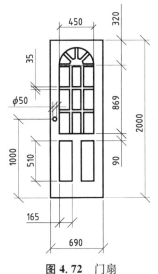

图 4.72 门扇

【实验 4.8】 练习"多线"、"编辑多线"、"修剪"和"圆角"、"圆"命令的操作。

【要求】 按 1:1 绘制如图 4.72 所示的门扇（在实验 4.7 文件中继续作图，不另建新图）。

【操作指导】

（1）调用"矩形"命令按图示尺寸绘制 4 个矩形，底部的两个矩形对称，其中的一个可用"镜像"命令镜像复制得到，见图 4.73（a）。

（2）首先用"分解"命令将 869×450 的矩形炸开，并调用"定数等分"命令将矩形的相邻两条边分别三等分，然后调用"多线"捕捉"节点和垂直"目标绘制图中多线。其中多线样式采用"标准"，对正方式为"无"（Zero），比例取 35，见图 4.73（b）。

（3）以 C 点为圆心（869×450 矩形顶边的中点），用"圆弧"命令绘制两段同心的圆弧，圆弧的端点用"端点"目标类型捕捉，见图 4.73（c）。

（4）分别调用"编辑多线"命令修改多线，见图 4.73（d）。

（5）先用"分解"命令拆开多线，再用"阵列"命令将右上角的水平多线在 135°的总张角内复制 4 个，见图 4.73（e）。

（6）用"修剪"命令修剪门上部的小圆弧，若阵列的多线与圆弧不相交，可将"修剪"命令设置为"延伸"模式进行修剪，并用"圆角"（R＝0）封闭交点，最后加画 $\phi50$ 的门把手，见图 4.73（f）。

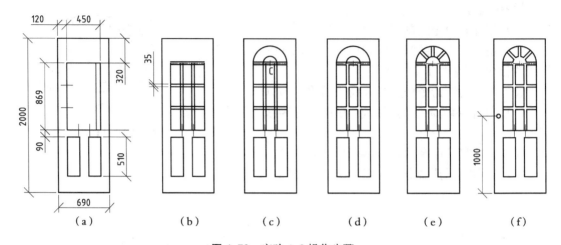

图 4.73 实验 4.8 操作步骤

【实验 4.9】 练习"偏移"、"修剪"、"删除"命令在绘制三视图中的应用。

【要求】 按 1∶1 绘制如图 4.74 所示的三视图(绘图界限 297×210,轴测图不画)。

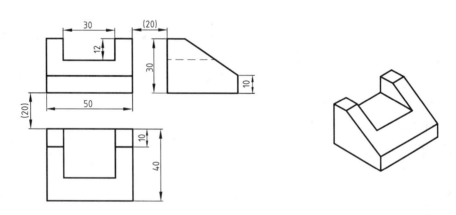

图 4.74 三视图

【操作指导】

(1) 按 F8 键打开正交方式,用"直线"命令绘制 *ABC* 直线段,*AB* 的高度约为主、俯视图的总高度;*BC* 的长度大于主、左视图的总长度。然后,按图示尺寸用"偏移"命令画 *AB*、*BC* 的等距线。视图之间的距离为 20,见图 4.75(a)。

(2) 可以用"修剪"命令和 F(篱笆)或 C(窗交)选择方式,修剪视图之间的多余作图线,见图 4.75(b)。

(3) 用"删除"ERASE 命令删除右下角的作图线,用"直线"命令和"交点"目标捕捉类型画 *DE* 直线,再用"偏移"命令的"距离(D)"方式(用 INT 目标类型捕捉 *F*、*G* 点确定距离)作 *HI* 的等距线,见图 4.75(c)。

(4) 用"修剪"命令修剪多余线条,修剪边界可直接按回车选中屏幕上的所有实体,被修剪边应由外向里点取,这样可连续点取某一条被修剪边,见图 4.75(d)。

(5) 用"删除"命令擦除多余线条,用"特性管理器"将不可见的线条改为虚线。若比例不

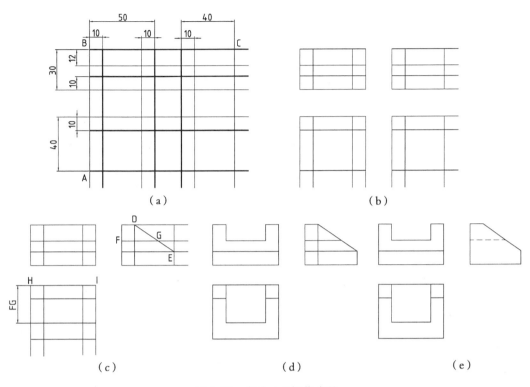

图 4.75 实验 4.9 操作步骤

太合适,可修改"线型比例"的数值,见图 4.75(e)。

若对"对象捕捉追踪"的操作比较熟练,不妨应用在三视图的绘制中。

思考与练习

1. 用于全部或部分删除实体的命令有哪几个?

2. "圆角"命令对两平行直线倒圆角的结果如何?"倒角"命令能否对两平行直线倒棱角?

3. 用"点⇒定数等分"等分实体,实体是否被真正割断?等分点应该用什么对象类型捕捉?

4. "编辑多段线"命令有哪些功能?其中"顶点编辑"选择项又含有哪些功能?

5. 阵列中的项目数是否包含原图?

6. 要修改实体的性质可用什么命令?"特性"管理器与"特性匹配"命令在使用场合上有何区别?

7. 应用界标点技术编辑实体隐含哪些编辑命令,操作顺序如何?各编辑命令如何切换?

8. 如何应用"编辑多线"命令编辑多线,操作步骤如何?点取实体的方位不同对修改结果有何影响?

9. 参照实验 4.1 至实验 4.9 的绘图方法,分析图形的结构特点,综合应用编辑命令,按 1:1 绘制 4.76 至图 4.86。图形界限自定,轴测图不画,仅作看图参考。

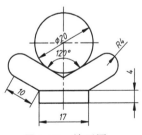

图 4.76 练习图一

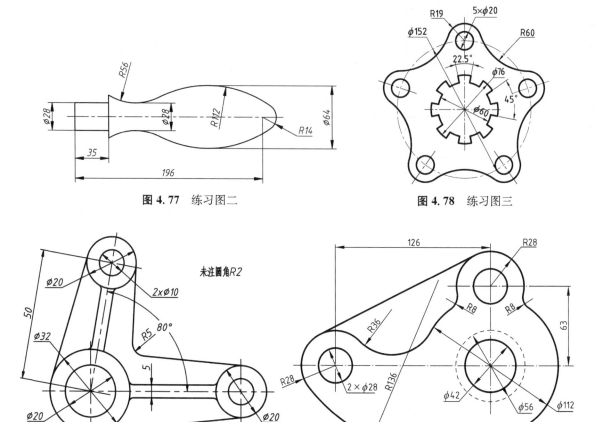

图 4.77 练习图二

图 4.78 练习图三

未注圆角R2

图 4.79 练习图四

图 4.80 练习图五

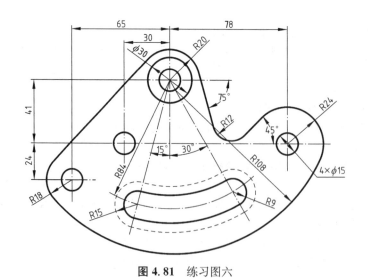

图 4.81 练习图六

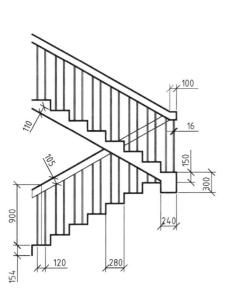

图 4.82 练习图七

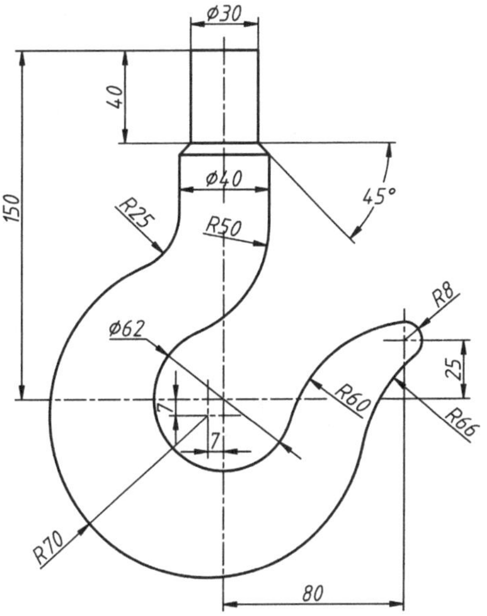

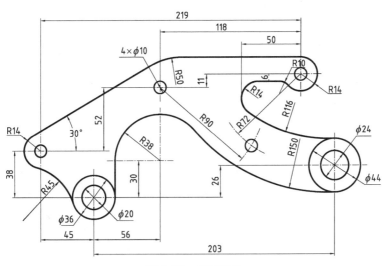

图 4.83 练习图八

图 4.84 练习图九

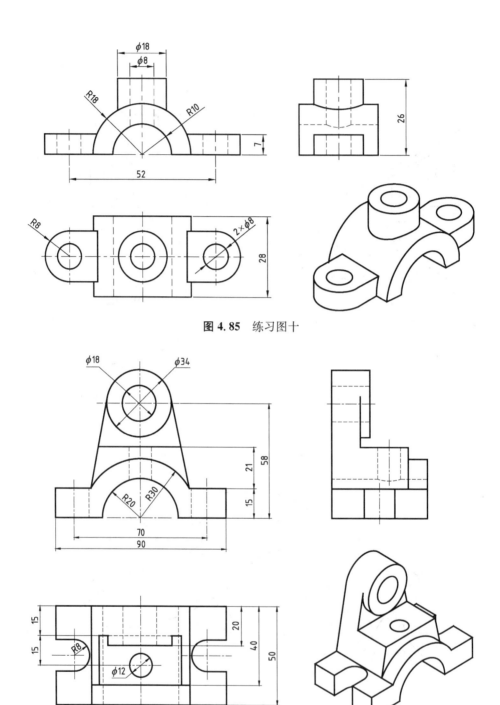

图 4.85　练习图十

图 4.86　练习图十一

第五章 图 形 块

![电脑图标] **本章知识点**

- 图形块的作用及内部块与外部块的创建。
- 含有属性的图形块的创建。
- 图形块的插入参数及负值的含义。
- 块的修改。
- 块与图层的关系。

5.1 图形块及其作用和类型

绘图中常有一些需重复使用的图形,如机械图样中的标准件、表面粗糙度符号,建筑图中的标高符号,电子线路图中的晶体管、电阻、电容等。为了减少重复作图,可以把使用频繁的图形制作成块,根据需要随时插入到当前正在绘制或编辑的图形文件中,插入块的同时,可改变图形块的大小和方位。一般的图形文件也可作为块插入,实现图形文件的相加。

图形块具有存储空间小、便于修改和更新、方便建立图形库等优点,极大地提高绘图的速度和工作效率。

图形块按其存放位置不同分为内部块和外部块。内部块存放在当前文件中;外部块存放在磁盘上,其他文件都可引用。

5.2 内部块的创建(BLOCK 命令)

1. 创建要点

在一个图形文件中,可以创建多个内部块,每个块必须赋予一个名字(BLOCK NAME),确定基点(BASE POINT),以备插入时给块定位。做成块后的实体可以保留,也可以删除。删除后可用 OOPS 命令恢复。创建块的命令为 BLOCK。

2. 命令调用

单击菜单栏"绘图"⇒"块 ▶"⇒"创建",或单击绘图菜单栏"创建块"图标 ⬚,或键入 BLOCK ↵(或 BMAKE ↵,或 B ↵)。

3. 操作顺序

绘制图形→输入命令(B ↵)→在引出的"块定义"对话框中的"名称"栏中输入块名→单击 拾取点 按钮→指定块的插入基点→单击 选择对象 按钮→选择要创建块的对象→单击 确定

图 5.1 标高符号

按钮。

4. 操作示例

将建筑图样中标高符号(图 5.1)创建成块,块名为 BG。

(1)绘制图 5.1 的标高符号。

(2)创建图形块:键入 BLOCK ↵,弹出"块定义"对话框(图 5.2),在"名称"编辑框中输入块名 BG,单击"基点"区域下的"拾取点"图标按钮,对话框暂时消失。捕捉图中 A 点为图形块的插入基点,对话框恢复;单击"对象"区域的"选择对象"左边的图标按钮,对话框再次暂时消失,在图中选择标高符号图形,选完按 ↵,对话框再次恢复;单击"方式"区域中勾选"允许分解",使图形块可以爆炸。单击 确定,完成块的创建。

若在"对象"区域的下方选中"⊙删除",做成块后实体消失;若选中"⊙保留"或"⊙转换为块"单选项,则实体保留。

若在"方式"区域中勾选"注释性",则在插入块后,通过屏幕右下角的"注释比例"可以调整所有带"注释性"块的大小,而不用逐个单独调整。

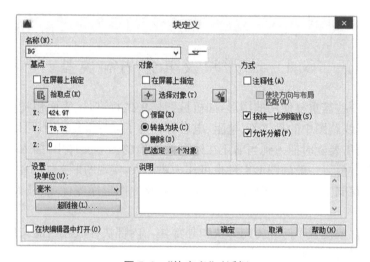

图 5.2 "块定义"对话框

5.3 外部块的创建(WBLOCK 命令)

将内部块存盘或选择文件中的部分或全部实体,指定基点后直接存盘,称为外部块。

1. 命令调用

键入 WBLOCK ↵(或 W ↵)。

2. 操作顺序

(1)将内部图形块写入磁盘:

WBLOCK ↵→弹出"写块"对话框→选中"⊙块"单选项[图 5.3(a)]→在下拉列表框中选择块名→在"文件名和路径"栏中输入文件名(可以含有盘符和子目录)→单击 确定。

(2)选择全部实体或部分实体直接写入磁盘:

WBLOCK ↵→弹出"写块"对话框→在"源"区域中,选择"对象"(部分实体)单选项[图 5.3(b)]→单击"拾取点"图标按钮,指定插入基点→单击"选择对象"图标按钮,选择要存盘的实体(选择结束按↵)→在"文件名和路径"栏中输入文件名→单击 确定 。

若在"源"区域选中"⊙整个图形"(全部实体)单选项,只要输入文件名,单击 确定 即可,此时图形块的插入基点默认为坐标系的原点。

（a）"源"选择"块"

（b）"源"选择"对象"

图 5.3　"写块"对话框

5.4　图形块的插入(INSERT 和 MINSERT 命令)

将创建好的图形块或一般图形文件插入到当前的图形文件中,有两种方式:用"插入块" (INSERT)命令为单个插入;键入 MINSERT 命令为多重插入(如同"阵列"命令的矩形阵列)。

1. 命令调用

单击菜单栏"插入"⇒"块",或单击绘图菜单栏"插入块"图标 🗗,或键入 INSERT ↵(或 I ↵)(单个插入)或 MINSERT ↵(多重插入)。

2. 插入参数和"插入"对话框

块插入时,要求输入原图 X、Y 方向"缩放比例"和图形块的"旋转角度",其中,缩放比例因子为负值时,插入的图形与原图在对应方向上成镜像(原图左右反置或上下倒置)。图形块旋转角度,逆时针方向为正,顺时针方向为负。

插入命令调用后,弹出"插入"对话框(图 5.4)。对话框的"名称"下拉列表用以选择内部块。单击 浏览 按钮,引出图形文件对话框,从中选择外部块或图形文件。

"插入点"、"缩放比例"、"旋转"各区中的 "在屏幕上指定"复选框,用以控制插入点和参数是否在屏幕中指定,若勾选为是。"分解"复选框,用以控制块插入后是否可以炸开,若勾选为是。

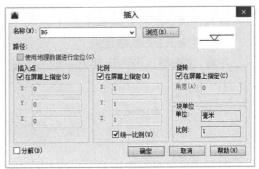

图 5.4　"插入"对话框

3. 操作示例

例 5.1：用"插入块 INSERT"（单个插入）命令，在当前图形文件中插入内部创建的图形块 BG（图 5.1），插入方位及参数如表 5-1 所示。

表 5-1　图形块 BG 的插入结果及其参数

原图 （BG）						
插入结果						
X scale factor	1	−1	1	−1	−1	1
Y scale factor	1	−1	−1	1	1	−1
Rotation angle	180	0	180	0	180	0

操作步骤：

键入 INSERT ↵，弹出"插入"对话框，如图 5.4 所示。在下拉列表中点取块名 BG，在"缩放比例"、"旋转"区域按表 5-1 相关数据输入到对应的编辑框内，单击 确定 ，最后在屏幕中指定插入点的位置，块的插入结束。

读者可按表列不同插入结果，验证各项数据。每一种插入结果都可有两种参数。

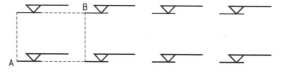

图 5.5 用 MINSERT 命令插入图形块

例 5.2：调用 MINSERT 命令插入图形块 BG，操作结果如图 5.5 所示（2 行 4 列）。

操作步骤：

命令：MINSERT ↵

MINSERT 输入块名或［?］< >：BG ↵　　　　　　　　　　　（插入图形块 BG）

指定插入点或［基点(B)/比例(S)/旋转(R)］：（指定插入点）

输入 X 比例因子，指定对角点，或［角点(C)/XYZ(XYZ)］<1>：↵　　　　（X＝1）

输入 Y 比例因子或 <使用 X 比例因子>：↵　　　　　　　　　　（Y＝1）

指定旋转角度 <0>：↵　　　　　　　　　　　　（旋转角度为 0°）

输入行数（———）<1>：2 ↵　　　　　　　　　　　　（2 行）

输入列数（|||）<1>：4 ↵　　　　　　　　　　　　（4 列）

输入行间距或指定单位单元（———）：（指定单位单元格的一个角点 A）

指定对角点：（指定 B 点）

注意：多重插入的图形块是不能分解的。

5.5　含有属性的图形块

图形块可以是一组图形，也可以是固定文本与图形的组合，还可以是包含可变文本的图形，图形块中的可变文本称为属性。属性可用于制表、作图形的脚注和有关产品或设备的管理,如机械图样中的标题栏和明细表的填写,表面粗糙度符号中数值的标注等。

若图形块中含有属性,在块创建前先作属性创建,同一个块可创建多个属性。

1. 属性创建命令调用

单击菜单栏"绘图"⇒"块 ▶"⇒"定义属性",或键入 ATTDEF ↵(或 ATT ↵)。

2. "属性创建"对话框

命令调用后,弹出"属性定义"对话框(图 5.6)。

其中"模式"区域中的 6 个复选项用以控制属性的显示模式。"不可见"项,控制块插入后是否显示属性;"固定"项,控制属性是否为常量;"验证"项,控制是否对输入属性值进行校验;"预置"项,控制是否设定属性预设值;"锁定位置",控制块参照中属性的位置。解锁后,属性可以相对于使用夹点编辑的块的其他部分移动,并且可以调整多行属性的大小;"多线"可以指定属性值包含多行文字。选定此选项后,可以指定属性的边界宽度。

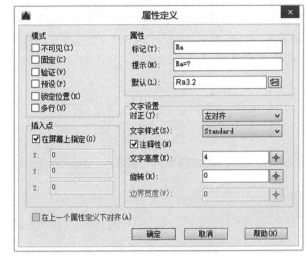

图 5.6 "属性定义"对话框

"属性"区域中的三个编辑栏用以创建属性。"标记"项创建属性标志;标识图形中每次出现的属性。输入任何字符(空格除外)组合作为属性标记。小写字母会自动转换为大写字母。"提示"项创建属性值输入提示,如果不输入提示,属性标记将用作提示;"默认"项创建属性的缺省值。

"文本设置"区域用以设定属性文本的"对正"方式、"文字样式"、"高度"和"旋转"角度以及多线属性中文字行的"边界宽度"。值 0.000 表示文字行的长度没有限制。单击 按钮,切换至图形编辑状态,在绘图屏幕上指定对应的值。若勾选"注释性"可以通过屏幕右下角的"注释比例"(图纸单位:图形单位)统一调整属性文字大小,提高作图效率。

左下角的"在上一个属性创建下对齐",将属性标志直接置于上一个属性的下面。如果之前没有创建属性,则此选项不可用。

3. 含有属性的图形块的创建与插入

操作顺序:

创建块:绘制图形→创建属性(ATTDEF)→创建图形块(BLOCK)

插入块:插入块命令(INSERT)→输入块名→输入插入基点、比例、旋转角度→输入属性值。

4. 操作示例

表面粗糙度符号及其 Ra 值的图形块创建与插入。

操作步骤:

(1) 绘制表面粗糙度符号:按图 5.7 所示尺寸绘制图 5.8(图中文字不注)。属性定义时 Ra 文本高度为 4。

(2) 创建属性 Ra 值(图 5.8):键入 ATTDEF ↵,在"属性创建"对话框中,按图 5.6 在对话框的编辑栏内作对应输入,其中"左上"为文本定位方式,单击 确定 ,对话框暂时消失。在绘图区利用对象(角点 A)追踪,将属性 RA 置于其下少许,属性创建完毕。

(3) 创建图形块:键入BLOCK ↵ 或单击 ,在"创建块"对话框中,输入块名 CCD,勾选"注释性",单击"拾取点"按钮,捕捉 B 点为块的插入基点。然后,单击"选择对象"按钮,选择图 5.8。单击 确定 ,完成图形块创建。

(4) 插入图形块:键入INSERT ↵ ,在"插入"对话框中点取块名 CCD,并在"比例"区的 X、Y 编辑栏内分别输入 1,在"旋转"区的"角度"编辑栏内输入 0,单击 确定 ,在图形窗口指定插入点,然后,在命令窗口"Ra=? <Ra3.2>:"提示下,输入Ra6.3 ↵ ,结果如图 5.9 所示;若按 ↵ ,结果为图 5.10。

图 5.7 表面粗糙度符号　　**图 5.8** 创建属性 *Ra*　　**图 5.9** *Ra*=6.3　　**图 5.10** *Ra* 为缺省值

5.6 图形块的修改

掌握图块的修改,便于提高作图效率。针对不同的修改要求可采用不同的方法。

方法一:应用"重命名"修改已插入的图形块形状。

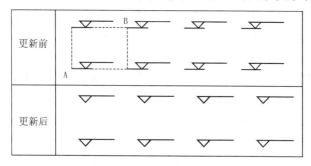

图 5.11 块的更新

如果要对图 5.11 已插入的图形块进行更新,但位置不变,并不需要将原图删除后重新绘制和插入,只要炸开(分解)图形块(BG),并将修改后的实体用相同的块名重新创建成块,系统将以新的图形块自动更新老的图形块。

方法二:应用"快捷特性"修改已插入的图形块大小等"块参照"特性。

若用户对块插入后的尺寸等插入参数不满意而需要调整时,可打开"快捷特性"功能和"块参照"面板进行修改。先将屏幕状态栏中的"快捷特性"图标亮显为"开"(若原先为暗显,应点击后变亮显),然后选择要修改的图块,图块旁出现"块参照"特性面板。点击"块参照"右边的自定义(CUI)图标(图 5.12),弹出"自定义用户界面"对话框。对话框右边勾选了"块参照"列出的项目,用户需要修改哪些特性,可勾选相应的复选框,选择完成后,点击对话框底部的 应用 和 确定 按钮。重新选择要修改的图块,图块旁出现含有用户自定义的"块参照"特性面板。接着用户就可点击要修改的表项,一般都可在相应的编辑框内键入新的参数,如 X、Y 插入比例,旋转角度,自定义属性等。对于"注释性比例"一项,需要点击其右边的图标,引出"注释性图像比例"对话框(图 5.13),再点击对话框中的 添加 按钮,在列出的比例中,选择所需比例,返回对话框后,将原先的比例删除,点击确定按钮,即告修改完成。若所需的比例在设定的添加比例中不存在,可使用SCALELISTEDIT 命令可将自定义比例添加到此列表。

图 5.12 "块参照"面板和"用户自定义"对话框

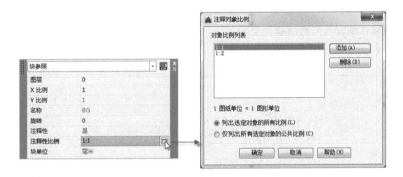

图 5.13 用户自定义"块参照"面板和"注释图像比例"对话框

方法三：应用"块属性管理器"修改图形块属性及其文本信息。

键入命令BATTMAN↵，引出图 5.14 所示"块属性管理器"对话框，选择图形块（直接选择图形块或点取块名），按 编辑 ，引出图 5.15 所示"编辑属性"对话框，根据修改要求，选择"属性"页修改块的属性，包括"模式"和"数据"等；若切换到"文字选项"页，如图 5.16 所示，用以修改属性的文字样式和注释性；"特性"页（图 5.17）用以修改属性的对象特性。

图 5.14 "块属性管理器"对话框

图 5.15 "编辑属性"对话框

图 5.16　"编辑属性"的"文字选项"对话框　　　　图 5.17　"编辑属性"的"特性"对话框

表 5-2 所示为选择不同方法，修改图形块 CCD 的相关特性和参数。

表 5-2　应用不同方法修改图形块的相关内容

修改方法及内容	原　图	结　果
使用"块参照"特性面板，修改注释比例。	√Ra12.5	√Ra12.5
使用"块属性编辑器"，修改属性文本定位和字高。	√Ra3.2	√Ra3.2　√Ra3.2

5.7　图形块与图层的关系

图层是绘图管理系统的重要工具，当块的成员图层状态与插入时的图层状态不相同时，插入的结果将会如何？表 5-3 列出了图形块成员的图层状态与插入结果的关系。

表 5-3　图形块与图层的关系

图块成员的图层颜色、线型、属性	0 层成员			非 0 层成员		
	Bylayer（随层）	Byblock（随块）	其他	Bylayer	Byblock	其他
插入结果	与当前层一致	保持原样		与同名层一致，无同名层保持原样	与当前层一致	带入原层并保持原样
块插入后图层与实体的分离情况	不分离（当前层关，块不可见）			分离（当前层关，块仍可见）		

特别指出的是：不在 0 层上制作的图形块，当其插入后，用"特性"管理器去查询图形块的图层属性时，显示结果为当前图层。但是，当关闭（OFF）当前图层时，图形块却依然可见，说明实体已与图层分离，这与一般实体有区别。

5.8 实验及操作指导

【实验5.1】 练习图形块的插入。

【要求】 按表5-4图形块原图与插入方位,填写插入参数,然后上机验证。

表 5-4 图形块的插入

原 图 (Block)				
插入方位	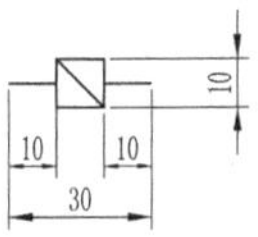	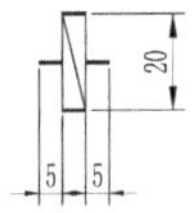	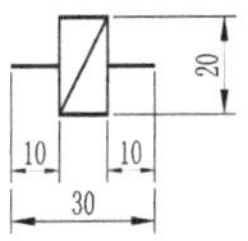	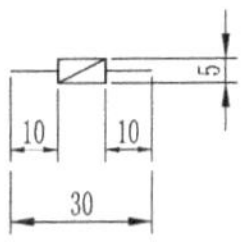
插入参数	X 比例因子 Y 比例因子 旋转角度	＿＿＿＿＿ ＿＿＿＿＿ ＿＿＿＿＿	＿＿＿＿＿ ＿＿＿＿＿ ＿＿＿＿＿	＿＿＿＿＿ ＿＿＿＿＿ ＿＿＿＿＿	＿＿＿＿＿ ＿＿＿＿＿ ＿＿＿＿＿
插入方位	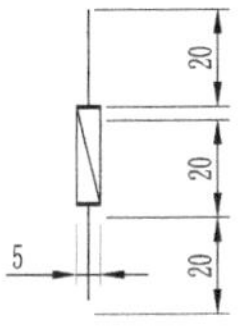	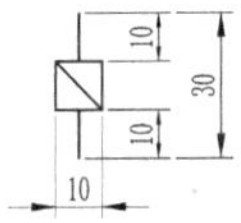	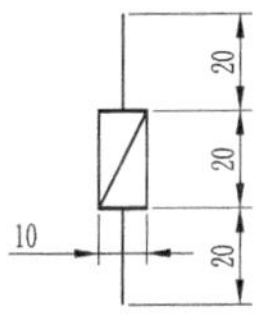	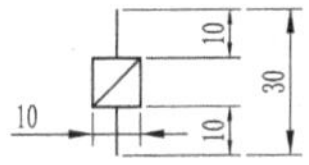
插入参数	X 比例因子 Y 比例因子 旋转角度	＿＿＿＿＿ ＿＿＿＿＿ ＿＿＿＿＿	＿＿＿＿＿ ＿＿＿＿＿ ＿＿＿＿＿	＿＿＿＿＿ ＿＿＿＿＿ ＿＿＿＿＿	＿＿＿＿＿ ＿＿＿＿＿ ＿＿＿＿＿

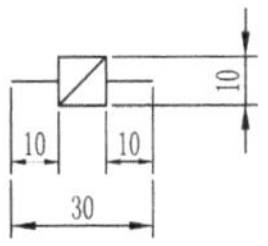

【操作指导】

(1) 按1:1绘制原图。

(2) 用"创建块"(BLOCK)命令将原图创建成内部块。

(3) 用"插入块"(INSERT)命令,按图示方位与大小插入图形块。

【实验5.2】 图形块在建筑图中的应用。

【要求】

(1) 按1:1绘制如图5.18所示的建筑平面图。图中门和窗创建成图形块后插入,墙身用多线绘制。

(2) 绘图环境:公制;绘图界限(0,0-18000,13500),LTscale=20。

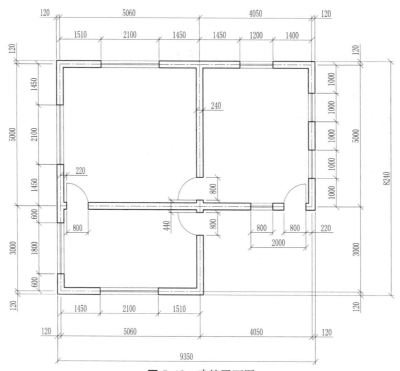

图 5.18 建筑平面图

【操作指导】

1. 多线

（1）用 LIMITS、ZOOM 命令设置绘图界限为 18000×13500，用 LTSCALE 命令设置线型比例为 20。

图 5.19 多线样式

（2）用 MLSTYLE 命令设置多线样式并取名 Wall，如图 5.19 所示。

（3）分别绘制单个窗（图 5.20）和门（图 5.21），并用 BLOCK 命令将它们分别创建成名为 W 和 D 的图形块，插入基点分别为 A 点和 B 点。为便于插入时计算缩放系数，图中窗的长度取值 1000，门的大小不变，按 800 绘制。

（4）用"多线"MLINE 命令（比例为 240，样式为 Wall，对正为 Zero）按图示尺寸绘制墙身，作图中可打开"对象捕捉"与"对象追踪"定点，再用"编辑多线"命令（选择"T 型合并"模式）修改多重线（图5.22）。

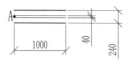

图 5.20 图形块 W

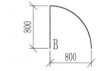

图 5.21 图形块 D

（5）用"插入块"命令按表 5-5 所列的门窗插入参数、插入图形块，完成全图（图 5.23）。

表 5-5　门（D）、窗（W）图形块的插入参数

编号	W1	W2	W3	W4	W5	W6	D1	D2	D3	D4
X	1	1.2	2.1	2.1	1.8	0.8	1	1	−1	−1
Y	1	1	1	1	1	1	1	1	1	1
R	90	0	0	90	90	0	0	90	90	0

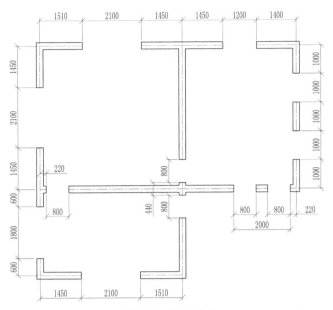

图 5. 22 绘制墙身

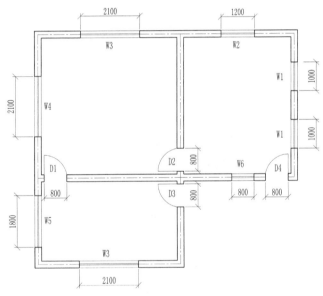

图 5. 23 插入门窗图形块

2. 偏移线

（1）调用"直线"LINE 命令绘制墙体的定位轴线，如图 5.24 所示。

（2）用"编辑多段线"PEDIT 命令，使墙角定位轴线为多段线（一个实体）。用"偏移"OFFSET 命令画定位轴线的等距线（距离为 120）。如图 5.25 所示。

（3）用"修剪"TRIM 命令修剪多余线条；调用"直线"LINE、"复制"COPY 或"偏移"OFFSET 加画墙体封口线；用"删除"ERASE 命令删除不需要的定位线。如图 5.26 所示。

（4）插入门、窗图形块[同多线中的步骤（5）]。并将定位轴线的线型改为电画线，标注尺寸，完成全图。

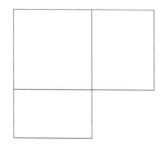

图 5.24 画定位轴线

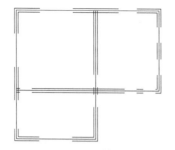

图 5.25 画等距线

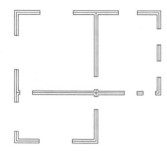

图 5.26 修剪与封口

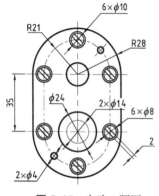

图 5.27 实验 3 题图

【实验 5.3】 图形块的更新。

【要求】

(1) 绘图界限：A4(210×297)。

(2) 按 1∶1 绘制图 5.27,其中螺钉及螺钉安装孔用同一图形块插入。

(3) 用块的更新功能将图 5.28 更新为图 5.29。

【操作指导】

(1) 综合应用绘图与编辑命令绘制图 5.30。

(2) 绘制圆孔及螺钉头(见图 5.31),并将其创建成图形块,插入基点为圆心,块名为 YZ。

(3) 调用"插入块(INSERT)"命令和"交点"对象捕捉,将图形块 YZ 插入到图 5.28 所示的位置。

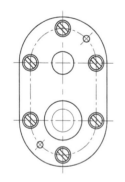

图 5.28 插入图形块

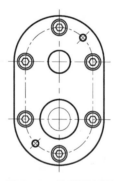

图 5.29 块的更新图

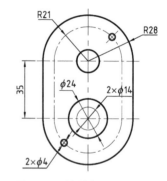

图 5.30 端盖投影图的绘制

(4) 按图 5.32 所示尺寸绘制圆孔及内六角螺钉头,然后以相同的块名 YZ 将该图形创建成块,于是原块被更新,图 5.28 随之自动更新成图 5.29 所示。

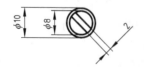

图 5.31 圆孔及圆柱头螺钉

图 5.32 圆孔及内六角螺钉

思考与练习

1. 图形块主要应用在何种场合？有何优点？一般图形文件能否作为块插入到当前图形文件中，若能，其插入基点位于何处？

2. 如何控制图形块的插入大小和方位？有哪几个参数可控制？负值的含义是什么？

3. 内部图块与外部图块有何区别？如何创建？

4. 如何更新图形块？操作过程如何？炸开的图形块能否更新？

5. 何谓图形块属性？要创建一个含有属性的图形块应该如何操作？

6. 图块与图层的关系涉及哪些因素？在何种情况下会导致插入图块的图层与实体分离？

第六章
图 案 填 充

■ **本章知识点**
- 图案的类型及选择。
- 图案比例与角度的设定。
- 定义图案的种类和方法。
- 图案填充的操作和填充图案的编辑。

在实际绘图与设计中,通常需要对一些区域(直线或曲线围成的封闭线框)用指定的图案加以填充。如机械图样中的金属与非金属材料的剖面符号,建筑图中的砖块、混凝土、钢筋等。AutoCAD提供了近百种材料的剖面符号和装饰性图案,图案的比例和转角均可设置,还允许用户根据需要创建新的图案。对已有的填充图案对象可用专用的编辑命令进行修改。

6.1　图案类型

AutoCAD中允许用户选择的图案类型有三种:

1. 预定义或库存图案

系统提供了几十种图案,每种图案有一个图案名,这些图案又被分为三组:美国标准机构(American National Standard Institute,ANSI)颁布的材料剖面符号;国际标准化组织(International Standards Organization,ISO)颁布的材料剖面符号;其他预定义,是一些非标准化的材料符号及常用的装饰性图案。

2. 用户定义图案

由一组间距相等的平行线组成(也可以是两组相互垂直的平行线)。

3. 自定义

用户根据绘图需要,编制 Pat 图案文件,创建一种新的图案。

除此之外,可以创建渐变色填充,它是一种颜色的不同灰度之间或两种颜色之间过渡的填充。渐变色填充可用于增强演示图形的效果,使其呈现光在对象上的反射效果。

6.2　图案比例及图案角度

6.2.1　图案比例

图案填充时,会出现图案线条之间或密或疏的情形,除"用户定义"图案可以直接输入"间距"外,其余都必须通过设置"比例"数值来调整图案的疏密。

图案比例＝(希望值/原始值)/输出比例。

其中,希望值为实际输出图案中的平行线间距
(以 1:1 测量的值),原始值为系统的设计值,可以
通过尺寸标注来测定,也可打开 Acad·Pat 文件
来了解(该内容本书不作介绍)。

例如:选用图案名为"ANSI31",使用缺省值
(角度＝0,比例＝1),对矩形线框填充。结果如图
6.1 所示,用尺寸标注的方法测得间距的原始值为
3.18,若希望间距为2,那么比例系数应为 2/3.18

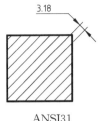

ANSI31
(角度＝0,比例＝1)
图6.1 原始图案

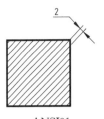

ANSI31
(角度＝0,比例＝0.63)
图6.2 希望图案

＝0.63,结果如图 6.2 所示,若输出比例不是 1:1,应将算得的比例系数除以输出比例。

若图案为一组或两组相互垂直的平行线,可选用"用户定义"图案类型。这时不必输入图
案比例,可直接输入平行线间隔(但也需考虑输出比例的影响)。

6.2.2 图案角度

系统规定预定义原始图案的方向为 0°,若图案需要旋转一个角度,逆时针方向旋转为正,
顺时针方向为负。例如:设置"ANSI31"图案的旋转角度为 45°,结果如图 6.3 所示,但"用户定
义"图案的角度为图线的实际水平倾角,如图 6.4 和图 6.5 所示。

ANSI31
(角度＝45,比例＝0.63)
图6.3 图案转 45°

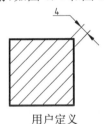

用户定义
(角度＝45,间距＝4)
图6.4 单组平行线

用户定义
(角度＝45,间距＝4)
图6.5 双向平行线

6.3 图案填充方式

当填充边界内嵌套含有闭合线框时,应选择适当的填充方式。AutoCAD 提供了下列三种
图案填充方式(孤岛检测样式):

1. 普通方式(NORMAL)

为系统默认方式,使用时,在目标选择的范围内,从最外层起,遇奇数线框作填充,偶数线
框不作填充,如图 6.6 所示。

2. 外部方式(OUTER)

在选择的目标范围内只填充图形的最外层线框。不管内部是否还有线框,系统一概不再
填充,如图 6.7 所示。

3. 忽略方式(IGNORE)

在选择目标的范围内全部填充图案,忽略最外层边界内的所有线框,如图 6.8 所示。当图
案填充选用一般方式时,图案遇到文本会自动空开。若为忽略方式,则不空开。

图 6.6 普通(Normal)方式   图 6.7 外部(Outer)方式   图 6.8 忽略(Ignore)方式

6.4 填充区域的选择

填充图案的区域必须是封闭的。选择封闭区域有两种方法：

1. 拾取点（区域内部指点）

用光标单击需要填充的区域，系统自动搜索到填充边界。若边界不封闭，系统出现"边界定义错误"对话框，用户需编辑原图后再重新选择。

2. 选择对象（直接选择封闭线框）

直接选择构成封闭线框的实体，这些实体必须是独立的（即头尾相连），否则出错。

6.5 图案填充操作

1. 命令调用

单击菜单栏"绘图"⇒"图案填充"，或单击绘图工具栏"图案填充"图标，或键入BHATCH↵（或 BH↵，或 H↵）。

2. "图案填充和渐变色"对话框

命令调用后，弹出"图案填充和渐变色"对话框（图 6.9），对话框主要内容如下：

图 6.9 "图案填充"选项卡

（1）"图案填充"选项卡见图6.9，其中"类型"旁的下拉列表框用以选择图案类型；"图案"编辑框用以输入图案名或在下拉列表框中点取图案名或单击 ... 按钮，用光标点取图案。"颜色"编辑框用以设置图案和图案的背景颜色。"样例"用以显示所选图案样例；"角度"编辑框用以输入图案需要旋转的角度；"比例"编辑框用以输入图案的缩放比例系数；"间距"编辑框用以输入平行线间距（当选择"用户定义"图案类型时才激活）。

"图案填充原点"的两个单选项用以控制填充图案生成的起始位置。某些图案填充（例如砖块图案）需要与图案填充边界上的一点对齐。默认情况下，所有图案填充原点都对应于当前的 UCS 原点。"双向"用以控制用户自定义图案是否为双向（用于非金属材料的填充图案）。"边界"区域中的"拾取点"按钮 ⊞ ，用于区域内指定点的方法选择边界；"选择对象"按钮 ⬆ 可直接选择填充边界；下方的"继承特性"按钮 📷 ，用来选择已经存在的图案作为当前的填充图案。单击 预览 按钮显示填充效果。"选项"区域的三个复选项用以控制填充图案的关联性。

当点击"更多选项"按钮 ◉ ，展开"孤岛检测"区域的三个单选项，用以确定图案的填充方式，即"普通"、"外部"、"忽略"方式，操作时也可直接选择预览图。"对象类型"区域的"保留边界"复选框，用以确定是否保留填充区域的临时边界，若需保留可在其下拉列表框中选择边界类型。

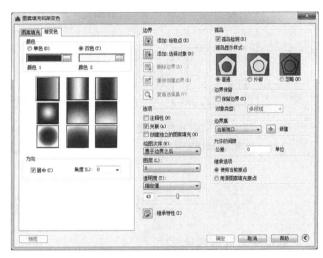

图 6.10 "渐变色"选项卡

（2）"渐变色"选项卡如图6.10所示，渐变色分"单色"和"双色"两种，渐变程度可移动滑块控制，变化效果直接显示在下方的预览块中。在"角度"编辑框中输入角度值，可以指定渐变图案旋转角度。单击色块旁边的颜色 ... 按钮，将弹出"选择颜色"对话框，如图6.11所示，可选择不同的颜色。

3. 操作顺序

命令（BHATCH↵）→选择图案→设定参数→选择填充方式→选择边界→预览→确定。

4. 操作示例

按1:1绘制图6.12，填充图案的类型：用户定义，间距：3，角度：45。

操作步骤：

（1）调用绘图与编辑命令绘制轮廓线。

（2）键入BHATCH↵，弹出"图案填充和渐变色"对话框（图6.9），选择"用户定义"图案类型，在"角度"编辑栏内输入"45"，在"间距"编辑框内输入"3"，单击右下角的"更多

图 6.11 "选择颜色"对话框

选项"按钮 ◉ ，选择"◉普通"填充方式，单击"拾取点"图标 ⊞ ，用光标指定区域内的 A 点和 B 点，如图6.13所示。单击预览按钮，显示填充结果（或右击，在弹出的菜单中单击"预览"，预览结束按↵），最后单击 确定 ，完成图案填充（图6.14）。

若在执行前,选择"⊙双向"单选项,其结果如图 6.15 所示。若用"选择对象"选择非独立的封闭线框(图 6.16),会出现如图 6.17 所示的错误。未炸开的"关联"或"不关联"的填充图案均可修改。当用"拉伸"命令拉伸填充边界时,关联图案可随边界的变化而变(见图 6.18);非关联图案将不随边界的变化而变(图 6.19)。

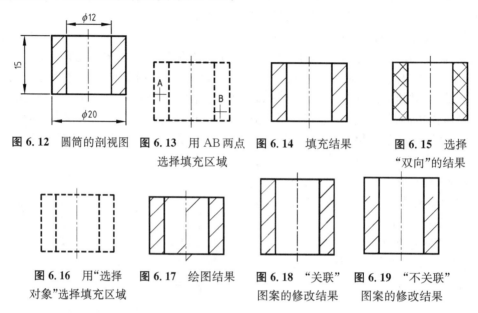

图 6.12　圆筒的剖视图　图 6.13　用 AB 两点
选择填充区域

图 6.14　填充结果　图 6.15　选择
"双向"的结果

图 6.16　用"选择
对象"选择填充区域　图 6.17　绘图结果　图 6.18　"关联"
图案的修改结果　图 6.19　"不关联"
图案的修改结果

6.6　填充图案的编辑

编辑图案可用两种方法:

1. 调用"编辑图案填充"对话框

该对话框与"图案填充和渐变色"对话框类似,只是有些选项呈灰色不能选用。调用"图案填充编辑"对话框方法如下:

(1) 命令调用:单击菜单栏"修改"⇒"对象"⇒"图案填充",或单击"修改 II"工具栏中的"编辑图案填充"图标，或键入 HATCHEDIT ↵。

(2) 操作顺序:选择图案→右击→在弹出菜单中点取"编辑图案填充"选项。

2. 调用"特性"管理器

在修改图案的同时,还可修改图案的一般性质:图层、颜色、线型等。调用"特性"管理器有如下三种方法:

(1) 选择图案→单击标准工具栏中的"特性"图标（也可先点图标,后选实体）。

(2) 选择图案→右击→在弹出的菜单中点取"特性"选项。

(3) 单击菜单栏"修改"⇒"特性"→选择图案。

6.7　实验及操作指导

【**实验 6.1**】　练习预定义图案填充操作。

【要求】　按1:1绘制图6.20(f)。绘图界限:A3(420×297)。图案类型为"预定义",图案名为"Solid"。

【操作指导】

(1) 用"直线"命令绘制一条长70的水平线,用"定数等分"将其8等分,见图6.20(a)。

(2) 用"阵列"命令的"环形阵列"方式复制两条射线(总条数为3,总张角为30°),见图6.20(b)。

(3) 用"圆弧"命令的"三点"方式和捕捉"端点"绘制圆弧,见图6.20(c)。

(4) 用"偏移"命令的"通过"方式绘制等距的圆弧线,通过点用"节点"目标类型捕捉等分点即可,见图6.20(d)。

(5) 用"图案填充"命令按图6.20(e)填充"实体"颜色。图案类型:预定义(见图6.21),图案名:Solid(见图6.22)。

(6) 调用"阵列"命令的"环形阵列"方式,在360°内复制原图总数12个,完成全图,见图6.20(f)。

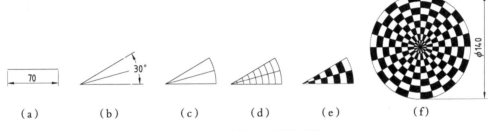

(a)　　　(b)　　　(c)　　　(d)　　　(e)　　　(f)

图6.20　实验6.1操作步骤

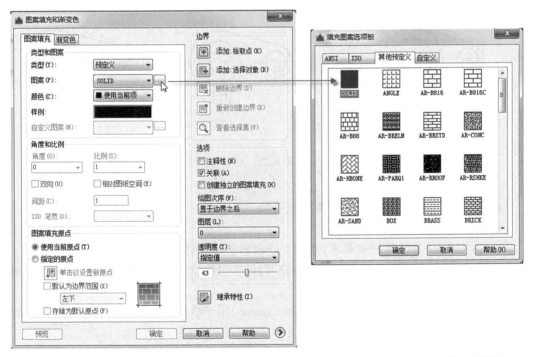

图6.21　图案类型和名称的选择　　　　**图6.22**　"填充图案选项板"对话框

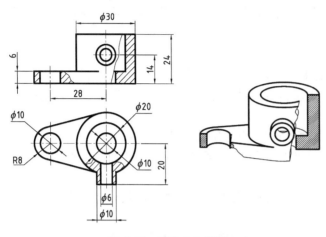

图 6.23 实验 6.2 题图

【实验 6.2】 用户定义图案填充的应用。

【要求】 按 1∶1 绘制图 6.23（轴测图不画）。图案类型为"用户定义"，角度＝45，间距＝3。

【操作指导】

（1）综合应用绘图、编辑命令，按 1∶1 绘制图 6.23。

（2）调用"样条"命令，绘制波浪线，出头部分线段可用"修剪"命令修剪。也可调用"多段线"命令绘制折线，再用"编辑多段线"命令的"拟合"（F）方式拟合成曲线（图 6.25）。

（3）填充图案（图 6.26）。键入 BHATCH ↵，弹出"边界图案填充"对话框，选择"用户定义"图案类型，在"角度"编辑栏内输入"45"，在"间距"编辑栏内输入"3"，然后，单击 🔲（拾取点）按钮，点选填充区域，再单击 预览 按钮，显示填充结果，单击 确定 按钮。

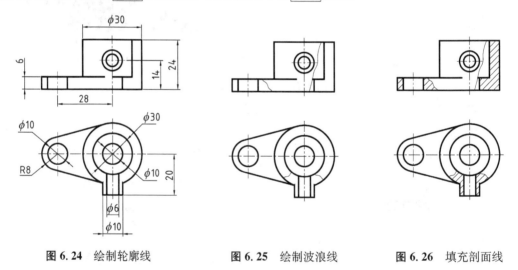

图 6.24 绘制轮廓线　　图 6.25 绘制波浪线　　图 6.26 填充剖面线

【实验 6.3】 练习图案填充与图案修改的操作方法。

【要求】

（1）按图 6.27 所示的图案要求，按 1∶1 绘制地毯（绘图界限：10000×4000）。

（2）复制画好的地毯，用"编辑图案填充"（HATCHEDIT）命令修改填充图案，得到另一种花样的地毯。

图层要求：设置 PAT 层（红色、实线 Continuous）用于填充图案；设置 CENTER 层（蓝色、点画线 ISO10W100）用于绘制点画线，"线型比例"（LTscale）为 10。

【操作指导】

（1）按实验要求设置绘图界限与图层。

（2）绘制地毯的中心图案（图 6.28）。

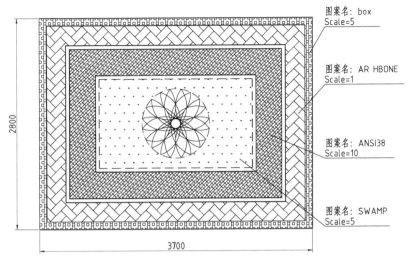

图案名: box
Scale=5

图案名: AR HBONE
Scale=1

图案名: ANSI38
Scale=10

图案名: SWAMP
Scale=5

图 6.27 地毯图案一

① 置当前层为 CENTER 层,调用"圆"命令绘制半径为 460 的圆,并调用"特性"管理器,改线型比例为 10。

② 置当前层为 0 层,用"直线"、"圆弧"、"镜像"和"删除"命令完成图 6.28(a)的绘制。

③ 用"环形阵列"命令与编辑阵列的方法完成图 6.28(b)。

(3) 置当前层为 0 层,调用"矩形"、"偏移"命令绘制填充区域(图 6.29)

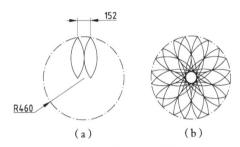

（a）　　　　　（b）

图 6.28 绘制中心图案

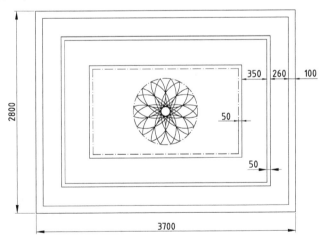

图 6.29 绘制填充区域

(4) 按图 6.27 的图案要求,填充图案。选用"外部"孤岛显示样式。

(5) 用"复制"命令拷贝图 6.27。

(6) 调用"编辑图案填充"对话框或"特性"管理器,修改填充图案将复制后的地毯图案改画成图 6.30。

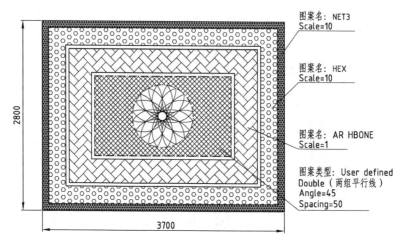

图案名：NET3
Scale=10

图案名：HEX
Scale=10

图案名：AR HBONE
Scale=1

图案类型：User defined
Double（两组平行线）
Angle=45
Spacing=50

图 6.30 地毯图案二

下面以修改最外层图案为例，介绍两种修改图案方法：

（1）调用"编辑图案填充"对话框修改图案。点选最外层图案并右击，在弹出的菜单中选取 ▨ 图案填充编辑… ，再在"图案填充编辑"对话框中选择"NET3"图案，在"比例"编辑栏内输入10，如图 6.31 所示。单击 预览 按钮，显示修改结果，单击 确定 按钮，结束修改。

（2）调用"特性"管理器修改图案。点选最外层图案，单击"特性"图标 ▣ ，弹出"特性"管理器（图 6.32），在"图案"下拉列表框中，单击"图案名"右边的 ▦ 按钮，弹出"填充图案选项板"对话框，选取"NET3"图案，并在"比例"栏内输入10，单击 关闭 按钮，最后按 Esc 键，完成修改。其他图案的修改请读者参照上述修改方法自己完成。

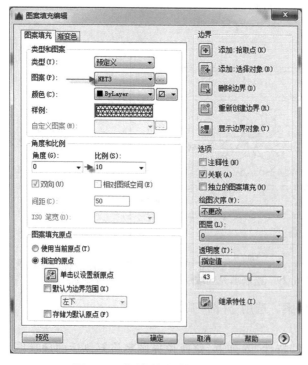

图 6.31 "图案填充编辑"对话框

图 6.32 图案填充的"特性"管理器

思考与练习

1. AutoCAD 提供的图案类型有几种？若选择库存图案该如何操作？若选择用户定义的图案又该如何操作？

2. 若要以画面中已存在的图案填充新的区域，应在"边界图案填充"对话框中单击哪个按钮加以选择？

3. 图案填充的边界条件是什么？选择边界有几种方法？如何操作？

4. 在 A3（Acadiso）绘图环境中，采用 ANSI31（单向 45°斜线）间隔的原始值为 3.175，现要求在 1:5 输出的图上，实际间隔为 3，那么图案比例应取多大？

5. 调用"编辑图案填充"对话框和"特性"管理器均可修改图案，每种方式该如何操作，这两种方式在修改内容上有何不同？

6. 参照【实验 6.1】至【实验 6.3】，综合应用绘图、编辑和图案填充命令，绘制图一、图二（轴测图不画）。

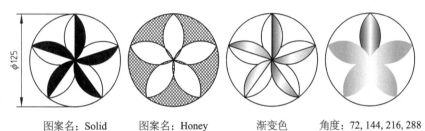

图案名：Solid　　图案名：Honey　　渐变色　　角度：72, 144, 216, 288

绘图环境：A3（420×297）

图 6.33　练习图一

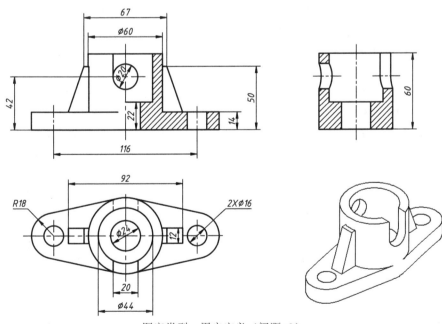

图案类型：用户定义（间距=2）

绘图环境：A3（420×297）

图 6.34　练习图二

第七章 字符注写

- 字样包括的内容和设置方法。
- 单行字的各种定位方式及其注写操作。
- 多行字注写时字体、字高等的设定,多行字的编辑操作。
- 特殊字符 ∅、°、±、上划线、下划线的控制码。
- 字符的编辑修改。

7.1 字样及其设置

图样中一般都有文字注释,如技术要求文字、标题栏的文字等。AutoCAD 2016 提供了两种字符标注命令,分别是单行文字和多行文字。

7.1.1 字体与字样

字体是由相同造型规律的若干个单词(字)组成的字库。例如:英文有 Roman、Romant、Romantic、Complex、Italic 等字体,汉字有楷体、宋体、仿宋体、黑体等字体,AutoCAD 2016 系统提供了多种可供定义的字体,包括 Windows 系统 Fonts 目录下的 *.TTF(True Type Fonts)点阵字体,AutoCAD 2016 的 Fonts 目录下支持低版本大字体及西文的 *.shx 矢量字体等。

文字样式是关于字体、字高、宽高比、倾斜度、写法(正写、反写、倒写、垂直写)等的总称,用于确定标注文字的字体特征。AutoCAD 2016 给出的默认文字样式是 Standard,在该字样中设置的字样名是 TrueType"宋体"字体,宽度因子为 1,倾斜角度为 0。根据需要用户可以新建所需的字样,也可以对已有字样进行修改、重命名或删除。但默认字样 Standard 是个特例,它既不能重命名,也不能删除。

图 7.1 是设置文本的某一项特征后的效果。第一行是宽度比例设为 1 的效果;第二行是宽度比例设为 0.7 的效果;第三行是倾斜角度设为 15 的效果;第四行是设置颠倒的效果;第五行是设置反向的效果;右边垂直文本是设置垂直后的效果。

图 7.1 不同字样的字符

7.1.2 文字样式的设置与修改

文字样式的设置与修改可以使用 STYLE 命令实现。

1. 命令调用

单击菜单栏"格式"⇒"文字样式",或键入 STYLE ↵(或 ST

↵或单击工具栏的文字样式图标↙）。

2. 操作顺序

命令(ST↵)引出"文字样式"对话框(见图7.2)→对已有文字样式的特征进行设置或新建样式后再进行设置→单击 应用 按钮→单击 关闭 。

"文字样式"对话框中各选项功能如下：

● 样式：显示当前所用字样名，缺省为系统设定的标准字样名 Standard。

● 字体名：列出了 Windows 操作系统中存在的"True Type Fonts"(TTF)字体和 AutoCAD 本身的源(SHP)和编译(SHX)型字体。

● 字体样式：下拉列表中列出了字体的几种格式，如"常规"、"斜体"、"粗体"、"粗斜体"等。当设置了"使用大字体(U)"复选项时，下拉列表中的选项全部是＊.shx大字体。

● 注释性：用于对文字施加注释性对象的特性。该特性使用户可以自动完成与图样比例相一致的文字注释缩放过程。

● 使文字方向与布局匹配：指定图纸空间视口中的文字方向与布局方向匹配。只有勾选"注释性"选项后才可以使用此选项。

● 高度：用于设置当前字型的字符高度，可以取缺省值 0.0000。若设定字高，则标注文本时不再询问字高，均以此字高标注。因此，在采用同一种文字样式但字高有不同要求时，字高应取缺省值 0.0000，待输入文本时再输入字高。

● 颠倒：用于设置文字颠倒书写方式。

● 反向：用于设置文字反向书写方式。

● 垂直：用于设置文字垂直书写，注意"True Type Fonts"(TTF)字体不能设为垂直书写方式。

● 宽度因子：取值为 1，表示保持正常字符宽度，大于 1 表示加宽字符，小于 1 表示使字符变窄。

● 倾斜角度：单个文字的高线与垂直线之间的夹角。取值为 0 表示字符不倾斜，大于 0 时字符右倾，小于 0 时字符左倾。

● 预览区：用于预显当前字样的文字效果。

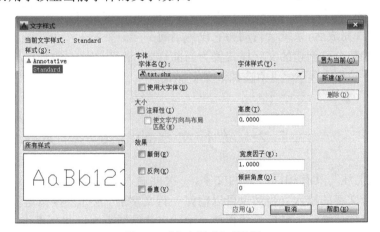

图 7.2 "文字样式"对话框

3. 操作示例

例 7.1：设定新字样名为 Style1，字体为宋体，宽度比例为 0.7，字高为 3，字体往右倾斜 15。

操作步骤：

调用"文字样式"命令,弹出如图 7.2 所示的"文字样式"对话框,设置各选项：

（1）单击 新建 按钮,弹出如图 7.3 所示的"新建文字样式"对话框,在"样式名"编辑框中输入字样名 Style1,单击 确定 按钮,返回"文字样式"对话框。

（2）选择"字体名"下拉列表中的"宋体"字体。

图 7.3 "新建文字样式"对话框

（3）在"宽度因子"编辑框中输入 0.7。

（4）在"高度"编辑框中输入 3。

（5）在"倾斜角度"编辑框中输入 15。

（6）单击 应用 按钮,再单击 关闭 按钮。

例 7.2：设定新字样名为 Style2,西文字体名为"gbeitc. shx"和工程汉字名为"gbcbig. shx",字体的其他特征采用系统默认值。

操作步骤：

调用"文字样式"命令,在"文字样式"对话框中设置各选项：

（1）创建 Style2 文字样式：单击"文字样式"对话框的 新建 按钮,在"新建文字样式"对话框的"样式名"编辑框中输入 Style2,单击 确定 按钮,返回"文字样式"对话框。

（2）选择"字体名"下拉列表中的"gbeitc. shx"西文字体名,选中"使用大字体"复选项,再选中"字体样式"下拉列表中的"gbcbig. shx"工程汉字。

（3）单击 应用 按钮,再单击 关闭 按钮。

例 3：对已建立的 Style1 新字样进行如下修改：字体为黑体,宽度因子为 1,字高为 0,字体倾斜角度为 0。

操作步骤：

调用"文字样式"命令,在"文字样式"对话框的"样式"列表区中,选择已定义的字样"Style1",在"字体名"下拉列表中,选择"黑体"字体；在"宽度因子"编辑框中键入 1；在"高度"编辑框中键入 0；在"倾斜角度"编辑框中键入 0。单击 应用 按钮,再单击 关闭 按钮完成修改。

一种字样设置完成后,系统会自动将它设为当前字样。

注：如果要将某个已创建的文字样式置为当前样式,最简单的方法是在样式工具栏的"文字样式管理器"下拉列表 中选择该文字样式。

7.2 单行文字的注写

单行文字只能注写具有相同字样的文字,一次可输入多行文本,每输入一行后按 Enter 键,便开始另一行文字的输入。当然也可以输完一行文字后,光标直接指定新起点,接着输入另一行文字,实现移位换行。最后只要再按一次回车就能结束文字注写操作。

1. 单行文字的定位方式

注写单行字时,必须确定该文字的定位点,AutoCAD 提供了多种定位方式。这些定位方式（见图 7.4）是在命令操作中通过选项设定的。各选项功能如下：

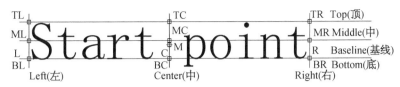

图 7.4　文字定位方式示意图

- L(Left)：左对齐起点定位方式（默认方式，无须选择）。
- A(Align)：对齐方式，要求指定文字的起点和终点，文字则均匀分布于这两点之间，文字宽度比例因子不变，字高由两定位点间距及文字字数确定，即相同的距离，字数越多字高越小。
- F(Fit)：布满方式，要求给定起点和终点及字高，在这两点之间输入文字，且字高不随输入文字的多少而改变，字宽则随字数而变，字多宽度小，字少宽度大。
- C(Center)：居中定位方式，在底线中点定位。
- M(Middle)：中间定位方式，在框心定位。
- R(Right)：右对齐方式，在底线右端定位。
- TL(Top　Left)：左上定位方式，在顶线左端定位。
- TC(Top Center)：中上定位方式，在顶线中点定位。
- TR(Top Right)：右上定位方式，在顶线右端定位。
- ML(Middle Left)：左中定位方式，在中线左端定位。
- MC(Middle Center)：正中定位方式，在中线中点定位。
- MR(Middle Right)：右中定位方式，在中线右端定位。
- BL(Bottom Left)：左下定位方式，在底线左端(等于起点)定位。
- BC(Bottom Center)：中下定位方式，在底线中点(等于C)定位。
- BR(Bottom Right)：右下定位方式，在底线右端(等于R)定位。

2. 命令调用

注写单行字使用 TEXT 或 DTEXT 命令实现，该命令的调用方式有如下两种：

(1) 单击菜单栏"绘图"⇒"文字"⇒"单行文字"，或单击文字工具栏的单行文字图标 A，或键入 TEXT ↵或 DTEXT ↵(或 DT ↵)。

(2) 从 AutoCAD 2000 版起，TEXT 和 DTEXT 命令功能已完全相同，都是以在位动态显示方式接受用户输入的单行文字。在标注文本时，会有一垂直或倾斜光标出现在需要标注文字的地方，并跟随输入的文字移动。光标高度表示文字的高度，倾斜度表示文字的倾斜程度。

3. 操作顺序

以使用当前字样和单点定位方式为例，其顺序为：命令(DT ↵)→键入定位方式（默认方式，跳过该步）→指定定位点→输入字高→输入旋转角→输入文字→↵换行(或光标指定换行位置)→继续输入文字→↵↵结束。

若使用当前字样和两点定位方式(F 或 A 方式)时，在键入定位方式后，指定起点和终点，输入字高(A 方式无需)。按上例顺序输入文字直至命令结束。

若使用非当前字样，则在命令调用后，应先键入 S↵(样式)，再输入字样名。按不同定位方式继续操作。

注：选择定位方式的快捷方法是直接键入方式名，无需先键入 j↵，然后再输入定位方式。

【操作示例】

用 7.1.2 节例 7.3 的 Style1 字样,标注如图 7.5 所示的文字"计算机绘图教程"。其中对齐方式为"BC",字高 4,旋转 12°。

操作步骤:

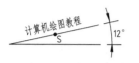

图 7.5 TEXT 标注实例

命令: TEXT↵

当前文字样式:"Standard"文字高度:2.500 注释性:否 对正:

左

指定文字的起点或[对正(J)/样式(S)]: S↵

（选择"样式"选项）

输入样式名或[?]<Standard>: style1↵　　　　　　（输入当前字样名）

当前文字样式:"style"文字高度:2.500 注释性:否 对正:左　　　（显示当前字样和字高）

指定文字的起点或[对正(J)/样式(S)]: J↵　　　　　　（选择对正方式）

输入选项[左(L)/居中(C)/右(R)/对齐(A)/中间(M)/布满(F)/左上(TL)/中上(TC)/右上(TR)/左中(ML)/正中(MC)/右中(MR)/左下(BL)/中下(BC)/右下(BR)]: BC↵

（中下对齐方式）

指定文字的中下点:（点取中下点 S）

指定字高度 <2.500>: 4↵　　　　　　　　　　　　　　（输入字高）

指定文字的旋转角度<0>: 12↵　　　　　　　　　　　　（输入旋转角度）

计算机绘图教程↵↵　　　　　　　　　　　　　（输入标注文字后结束命令）

7.3　多行字的注写

多行文字又称段落文字,是由多行文字组成,所有文字构成一个实体。注写时,用户可以指定多行文字中单个字符或某部分字符的属性,如"文字样式"、"文字字体"、"文字高度"、"文字颜色"、"加粗"、"倾斜"、"下划线"、"设置堆叠文字(分数)"等。也可以在多行文字中插入特殊符号,设置 9 种定位方式,调整多行文字的行宽度、文字的旋转角度和行距(如用户可以取系统默认的行距或采用 1.5 倍、双倍等行距)。

1. 命令调用

注写多行文字的命令为 MTEXT,调用方式如下:

单击菜单栏"绘图"⇒"文字"⇒"多行文字",或单击绘图工具栏的多行文字图标 **A**,或键入 MTEXT↵(或 MT↵)。

2. 操作顺序

(1) 命令调用后,先要确定一个文本框,指定框的第一角点和对角点(第二个角点)。文本框确定后,系统将弹出"多行文字编辑器"对话框,如图 7.6 所示。它由两部分组成,上边是"文字格式"工具栏,下方是文字输入窗口。

(2) 在"文字格式"工具栏中,使用各种按钮设置相关的文字格式。

(3) 在对话框的文字输入窗口中输入多行文字。

(4) 文字输入或编辑结束后,单击 确定 按钮,结束注写。

注:也可以先指定第一角点,然后按"指定对角点或[高度(H)/对正(J)/行距(L)/旋转

（R）/样式（S）/宽度（W）/栏（C）］："的提示，进行相关设置后，再指定对角点。

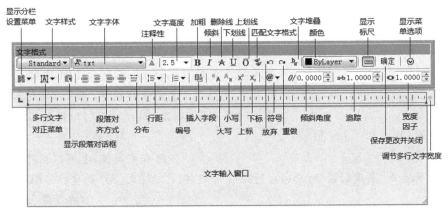

图7.6 "多行文字编辑器"对话框

3. 快捷菜单的使用

右击文字输入窗口的标尺，在弹出的快捷菜单中选择"段落"，在"段落"对话框中设置制表位和首行段落缩进的位置。若选择"设置多行文字宽度"或"设置多行文字高度"，可以在相应的对话框中重新设置文字输入窗口的宽度和字的高度。

右击文字输入窗口将弹出一个快捷菜单，利用其中的子菜单项可以对文字作更多的设置，如图7.7所示。快捷菜单中某些项的功能，与文字格式工具栏的按钮功能完全相同。

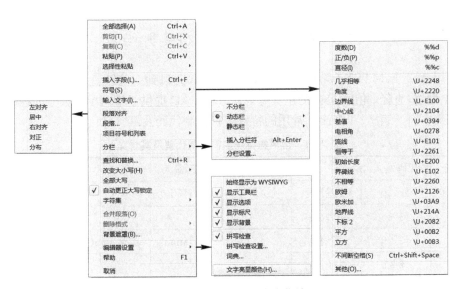

图7.7 多行文字的快捷菜单

【操作示例】

给图形标注技术要求文字，字样采用7.1.2节例7.2中设置的Style2字样，字高为5，结果如图7.8所示。

操作步骤：

命令：MTEXT ↵ （调用MTEXT命令）

_MTEXT 当前文字样式："Standard" 当前文字高度：2.5 （显示当前字样与字高）

```
技术要求
1. 铸件不能有气孔、砂眼、缩孔等疵病。
2. 人工时效处理。
3. 拔模斜度不大于3°。
4. 未注铸造圆角为R2～R3。
```

图7.8 创建多行文字

指定第一角点：（在屏幕上点取一点）

（选多行文本框第一点）

指定对角点或［高度(H)/对正(J)/行距(L)/旋转(R)/

样式(S)/宽度(W)/栏(C)］：S↵ （重新设置字样）

输入字样名或［?］<Standard>：STYLE2↵

（设置当前字样，也可以在对话框中设定）

指定对角点或［高度(H)/对正(J)/行距(L)/旋转(R)/

样式(S)/宽度(W)/栏(C)］：H↵ （重设字高）

指定高度<2.5>：5↵ （输入字高值，也可以在对话框中设定）

指定对角点或［高度(H)/对正(J)/行距(L)/旋转(R)/样式(S)/宽度(W)/栏(C)］：

（在屏幕上点取对角点）

自动弹出多行文字编辑对话框，在文字输入窗口输入汉字：

技术要求↵ （输入第一行文字）

1. 铸件不能有气孔、砂眼、缩孔等疵病。↵ （输入第二行文字）

2. 人工时效处理。↵ （输入第三行文字）

3. 拔模斜度不大于3%%d。↵ （输入第四行文字）

4. 未注铸造圆角为R2～R3。↵ （输入第五行文字）

单击 确定 按钮 （结束多行文字输入）

7.4 特殊字符及控制码

在使用 TEXT、MTEXT 等命令标注文字时，经常会遇到一些键盘上没有的特殊字符，如下划线、上划线、直径、角度、公差的正负号等。AutoCAD 提供了带两个百分号的控制码，以生成这些特殊字符。表 7-1 列出了常用的特殊字符控制代码及其含义。

表 7-1 常用的特殊字符控制代码及其含义

特殊字符	代码输入	备　注	特殊字符	代码输入	备　　注
±	%%p	公差符号	°	%%d	度
—	%%o	上划线			
—	%%u	下划线		%%nnn	编号 nnn(3 位数字)的 ASCII 字符
φ	%%c	直径符号			

除了 AutoCAD 提供的特殊字符外，还有许多其他常用的特殊字符，如 α、β、γ、ξ、×、△等，可以利用中文输入法的特殊功能输入这些特殊字符。在需要输入这些字符时，切换到搜狗拼音或微软拼音等输入法，就能使用软键盘中提供的特殊字符输入所需的特殊字符。

1. 操作示例

用 TEXT 或 DTEXT 命令输入如图 7.9 所示的三行特殊文字。

操作步骤：

命令：TEXT↵ （执行 TEXT 命令）

$\overline{\text{AutoCAD}}2000$

$\phi 50 \pm 0.020$

Angle＝45°

图 7.9 特殊字符标注

当前文字样式："Standard"当前文字高度：4.0000　注释性：否（显示当前文字样式、字高）

指定文字的起点或［对正(J)/样式(S)］：（用光标直接指定文字起始点）

指定高度<4.0000>：↵　　　　　　　　　　　　　　　　　（取缺省字高值4）

指定文字的旋转角度<0>：↵　　　　　　　　　　　　　　（旋转角度取缺省值0）

输入文字：％％oAutoCAD％％o％％u2000％％u↵　　　（输入第一行文字）

输入文字：％％c50％％p0.020↵　　　　　　　　　　　　（输入第二行文字）

输入文字：Angle＝45％％d↵　　　　　　　　　　　　　（输入第三行文字）

输入文字：↵　　　　　　　　　　　　　　　　　　　　　（结束文字输入）

2. 特殊字符控制码的使用说明

(1) 输入特殊字符时，只要输入某个控制码屏幕上立刻就会显示出该特殊字符。

(2) 上划线和下划线是一个开关符，输入一个％％o(或％％u)开始上(下)划线，再次输入此代码则结束划线。如果一行文字中只有一个划线代码，则自动将行尾作为划线结束处。注意：％％o和％％u控制码只对单行文字注写起作用，多行文字注写时上、下划线应该使用对话框中的上、下划线按钮产生。

7.5　文字的编辑和修改

如果输入的文字内容或属性不符合用户的要求，可以使用编辑修改命令对其进行修改。常用的文本编辑修改方法有两种：一种是使用 TEXTEDIT 或 DDEDIT（修改文字）命令；另一种是采用 DDMODIFY（特性编辑）命令。

1. DDEDIT 命令

使用 DDEDIT 命令，重新编辑已有的单行文字内容或多行文字内容、特性和属性。

(1) 命令调用：单击菜单栏"修改"⇒"对象"⇒"文字"⇒"编辑"，或单击文字工具栏的编辑文字图标 Ａ，或键入 DDEDIT ↵（或 DD ↵或 TEXTEDIT ↵）。

(2) 操作顺序：调用命令并拾取要编辑的文字对象后，AutoCAD 会根据不同的对象进入编辑单行文字的状态或弹出编辑多行文字的对话框，用户就可以方便地对文字进行编辑修改。

此命令的优点是：只要执行一次命令，就能连续提示用户拾取要修改的文字对象。

2. DDMODIFY 命令

使用 DDMODIFY（或 PROPERTIES）命令，可以重新编辑已有的单行字或多行字的内容和属性。

(1) 命令调用：单击菜单栏"修改"⇒"特性"，或单击标准工具栏的特性图标 ▣，或键入 DDMODIFY ↵（或 MO ↵）。

(2) 操作顺序：键入 DDMODIFY 命令，打开"特性"对话框。选择要修改的文本，在对话框中编辑、修改文字的内容，还能编辑文字的旋转角度、倾斜角度、颜色、字样名、图层、对正方式、字高、宽度因子等其他属性。

【操作示例】

例 7.4：用 DDEDIT 命令将 TEXT 命令标注的"AutoCAD 2008"改为"AutoCAD 2016"。

操作步骤如下：

命令：DDEDIT ↵（或双击单行文字对象） 　　　　　　（调用 DDEDIT 命令）

选择注释对象或[放弃(U)]：（点取待编辑修改的文本）

AutoCAD 2012

图 7.10 文字编辑状态

选取要修改的文字后，自动进入单行文字编辑状态，如图 7.10 所示，删去字符 2008，重新键入 2016 后按 Enter ，完成编辑修改，退出编辑修改状态。

选择注释对象或[放弃(U)]： ↵ 　　　　　　（结束编辑修改命令）

说明：命令行再次提示"选择注释对象或[放弃(U)]："时，选择下一个对象进行修改，若直接按 Enter ，则结束 DDEDIT 命令。若直接双击待编辑修改的文字对象，系统自动执行 DDEDIT 命令并进入文字编辑修改状态。

例 7.5：使用 DDEDIT、DDMODIFY 编辑命令，将 MTEXT 命令标注的文字"AutoCAD"改为"AutoCAD 2016 for Windows"，且字高改为 6。

操作步骤：

(1) 修改文本内容：

命令：DDEDIT ↵ （或双击多行文字对象） 　　　　　　（调用 DDEDIT 命令）

选择注释对象或[放弃(U)]：（点取要编辑修改的文本）

系统打开"文字格式"对话框，见图 7.11。在该对话框中增加字符"2016 for Windows"，单击 确定 按钮，完成编辑修改，关闭对话框。

图 7.11 "文字格式"对话框

图 7.12 "特性"对话框

(2) 键入 DDMODIFY ↵，单击多行文字，打开"特性"对话框，在"文字高度"项目中键入字高值 6，见图 7.12。也可以在"文字格式"对话框中选中"AutoCAD 2016 for Windows"文字，然后将字高值 2.5 改为 6。

一般说来，仅编辑修改单行文字的内容，使用 DDEDIT 比较快捷。若既要修改内容又要修改属性，则应使用 DDMODIFY 命令。

7.6　实验及操作指导

【实验 7.1】 练习使用 STYLE 命令创建汉字新字样。

【要求】 设置新字样 NEW1，字体为"仿宋 GB_2312"，字的宽度因子为 0.7，字体的倾斜角度为 15°,字高为 6。

【操作指导】

(1) 键入 STYLE ↵,弹出"文字样式"对话框,单击 新建 按钮,弹出"新建文字样式"对话框,在"样式名"编辑框中输入 NEW1 字样名,单击 确定 按钮返回"文字样式"对话框。

(2) 在"字体名"下拉列表中选择仿宋 GB_2312 字体。

(3) 将"宽度因子"编辑框中的值改成 0.7,"倾斜角度"编辑框的值改成 15,"高度"编辑框的值改成 6。

(4) 单击 应用 按钮,再单击 关闭 按钮结束。

【实验 7.2】 练习使用 STYLE 命令创建大字体汉字新字样。

【要求】 设置新字样 NEW2,西文字体为"gbeitc. shx",大字体为"gbcbig. shx"工程汉字,宽度因子为 1,字体的倾斜角度为 6,字高为 3.5。

【操作指导】

(1) 调用 STYLE 命令,屏幕弹出"文字样式"对话框,单击 新建 按钮,弹出"新建文字样式"对话框,在"样式名"编辑框中输入 NEW2 字样名,单击 确定 按钮返回"文字样式"对话框。

(2) 在"字体名"下拉列表中选择 gbeits. shx 西文字体,再勾选"使用大字体"复选项,最后在"大字体"下拉列表中选择 gbcbig. shx 工程汉字体。

(3) 选用"宽度因子"编辑框的默认值 1,"倾斜角度"编辑框的值改成 6,"高度"编辑框的值改成 3.5。

(4) 单击 应用 按钮,再单击 关闭 按钮结束。

【实验 7.3】 练习使用 TEXT 命令输入单行文本。

【要求】 以 NEW2 字样,用 TEXT 命令的"MC"定位方式在(200,200)坐标点处输入"标注直径尺寸 $\phi 30 \pm 0.012$,角度 60°,下划线"一行文字,文字行的旋转角度为 30。

【操作指导】 在命令行键入 TEXT ↵ 命令→随后键入 s ↵→键入 new2 ↵→键入 mc ↵,键入 200,200 ↵→键入 60 ↵→键入文字 标注直径％％c30％％p0.012,角度 60％％d,％％u 下划线％％u ↵→键入 ↵(注:使用除"宋体"外的其他 True Type 中文字体时,直接输入特殊控制符％％c 无法产生 ϕ 字符,显示出的是一个"□"符号,因为系统并不能识别这些代码。解决的办法是使用中文输入法的希腊字母键盘输入 ϕ)。

【实验 7.4】 练习使用 MTEXT 命令输入多行文本(在实验 3 的同一文件中操作)。

【要求】 以 NEW2 字样,用 MTEXT 命令在屏幕的(100,400)坐标点处,取文字输入窗的宽为 300,输入三行文字。第一行为"技术要求";第二行为"1. 倒角为 1×45°。"第三行为"2. 调质 HB220 - 250。"

【操作指导】 在命令行键入 MTEXT ↵,在命令行提示下键入文字输入窗的第一角点 100,400 ↵,键入 w ↵,键入 300 ↵,出现"多行文字编辑"对话框,在该编辑窗口中依次键入技术要求 ↵,1. 倒角为 1×45％％d。↵,2. 调质 HB220 - 250。↵,单击 确定 按钮结束操作(注:"×"号可以使用中文输入法的数学符号键盘输入)。

【实验 7.5】 练习使用 DDMODIFY 命令编辑修改 TEXT 命令输入的单行文字。

【要求】 将实验 3 的文字内容修改为"标注直径尺寸 $\phi30\pm0.012$，角度 60°，上划线和下划线"，修改后文字高为 4、红色、旋转角度为 0°、BL 对齐方式。

【操作指导】 单击要修改的文字，然后调用 DDMODIFY 命令，弹出"特性"对话框。展开"常规列表"面板，在"颜色"项的下拉列表中选择"红色"；展开"文字列表"面板，将"图纸文字高度"项编辑框内的数值 3.5 改为 4，将"旋转"项编辑框内的数值 30 改为 0，选"对正"下拉列表中的"左下"项。单击 关闭 按钮，完成修改。

【实验 7.6】 练习使用 DDEDIT 命令编辑修改 MTEXT 命令输入的多行文本。

【要求】 在实验 7.4 的文字内容中增加一行"3. 保证 $\phi20\dfrac{H9}{f8}$ 配合尺寸满足间隙配合要求。"的文字。

【操作指导】 双击要修改的文字，打开"多行文字编辑"对话框，在文字输入窗口内另起一行键入 3. 保证 $\phi20$H9/f8 配合尺寸满足间隙配合要求。选中 H9/f8 后单击 ⛁（堆叠）按钮，使之成为"$\dfrac{H9}{f8}$"文字，单击 确定 按钮，完成修改。

【实验 7.7】 绘制图 7.13 齿轮零件图，使用 STYLE 命令创建文字样式，再使用 TEXT、MTEXT 等命令标注工程图纸中的文字，保存为"齿轮零件图.dwg"文件。

【要求】

（1）图纸幅面 A4(297×210)，内框设为 277×190。根据给定的尺寸以 1∶1 绘制图形、图框、齿轮参数表和标题栏，并标注技术要求文字、齿轮参数表的文字和标题栏的文字。

（2）创建新的文字样式 NEW3，其西文字体为 gbeitc. shx，大字体为 gbcbig. shx，字样的其他属性均取缺省值。

（3）设置 NEW3 为当前字样，以字高为 5 标注技术要求和标题栏的小号字以及齿轮参数表的文字，以高为 7 标注标题栏中大号字和技术要求大号字。

【操作指导】

（1）使用 LIMITS 命令按图纸大小（297×210）设置绘图界限，再用 ZOOM 命令的 A 选项显示全部界限。

（2）创建黑色"轮廓线"图层、红色"点画线"图层、洋红色"细线"图层、青色"粗线"图层、蓝色"标注"图层，然后使用 LTSCALE 系统变量命令设置线型的全局比例为 0.33（注：如果图样比例非 1∶1，还需要将系统变量 MSLTSCALE 的值改为 1，以确保"模型"空间上的线型按注释比例自动缩放）。

（3）根据所给尺寸，使用各种绘图和编辑命令在"轮廓线"图层画视图的可见轮廓线，在"点画线"图层画中心线和轴线，在"粗线"图层画图框和标题栏外框，在"细线"图层画剖面线、标题栏细线和齿轮参数表。

（4）键入 STYLE ↵，弹出"文字样式"对话框，单击对话框中的 新建 按钮，在出现的"新建文字样式"对话框中键入新字样名 NEW3，单击 确定 按钮，返回"文字样式"对话框。在"字体名"下拉列表中选 gbeitc. shx 西文字体，单击"使用大字体"复选项，再选"字体样式"下拉列表中的 gbcbig. shx 工程汉字字体，最后单击 应用 按钮，单击 关闭 按钮。

（5）设置"标注"图层为当前图层，使用 TEXT 命令的"MC"定位方式，将文本起始点定在要注写文字的框格中心，分别标注标题栏和齿轮参数表中的文字。在每一个框格注写文字过程中出现"指定文字的中间点"提示时，按下 Shift＋鼠标右击，选择快捷菜单项"两点之间的中

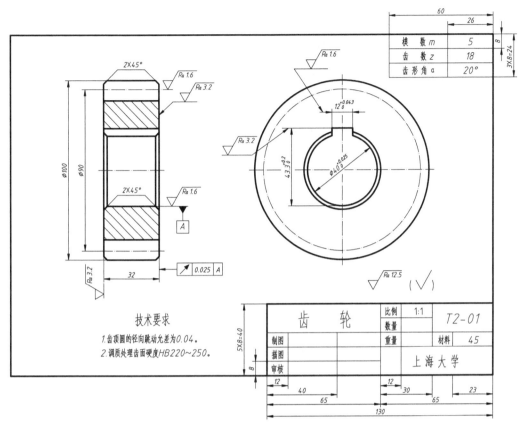

图 7.13 齿轮零件图文字标注综合实验

点",然后依次捕捉框格的左下和右上角点,文字便按要求标注在框格的中心位置。使用同样方法标注齿轮参数表中的文字。

(6) 键入 MTEXT ↵,出现"多行文字编辑"对话框。如果当前字样已是 NEW3,在该对话框工具栏的字体下拉列表中会显示当前使用的字体名"gbeitc,gbcbig"。设置字高 7,输入第一行文字,再设置字高 5,输入第二行文字,单击 确定 按钮完成注写技术要求文字。

注:多行文字起始点取默认对正方式,位置参考原图自定。文本边界框宽度自定,如初始确定的宽度不合适,可直接用鼠标拖曳文字输入窗口的控制按钮 ◁▷ 来增加宽度。

(7) 将文件保存为"齿轮零件图.dwg"。尺寸、几何公差要求留待第 8 章实验 7.7 完成。

~~~~~~~~~~ **思考与练习** ~~~~~~~~~~

1. 如何建立一种新字样? 默认的字样名是什么,它使用什么字体,什么书写方式,字高多少,宽度因子多少,倾斜角度是多少度?

2. AutoCAD 2016 中提供的字体有哪几种类型? 它们最大的区别是什么?

3. 简述如何生成一种细长斜体字样?

4. 哪几种字体能够利用控制符输入特殊字符? 对于不能利用控制符输入特殊字符的字体,可以采用其他方法输入吗? 如果有的话是哪些输入方法?

5. 简述 TEXT 与 MTEXT 命令的优缺点。

6. 要在一幅图形中标注不同字体的文本，该怎么解决？

7. TEXT、MTEXT 命令的对正方式有哪几种？默认的是哪一种？

8. 文字样式和字体样式的关系是怎样的？文字样式和字体样式有什么不同？

9. 为什么有时使用"TEXT"命令输入文本时，不出现文字高度或旋转角度的提示行，是什么原因造成的？

10. 注写文字"AutoCAD 2016 绘图教程，$\phi 35 \pm 0.025°$，$\phi 60 \dfrac{F8}{h7}$，尺寸文字样式及其设置"。所要注写的一行文字中存在两种不同的字体，能否用所学的命令进行注写，若能注写则应使用哪条命令？

第八章 尺寸标注

- 尺寸的分类和各类尺寸的标注。
- 尺寸标注的各种修改方法。
- 尺寸标注样式的内容和含义。
- 尺寸标注样式的创建、替代和修改。
- 标注约束的含义和参数化绘图方法。

8.1 尺寸标注的分类

工程图样中的图形仅表达了物体的形状,而其大小需要通过标注尺寸来确定。AutoCAD 提供了缺省的标注样式(格式)"ISO－25"(以字高 2.5 为特征)和很强的尺寸标注功能,利用它们可以完成一般工程图样的尺寸标注。同时,用户还可以灵活地创建新的标注样式或修改已有的标注样式。

工程图样中的每个尺寸都由尺寸线、尺寸界线、尺寸箭头和尺寸文字所组成。如图 8.1 所示的图样包含了工程图样中常见的尺寸标注形式。按 AutoCAD 尺寸标注命令来分,有"线性"尺寸(如图中的水平尺寸 60、垂直尺寸 70);"对齐"尺寸(如图中倾斜尺寸 16);"直径"尺寸(如图中的尺寸 φ14)和"半径"尺寸(如图中的尺寸 R10);"角度注"尺寸(如图中的尺寸 90°);"公差"尺寸(如图中的 24±0.01)。除此以外,还有"快速引线"标注的尺寸(如图 8.2 中 1.5×45°的倒角尺寸、

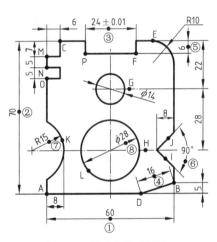

图 8.1 尺寸分类及标注

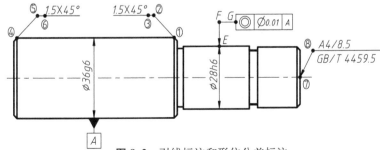

图 8.2 引线标注和形位公差标注

A4/8.5 GB/T4459.5 的中心孔尺寸以及同轴度"◎"形位"公差")。

一般情况下,尺寸具有关联性,即尺寸大小随图形的变化而变化。如用 SCALE 命令缩放图形时,所标注的尺寸数值会随之改变。

在标注尺寸前,可先打开尺寸"标注"工具栏,便于调用各种尺寸标注命令(见图 8.3)。

图 8.3 尺寸标注工具栏

8.2 尺寸标注的操作

8.2.1 长度型尺寸标注操作

长度型尺寸标注包括水平、垂直、倾斜、基线型、连续型等几种。用户可以根据需要使用这些标注方式给工程图样标注尺寸。

1. 线性标注(DIMLINEAR)

"线性标注"命令可以用来标注水平或垂直尺寸。

(1) 命令调用:单击菜单栏"标注"⇒"线性",或单击标注工具栏的线性标注图标▯,或键入 DIMLINEAR ↵(或 DLI ↵、DIMLIN ↵)。

(2) 操作顺序:

方法一:调用"线性"命令→指定第一条尺寸界线原点→指定第二条尺寸界线原点→指定尺寸线位置(或选择系统提示的选项,编辑文字值或修改文字的位置)。

方法二:调用"线性"命令→↵(使用选取对象方式)→点选标注对象(系统自动从标注对象线段的两端点引出尺寸界线)→指定尺寸线位置(或选择系统提示的选项,编辑文字值或修改文字的位置)。

【操作示例】

用"线性标注"命令标注图 8.1 中的水平尺寸 60(AB 段)和垂直尺寸 70(AC 段)以及水平尺寸 24±0.01(PF 段)。

操作步骤:

命令:DIMLINEAR ↵　　　　　　　　　　　　　　　　　　　　　(调用命令标注尺寸 60)

指定第一个尺寸界线原点或 <选择对象>:(拾取 A 点)　　　(选第一条尺寸界线定位点)

指定第二条尺寸界线原点:(拾取 B 点)　　　　　　　　　　　(选第二条尺寸界线定位点)

指定尺寸线位置或[多行文字(M)/文字(T)/角度(A)/水平(H)/垂直(V)/旋转(R)]:
(拾取①点)　　　　　　　　　　　　　　　　　　　　　　　　　　(确定尺寸线位置)

标注文字=60　　　　　　　　　　　　　　　　　　　　　　　(显示系统测量的尺寸值)

命令:DIMLINEAR ↵　　　　　　　　　　　　　　　　　　　　　(调用命令标注尺寸 70)

指定第一个尺寸界线原点或<选择对象>:(拾取 A 点)　　　　(选第一条尺寸界线定位点)

指定第二条尺寸界线原点：(拾取 C 点)　　　　　　　　　(选第二条尺寸界线定位点)

指定尺寸线位置或[多行文字(M)/文字(T)/角度(A)/水平(H)/垂直(V)/旋转(R)]：

(拾取点②)　　　　　　　　　　　　　　　　　　　　　(确定尺寸线位置)

标注文字＝70　　　　　　　　　　　　　　　　　　　(显示系统测量的尺寸值)

命令：DIMLINEAR↵　　　　　　　　　　　　　　(调用命令标注尺寸 24±0.01)

指定第一条尺寸界线原点或<选择对象>：↵　　　(选标注线段尺寸方式,使用缺省项)

选择标注对象：(光标直接点选 PF 线段)　　　　　　　　　(选择标注对象)

指定尺寸线位置或[多行文字(M)/文字(T)/角度(A)/水平(H)/垂直(V)/旋转(R)]：

t↵　　　　　　　　　　　　　　　　　　　　　(选择单行文字注写方式)

输入标注文字<16.53＞：24％％p0.01↵　　　　　　(键入尺寸文本 24±0.01)

指定尺寸线位置或[多行文字(M)/文字(T)/角度(A)/水平(H)/垂直(V)/旋转(R)]：

(拾取点③)　　　　　　　　　　　　　　　　　　　　　(确定尺寸线位置)

标注文字＝24　　　　　　　　　　　　　　　　　　　(显示系统测量的尺寸值)

其中系统提示的选项含义如下：

● 多行文字：选择多行文字编辑方式修改标注的文字。

● 文字：选择单行文字编辑方式修改标注的文字。

● 角度：用于设置标注文字的旋转角度。

● 水平和垂直：用于标注水平尺寸和垂直尺寸。选择该选项时将提示"指定尺寸线位置或
[多行文字(M)/文字(T)/角度(A)]：",其中三个选项的含义同上。

● 旋转：用于尺寸线旋转一个角度后标注。

2. 对齐标注（DIMALIGNED）

"对齐标注"是指尺寸线平行所标线段的尺寸,包括水平尺寸、垂直尺寸和倾斜尺寸。

(1) 命令调用：单击菜单栏"标注"⇒"对齐",或单击尺寸工具栏对齐标注图标＼,或键入
DIMALIGNED↵（或 DAL↵、DIMALI↵）。

本命令既可标注水平、垂直尺寸,也可以标注倾斜尺寸,但一般都用于标注倾斜尺寸。

(2) 操作顺序：与线性标注方法一、二类同。

3. 基线标注（DIMBASELINE）和连续标注（DIMCONTINUE）

"基线标注"型尺寸是指存在共同基准的长度型或角度型尺寸(如图 8.1 中右上角的尺寸
6、22),而"连续标注"型尺寸是指在同一方向上连续的长度型或角度型尺寸(如图 8.1 中左上
角的尺寸 7、5、5)。基线标注的尺寸线间距,可在尺寸标注样式中设置。

(1) 命令调用："基线标注"型尺寸的命令调用方式：单击菜单栏"标注"⇒"基线",或单击
标注工具栏基线标注图标□,或键入 DIMBASELINE↵（或 DIMBASE↵）。

"连续标注"型尺寸的命令调用方式：单击菜单栏"标注"⇒"连续",或单击标注工具栏连续
标注图标□,或键入 DIMCONTINUE↵（或 DCO↵、DIMCONT↵）。

(2) 操作顺序：调用"线性"或"对齐"命令标注第一个尺寸→再调用"基线"或"连续"命令
→标出第一个基线型尺寸或连续型尺寸的第二条尺寸界线原点→……→标注第 n 个基线型尺
寸或连续型尺寸第 n 条尺寸界线原点→↵结束本次基线型或连续型尺寸标注。

【操作示例】

用"基线"和"连续"命令标注图 8.1 中位于右侧的垂直尺寸 6、22、28。

命令：DIMLINEAR↵　　　　　　　　　　　　　　　　　(线性标注命令)

指定第一个尺寸界线原点或<选择对象>：(拾取点 E)　　　　(确定尺寸6的第一条尺寸界线)

指定第二条尺寸界线原点：(拾取点 F)　　　　(确定尺寸6的第二条尺寸界线)

指定尺寸线位置或[多行文字(M)/文字(T)/角度(A)/水平(H)/垂直(V)/旋转(R)]：(拾取点⑤)　　　　(确定尺寸线位置)

标注文字＝6　　　　(显示系统测量值)

命令：DIMBASELINE↵　　　　(基线型标注命令)

指定第二尺寸界线原点或[选择(S)/放弃(U)]<选择>：(拾取中心线端点 G)

标注文字＝22　　　　(显示系统测量值)

指定第二条尺寸界线原点或[选择(S)/放弃(U)]<选择>：↵　　(结束同一条基线的标注)

选择基准标注：↵　　　　(结束基线型尺寸标注)

命令：DIMCONTINUE↵　　　　(用连续型命令标注尺寸28)

指定第二条尺寸界线原点或[选择(S)/放弃(U)]<选择>：(拾取中心线端点 H)

标注文字＝28　　　　(显示系统测量值)

指定第二条尺寸界线原点或[选择(S)/放弃(U)]<选择>：↵　　(结束同一链尺寸的标注)

选择连续标注：↵　　　　(结束连续型尺寸标注)

（3）使用说明：在使用基线标注和连续标注命令之前，首先用线性标注、对齐标注或角度标注命令标出第一个尺寸，以后再标注每个基线型或连续型尺寸时，只需选定第二条尺寸界线的起点。

8.2.2　角度型尺寸标注操作

1. 命令调用

单击菜单栏"标注"⇒"角度"，或单击标注工具栏的角度标注图标 △，或键入 DIMANGULAR↵（或 DAN↵、DIMANG↵）。

2. 操作顺序

（1）标注两相交直线间的角度尺寸：调用"角度"命令→光标直接点选角度的两邻边→指定尺寸线位置；或选择系统提示的选项"多行文字(M)/文字(T)/角度(A)　/象限点(Q)"，来修改测量值或文字的旋转角度，然后再确定尺寸线位置。

（2）标注圆弧的圆心角尺寸：调用"角度"命令→光标直接点选圆弧→指定尺寸线位置；或选择选项"多行文字(M)/文字(T)/角度(A)/象限点(Q)"，来修改测量值或文字的旋转角，然后再确定尺寸线位置。

（3）由构成角度的三点标注角度尺寸：调用"角度"命令→出现"选择圆弧、圆、直线或<指定顶点>："提示时，直接按 Enter 键，转入三点标注方式→指定角的顶点→指定角的第一个端点→指定角的第二个端点→指定标注弧线（尺寸线）位置；或选择系统提示的选项"(M)/文字(T)/角度(A)/象限点(Q)"，来修改测量值或文字的旋转角，然后再确定尺寸线位置。

注：用此方式可以标注大于180°的角度尺寸。

【操作示例】

标注图8.1中的角度尺寸90°。

操作步骤：

命令：DIMANGULAR↵　　　　(调用命令标注尺寸90°)

选择圆弧、圆、直线或<指定顶点>：(拾取 *I* 点)　　　　　　　(选第一条直线)

选择第二条直线：(拾取 *J* 点)　　　　　　　　　　　　　　(选第二条直线)

指定标注弧线位置或[多行文字(M)/文字(T)/角度(A)/象限点(Q)]：(指定尺寸线位置点⑥)

标注文字＝90　　　　　　　　　　　　　　　　　　　　　(显示系统测量值)

8.2.3　半径和直径的标注

半径和直径标注命令可以用来标注圆弧或圆的尺寸。当圆弧或圆的圆心位于图形边界之外,并且无法在实际位置显示时,可以使用折弯标注命令指定替代中心的方式标注半径尺寸(图 8.4)。

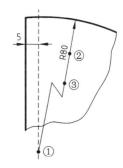

1. 半径标注(DIMRADIUS)

(1) 命令调用:单击菜单栏"标注"⇒"半径",或单击标注工具栏半径标注图标 ⊙ ,或键入 DIMRADIUS ↵(或 DRA ↵、DIMRAD ↵)。

(2) 操作顺序:调用"半径"命令→光标直接点选圆弧或圆→指定尺寸线位置;或选择系统提示的选项"多行文字(M)/文字(T)/角度(A)",来修改测量值或文字的旋转角,然后再确定尺寸线位置。

图 8.4　折弯标注

【操作示例】

标注图 8.1 中的半径尺寸 *R*15。

操作步骤:

命令：DIMRADIUS ↵　　　　　　　　　　　(调用命令标注尺寸 *R*15)

选择圆弧或圆：(拾取 *K* 点)　　　　　　　　　(光标直接选取圆弧)

标注文字＝15　　　　　　　　　　　　　　(系统显示测量的半径值)

指定尺寸线位置或[多行文字(M)/文字(T)/角度(A)]：(拾取⑦点) (指定尺寸线位置)

2. 直径标注(DIMDIAMETER)

(1) 命令调用:单击菜单栏"标注"⇒"直径",或单击标注工具栏直径标注图标 ⊘ ,或键入 DIMDIAMETER ↵(或 DDI ↵、DIMDIA ↵)。

(2) 操作顺序:调用"直径"命令→光标直接点选圆弧或圆→指定尺寸线位置;或选系统提示的选项"(M)/文字(T)/角度(A)",修改测量值或文字的旋转角,然后再确定尺寸线位置。

【操作示例】

标注图 8.1 中的直径尺寸 φ28。

操作步骤:

命令：DIMDIAMETER ↵　　　　　　　　　　(调用命令标注尺寸 φ28)

选择圆弧或圆：(拾取 *L* 点)　　　　　　　　　(光标直接选取圆弧)

标注文字＝28　　　　　　　　　　　　　　(系统显示测量的半径值)

指定尺寸线位置或[多行文字(M)/文字(T)/角度(A)]：(拾取⑧点) (指定尺寸线位置)

3. 折弯标注(DIMJOGGED)

(1) 命令调用:单击菜单栏"标注"⇒"折弯",或单击标注工具栏折弯标注图标 ⊘ ,或键入 DIMJOGGED ↵(或 DJO ↵)。

(2) 操作顺序:调用"折弯"命令→光标直接点选圆弧或圆→指定图示中心位置→指定尺寸线位置→指定折弯位置。

【操作示例】

标注图 8.4 中的半径尺寸 *R*80。

操作步骤：

命令：DIMJOGGED ↵ （调用命令标注尺寸 *R*80）

选择圆弧或圆：（点取圆弧） （光标直接选取圆弧）

指定图示中心位置：（指定点①） （光标直接指定替代的中心位置）

标注文字＝72.01 （系统显示测量的值）

指定尺寸线位置或［多行文字(M)/文字(T)/角度(A)］：（指定点②）

（光标指定尺寸位置）

指定折弯位置：（指定点③） （光标指定折弯位置）

8.2.4　标注打断操作

为避免尺寸与尺寸或与其他对象(是尺寸、文字、图块、图形等所有实体)相交,可以使用打断标注命令 DIMBREAK,将已标尺寸在与其他对象相交处断开。

1. 命令调用

单击菜单栏"标注"⇒"标注打断",或单击标注工具栏"折断标注"图标 ，或键入 DIMBREAK ↵。

2. 操作顺序

调用"标注打断"命令→光标直接拾取要在相交处被打断的尺寸→选择打断此尺寸的对象;或按提示项"［自动(A)/手动(M)/删除(R)]<自动>:"进行操作。

【操作示例】

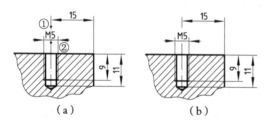

（a） （b）

图 8.5 标注打断

将图 8.5(a)标注的尺寸 15 打断成图 8.5(b)所示的形式。

操作步骤：

命令：DIMBREAK ↵ （调用标注打断命令）

选择要添加/删除折断的标注或［多个(M)］：（点取尺寸 15）

（光标直接选取要打断的尺寸 15）

选择要折断标注的对象或［自动(A)/手动(M)/删除(R)]<自动>：M ↵

（选手动打断方式）

指定第一个打断点：（指定点①） （用光标指定第一点）

指定第二个打断点：（指定点②） （用光标指定第二点）

其中系统提示的选项"［自动(A)/手动(M)/删除(R)]<自动>:",其功能分别是:自动打断相交的尺寸标注/手动指定打断的位置点/将打断的尺寸恢复成原样。

8.2.5　快速标注操作

可以快速标注成组的基线型、并列型、连续型、坐标型、直径型和半径型尺寸,并可以对标注点作删除、添加等编辑。使用时一次可以选择多个标注对象,然后会自动完成所有选定对象的标注。

1. 命令调用

单击菜单栏"标注"⇒"快速标注",或单击标注工具栏快速标注图标 ，或键入 QDIM ↵。

2. 操作顺序

调用"快速标注"命令→连续选择要标注的几何图形(线段、圆弧、圆)→↵(结束对象选择)→按系统提示的选项"连续(C)、并列(S)、基线(B)、坐标(O)、半径(R)、直径(D)、基准点(P)、编辑(E)、设置(T)"选择快速标注方式→指定尺寸线位置。

【操作示例】

用快速标注命令标出图8.6中的尺寸。

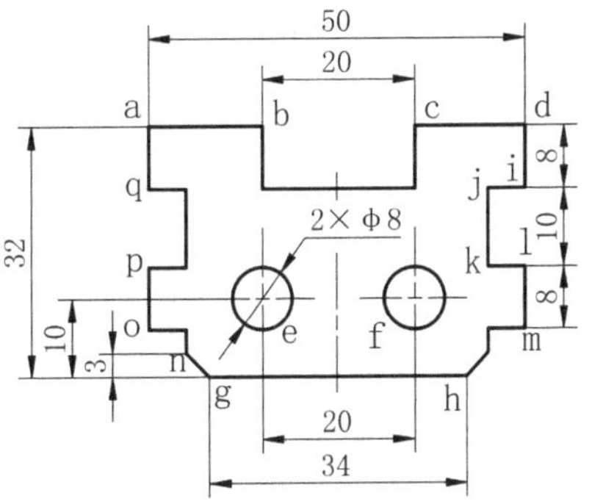

命令：QDIM↵　　　　　　(调用命令标注尺寸20、50)

选择要标注的几何图形：(分别拾取 ab 和 cd 线段)

　　　　　　　　　　　　　　　(光标直接点取)

选择要标注的几何图形：↵　　　　(选择结束)

指定尺寸线位置或[连续(C)/并列(S)/基线(B)/坐标(O)/半径(R)/直径(D)/基准点(P)/编辑(E)/设置(T)]<并列>：s↵　　　　(选择并列标注方式)

指定尺寸线位置或[连续(C)/并列(S)/基线(B)/坐标(O)/半径(R)/直径(D)/基准点(P)/编辑(E)/设置(T)]<并列>：(光标直接定位)

图8.6　快速标注

　　　　　　　　　　　　　　　(指定尺寸线位置)

命令：↵　　　　　　　(重复调用命令标注尺寸20、34)

选择要标注的几何图形：(分别拾取圆 e、f 和线段 gh)　　　(光标直接点取)

选择要标注的几何图形：↵　　　　　　　　(结束拾取)

指定尺寸线位置或[连续(C)/并列(S)/基线(B)/坐标(O)/半径(R)/直径(D)/基准点(P)/编辑(E)/设置(T)]<并列>：s↵　　　(选择并列标注方式)

指定尺寸线位置或[连续(C)/并列(S)/基线(B)/坐标(O)/半径(R)/直径(D)/基准点(P)/编辑(E)/设置(T)]<并列>：(光标直接定位)　　　(指定尺寸线位置)

命令：↵　　　　　　(重复调用命令标注尺寸8、10、8)

选择要标注的几何图形：(分别拾线段 di、jk、lm)　　　(光标直接点取)

选择要标注的几何图形：↵　　　　　　　(结束拾取)

指定尺寸线位置或[连续(C)/并列(S)/基线(B)/坐标(O)/半径(R)/直径(D)/基准点(P)/编辑(E)/设置(T)]<并列>：c↵　　　(选择连续标注方式)

指定尺寸线位置或[连续(C)/并列(S)/基线(B)/坐标(O)/半径(R)/直径(D)/基准点(P)/编辑(E)/设置(T)]<并列>：(光标直接定位)　　　(指定尺寸线位置)

命令：↵　　　　　(重复调用命令标注尺寸3、10、32)

选择要标注的几何图形：(分别拾取线段 gn、圆 e、线段 aq)　　　(光标直接点取)

选择要标注的几何图形：↵　　　　　　　(结束拾取)

指定尺寸线位置或[连续(C)/并列(S)/基线(B)/坐标(O)/半径(R)/直径(D)/基准点(P)/编辑(E)/设置(T)]<连续>：e↵　　　(选择编辑顶点方式)

指定要删除的标注点或[添加(A)/退出(X)]<退出>：(捕捉 q 点)　　　(删除 q 点)

已删除一个标注点　　　　　　　(系统显示)

指定要删除的标注点或[添加(A)/退出(X)]<退出>：↵　　　(结束编辑顶点方式)

指定尺寸线位置或[连续(C)/并列(S)/基线(B)/坐标(O)/半径(R)/直径(D)/基准点

(P)/编辑(E)/设置(T)]<连续>：b↵ （选择基线型标注方式）

指定尺寸线位置或[连续(C)/并列(S)/基线(B)/坐标(O)/半径(R)/直径(D)/基准点(P)/编辑(E)/设置(T)]<基线>：(光标直接定位) （指定尺寸线位置）

注：采用并列标注方式，如果只有一个尺寸的文字在尺寸界线中间，而其他尺寸的文字都不在中间，可以点击工具栏"标注更新"图标，分别拾取这些尺寸即可更改之。标注基线型尺寸时，选择线段 qa，可改为选择 ab，就可以避免删除顶点 q 的操作。

8.2.6　引线标注操作

引线标注是用一条指向对象的引出线来标注对象，引出线的起始端按需要可以是箭头或无箭头，在引线的末端可以用多行文字方式输入文字，也可以标注形位公差，如图 8.2 中的倒角尺寸和同轴度几何公差。它常用于标注倒角尺寸、引线尺寸、几何公差和装配图中的序号。缺省情况下标注工具栏上无引线标注命令，需要用户自己添加上去。

1. 命令调用

键入 QLEADER ↵（或 LE ↵）或单击图标 。

2. 操作顺序

（1）调用命令后，在系统提示"指定第一个引线点或[设置(S)]<设置>："时，按↵键(设置引线标注方式)打开引线设置对话框(图 8.7)。

图 8.7　"引线设置"对话框的"注释"选择卡

（2）在"注释"选项卡设置"注释"方式：

● 注释类型区：一般应设置"多行文字"或"公差"，特殊场合可以设置"无"，只画引线而无注释文字。

● 多行文字区：可以设置多行文字格式，包括"提示输入宽度"（缺省）、"始终左对齐"和"文字边框"三个复选项。如果注释文字是单行文字输入方式，这三个选项都不用选择。

● 重复使用注释区：用于设置是否重复使用注释，共有"无"（缺省）、"重复使用下一个"、"重复使用当前"三个单选项。

（3）在"引线和箭头"选项卡(见图 8.8)，设置"引线和箭头"的类型。

● 引线区：一般选择"直线"单选项，不选"样条曲线"单选项。

● 箭头区：在下拉列表中可以选择箭头类型。常用的箭头类型有三种：标注形位公差，选择"实心闭合"；标注倒角尺寸，选择"无"；标注装配图的序号，选择"小点"。

● 点数区：指明引线端点的最大数，一般可设"最大值"为三点，不选"无限制"复选项。

● 角度约束区：可以在下拉列表中指定第一条引线角度和第二条引线角度。如果标注倒角尺寸，可以设第一条引线角度为 45，第二条引线角度为 0。也可以使用默认设置"任意角度"，标注时通过极角实现水平或 45°引线。

（4）在"附着"选项卡(见图 8.9)，设置"附着"功能：

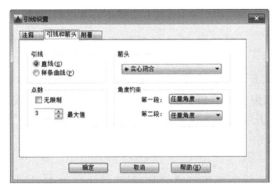

图 8.8 "引线和箭头"选项卡

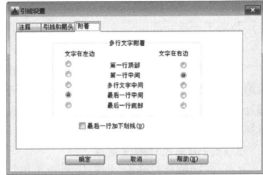

图 8.9 "附着"选项卡

●多行文字附着区：用于设置多行文字注释相对于引线终点的位置，包括"第一行顶部"、"第一行中间"、"多行文字中间"、"最后一行中间"、"最后一行底部"等选择。

●最后一行加下划线：一般应勾选此项。选择后"多行文字附着"区变成灰白色，不可设置。

【操作示例】

标注图 8.2 中两个 $1.5 \times 45°$ 的倒角尺寸和中心孔标记。

操作步骤：

命令：QLEADER↵　　　　　　　　　　　　　　　（调用命令标注右边的 $1.5 \times 45°$）

指定第一个引线点或[设置(S)]<设置>：↵

进入"引线设置"对话框(图 8.7)，在"注释"选项卡"多行文字选项"区取消勾选"提示输入宽度"复选项，其他区域的选项不作修改。

选择"引线和箭头"选项卡(图 8.8)，在"引线"区选择"直线"单选项，将"点数"区的点数值设为 3，在"箭头"区下拉列表中选择"无"，在"角度约束"区的下拉列表中设置第一段引线角度为 45，第二段引线角度为"水平"。

单击进入"附着"选项卡(图 8.9)，选择"最后一行加下划线"复选框。单击 确定 按钮，返回命令行。

指定第一个引线点或[设置(S)]<设置>：(指定引线起点①)

指定下一点：15↵　　　　　　　　　（移动光标指定 45°引线，然后输入①②段长度值）

指定下一点：1↵　　　　　　　　　　　　（输入成水平的引线②③段长度）

输入注释文字的第一行<多行文字(M)>：1.5×45％％d↵　　　　（输入倒角尺寸文本）

输入注释文字的下一行：↵　　　　　　　　　　　　　　　　　（命令结束）

命令：↵　　　（重复执行 QLEADER 命令，标注左边的 $1.5 \times 45°$，利用上面的设置）

指定第一个引线点或[设置(S)]<设置>：(指定引线起点④)

指定下一点：15↵　　　　　　　　　　　（输入成 45°的引线④⑤段长度）

指定下一点：1↵　　　　　　　　　　　（输入成水平的引线⑤⑥段长度）

输入注释文字的第一行<多行文字(M)>：1.5×45％％d↵　　　　（输入倒角尺寸文本）

输入注释文字的下一行：↵　　　　　　　　　　　　　　　　　（命令结束）

命令：↵　　　（重复执行 QLEADER 命令，标注右边的中心孔尺寸，利用上面的设置）

指定第一个引线点或[设置(S)]<设置>：(指定引线起点⑦)

指定下一点：10 ↵ （输入成 45°的引线⑦⑧段长度）

指定下一点：↵ （结束引线指定）

输入注释文字的第一行<多行文字(M)>：↵ （选择多行文字输入方式）

此时，弹出"多行文字编辑器"对话框，如图 7.6 所示。在窗口中键入第一行 A4/8.5 ↵，输入第二行 GB/T 4459.5 ↵，再单击 确定 按钮，结束中心孔标记的标注。标注后的尺寸文字全部处在水平线上方，按要求两行文字应处于水平折线的上下两侧。为了满足这一要求，可以用界标点的方式将水平引线上移到两行文字之间。

3. 标注倒角尺寸的注意点

（1）标注倒角尺寸时，指引线的②③和⑤⑥两线段不可省略（但应尽可能小），如省略则引线的第一段倾角会改变（如中心孔尺寸），而不是设定的 45°倾角。

（2）引线段的上、下、左、右位置应先由光标指定，然后在命令提示下键入引线段的长度值。

（3）如果引线"角度约束"选取"任意角度"项，则在确定引线段时，既可以输入引线转折点的相对坐标，也可以按设定好的极轴追踪角度直接用光标定点。

8.2.7　几何公差标注操作

标注几何公差可以使用 TOLERANCE 或 QLEADER 命令，两者都能生成几何公差框格，但利用 QLEADER 命令还能建立几何公差的指引线，使用更加方便。用 TOLERANCE 命令和 QLEADER 命令创建几何公差的过程非常类似。

1. 命令调用

QLEADER 命令的调用方式已在上节叙述，TOLERANCE 命令的调用方式如下：

单击菜单栏"标注"⇒"公差"，或单击标注工具栏公差图标 ▦，或键入 TOLERANCE ↵（或 TOL ↵）。

2. 操作顺序

（1）调用 QLEADER 命令后，打开"引线设置"对话框，在"注释"选项卡中将"注释类型"选为"公差"单选项。其选项内容的设置参照 8.2.6 节。

（2）指定引线的各点。

（3）输入几何公差的公差值和基准符号。

【操作示例】

标注图 8.2 中的几何公差。

操作步骤：

命令：QLEADER↵ （调用命令标注形位公差）

指定第一个引线点或[设置(S)]<设置>：↵ （选择引线设置）

进入"引线设置"对话框，在"注释"选项卡的"注释类型"区域选择"公差"单选项（见图8.10）。

切换到"引线和箭头"选项卡，在"引线"区域选择"直线"单选项，在"箭头"区域下拉列表中选择"实心闭合"箭头项，在"点数"（引线的转折点数）区域，取默认值 3，在"角度约束"区域中选取第一段引线倾角为 90°，第二段引线倾角为"水平"（见图 8.11）。

标注公差时不出现"附着"选项卡。

单击 确定 按钮，回到命令提示行：

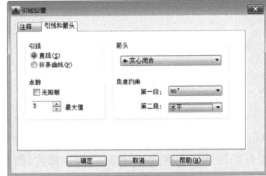

图 8.10 "注释"选项卡 | 图 8.11 "引线和箭头"选项卡

指定第一个引线点或[设置(S)]<设置>：（指定指引线的起点 E）

指定下一点：10 ↵　　（输入 EF 指引线段的长度，光标的位置决定 EF 向上还是向下画）

指定下一点：7 ↵　　（输入 FG 指引线段的长度，光标的位置决定 FG 向左还是向右画）

弹出"形位公差"对话框（见图 8.12）。单击"符号"（几何公差符号）下的小黑框，弹出"特征符号"对话框（见图 8.13）。单击同轴度符号"◎"，返回"形位公差"对话框。单击"公差 1"左边的小黑框，自动加上公差带符号"φ"。在"公差 1"的编辑框中键入公差值 0.01，在"基准 1"的编辑框中键入基准符号 A，形位公差的各项设置结果如图 8.14 所示，单击 确定 按钮，结束几何公差标注。

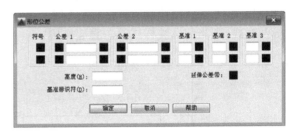

图 8.12 "形位公差"对话框

注：新国标 GB/T 1182－2008 已将形位公差的名称改为几何公差。

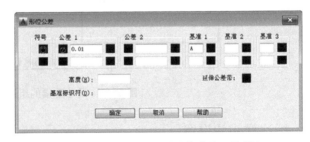

图 8.13 "特征符号"对话框 | 图 8.14 完成设置的"形位公差"对话框

通过"形位公差"对话框，最多可以同时设置两个几何公差，即在第一行设置第一个几何公差，第二行设置第二个几何公差。

8.2.8 其他标注命令

除了以上那些常用的标注命令外，还有诸如用于标注圆弧弧长尺寸的命令 DIMARC（工具栏图标为 ）和将互相平行的尺寸修改成等间距的等距标注命令 DIMSPACE（工具栏图标为 ）等。这些命令的使用方法比较简单，不再举例说明。

8.3 标注样式的设置及其应用

8.3.1 标注样式概念

工程中最常见的图样有机械和建筑图样两种,它们的尺寸标注格式都应符合"国标"规定。AutoCAD 可以根据不同图样的标注要求,按"国标"的规定设置尺寸标注格式,这种按要求设置好的尺寸标注格式,称作尺寸标注样式,简称标注样式。

标注样式共有两种类型,一种是"所有样式"或称"父"样式(对图样中的全部尺寸起作用);另一种是"子"样式(只对图样中的某种尺寸起作用),它们有"线性标注"、"角度标注"、"半径标注"、"直径标注"、"坐标标注"、"引线和公差"等 6 种。

标注样式控制了组成尺寸要素的外观(见图 8.15),在标注尺寸前一般应根据具体要求创建新的标注样式,或修改已有标注样式,以满足图样的实际标注要求。如果用户没有创建新的标注样式,系统将使用缺省标注样式"ISO-25"作为标注尺寸的格式。此外,只要不改变当前标注样式,则当前标注样式就一直起作用。

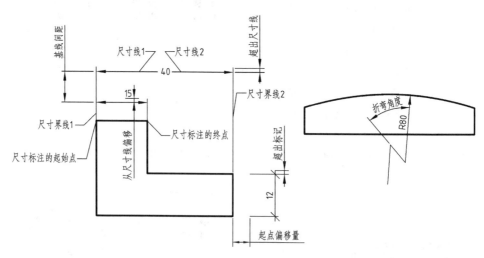

图 8.15 尺寸要素的组成

8.3.2 标注样式的设置

1. 标注样式命令的调用

单击菜单栏"标注"⇒"标注样式",或单击菜单栏"格式"⇒"标注样式",或单击尺寸工具栏图标,或键入 DIMSTYLE ↵(或 D ↵、DDIM ↵、DST ↵、DIMSTY ↵)。

2. 标注样式的修改

系统给出的缺省标注样式"ISO-25",是按尺寸文字高度 2.5 设置的,如果将它直接应用于工程图样中,势必出现标注的尺寸外观大小等格式不能完全符合"国标"要求。因此,必须通过标注样式命令对"ISO-25"样式中不符合要求的部分选项作适当修改,然后再设置为当前标注样式。对"ISO-25"缺省标注样式的修改过程如下:

调用标注样式命令,弹出如图 8.16 所示的 "标注样式管理器"对话框→在"样式"区选择 "ISO-25"缺省标注样式,单击 修改 按钮→进入 "修改标注样式:ISO-25"对话框(见图 8.17)→ 在该对话框中对标注样式的选项进行修改。

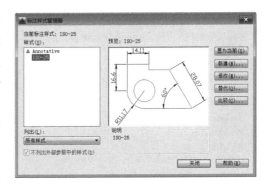

图 8.16 "标注样式管理器"对话框

"修改标注样式:ISO-25"对话框的各选项卡 主要设置项功能如下:

(1)"线"选项卡(见图 8.17):

●"尺寸线"区域:用于设置尺寸线的颜色、线型、线宽、超出标记、基线型尺寸间距、是否显示和隐藏等属性的。

●"尺寸界线"区域:用于设置尺寸界线的颜色、线型、线宽、是否显示和隐藏等属性、控制尺寸界线超出尺寸线的量和尺寸界线偏离标注点的偏移量等属性。

一般要将"基线间距"的缺省值 3.75 改为 6,"超出尺寸线"的缺省值 1.25 改为 1.8,"起点偏移量"的缺省值 0.625 改为 0,如果是用于建筑图样,则改为 10。

(2)"符号和箭头"选项卡(见图 8.18):

●"箭头"区域:用于设置尺寸箭头的类型和大小,系统提供的箭头类型有 20 种,常用的有 "实心闭合"如├─30─┤、"建筑标记"如╱─30─╲、"小点"如─┤┼┼─和"无"几种。

●"圆心标记"区域:用于设置圆或圆弧的圆心标记类型,有"无"、"标记"(+)和"直线"(中心线)3 种类型。

●弧长符号区域:用于控制弧长标注中圆弧符号的显示方式。可以在三种方式中选择一种。

●"折断标注"区域:用于设置尺寸界线被折断的距离。"弧长符号"区域用于设置弧长尺寸中的弧长符号的位置。

●"半径折弯标注"区域:用于设置半径尺寸线的折弯角度。

●"线性折弯标注"区域:用于设置折弯的高度因子。

一般应将"箭头"区域的"箭头大小"值由缺省的 2.5 改为 3。如果是标注建筑图样,还要将"箭头"区域的两个箭头类型改为"建筑标记"。"半径折弯"区的"折弯角度"应由缺省值 90 改为 60。其他属性可不作修改,使用默认设置。

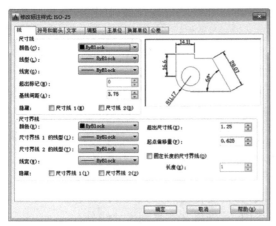

图 8.17 "线"选项卡

图 8.18 "符号和箭头"选项卡

图 8.19 "文字"选项卡

（3）"文字"选项卡（见图 8.19）：

● "文字外观"区域：用于设置文字的样式、颜色、填充色、文字高度、分数高度比例和绘制文字边框等属性。

● "文字位置"区域：用于设置尺寸文字相对尺寸线的位置。确定文字垂直位置的有"居中"、"上"、"外部"、"JIS"和下 5 种，缺省为"上"方式。确定文字水平位置的有"居中"、"第一条尺寸界线"、"第二条尺寸界线"、"第一条尺寸界线上方"、"第二条尺寸界线上方"等 5 种，缺省为"居中"方式。还可以确定尺寸文字偏移尺寸线的距离。

● "文字对齐"区域：用于设置文字的对齐方式，有"水平"（文字始终呈水平放置）、"与尺寸线对齐"（标注的文字始终与尺寸线方向一致）、"ISO 标准"（文字在尺寸线内时，方向与尺寸线一致，在尺寸线外时呈水平放置）3 种方式（见图 8.20），缺省为"与尺寸线对齐"项。

通常只有三个选项需要修改或设置，即"从尺寸线偏移"的值由缺省值 0.625 改为 1，文字高度由缺省值 2.5 改为 3.5，从文字样式下拉列表中选择用户已创建的文字样式。如果文字样式还未创建，可以直接进行创建。具体操作如下：单击"文字样式"右侧的 ··· 按钮，弹出

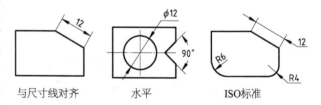

图 8.20 标注文字的对齐方式

"文字样式"对话框，勾选"使用大字体"复选项后，在"字体名"下拉列表中选择西文字体文件"gbeitc. shx"，在"字体样式"下拉列表中选择的工程汉字体文件"gbcbig. shx"，然后按 应用 和 关闭 按钮，返回"修改标注样式：ISO - 25"管理器的"文字"选项卡。

（4）"调整"选项卡（见图 8.21）：

① "调整选项"区域：用于控制文字、箭头、引线与尺寸线的放置位置，还控制着尺寸外观要素的大小。

● 文字或箭头（最佳效果）（缺省项）：当尺寸线之间的距离足够放置文字和箭头时，文字和箭头都放在尺寸界线内；当尺寸线间的距离仅够容纳文字时，将文字放在尺寸界线内，箭头放在尺寸界线外；当尺寸线间的距离仅够容纳箭头时，将箭头放在尺寸界线内，文字放在尺寸界线外；当尺寸线间的距离既不够放下文字又不够放下箭头时，文字和箭头都放在尺寸界线外。选择该选项后，标注在大圆弧上半径尺寸的尺寸线会较短，可避免尺寸线超出图纸；但标注圆上直径尺寸会有两种结果，一种是标在大圆上，文字在圆内，只出现单箭头，另一种是标在小圆上，文字在圆外，两箭头位于圆外。

● 箭头：若文字和箭头不能同时放在尺寸界线内，首先将箭头移到尺寸线外。

● 文字：若文字和箭头不能同时放在尺寸界线内，首先将文字移到尺寸线外。

● 文字和箭头：若能同时放在尺寸界线内，箭头和文字都放在尺寸界线内，否则全部放在

尺寸界线外侧。选择该选项,用于标注大圆弧直径时,文字在圆内,且有两箭头。

● 文字始终保持在尺寸界线之间:尺寸界线间距离再小,尺寸文字也始终强制性放在尺寸界线之间。可用于小尺寸标注。

● 若箭头不能放在尺寸界线内,则将其消除:若箭头不能放在尺寸界线内,箭头不显示。

② "文字位置"区域:用于设置文字不在默认位置时的位置,有"尺寸线旁边"、"尺寸线上方,带引线"和"尺寸线上方,不带引线"3个选项。

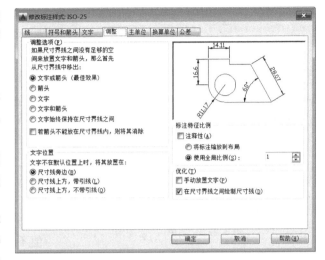

图 8.21 "调整"选项卡

③ "标注特征比例"区域:用于控制尺寸外观要素的大小。

● 注释性:用于根据注释比例自动缩放尺寸外观在模型空间或视口中的大小,并且确保输出图样的尺寸外观不受图样比例影响,始终等于标注样式设定的大小。选择该选项后,其下方的两选项"将标注缩放到布局"和"使用全局比例"呈灰白色而不能选择。以图样比例取 1:2 为例,绘图的操作流程应该如下:①在状态栏的注释比例 ⚠ 1:1/100% ▾ 下拉列表中选择 1:2 图样比例,然后勾选"注释性"选项;②按实际尺寸数值绘图和标注尺寸,系统会根据选定的图样比例将所标注的尺寸外观要素自动放大 2 倍;③在模型空间工作环境下,选择 1:2 图样比例作为打印比例输出图纸,或在图纸空间以打印比例 1:1 输出图纸,这时图形比例完全符合给定的图样比例,尺寸外观要素大小则始终等于标注样式设定的大小而不受打印比例影响,如字高等于设定的 3.5,尺寸箭头等于设定的 3。

● 将标注缩放到布局:用于图纸空间布局,模型空间标注尺寸的场合,其能令图纸空间布局中的尺寸外观要素自动缩放到设定的大小。此选项除了更改注释比例不能自动更新已有尺寸外观大小外,其他功能与"注释性"选项基本相同。所以,如果用户确信注释比例不会改变也可以选择此选项。

● 使用全局比例:用于传统绘图方法,即在单视口模型空间中按实际尺寸 1:1 绘图、标注尺寸,然后在模型空间按图样比例打印输出图纸。假如图样比例为 1/4,全局比例则应设置为 4(正好是图样比例的倒数),才能保证输出图纸上的尺寸外观大小符合标注样式所定的大小。

(5) "优化"区域:用于设置放置标注文字的其他选项。

● 手动放置文字:忽略标注文字水平位置选项的设置,改由用户手动确定文字位置。

● 在尺寸界线之间绘制尺寸线(缺省选中):即使箭头在尺寸界线外,尺寸界线之间始终连有尺寸线。

用户一般可在"调整选项"区选择"文字和箭头"单选项;在"优化"区域除了默认选择的"在尺寸界线之间绘制尺寸线"项外,如有必要还可勾选"手动放置文字"复选项。此外,对于"标注特征比例"的设置应该按图样比例是 1:1 还是非 1:1 两种情况区别对待。对于 1:1 可以选择"注释性"项也可以选择"使用全局比例"项(比例值取 1),对于非 1:1 只能选择"注释性"或"将标注缩放到布局"复选项。

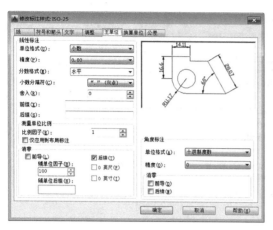

图 8.22 "主单位"选项卡

（6）"主单位"选项卡（见图 8.22）：用于设置主单位的格式与精度等属性。

● "线性标注"区域：可以设定单位精度、小数分隔符、前后缀等。如将缺省的"精度"格式"0.00"改成"0.0"，标注尺寸时尺寸值保留一位小数。如有必要可以在"前缀"编辑框加 ϕ，或在"后缀"编辑框加 H7 等文字。

● "测量单位比例"区域：可以设置测量单位的比例因子，缺省值为 1。该比例因子主要用于避免直接按图样比例绘制图形，或者所绘图形经缩放后，出现系统测量值与实际尺寸数值不一致的错误。例如针对图样比例 1∶2，可以是先按实际尺寸绘图，然后使用缩放命令 SCALE 将图形缩小一半，接着再将比例因子应设为 2，这时系统的测量值就是尺寸的实际值，而不是实际尺寸值的一半。

（7）"换算单位"选项卡：主要用于转换不同测量单位制（如公制和英制）的标注。该选项卡的缺省设置对标注尺寸不起作用，如无特殊要求，不必重新设置。

（8）"公差"选项卡（见图 8.23）：用于机械图样中标注尺寸公差。该选项卡对于无公差尺寸标注，不必进行重新设置。

① "公差格式"区域：用于设置公差的标注方式。

● 方式：用于选择公差的标注格式，共有"无"、"对称"、"极限偏差"、"极限尺寸"、"基本尺寸"5 种，如图 8.24 所示。

● 精度：用于设置公差的精度，一般取"0.000"格式，保留三位小数。

● 上偏差：可设置"上偏差"值（缺省状态输入的值为正值）。

图 8.23 "公差"选项卡

● 下偏差：可设置"下偏差"值（缺省状态输入的值为负值，若下偏差为正值，应在偏差值前加负号）。

● 高度比例：可设定偏差值相对于尺寸数值的字高比例因子，一般可设 0.7。

● 消零：可设置消除偏差值小数点前面或后面的零（0），一般将"前导"或"后续"（缺省选中）复选项的勾选去掉。

② "换算单位公差"区域：只有使用了"换算单位"选项卡后才起作用。

选项修改完毕后，单击 确定 按钮→返回"标注样式管理器"→单击 关闭 按钮，完成"ISO -

图 8.24 尺寸公差的标注形式

25"缺省标注样的修改操作。以后用它作为当前标注样式,就能完成工程图样的一般标注要求。

3. 标注子样式的创建

即使将修改后的缺省标注样式"ISO - 25"作为当前标注样式来标注工程图样,也不能完全满足实际标注要求。如图 8.25(a)中的角度尺寸(文本应水平注写),实际标注结果却如图 8.25(b)所示,是对齐标注。对于这类问题,必须采用创建"子"样式或创建临时"替代"样式的方法来解决。针对既要解决图 8.25(b)的问题,又不影响其他尺寸文字对齐尺寸线的方式,可以新建一个只对标注角度尺寸起作用的"角度"标注"子"样式。创建步骤如下:

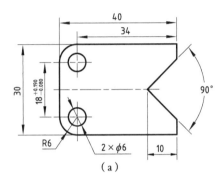 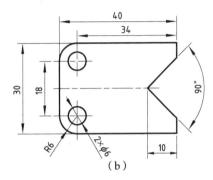

图 8.25　有特殊要求的尺寸标注

调用"标注样式"命令→弹出"标注样式管理器"对话框→单击 新建 按钮→打开"创建新标注样式"对话框(见图 8.26)→在"基础样式"下拉列表中,选择系统设定的"ISO - 25"作为创建新样式的基础;在"用于"下拉列表中选取"角度标注"子样式,"新样式名"编辑框呈灰白色不可修改→单击 继续 按钮→进入"新建标注样式:ISO - 25:角度"对话框(见图 8.27)→在"文字"选项卡中将"文字对齐"区域的缺省单选项"与尺寸线对齐"改为"水平"→单击 确定 按钮→返回"标注样式管理器"(见图 8.28),在"ISO - 25"父

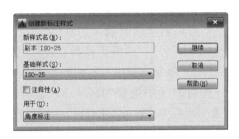

图 8.26　"创建新标注样式"对话框

样式下增加了"角度"标注子样式→单击 关闭 按钮→完成"角度"标注新样式的创建。以后凡是标注角度尺寸都能符合"国标"要求。

注:在图 8.26"创建新标注样式"对话框中,如果选择"所有标注"项(缺省项),并在"新样式名"编辑框输入新的样式名,则可以创建一个新的"父"样式。如果在"用于"下拉列表中选择其他标注样式项,只能创建控制某种具体尺寸类型的"子"样式。需要注意的是:修改子样式中的某些尺寸变量,并不会影响"父"样式的相应变量,而在"父"样式中修改尺寸变量,则"子"样式中相应尺寸

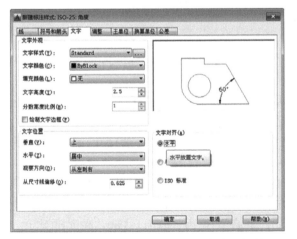

图 8.27　"新建标注样式:ISO - 25:角度"对话框

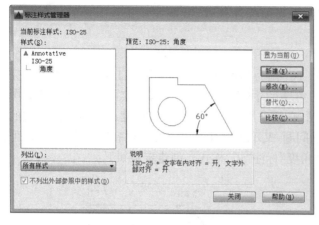

图 8.28 "标注样式管理器"对话框

变量会随之改变。

4. 标注样式的创建

用户可以根据需要创建新的标注样式。调用"标注样式"命令→弹出"标注样式管理器"对话框→单击新建按钮→打开"创建新标注样式"对话框(见图8.26)→在"新样式名"编辑框输入新样式的名称→在"基础样式"下拉列表中,选择系统设定的"ISO‐25"样式或其他已有样式作为创建新样式的基础→在"用于"下拉列表中选取"所有样式"项→单击继续按钮→进入"新建标注样式"对话框(与图8.27类似)→按照修改标注样式"ISO‐25"的方法对某些选项进行修改就能完成新标注样式的创建。

5. 标注样式的临时替代

在绘制工程图样时,一般仅靠"父"样式和"子"样式还不能完全解决所有尺寸标注要求,如图8.25(a)中的半径尺寸 $R6$、直径尺寸 $2×\phi6$ 和带有上下偏差的尺寸18,实际标注结果如图8.25(b)所示,尺寸外观不符合要求,还缺少上下偏差。对此,只能通过创建一个临时"替代"样式来加以解决。具体操作方法如下:

(1) 创建临时替换"ISO‐25"父样式,重新标注图8.25(a)的半径和直径尺寸:调用"标注样式"命令→弹出"标注样式管理器"对话框→在列表区中选择"ISO‐25"父样式→单击置为当前按钮→单击替代按钮,打开"替代当前样式:ISO‐25"对话框(见图8.29)→将"文字"选项卡中"文字对齐"区域的单选项改为"水平"→单击确定按钮→返回"标注样式管理器"(见图8.30),在"样式"列表区"ISO‐25"样式下增加了一个名为"样式替代"的临时样式→单击关闭按钮(该临时样式就成为当前标注样式)→重新标注半径和直径尺寸就能满足要求→在此类尺寸标注完成后,需要再次

图 8.29 "替代当前样式:ISO‐25"对话框

打开"标注样式管理器"对话框→选择"ISO‐25""父"样式,单击置为当前按钮即可取消名为"<样式替代>"的临时替代样式,重新将"ISO‐25"设为当前标注样式。

(2) 创建临时替换"ISO‐25"父样式,重新标注图8.25(a)中带偏差的尺寸:调用"标注样式"命令→弹出"标注样式管理器"对话框→在列表区中选择"ISO‐25"父样式→单击置为当前按钮→单击替代按钮,打开"替代当前样式:ISO‐25"对话框→切换到"公差"选项卡,只要对"公差格式"区作如下修改:"公差方式"由"无"改为"极限偏差","精度格式"由"0.00"改为"0.000","上偏差"值由0改为0.190,"下偏差"值由0改为0.080,"高度比例"由1改为0.7(偏差数值字高比尺寸数字字高小一号,约2.5)。"消零"区内消除选中的"后续"复选

项。其他选项不变,取缺省设置(见图 8.31)→单击 确定 按钮→返回"标注样式管理器",在"样式"列表区"ISO-25"样式下增加了一个名为"样式替代"的临时样式→单击 关闭 按钮(该临时样式就成为当前标注样式)→标注带上下偏差的尺寸→再次打开"标注样式管理器"对话框→选择"ISO-25"父样式,单击 置为当前 按钮,即可取消名为"<样式替代>"的临时替代样式,重新将"ISO-25"设为当前标注样式。

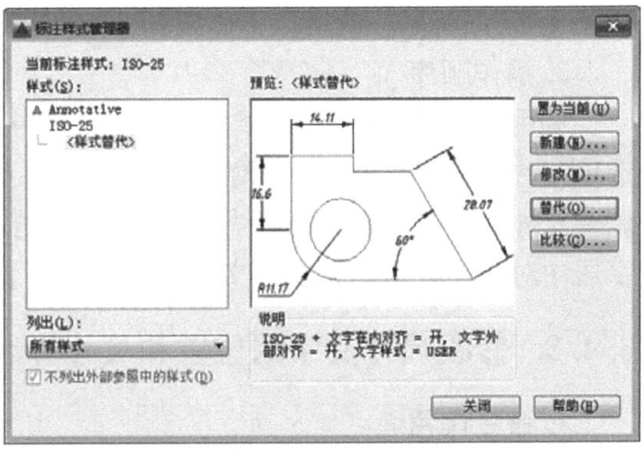

图 8.30 "标注样式管理器"对话框

注:如果需要标注带偏差的直径尺寸,除了作上述修改外,还要切换到"主单位"选项卡,在"线性标注"区的"前缀"编辑框输入"ϕ"(％％C)。

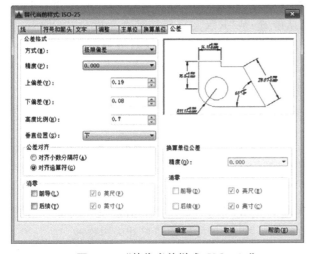

图 8.31 "替代当前样式:ISO-25"
对话框"公差"选项卡

6. 标注样式的比较

若要将当前标注样式与另一样式相比较,可以单击"标注样式管理器"对话框中的 比较 按钮,弹出"比较标注样式"对话框,在列表中选择当前样式和需要比较的样式后,立刻就会显示比较结果。

7. 设置当前标注样式和删除已有的标注样式

打开"标注样式管理器"对话框,在"样式"列表中选择标注样式名,单击 置为当前 按钮,该样式即成为当前标注样式。若选择标注样式名后右击鼠标,在弹出的快捷菜单中选择"删除",并在确认对话框单击 确定 按钮,即可删除选定的标注样式。还有一种设置当前样式的快捷方法,就是直接在样式工具栏的 ISO-25 "标注样式控制"下拉列表中直接选择所需的当前标注样式。

8.4 尺寸标注的修改

一般情况下用户可以通过设置合适的标注样式,然后再通过尺寸标注命令完成工程图样中的大部分尺寸。对于某些文字位置不妥、文字内容不对或外观形式不符合"国标"的尺寸则需要使用尺寸修改命令的功能进行修改。

8.4.1 修改尺寸的位置和文字相对于尺寸线的位置

1. 命令调用

单击菜单栏"标注"⇒"对齐文字"⇒"默认/角度/左/居中/右",或单击尺寸工具栏的"编辑

标注文字"图标 ![icon]，或键入 DIMTEDIT ↵（或 DIMTED ↵）。

2. 操作顺序

调用 DIMTEDIT→选择待修改的尺寸→光标指定标注文字的新位置或选择系统提示的选项"为标注文字指定新位置或［左对齐（L）/右对齐（R）/居中（C）/默认（H）/角度（A）："来调整尺寸文字的位置→选择"L"项，文字左侧对齐；选择"R"项，文字右侧对齐；选择"C"项，文字居中对齐项；选择"H"项，文字回到默认位置，选择"A"项，设置文字转角→↵（结束命令）。

8.4.2　修改尺寸文字的位置和尺寸界线的方向

1. 命令调用

单击菜单栏"标注"⇒"倾斜"，或单击尺寸工具栏的编辑标注图标 ![icon]，或键入 DIMEDIT ↵（或 DIMED ↵）。

2. 操作顺序

调用 DIMEDIT 命令→系统提示"输入标注编辑类型［默认（H）/新建（N）/旋转（R）/倾斜（O）］<默认>："→选择选项"H"（文字回到默认位置）或"R"（文字旋转某个角度）或"O"（尺寸界线倾斜某个角度）或"N"（用多行文字编辑窗修改文字内容）→拾取对象→↵（结束拾取对象）→↵（结束命令）。

8.4.3　修改尺寸文本内容

1. 命令调用

单击菜单栏"修改"⇒"对象"⇒"文字"⇒"编辑"，或单击文字工具栏的编辑图标 ![icon]，或键入 DDEDIT ↵（或 TEXTEDIT，或 DD ↵，或直接双击待修改的尺寸）。

2. 操作顺序

调用 DDEDIT 命令→系统提示"选择注释对象或［放弃（U）］："→拾取尺寸对象→弹出"文字格式"对话框→对尺寸文字进行全方位修改→按 确定 按钮完成尺寸内容修改。

使用 DDEDIT 命令可以将尺寸 $\phi20$ 修改为 $\phi20\dfrac{H7}{f6}$ 或 $\phi20H7(^{+0.021}_{0})$ 的形式，前者的文字可以先修改为 $\phi20H7/f6$，然后选中"H7/f6"再单击堆叠按钮 ![icon]；后者的尺寸可以先修改为 $\phi H7(+0.021^0)$，注意"0"的前面要留有一个空格，以便上下偏差数值对齐，然后选中"+0.021^ 0"，再单击堆叠按钮 ![icon]。

注：如果遇到使用 DDEDIT 命令无法打开"文字格式"对话框，说明系统变量 MTEXTED 设置有误。解决的方法是调用 MTEXTED，然后输入"."并回车即可。

8.4.4　替换原有的标注样式

1. 命令调用

单击菜单栏"标注"⇒"更新"，或单击尺寸工具栏的标注更新图标 ![icon]，或键入 －DIMSTYLE ↵→a ↵。

2. 操作顺序

如果发现某尺寸标注格式不符合要求，可以先使用"标注样式"命令创建临时"替代"样式，然后再使用"标注更新"命令按提示连续选择待修改的尺寸，就能将尺寸按"替代"样式进行更新。

该操作顺序与设置临时替代样式后标注正好相反,是先标尺寸,接着设置临时替代样式,然后再用更新命令替换待修改的尺寸。

8.4.5　全方位修改已有尺寸

若要全方位修改个别有特殊要求的尺寸,应当使用 DDMODIFY 命令。操作顺序为:

拾取待修改的尺寸,调用特性编辑命令 DDMODIFY,弹出"特性"管理器,其中列出了尺寸对象的"常规"、"其他"、"直线和箭头"、"文字"、"调整"、"主单位"、"换算单位"和"公差"特性栏(后6个特性栏对应于标注样式对话框的7个选项卡)→在"特性"管理器中修改尺寸的有关属性,即可实现尺寸的修改。

8.4.6　界标点方式修改尺寸标注的位置

单击某个尺寸,使之出现界标点,再单击尺寸线上的界标点(成红色),便可移动尺寸线。当尺寸线移到合适的位置时,单击确定尺寸线的新位置,再按一次 Esc 键即可取消界标点。同理,单击尺寸文字的界标点,可以移动文字确定新位置。

8.4.7　特殊要求的尺寸标注及修改实例

以下各实例中使用的当前标注样式,都是 8.3.2 节标题 2 已修改的缺省标注样式"ISO-25"。

例 8.1:标注图 8.1 中的线性小尺寸 5、5、7。

(1) 先用"线性标注"命令标注 C、M 点间的尺寸 7,再用"连续标注"命令标出 M、N 点间的尺寸 5 和 N、O 点间的尺寸 5。标注结果如图 8.32(a)所示,尺寸箭头不符合"国标"要求。

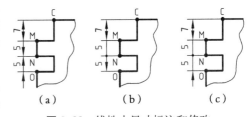

图 8.32　线性小尺寸标注和修改

(2) 消除 M、N 点之间尺寸 5 的箭头和尺寸界线:拾取尺寸 5,打开"特性"管理器,将"直线和箭头"特性栏下的"箭头 1"和"箭头 2"属性改成"无";"尺寸界线 1"和"尺寸界线 2"属性改成"关"(不显示)。按 Esc 键,消除界标点。

修改 N、O 点之间尺寸 5 的箭头:拾取尺寸 5,打开"特性"管理器,将"直线和箭头"特性栏下的"箭头 1"属性改成"小点"。按 Esc 键,消除界标点,修改结果如图 8.32(b)所示,还不符合"国标"要求。

(3) 修改 N、O 点之间尺寸文字 5 和箭头的位置:单击尺寸 5 后,将光标放在文字 5 的界标点上,会显示一个快捷菜单[图 8.33(a)],然后选中"仅移动文字"项,将文字 5 作适当移动,修改成图 8.32(c)所示尺寸。

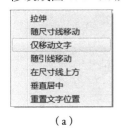

（a）　　　　　　　（b）

图 8.33　快捷菜单

另外一种修改方法是单击尺寸,将光标放在箭头的界标点上,会显示一个快捷菜单[图 8.33(b)],选择"翻转箭头"项将箭头反向,再利用界标点移动文字到尺寸线中间位置,成图 8.32(c)形式。

例 8.2:标注图 8.34(a)的线性小尺寸。

(1) 创建临时"替代"样式,在"创建替代当前样

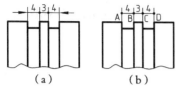

图 8.34 线性小尺寸标注

式:ISO-25"对话框中,将"符号和箭头"选项卡的两个尺寸箭头改为"小点",选中"调整"选项卡中的"文字始终保持在尺寸界线之间"单选项。

(2) 用线性标注命令标注 A、B 点之间的尺寸 4,再用连续标注命令标注 B、C 间的尺寸 3 和 C、D 间的尺寸 4,见图 8.34(b)。

(3) 用 DDMODIFY 命令打开"特性"管理器,将左边尺寸 4 的第一个箭头和右边尺寸 4 的第二个箭头改为"实心闭合",结果如图[8.34(a)]。

例 8.3:标注图 8.35(a)大圆直径尺寸。

(1) 用直径标注(DIMDIAMETER)命令标注直径尺寸,结果如图 8.35(b),不符合标注要求。

(2) 用 DDMODIFY 调用"特性"管理器,将"调整"特性栏的"调整"项改成"文字和箭头"。如果该选项呈灰白色,表示暂时不可修改,必须单击该尺寸,将光标移到文字界标点上,选择快捷菜单[图 8.33(a)]中的"重置文字位置"项,将尺寸 $\phi40$ 回归系统默认位置,然后才可以在特性管理器中进行修改。

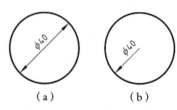

图 8.35 大圆直径尺寸标注

注:凡是使用"特性"管理器修改尺寸过程中遇到选项呈灰白而不可以修改时,一般都应先让尺寸回归默认位置,而后才可以进行修改。

例 8.4:将尺寸标注成如图 8.36 所示的小圆直径尺寸。

(1) 用直径标注(DIMDIA)命令标出图 8.36(a)、(b)、(e)、(f)、(g)的直径尺寸,用线性标注(DIMLINEAR)命令标出图 8.36(c)的直径尺寸,用对齐标注(DIMALIGNED)标出图 8.36(d)的直径尺寸,标注结果如图 8.37 所示。其中除了图 8.37(f)尺寸与图 8.36(f)相同外,图 8.37 的其他尺寸都与图 8.36 的不一致,需要作如下修改。

(2) 修改图 8.37(a)尺寸:打开"特性"管理器,拾取尺寸 $\phi10$,将"调整"特性栏下的"调整"项改为"只有文字"。结束修改按 Esc 键。

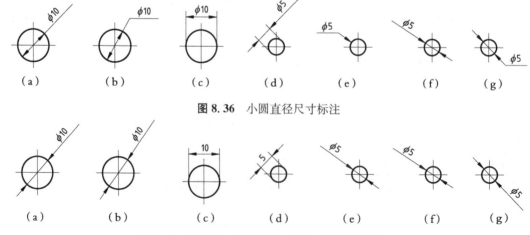

图 8.36 小圆直径尺寸标注

图 8.37 用 ISO-25 标注样式标注的小圆直径尺寸

（3）修改图 8.37(b)尺寸：拾取尺寸 ϕ10，将"调整"特性栏下的"调整"项改为"只有文字"，"文字"特性栏下的"文字界外对齐"项改为"关"。结束修改按 Esc 键。

（4）修改图 8.37(c)尺寸：拾取尺寸 10，"文字"特性栏下的"替代"编辑框输入％％c10 ↵，尺寸文字自动移到尺寸界线的外侧。光标移到尺寸文字的界标点上，弹出图 8.33(a)快捷菜单，选择"仅移动文字"项，将文字移到尺寸界线内。结束修改按 Esc 键。

（5）修改图 8.37(d)尺寸：拾取尺寸 5，"文字"特性栏下的"替代"编辑框输入％％c5 ↵。结束修改按 Esc 键。

（6）修改图 8.37(e)尺寸：拾取尺寸 ϕ5，"文字"特性栏下的"文字界外对齐"项改为"关"，"调整"特性栏下的"尺寸线强制"项改为"关"。"直线和箭头"特性栏下的"中心标记"改为"无"。结束修改按 Esc 键。

（7）修改图 8.37(g)尺寸：拾取尺寸 ϕ5，"文字"特性栏下的"文字界外对齐"项改为"关"。结束修改按 Esc 键。

例 8.5：标注图 8.38(a)带上下偏差的 ϕ30 尺寸。

（1）用线性标注命令标注尺寸 30，如图 8.38(b)。

（2）修改尺寸 30，加前缀 ϕ 和上下偏差值。

① 打开"特性"管理器，拾取尺寸 30 进行修改。

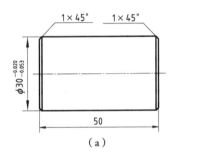 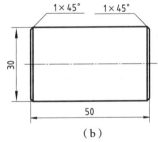

图 8.38 尺寸修改

② 在"文字"特性栏下的"文字替代"编辑框中输入<>。"<>"的含义为保留原有的尺寸文字不变。

③ 在"主单位"特性栏下的"前缀"编辑框中键入％％c ↵（前缀 ϕ 的控制码）。

④ 在"公差"特性栏下的"显示公差"项改为"极限偏差"，"公差下偏差"编辑框中键入0.053 ↵，"公差上偏差"编辑框中键入－0.020 ↵，"公差精度"为"0.000"格式，"公差消去后续零"下拉列表中选择"否"（不消零）项，"公差文字高度"（公差文字高度比例因子）编辑框中键入0.7 ↵。按 Esc 键结束修改。

8.5　标注约束和参数化绘图

从 AutoCAD 2010 版开始由于增加了"几何约束"和"标注约束"功能，所以具备了"参数化"绘图能力。用户既可以使用"参数"菜单的相应项，也可以使用"几何约束"（图 8.39）、"标注约束"（图 8.40）和"参数化"（图 8.41）工具栏的图标命令，还可以使用相应的命令行命令绘制参数化图形。

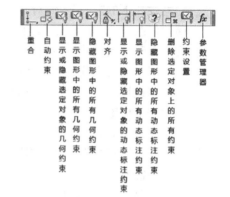

图 8.39 几何约束工具栏　　**图 8.40** 标注约束工具栏　　**图 8.41** 参数化工具栏

几何约束如第三章所述是用于控制对象与几何元素之间相对位置关系。标注约束则是用于控制几何元素的距离、长度、角度、直径和半径等值。依靠这些功能,绘图时可以先不考虑大小,直接绘制图形草图,然后再给草图添加几何约束和相应的标注约束,并通过输入正确的约束值或表达式,从而把图形规范到符合特定设计要求的大小,使之成为参数化图形。

8.5.1　标注约束类型及命令调用

标注约束是一种能够驱动图形大小的尺寸,也就是尺寸约束。使用标注约束命令有多种方法,第一种,使用菜单栏项“参数”⇒“标注约束”⇒“对齐/水平/竖直/角度/半径/直径”;第二种,使用“标注约束”工具栏的图标命令;第三种,在命令行输入命令。

标注约束被分为动态约束和注释性约束两种形式,通过修改系统变量 CCONSTRA-INTFORM 的值可以改变约束形式。变量值为 0 是默认的动态约束形式,变量值为 1 则是注释性约束形式。此外,已标注的动态约束和注释性约束之间也可以相互转换,转换的方法是在特性管理器的“约束形式”下拉列表中选择需要的形式。

动态约束的特点是标注约束的外观由固定的预定义标注样式决定,不能修改也不能打印;注释性约束的特点是标注约束的外观由当前尺寸标注样式控制,可以修改也可以打印,而且在缩放操作过程中注释性约束的大小会随之发生变化。通常可以专设一个图层,统一存放注释性约束,以便设定颜色或可见性。

1. 标注约束的类型及作用

标注约束命令主要用于标注对象上的约束尺寸,这里所指的约束对象是直线、多段线线段、圆弧、对象上的约束点等。

(1)对齐标注约束(DCALIGNED):对齐标注约束命令用于约束相同对象上两个点之间的距离,或约束不同对象上两个点之间的距离。

命令调用:单击菜单栏“参数”⇒“标注约束”⇒“对齐”,或单击标注约束工具栏对齐图标 ,或键入 DCALIGNED ↵。

(2)水平标注约束(DCHORIZONTAL):水平标注约束命令用于约束对象上两个点之间或不同对象上两个点之间 X 方向的距离。

命令调用:单击菜单栏“参数”⇒“标注约束”⇒“水平”,或单击标注约束工具栏水平图标 ,或键入 DCHORIZONTAL ↵。

（3）竖直标注约束（DCVERTICAL）：竖直标注约束命令用于约束对象上两个点之间或不同对象上两个点之间 Y 方向的距离。

命令调用：单击菜单栏"参数"⇒"标注"⇒"竖直"，或单击标注约束工具栏水平图标，或键入 DCVERTICAL ↵。

（4）角度标注约束（DCANGULAR）：角度标注约束命令用于约束直线段之间的角度、由圆弧或多段线圆弧扫掠得到的角度，或对象上三个点之间的角度。

命令调用：单击菜单栏"参数"⇒"标注约束"⇒"角度"，或单击标注约束工具栏角度图标，或键入 DCANGULAR ↵。

（5）半径标注约束（DCRADIUS）：半径标注约束命令用于约束圆或圆弧的半径。

命令调用：单击菜单栏"参数"⇒"标注约束"⇒"半径"，或单击标注约束工具栏半径图标，或键入 DCRADIUS ↵。

（6）直径标注约束（DCDIAMETER）：直径标注约束命令用于约束圆或圆弧的直径。

命令调用：单击菜单栏"参数"⇒"标注约束"⇒"直径"，或单击标注约束工具栏半径图标，或键入 DCDIAMETER ↵。

（7）标注约束转换（DCCONVERT）：标注约束转换命令用于将普通尺寸（与标注对象关联）转换为动态标注约束尺寸。

命令调用：单击标注约束转换图标（需要右击工具栏，选择"自定义"菜单项，在弹出的"自定义用户界面"对话框将该图标添加到工具栏），或键入 DCCONVERT ↵。

注意：使用此命令前应先确信系统变量 CCONSTRAINTFORM 的值已设为 0，才可以将一般尺寸转换为动态标注约束尺寸。

2. 标注约束命令的操作

对齐标注约束、水平标注约束或竖直标注约束命令调用后，可以直接指定对象上的两个约束点，也可以按提示选择对象方式（通常直接回车即可），接着点选对象，指定约束尺寸位置，最后再修改约束参数以完成指定的约束尺寸。对齐标注约束要比水平标注和竖直标注约束的方式多出两种，即可以标注点和线之间的约束尺寸或两平行线之间的约束尺寸。

角度标注约束命令调用时，可以直接点选角度的两边，或者选择三点方式，选择顶点和两条边上的两个约束点，然后指定约束尺寸的位置，修改参数值以完成指定的约束尺寸。

调用半径标注约束和直径标注约束命令比较简单，只需直接点选圆弧或圆，然后指定约束尺寸的位置，再修改约束参数以完成指定的约束尺寸。

例 8.6：使用几何约束和标注约束功能绘制图 8.42 所示的参数化图形。

（1）使用 PLINE 命令绘制草图[图 8.43（a）]。

（2）打开"几何约束"工具栏，依次单击竖直约束图标、水平约束图标和相切约束图标，给相应直线和圆弧添加几何约束[图 8.43（b）]。

（3）单击图标，给直线 1、2 和直线 3、4 添加共线约束[图 8.43（c）]。

（4）画对称线，然后单击图标，给直线 1、2 和直线 3、4 添加相等约束。单击图标，给对称线添加水平约束[图 8.43（d）]。

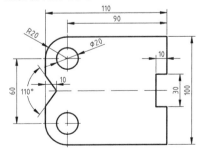

图 8.42　绘制带约束图形

171

（5）单击图标▦，给1、2和3、4直线添加对称约束[图8.43(e)]。

（6）画两个圆，然后单击图标＝，分别给圆弧1与2、圆3与4添加相等约束[图8.43(f)]。

（7）单击图标◎，给圆弧1与圆3、圆弧2与圆4添加同心约束[图8.43(g)]。

（8）打开"标注约束"工具栏，使用相应图标命令给图形添加标注约束[图8.43(h)]。

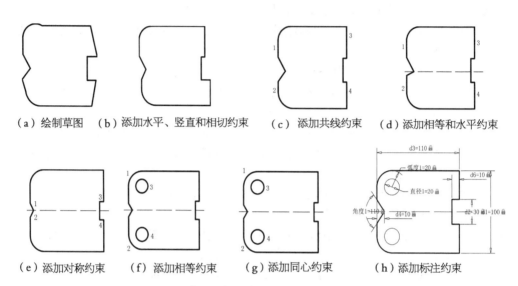

（a）绘制草图　（b）添加水平、竖直和相切约束　（c）添加共线约束　（d）添加相等和水平约束

（e）添加对称约束　（f）添加相等约束　（g）添加同心约束　（h）添加标注约束

图8.43 使用几何约束与标注约束功能设计图形

8.5.2 编辑标注约束

对于已创建的标注约束，可以采用以下几种方法编辑修改约束值。

（1）双击标注约束或调用 DDEDIT 命令修改约束值、变量名或者表达式。

（2）点选标注约束，拖曳与其关联的红色三角形控制点动态改变约束值，以驱动图形对象大小改变。

（3）点选标注约束，右击鼠标，在快捷菜单中选择"编辑约束"项。

8.5.3 变量及其方程式

每个标注约束都具有相应的约束参数，通常是数值形式，但也可以使用自定义参数或数学表达式。单击"参数化"工具栏上的 f_x 参数管理图标，

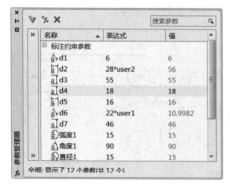

图8.44 参数管理器对话框

或调用 PARAMETERS 命令，打开"参数管理器"对话框（图8.44）。此管理器中显示了所有标注约束及用户变量，利用它可以方便地对变量进行管理。其中按钮 ▽ 用于创建新参数组，按钮 ⅛ 用于创建新的用户参数，按钮 ✕ 用于删除选定的参数，按钮 ≫ 用于展开参数过滤器树，按钮 ≪ 用于收拢参数过滤器树。

约束标注的参数为表达式时，可以包含常数 PI（即 π）和一些数学函数。常用的数学函数有三角函数 cos（表达式）、sin（表达式）、tan（表达式），反三角函数 acos

（表达式）、asin（表达式）、atan（表达式），平方根函数 sqr（表达式），幂函数 power（表达式 1；表达式 2），基数为 e 或 10 的对数函数 ln（表达式）、log（表达式），底数为 e 或 10 的指数函数 exp（表达式）、exp 10（表达式），将度转化为弧度或弧度转化为度的函数 d2r（表达式）、r2d（表达式）等。

例 8.7：将图 8.43（h）的约束尺寸 d1、d3 和弧度 1 修改成以直径 1 作为参数的表达式，用以修改直径 1 参数取时，控制两圆不会超出大线框范围。

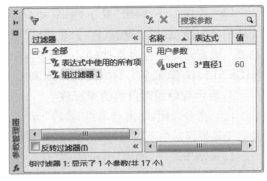

图 8.45 创建用户参数

（1）单击"参数化"工具栏上的"参数管理"图标 f_x，弹出"参数管理器"对话框。单击对话框上的"创建新参数组"按钮，创建名为"组过滤器 1"的新参数组，再单击"创建新的用户参数"按钮，创建用户参数 user1，设置表达式为"3 * 直径 1"（图 8.45）。

（2）选择"fx 表达式中使用的所有项"项，勾选"反转过滤器"复选项，将 d1 的表达式改为"2 * 弧度 1 + user1"，将 d3 的表达式改为"弧度 1 + 4.5 * 直径 1"，将弧度 1 的表达式改为"直径 1"（图 8.46）。此时 d1、d3、弧度 1 约

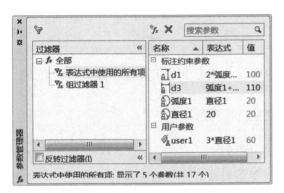

图 8.46 创建标注约束参数

束尺寸和用户参数 user1 都与直径 1 有关，因此只要更改直径 1 的参数就能更改这些约束尺寸，从而达到更改图形大小。

（3）双击直径 1，试着将参数分别改成 15、25 或 30，可以发现两小圆始终包含在大线框内。

8.5.4 约束的隐藏、显示、删除及其他设置

1. 给选定的对象自动添加几何约束

此命令主要用于给线框或连续折线上已存在的几何位置关系自动添加相应的几何约束，以避免使用手工逐个添加几何约束。添加完后可以单击"全部显示"图标，显示自动添加的几何约束。

（1）命令调用：单击菜单栏"参数"⇒"自动约束"⇒"选择对象"，或单击参数工具栏自动约束图标，或键入 AUTOCONSTRAIN ↵。

（2）操作顺序：调用"自动约束"命令→光标直接选择对象后回车，或者按系统提示的选项"[设置（S）:"输入 S↵，弹出"约束设置"对话框，切换到"自动约束"选项卡，对相关的几何约束进行设置，然后再用光标选择对象。

2. 显示或隐藏对象的几何约束

（1）命令调用：单击菜单栏"参数"⇒"约束栏"⇒"选择对象/全部显示/全部隐藏"，或单击参数工具栏显示约束图标 /全部显示约束图标 /全部隐藏约束图标 ，或键入 CONSTRAINTBAR ↵。

（2）操作顺序：调用"显示约束"命令→光标直接选择对象后回车→按系统提示的选项
"[显示(S)/隐藏(H)/重置(R)]<显示>："输入 S↵或 H↵（分别显示或隐藏所选对象的几何
约束），或者命令执行后直接输入 SHOWALL↵（显示全部对象的几何约束），或者直接输入
HIDEALL↵（隐藏全部对象的几何约束）。

3. 显示或隐藏对象的约束标注

（1）命令调用：单击菜单栏"参数"⇒"动态标注"⇒"选择对象/全部显示/全部隐藏"，或单击
参数工具栏显示约束图标 🔲 /全部显示约束图标 🔲 /全部隐藏图标 🔲 ，或输入 DCDISPLAY↵。

（2）操作顺序：调用"显示约束"命令→光标直接选择标注对象后回车→按系统提示的选
项"[显示(S)/隐藏(H)]<显示>："，输入 S↵或 H↵（就能显示或隐藏所选对象的约束标注），
或者命令执行后直接输入 DCDISPLAY↵→SHOWALL↵（将显示图形中的所有约束标注），
或者直接输入 DCDISPLAY↵→HIDEALL↵（将隐藏图形中的所有约束标注）。

注：该命令对注释性标注约束无效，显示或隐藏标注约束只能通过打开或关闭标注约束所
在的图层来实现。

4. 删除所选对象的几何约束和标注约束

（1）命令调用：单击菜单栏"参数"⇒"删除约束"，或单击参数工具栏全部显示约束图标
🔲 ，或键入 DELCONSTRAINT↵。

（2）操作顺序：调用"删除约束"命令→光标直接选择对象↵。

8.5.5　编辑修改具有几何约束的对象

除了使用 TRIM、EXTEND、BREAK 和 JOIN 等编辑修改命令修改具有约束的对象会删
除几何约束外，使用界标点方式修改具有约束的对象，或者使用 MOVE、COPY、ROTATE、
SCALE 和 LENGTHEN 等命令修改这些对象，都不会删除几何约束。

8.6　实验及操作指导

【**实验 8.1**】　练习使用标注样式 DIMSTYLE 命令，创建机械图样标注样式。

【**要求**】　创建尺寸标注样式"USER1"，并将其设置为当前标注样式，作为以后标注机械图
样尺寸的标注样式。该标注样式需要在"ISO－25"缺省标注样式基础上进行修改的内容
如下：

（1）尺寸线、尺寸界线、箭头和文字设置：

① 基线型尺寸的"基线间距"为 6。

② 尺寸界线"超出尺寸线"的量为 1.8。

③ 尺寸界线的"起点偏移量"为 0。

④ 尺寸的"箭头大小"为 3。

⑤ 半径折弯尺寸的"折弯角度"为 60。

⑥ 将"文字高度"改为 3.5。

⑦ 尺寸文本"从尺寸线偏移"的距离为 1。

（2）尺寸文本设置：创建文字样式名为"USERTEXT1"，西文字体名为"gbeitc. shx"，汉
字名为工程大字体"gbcbig. shx"。

（3）"调整"设置：选择控制文字、箭头放置位置的"文字或箭头"单选项；选择控制尺寸外观大小的"注释性"复选项。

（4）尺寸文字主单位设置：

① 线性标注文字的"精度"格式为"0.0"，"小数分隔符"为"句点"。

② 角度标注文字的"精度"格式为"0.0"。

其他设置项均取系统默认值，不作修改。

【操作指导】

（1）调用标注样式 DIMSTYLE 命令，弹出"标注样式管理器"对话框，单击 新建 按钮，弹出"创建新标注样式"对话框，在"新样式名"编辑框键入样式名 USER1，在"基础样式"下拉列表中选择系统设定的"ISO－25"样式，再单击 继续 按钮，弹出"新建标注样式：USER1"对话框。

（2）切换到"线"选项卡，将"尺寸线"区域的"基线间距"改为 6；将"尺寸界线"区域的"超出尺寸线"改为 1.8，"起点偏移"改为 0。

（3）切换到"符号与箭头"选项卡，将"箭头"区域的"箭头大小"改为 3；将"半径折弯标注"区域的"折弯角度"改为 60。

（4）切换到"文字"选项卡，单击"文字外观"区域的 … 按钮，进入"文字样式"对话框，单击 新建 按钮，打开"新建文字样式"对话框，输入新样式名 USERTEXT1，单击 确定 按钮，返回"文字样式"对话框。选西文"字体名"为"gbeitc. shx"，勾选"使用大字体"复选项，然后再从"字体样式"中选择工程汉字体"gbcbig. shx"，单击 应用 和 关闭 按钮，返回"新建标注样式：USER1"管理器。将"文字高度"改为 3.5。

（5）切换到"调整"选项卡，勾选"调整选项"区域的"文字和箭头"单选项，勾选"标注特征比例"区域的"注释性"复选项。

（6）切换到"主单位"选项卡，将"线性标注"区域的单位"精度"改为"0.0"格式，"小数分隔符"改为"句点"；将"角度标注"区域的单位"精度"改为"0.0"格式。

（7）单击 确定 按钮，返回"标注样式管理器"对话框，在"样式"区域列出了创建的"USER1"标注样式，选中后单击 置为当前 按钮，再单击 关闭 按钮，便创建了新的当前标注样式"USER1"。

（8）以 UDIM. dwg 名保存文件，留待以后使用。

【实验 8.2】　练习使用 DIMSTYLE 命令创建建筑图样标注样式。

【要求】　创建尺寸标注样式"USER2"，并设置为当前标注样式，作为以后标注建筑图样尺寸的标注样式。该标注样式需要在"ISO－25"缺省标注样式基础上进行修改的内容如下：

（1）尺寸线、尺寸界线和箭头设置：

① 基线型尺寸的"基线间距"为 6。

② 尺寸界线"超出尺寸线"的量为 1.8。

③ 尺寸界线的"起点偏移量"为 10。

④ "箭头"类型为"建筑标记"，"箭头大小"为 2。

⑤ 半径折弯尺寸的"折弯角度"为 60。

⑥ 将"文字高度"改为 3.5。

⑦ 尺寸文本"从尺寸线偏移"的距离为 1。

（2）尺寸文本设置：创建文字样式名为"USERTEXT2"，西文字体名为"gbeitc. shx"，汉字名为工程大字体"gbcbig. shx"。

（3）"调整"设置：选择控制尺寸外观大小的"注释性"项。

（4）尺寸文字主单位设置：

① 线性标注文字的"精度"格式为"0.0"，小数分隔符为"句点"。

② 角度标注文字的"精度"格式为"0.0"。

其他选项均取系统默认值，不必重新设置。

【操作指导】

（1）调用标注样式 DIMSTYLE 命令，弹出"标注样式管理器"对话框，单击 新建 按钮，弹出"创建新标注样式"对话框，在"新样式名"编辑框键入样式名 USER2，在"基础样式"下拉列表中选择系统设定的"ISO-25"样式，再单击 继续 按钮，弹出"新建标注样式：USER2"对话框。

（2）切换到"线"选项卡，将"尺寸线"区域的"基线间距"改为6；将"尺寸界线"区域的"超出尺寸线"改为1.8，"起点偏移"改为10；将"箭头"区域的"箭头"类型改为"建筑标记"。

（3）切换到"符号与箭头"选项卡，将"箭头"区域的"箭头大小"改为2。

（4）切换到"文字"选项卡，单击"文字外观"区域的 ⋯ 按钮，进入"文字样式"对话框，单击 新建 按钮，打开"新建文字样式"对话框，输入新样式名 USERTEXT2，单击 确定 按钮，返回"文字样式"对话框。选西文"字体名"为"gbeitc. shx"，勾选"使用大字体"复选项，然后再选择"字体样式"为工程汉字体"gbcbig. shx"，单击 应用 和 关闭 按钮，返回"新建标注样式：USER2"管理器。将"文字高度"改为3.5。

（5）切换到"调整"选项卡，勾选"标注特征比例"区域的"注释性"。

（6）切换到"主单位"选项卡，将"线性标注"区域的单位"精度"改为"0.0"格式"，"小数分隔符"改为"句点"，将"角度标注"区域的单位"精度"改为"0.0"格式。

（7）单击 确定 按钮，返回"标注样式管理器"对话框，在"样式"区域列出了创建的"USER2"标注样式，选中后单击 置为当前 按钮，再单击 关闭 按钮，便创建了新的当前标注样式"USER2"。

【实验8.3】 绘制如图8.47所示的机械图样，并练习使用各种尺寸标注命令标注所有尺寸。

【要求】

（1）按照图8.51所示的图形，设定 A4(297×210)幅面，图样比例为1∶1。

（2）设置必要的图层，用绘图命令按1∶1绘制图形，绘制图框和标题栏。

（3）使用【实验8.1】创建的尺寸标注样式 USER1，标出图中的尺寸和几何公差。

（4）以 DRAWING1. DWG 文件名存盘。

【操作指导】

（1）打开【实验8.1】创建的文件 UDIM. dwg，然后另存为 DRAWING1. DWG。用绘图界限(LIMITS)命令按图纸大小设定绘图界限 297×210，再用屏幕缩放(ZOOM→A ↵)命令显示整个绘图区域。

（2）设置黑/白色"轮廓线"、洋红色"细线"、蓝色"标注"和红色"点画线"图层；使用 LTSCALE 命令将线型全局比例由1改为0.33(注：如果图样比例非1∶1，还需要使用

MSLTSCALE 命令修改系统变量值为 1,使"模型"空间上的线型按注释比例自动缩放)。

（3）使用绘图和编辑命令绘制图形。

（4）将标注样式 USER1 设为当前标注样式。

（5）使用有关的尺寸标注命令标注尺寸,注意以下几个关键点:

① 用线性标注命令标注 36±0.1 尺寸时,要选用"T"选项,然后键入这个尺寸文本 36％％p0.1。

② 用线性标注命令标注尺寸 8,然后用基线标注命令标注尺寸 33,紧接着用连续标注命令标注尺寸 42。

③ 先用线性标注命令标注尺寸 11,然后用连续标注命令连续标注尺寸 5 和 4,因标注结果与所示的不一致,所以还需要使用特性管理器或编辑修改等命令将其修改成符合图示要求的尺寸(参见 8.4 节例 1 的修改方法)。

④ 用标注样式设置命令(DIMSTYLE)创建临时"<样式替代>"标注样式,将尺寸"文字对齐"方式设为"水平",并将临时"<样式替代>"标注样式设为当前样式,然后就可使用半径标注命令标注 R12 尺寸和角度标注命令标注 90°尺寸。这 2 个尺寸标注完之后,应重新将标注样式 USER1 设置为当前样式,以取消临时"<样式替代>"样式,避免影响以后的尺寸标注。

注:实现角度文字呈水平标注,也可以通过设置"角度"子样式的方法来实现。

⑤ 用快速引线标注命令,设为"无"箭头和"多行文字"方式,标注 2×45°倒角尺寸。

⑥ 用临时"<样式替代>"样式的方法,设置尺寸公差和前缀％％c,然后标注 φ24 尺寸,接着修改临时"<样式替代>"样式的公差值,再标注 φ32 尺寸。也可以先用线性标注命令标注两个尺寸,再用特性管理器修改尺寸,增加前缀 φ 和上下偏差值。

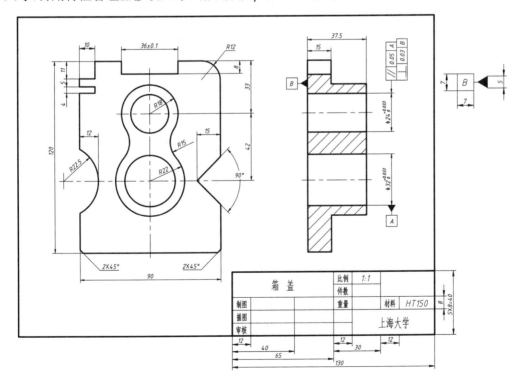

图 8.47 机械图样尺寸标注实验

⑦ 用快速引线标注（QLEADER 或 LE）命令，设置只有一段指引线和公差方式，标注两个几何公差。标注的结果与图中的并不一样，还需要用旋转命令将几何公差的框格由水平位置旋转 90°后成图示的垂直位置，旋转基点应定在指引线与框格的交点上。

（6）绘制留有装订边格式的图框 267×200，再按所给尺寸绘制标题栏（尺寸不用标注），其中大字字高为 7，小字字高为 5。

（7）再次存盘保存结果。

【实验 8.4】 使用半径标注命令标注如图 8.48(a)所示的小圆弧尺寸，然后再使用编辑修改命令修改成图 8.48(b)所示的尺寸外观形式。

【要求】

（1）图纸幅面和绘图界限自定。

（2）按 1:1 绘制图形，并标注所有尺寸。

（3）以 DRAWING2.DWG 文件名存盘。

【操作指导】

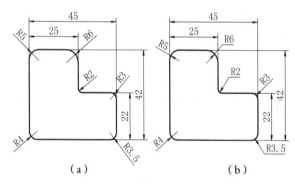

图 8.48 小圆弧半径尺寸标注实验

（1）打开 UDIM.dwg 文件，然后另存为 DRAWING2.DWG。用 LIMITS 设置自定义图纸幅面的绘图界限，设置黑/白色"轮廓线"和蓝色"标注"图层，再用绘图命令按 1:1 绘制图形。

（2）将尺寸标注样式"USER1"作为当前标注样式，用线性标注和基线标注命令标注水平和垂直尺寸；用半径标注命令标注各小圆弧尺寸，文字均位于轮廓线外侧，结果如图 8.48(a)。

（3）由于标注在大部分圆弧上的半径尺寸与图 8.48(b)所示的外观不一致，所以需要借助"特性"管理器进行修改。先点选 R6 尺寸，将"文字"特性栏下的"文字界外对齐"选项改为"关"，R6 尺寸即成水平外观。接着使用特性匹配（MATCHPROP █ ）命令将 R6 的尺寸属性传递给 R2 和 R3.5 尺寸，使之也成水平外观。然后再修改 R3.5 和 R3 尺寸，分别将"调整"特性栏下的"尺寸线强制"选项改为"关"，"直线和箭头"特性栏下的"中心标记"选项改为"无"。最后再修改 R5 尺和 R6 尺寸，将"调整"特性栏下的"调整"选项改为"只有文字"。因 R4 尺寸已符合要求，故不用修改。

（4）再次存盘保存结果。

【实验 8.5】 练习使用各种尺寸标注命令，标注图 8.49 台阶的尺寸。

【要求】

（1）设置 A3(420×297)幅面。

（2）设置必要的图层，按 1:10 图样比例绘制图形。

（3）将【实验 8.2】创建的尺寸标注样式"USER2"设置为当前标注样式，然后标注图中的所有尺寸。

（4）以 DRAWING3.DWG 文件名存盘。

【操作指导】

（1）用绘图界限命令（LIMITS）按图纸大小 420×297 设置绘图区域，再使用屏幕缩放命令（ZOOM→A↵）命令显示整个绘图区域。

（2）用标注样式命令按【实验 8.2】要求创建"USER2"尺寸标注样式，并设为当前标注样式，并将"主单位"选项卡的"测量单位比例"区域的"比例因子"改为 10，还将选择"调整"选项卡"标注特征比例"区域的"使用全局比例"项，设置比例值为 1。

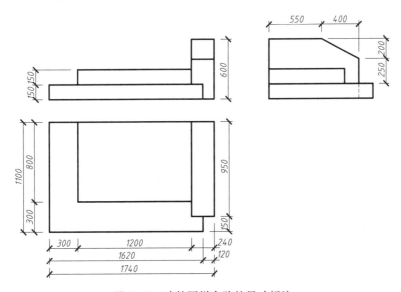

图 8.49 建筑图样台阶的尺寸标注

（3）创建黑/白色"轮廓线"、蓝色"虚线"和蓝色"标注"图层，再用绘图命令在规定的界限内按 1:10 实际比例绘制图形。打印输出时选择 A3 图幅与 1:1 打印比例，输出的图样就能满足 1:10 要求。

（4）用线性标注、连续标注、基线标注等命令标注尺寸。

（5）以 DRAWING3.DWG 文件名存盘。

【实验 8.6】 绘制图 8.50 所示的楼梯平面图，并练习使用各种尺寸标注命令标注尺寸。

【要求】

（1）根据 A4(297×210) 图纸和图样比例 1:25 设置绘图界限。

（2）创建必要的图层。

（3）用标注样式命令按实验 2 的要求创建"USER2"尺寸标注样式，然后再将"USER2"设为当前标注样式。

（4）标注尺寸和注写文字。

（5）以 DRAWING4.DWG 文件名存盘。

【操作指导】

（1）设定绘图界限为 A4 图幅(297×210) 乘以 25＝7425×5250。在状态栏注释比例列表中选择 1:25/100% 图样比例。

（2）按实际标注的尺寸大小 1:1 绘制图形，打印输出时再选择 A4 图幅与 1:25 打印比例输出的图样。

（3）创建黑/白色"轮廓线"、蓝色"标注"、洋红色"细线"和红色"点画线"图层。然后绘图和编辑图形,其中线型全局比例使用 LTSCALE 命令设为 0.33。因为图样比例非 1:1,所以需要将系统变量 MSLTSCALE 的值改为 1,使"模型"空间上的线型按注释比例自动缩放。

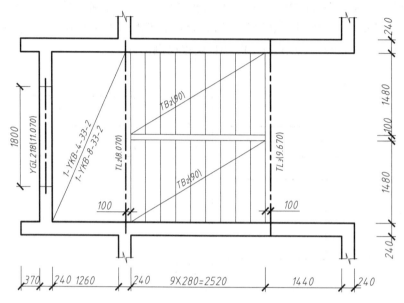

图 8.50 楼梯平面图

（4）按实验 2 创建"USER2"样式,并设为当前标注样式。

（5）标注尺寸和注写文字,其中文字高度为 3.5。

（6）以 DRAWING4.DWG 文件名存盘。

（7）打印输出图样,选择图纸幅面 A4,打印比例 1:25。如果希望打印输出的线宽为粗线＝0.6,细线＝0.2,可以在打印样式表文件中按线型的颜色设定线宽(详细内容见第十章)。

【实验 8.7】 给第 7 章实验 7.7 完成的图形标注所有尺寸。

【要求】 按【实验 8.1】创建尺寸标注样式 USER1,标出图中的尺寸和几何公差。

【操作指导】

（1）打开第 7 章实验 7.7 完成的"齿轮零件图.dwg"图形文件。

（2）按【实验 8.1】创建尺寸标注样式 USER1,并设为当前样式。

（3）使用各种尺寸标注命令标注所有尺寸。

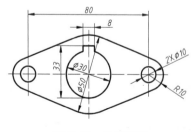

图 8.51 几何图形

【实验 8.8】 练习使用几何约束和标注约束功能,绘制图 8.51 所示的图形。

【要求】 创建具有几何约束的图形,然后给图形添加注释性标注约束,使图形大小符合要求。

（1）打开实验 1 创建的文件 UDIM.dwg,绘制图形,并另存为"几何图形.dwg"文件。

（2）调用 CCONSTRAINTFORM 命令,输入值 1,将标注约束改为注释性形式。

（3）单击"参数化"工具栏上的约束设置图标 （CONSTRAINTSETTINGS ↵），或者选择"参数"菜单的"约束设置"项，弹出"约束设置"对话框，切换到"标注"选项卡，在"标注约束格式"区域下拉列表选择"值"选项，如果同时消除"为注释性约束消除锁定图标"复选项，所添加的约束标注外观就与普通尺寸基本相同。

注：如果使用 PLINE 命令绘制图线，可以在"约束设置"对话框，勾选"几何"选项卡上的"推断几何约束"复选项，以使绘图过程中系统自动判断并添加合适的几何约束，减少人为干预。

（4）创建黑白色轮廓线层、红色点画线层、蓝色标注约束层。使用 CIRCLE、LINE 命令绘制圆、切线和点画线［图 8.52(a)］。

（5）使用 MIRROR 作镜像，然后使用 TRIM 命令修剪图形。［图 8.52(b)］。

（6）使用 CIRCLE、LINE 和 TRIM 命令绘制带槽圆［图 8.52(c)］。

（7）单击"参数化"工具栏上的自动约束图标 ，拾取所有图线，为对象自动添加合适的几何约束。

（8）使用标注约束命令标出所有约束尺寸，然后逐个修改尺寸参数。修改过程中应观察图形是否正确，如果出现错误则表明还缺少几何约束，需要手工为之添加必要的几何约束。本题经实际操作查出需要手工为两圆添加相等约束 = 和对称约束 。

（9）使用 LENGTHEN 命令将点画线的长度作适当调整［图 8.52(d)］。

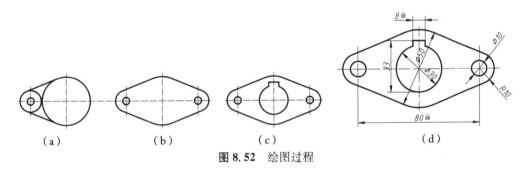

（a）　　　　　（b）　　　　　（c）　　　　　（d）

图 8.52　绘图过程

思考与练习

1. 尺寸标注样式由哪些尺寸外观要素组成？

2. 如何创建一种新的尺寸标注样式？

3. 尺寸标注样式中的"父"样式和"子"样式的区别是什么？何为临时"<样式替代>"尺寸标注样式？有何用处？

4. 如何设置尺寸标注样式的全局比例因子？它的作用如何？标注样式中的注释性选项有什么用处？

5. 如何使角度尺寸的文字呈水平位置？

6. 尺寸标注时，尺寸文本或箭头很小甚至看不到，这是什么原因？该如何解决？

7. 如何在尺寸标注样式中设置文字样式？

8. 如何将已有尺寸改为带公差的尺寸？方法有几种？

9. 尺寸的上、下偏差已设置，但所标尺寸的偏差均为 0，这是什么原因？该如何解决？

10. DIMTEDIT 和 DIMEDIT 命令的用途是什么？它们的共同点是什么？

11. DDEDIT 命令能够用于修改哪些对象？

12. 在标注直径尺寸时只出现一个箭头，这是什么原因？该如何解决？

13. 移动所标注的尺寸文本和尺寸线,有哪些命令或方法? 最直观、方便的是哪种操作方法?

14. 如果按 1:2 大小绘图,避免尺寸的测量值缩小一半,该怎样解决?

15. 绘制工程图样时,为了避免按图样比例作图需要换算尺寸数值的麻烦,我们通常会采用按实际尺寸 1:1 画图和标注尺寸的方法,待打印输出时再按图样比例打印输出满足图样比例的图纸。为了确保图纸上尺寸外观大小与标注样式所设置的大小完全相同,需要预先作什么必要设置?

16. 机械图样和建筑图样的尺寸标注样式,要符合"国标"规定,一般应该着重修改哪些选项?

17. 标注样式中的"注释性"、"将标注缩放到布局"和"使用全局比例"三个选项分别对尺寸外观起什么作用? 分别用于什么场合?

18. 如何把尺寸箭头改为"建筑"、"小点"或"无标记"?

19. 如果图中标注的尺寸是关联的,当用 SCALE 命令缩放图形时,尺寸数值会随之改变,请问尺寸箭头的大小是否也会随之改变?

20. AutoCAD 共有哪几种约束功能? 如何设置和使用? 能否将公式和方程式作为标注约束参数内的表达式? 标注约束能否代替尺寸标注?

21. 按实验 1 创建尺寸标注样式"USER1"和文字样式 USERTEXT1,创建轮廓线、粗线、细线、尺寸、点画线图层,以 1:2 绘制图 8.53 所示的图形,标注尺寸、几何公差等,打印输出的图纸幅面为 A4(297×210),图框大小为 267×200(留装订边),标题栏大小见图中尺寸(这些尺寸不必标注),图形以 DRAWING5. DWG 存盘。

提示:(1)选择 1:2 注释性比例,将系统变量 LTSCALE 的值改为 0.33,将系统变量 MSLTECALE 的值改为 1。

(2) 绘图界限=A4/图样比例=594×420。

(3) 内框大小=图框/图样比例=534×400。

(4) 粗糙度符号和基准符号可以按图示尺寸做成注释性图块,1:1 插入图中,也可以直接按"图示尺寸/图样比例"的大小绘制。标题栏如果做成注释性图块,大小应是图示尺寸的一半,插入比例为 1。

22. 利用参数化功能绘制如图 8.54 所示的两平面图形。先画出图形的大致形状,然后给所有对象添加几何约束和标注约束,使图形完全处于约束状态。

提示:先绘制图形,然后使用自动约束命令给所有对象添加几何约束,接着再手工补全缺少的几何约束,最后添加所有标注约束。

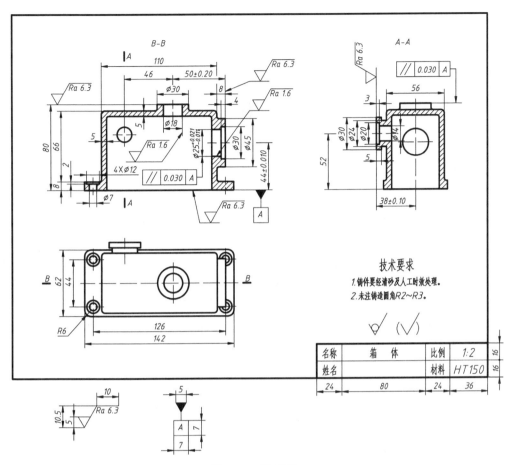

图 8.53 练习图一

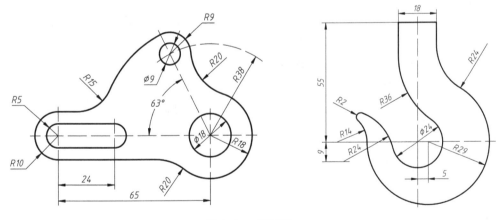

图 8.54 练习图二

第九章

设计中心及其应用

🖥️ **本章知识点**

- 掌握设计中心的窗口控制。
- 掌握设计中心的各种功能及其操作方法。

设计中心为用户提供了一种直观、高效及与 Windows 资源管理器类似的操作界面,通过它用户既可以方便地查找图形,也可以方便地将已有图形文件中的标注样式、布局、图块、图层、外部参照、文字样式、线型等内容提供给当前文件使用,并提供图块拖放预览。还可以将本机硬盘、网络驱动器或 Internet 网站上的图形存放于设计中心的"个人收藏夹"中,提高了对网络资源的利用。

9.1 设计中心窗口的组成及控制

AutoCAD 设计中心的调用方式为:单击菜单栏"工具"⇒"选项板"⇒"设计中心",或单击标准工具栏"设计中心"图标 █ ,或键入 ADCENTER ↵(或 ADC ↵),也可以按快捷键 Ctrl+2 。

调用 ADCENTER 命令,系统弹出如图 9.1 所示的"设计中心"窗口。其中窗口左侧的树状图和 3 个选项卡可以帮助用户查找内容,并可将需要的内容加载到内容区域中。

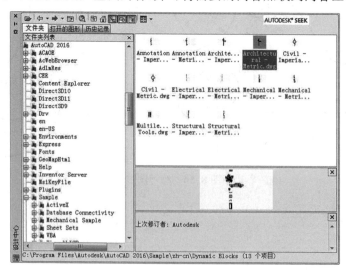

图 9.1 "设计中心"窗口

9.1.1　设计中心窗口的组成

"设计中心"窗口分为两部分：左边为树状图（文件夹列表区），右边从上到下为内容区域、浏览区域和说明区域。用户可以在树状图中浏览 DWG 文件，而在内容区域显示这些文件的详细内容。

1."文件夹"选项卡

●"文件夹列表"区域（显示树状图）（见图9.1）：位于设计中心窗口左侧，显示本机硬盘和网络设备中的目录结构和文件夹，在此区域中可以改变所需要的文件夹。

●"内容"区域：位于设计中心窗口右上方，显示已选文件夹的所有内容（下级文件夹或文件）。

●"预览"区域：位于设计中心窗口右侧中部，显示内容区域中所选文件的缩略图。

●"说明"区域：位于设计中心窗口右侧下方的区域，显示内容区域中所选文件的说明信息。

●"状态栏"：位于设计中心窗口底部，显示当前所选文件及其路径。

图 9.2 "打开的图形"选项卡

2."打开的图形"选项卡

显示当前已打开的所有文件的相关设置（见图9.2），单击某个文件图标，可以显示标注样式、布局、块、图层、外部参照、文字样式、线型等图形内容的图标。

3."历史记录"选项卡

显示用户最近访问过的文件，包括它们的完整目录路径。

9.1.2　设计中心窗口的控制

可以通过窗口顶部工具栏按钮实现对设计中心窗口的控制，工具栏按钮功能如下：

1."搜索"按钮

按目录路径搜索某文件或某定义过的内容（标注样式、布局、块、图层、外部参照、文字样式、线型等）。

2."收藏夹"按钮

在"文件夹列表"区域中显示"Favorites\Autodesk"文件夹中的内容，并在目录树中高亮度显示该文件夹。

3."加载"按钮

弹出"加载"对话框，从中选定文件，再单击打开按钮，就将该图形文件加载到设计中心。

4."预览"按钮

在预览区域内显示当前选择的文件。

5."说明"按钮

显示内容区域中已选图形文件的说明信息。

6."视图"按钮

改变内容区域的显示方式。共有 4 种选择："大图标"、"小图标"、"列表"、"详细列表"。

7. "树状图切换"按钮

控制显示或隐藏"文件夹列表"区域。

8. "上一级"按钮

从目录树的当前目录返回上一级目录。

9.2　设计中心的各种功能及其操作方法

设计中心可以很方便地将已有图形对象插入到当前的图形中,其操作方法可以使用设计中心的工具栏按钮,也可以通过右击设计中心的图形文件图标或图形图标内容,在弹出的光标菜单中选择有关选项,实现操作要求。

右击"内容"区中某文件图标,将弹出快捷菜单,如图 9.3 所示。各选项功能如下:

● 浏览:查找相关内容。

● 添加到收藏夹:在"Windows\Favorites"中创建图形文件的快捷方式,当用户单击"收藏夹"按钮时,能快速找到这个文件的快捷图标。

● 组织收藏夹:用户可以将保存到"Windows \Favorites"收藏夹中的内容进行移动、复制或删除等操作。

● 附着为外部参照:以附加方式或覆盖方式引用外部文件。

● 块编辑器:打开该文件的同时打开块编写选项板(图 9.4)。块编写选项板与设计中心窗口一样具有隐藏功能,只要单击标题栏的 隐藏 按钮 ,就会自动激活隐藏功能。

● 复制:将图形复制到剪贴板。

● 在应用程序窗口中打开:打开选中的图形文件。

● 插入为块:将选中的图形文件以块的形式插入当前图形中。

● 创建工具选项板:将选中的文件创建成"工具选项板"(见图 9.5)的一个选项卡,选项卡的标签名就是该文件的主名,在选项卡中列出了该文件的所有图块。利用已创建的选项卡,用户可以方便地将选项卡内的图块插入到当前图形文件中。工具选项板也与设计中心窗口一样具有隐藏功能,只要单击标题栏的 隐藏 按钮 ,就会自动激活隐藏功能。右击选项卡将弹出光标菜单,用户还可以对选项卡作删除、重命名、上移、下移等操作。

● 设置为主页:将设计中心返回到默认文件夹。

图 9.3　文件的快捷菜单

图 9.4　块编写选项板

图 9.5　工具选项板

9.2.1　从设计中心打开图形和插入图形

1. 以插入块的形式打开图形

方法一：在设计中心的内容区域中选择图形文件，用鼠标将其拖曳到绘图区释放，此时"命令行"将出现与调用插入块命令 INSERT 相同的提示，根据提示将拖曳的文件作为一个图块插入到绘图区。

方法二：在设计中心的内容区域中选择图形文件后右击，在弹出的菜单中选择"插入为块"（作为一个块插入），此时弹出与块插入命令 INSERT 相同的"插入"对话框，设置对话框的选项后单击 确定 按钮，该文件将作为一个图块插入到绘图区。

2. 打开图形

方法一：在设计中心的内容区域中选择图形文件，用鼠标将其拖曳到非绘图区（如标题栏）释放，这时拖曳的文件不是作为一个块，而是作为一个图形文件在绘图区打开。

方法二：在设计中心的内容区域中选择图形文件后右击，在弹出菜单中选"在应用程序窗口中打开"选项，所选图形文件即在绘图区打开。

9.2.2　通过设计中心添加其他图形对象

其他图形文件中的标注样式、布局、块、图层、外部参照、文字样式、线型等图形文件对象，都可以通过设计中心添加到当前打开的图形中，从而大大减轻绘图的工作量。

操作方法是：采用"复制"和"粘贴"方式，或"插入"方式，或"拖曳"方式进行添加。

【操作示例】

例 9.1：将用户创建的"标准文件. dwg"中的标题栏图块 TITLE 添加到当前图形中。

操作步骤：

（1）在"文件夹列表"区域单击标准文件所在目录"User"，在内容区域中显示该文件夹下的所有文件，包括"标准文件. dwg"图形文件。

（2）单击"标准文件. dwg"左侧的展开符号 $\boxed{+}$，展开该文件的标注样式、文字样式、布局、块、图层、外部参照、线型等图形内容。

（3）单击"标准文件. dwg"文件下的"块"图标，则在内容区域显示出该图形文件的所有图块名，其中包括标题栏图块名 TITLE，单击 TITLE 的图标，在"预览"区域中显示出标题栏图块 TITLE 的图形，如图 9.6 所示。

（4）右击图块名 TITLE 的图标，在弹出的快捷菜单中选择"插入块"选项，出现与调用"INSERT"命令相似的对话框和命令行，即可以将标题栏图块插入到当前图形的指定位置。也可以选"复制"项，然

图 9.6　向当前图形添加标题栏图块

后在绘图区右击，在弹出的菜单中选"粘贴"项，并指定插入基点，再插入标题栏。

例 9.2：将"标准文件. dwg"文件的"标注"图层添加到当前打开的图形中。

操作步骤：

（1）在"文件夹列表"区双击该文件所在文件夹以展开此文件夹的内容，并在"内容"区中显

图9.7 向当前图形添加图层

示了该文件夹下的所有文件,包括"标准文件. dwg"图形文件。

(2) 在"文件夹列表"区单击"标准文件. dwg"左边的展开符号 $+$,展开该文件的标注样式、文字样式、布局、块、图层、外部参照、线型等图形内容。

(3) 在"文件夹列表"区单击"标准文件. dwg"下的"图层"图标,则在内容区域中显示该图形的所有图层名图标,包括"标注"层名。

(4) 右击"标注"层名图标,在弹出的菜单中选择"添加图层"选项,如图9.7所示,即可将"标注"图层添加到当前图形中。也可以直接拖曳"标注"图层到绘图区释放。

用相似的方法还可以将图形文件的线型、文字样式、标注样式、布局和外部参照等图形内容添加到当前打开的图形中。

注:当更改源文件中块定义时,包含在当前图形文件中的该块定义并不会自动更新,而需要通过设计中心才能决定是否更新当前图形中的块定义。在设计中心内容区域中的块上单击鼠标右键,在弹出的快捷菜单中选择"仅重定义(R)"或"插入或重定义(S)"项,可以更新选定的块定义。

9.2.3 "加载"文件

加载文件就是将选中的图形文件加载到设计中心。

操作方式:单击加载按钮 ,在"加载"文件对话框中选择要加载的文件;单击 打开 按钮,在"文件夹列表"区域该文件高亮度显示,在"内容"区域中显示了该文件的标注样式、文字样式、布局、块、图层、外部参照、线型等图形内容。

9.2.4 向"收藏夹"加入图形文件的快捷方式

可以利用设计中心,为带有标注样式、文字样式、布局、块、图层、外部参照、线型等图形文件创建快捷方式,然后放入"收藏夹",在需要时可方便地打开"收藏夹",将有关的图形对象添加到当前打开的图形中,而不必重新设置这些图形内容,可以大大减少绘图工作量。

1. 将所选文件加入"收藏夹"

在"文件夹列表"区,右击需要收藏的文件,在弹出的菜单中选择"添加到收藏夹"选项,为该文件创建快捷方式,并收入"收藏夹"。若单击 收藏夹 按钮 ,就可以在"内容"区域显示"Favorites\Autodesk"目录下已收藏的文件。

2. 将"收藏夹"的文件或文件的对象插入到当前图形文件

单击 收藏夹 按钮 ,在"内容"区域中右击要插入到当前图形中的文件图标,在弹出菜单中选择"复制"选项,再右击绘图区,选择菜单中的"粘贴"选项,根据插入块的提示信息,将"收藏夹"中选定的文件插入到当前图形中。如果双击"内容"区域中的文件名,"内容"区域显示该文件的有关图形内容。也可以用"复制"和"粘贴"方法,将这些图形内容插入到当前的图形中。

9.2.5 搜索图形文件或图形文件的内容

1. 搜索

按 搜索 按钮 ,弹出"搜索"对话框(图9.8)。在"搜索"下拉列表中选择要查找的类型

（有图层、图形、图形和块、块、填充图案、填充图案文件、外部参照、多重引线样式、布局、文字样式、标注样式、线型和表格样式 13 种图形内容），在"搜索"下拉列表中设定查找的驱动器或单击 浏览 按钮，在"浏览文件夹"对话框中确定查找的目录路径，在"搜索文字"编辑框内输入搜索内容的名称，单击 立即搜索 按钮，满足条件的结果会在对话框中列出。

2. 操作示例

在"C:\Program Files\Autodesk\AutoCAD 2016\"文件夹中查找文件名为"Fasteners-Metric. dwg"图形文件（短划线前后各有一个空格）。操作步骤如下：

（1）单击 搜索 按钮 ，弹出"搜索"对话框。

（2）在"查找"下拉列表中选择"图形"文件类型，单击 浏览 按钮，设置查找路径"C:\Program Files\Autodesk\AutoCAD 2016\"（显示在"搜索"下拉列表中），在"搜索文字"下拉列表中键入文件名"Fasteners-Metric. dwg"，其他的选项取系统默认设置。

（3）单击 立即搜索 按钮，搜索结果显示在对话框的下方列表区中，如图 9.8 所示。

注：如果在"查找"下拉列表中选择其他图形内容，如"块"，而在"搜索名称"编辑框内输入所要查找的对象，如"保险丝"，则在指定的"C:\Program Files\Autodesk\AutoCAD 2016 \"路径下查找到"电动机"图块（见图 9.9）。

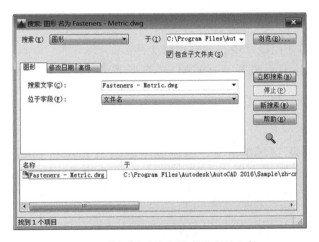

图 9.8　"搜索"对话框搜索指定的文件

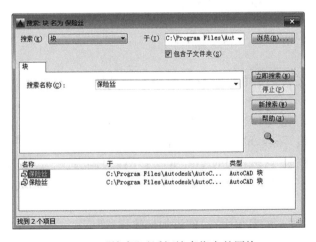

图 9.9　"搜索"对话框搜索指定的图块

9.3　实验及操作指导

【实验 9.1】　创建一个包含图层、文字样式和标注样式的文件,文件名为 DRAWING6. DWG。

【要求】　创建 3 个图层,其中"轮廓线"层为黑/白色,Continuous 线型;"点画线"层为红色,ACAD_ISO04W100 线型;"细线"层为洋红色,Continuous 线型;"标注"层为蓝色,Continuous 线型。创建文字样式 textst,西文字为 gbeitc. shx,中文字体为工程大字体 gbcbig. shx,选择"注释性"项。创建以 ISO‐25 为基础的标注样式 dimst,其中要将基线间距设为 6,尺寸界线超出尺寸线的量设为 1.8,起点偏移量设为 0,箭头大小设为 3,文字高度设为 3.5,文字离尺寸线距离设为 1,文字样式设为 textst,调整项设为"文字",控制尺寸外观大小的项选择"注释性"。

【操作指导】

(1) 新建文件,保存为 DRAWING6. DWG。

(2) 创建图层、文字样式和标注样式的方法见第 7、8 章相关章节。

【实验 9.2】　练习使用设计中心打开图形文件。

【要求】　使用设计中心打开 AutoCAD 系统所带的图形文件 Mechanical-Multileaders. dwg。

【操作指导】

(1) 打开设计中心。

(2) 在"文件夹列表"区域单击文件所在文件夹 C:\Program Files\Autodesk\AutoCAD 2016\Sample\Mechanical Sample,在"内容"区域右击 Mechanical-Multileaders. dwg 文件,在弹出的快捷菜单中单击"在应用程序窗口打开"选项,该文件便在绘图区域被打开。

【实验 9.3】　练习使用设计中心插入图形对象。

【要求】　创建一个图形文件名为 DRAWING7. DWG,图幅 A3,图样(输出)比例 1∶1,绘图界限 420×297,并将图形文件 DRAWING6. DWG 的标注样式、文字样式、图层插入到该文件中。

【操作指导】

(1) 新建一个文件,使用 LIMITS 命令设置绘图界限为 420 × 297,将它保存为 DRAWING7. DWG。

(2) 通过设计中心插入 DRAWING6. DWG 文件的标注样式 dimst:

① 在"文件夹列表"区域,单击该文件所在文件夹。

② 单击"文件夹列表"区域中 DRAWING6. DWG 左侧的 ➕ 号,展开文件包含的内容。

③ 单击"文件夹列表"区域中的"标注样式"图标,在"内容"区域列出了 DRAWING6. DWG 文件中的标注样式 dimst。

④ 右击 dimst,在弹出的菜单中选择"添加标注样式"。

(3) 插入 DRAWING6. DWG 文件的文字样式 textst:

① 在"文件夹列表"区域中单击"文字样式"对象,在"内容"区域列出了 DRAWING6. DWG 文件所用到的文字样式 textst。

② 右击 textst 文字样式,在弹出的菜单中选择"添加文字样式"。

(4) 插入 DRAWING6. DWG 文件的"图层":

① "文件夹列表"区域中展开"图层"对象,在"内容"区域列出了 DRAWING6. DWG 文件中的轮廓线、细线、标注、点画线图层。

② 右击"轮廓线"层,在弹出的菜单中选择"添加图层",用同样方法添加粗线、细线、标注和点画线图层。

(5) 查看插入 DRAWING7. DWG 文件的标注样式、文字样式、图层是否正确。

【实验 9.4】 练习使用设计中心插入图块,并分解图块后修改成图 9.10 所示形式。

【要求】

(1) 打开 DRAWING7. DWG 文件,将 C:\ Program Files \ Autodesk \ AutoCAD 2016 \ Sample \ zh-cn \ DesignCenter \ Fasteners-Metric. dwg 文件中的图块"六角头螺钉－10×20 毫米（侧视）"和"六角头螺钉－10 毫米（俯视）"插入到当前文件的"轮廓线"图层中。

(2) 分解图块,对图形作修改,然后标注所有尺寸。

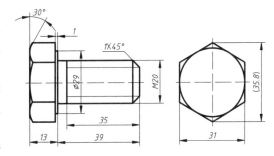

图 9.10 六角螺栓零件图

【操作指导】

(1) 打开 DRAWING7. DWG 文件。

(2) 设置"轮廓线"图层为当前图层。打开设计中心,在"文件夹列表"区域展开 C:\ Program Files \ Autodesk \ AutoCAD 2016 \ Sample \ zh-cn \ DesignCenter \ Fasteners-Metric. dwg 文件的"图块",在"内容"区右击图块"六角头螺钉－10×20 毫米（侧视）",在弹出的菜单中选择"插入块"项,然后按插入图块的提示,设置插入比例 2、角度 0,插入图块。使用同样方法插入"六角头螺钉－10 毫米（俯视）"图块。

(3) 使用分解命令 EXPLODE 分解主视图,将小径线改到"细线"层,并向右延长到倒角处。在"点画线"层画中心线和轴线。在"标注"层标注所有尺寸。

(4) 仍将文件保存为 DRAWING7. DWG。

【实验 9.5】 绘制建筑平面图（见图 9.11）,并使用设计中心功能在卧室、客厅和餐厅插入 AutoCAD 2016 自带的室内图块。

【要求】

(1) 图样比例,即打印输出比例为 1:100,平面图形按实际尺寸大小 1:1 绘制。门 M1 宽度 900,M2 宽度 800,其他未标注尺寸的形状由自己目测确定。

(2) 按 1:1 插入 AutoCAD 2016 自带的室内图块。

【操作指导】

(1) 用 LIMITS 命令设置绘图界限 29700×21000,在状态栏选择图样比例 1:100 / 1% 。

(2) 通过设计中心将 DRAWING6. DWG 文件中的图层、文字样式 textst 和标注样式

dimst 添加到当前文件中。

（3）修改尺寸样式 dimst，将起点偏移量改为 10，箭头改为"建筑标记"，箭头大小改为 2。

（4）在"点画线"层画墙轴线，"轮廓线"层画墙线，在"细线层"绘制门窗、柱子断面，"标注"层标注尺寸、墙轴线编号和注写文字（文字高度为 350）。

（5）打开设计中心，在"文件夹列表"区展开 C:\Program Files\Autodesk\AutoCAD 2016\Sample\zh-cn\DesignCenter\Home-Space Planner. dwg 文件下的"图块"项，在内容区将相应的室内图块按 1:1 和相应角度插入到客厅、餐厅和主卧室。

（6）将文件保存为 DRAWING8. DWG 存盘。

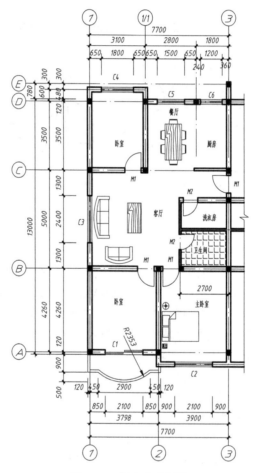

图 9.11 插入室内图块

思考与练习

1. 设计中心的最大优点是什么？设计中心主要功能有哪些？

2. 设计中心的"收藏夹"主要有什么用处？

3. 在设计中心打开图形的方式有几种？

4. 通过设计中心将已有图形文件的标注样式、布局、块、图层、外部参照、文字样式、线型等图形对象插入到当前图形文件中的方法有几种？哪一种操作方法最为方便？

5. 右击图形文件图标或右击图形内容图标，都会弹出光标菜单，它们的选项是否完全相同？

6. 练习使用设计中心将已有图形文件的图块、图层、文字样式、标注样式等图形对象添加到当前打开的图形中，绘制图 9.12 所示的活动钳块零件图。图幅 A4，图样比例 1:1。

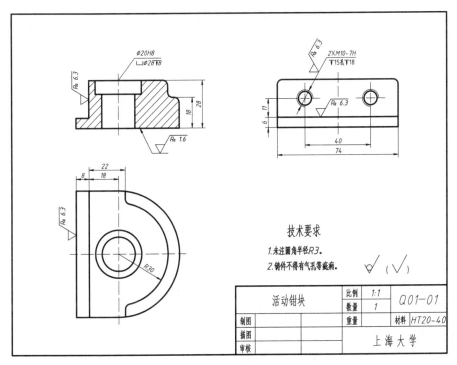

图 9.12　练习图

第十章
绘制工程图样的基本方法

本章知识点

- 机械图样和建筑图样的绘图流程。
- 绘制视图的基本方法。
- 综合应用已学的 AutoCAD 命令,绘制各种工程图样。

绘制工程图样除了需要掌握各种常用的绘图、编辑、文字注写、尺寸标注等命令外,还要根据工程图样的特点,设计正确的绘图流程。

10.1　绘制视图的基本方法

绘制工程图样前一般应按要求设置对象捕捉目标的类型(如"中心"、"交点"、"端点"、"象限点"等),同时打开对象捕捉、对象捕捉追踪、极轴追踪或正交模式等开关,以利于绘制视图。

1. 对齐视图投影关系的作图方法

如图 10.1(a)所示的主、左视图,作图时可先画主视图(或左视图),然后利用已画视图的

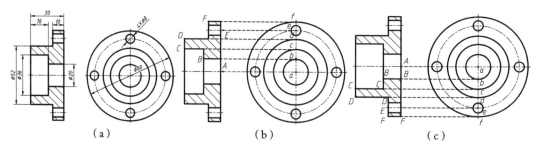

（a）　　　　　　　　　　（b）　　　　　　　　　　（c）

图 10.1　对齐投影关系的作图方法

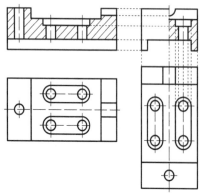

图 10.2　由两视图对投影作第三视图

特征点和追踪功能按投影关系确定另一视图所需的点或线。图 10.1(b)为先画主视图,再画左视图;图 10.1(c)为先画左视图,后画主视图的过程。

2. 由两个已画视图对投影绘制第三视图

当绘制了主、俯视图后,可以将俯视图复制一份并旋转 90°,利用主、俯视图投影关系和俯、左视图投影关系,再过特征点作射线(RAY 命令),然后通过编辑修改命令完成左视图(图 10.2)。

3. 将常用的基本图形做成图块

为了提高作图效率,减轻绘图工作量,可以将一些常

用的或重复使用的基本图形,如机械图样中的粗糙度符号、形位公差的基准符号、标题栏、明细栏、标准件等做成图块,也可以将建筑图样中的门、窗、标高符号等常用基本图形做成图块,供需要时插入。这些图块的制作方法可以参考本章实验 10.1 操作指导。

10.2　工程图样绘图流程与基本方法

为了减少重复性劳动,同时提高绘图效率,用户应当预先制作一个标准文件或样板文件。在该文件中应包含工程图样所需的图层(每个图层应具有自己的颜色、线型、线宽等属性),必要的文字样式和尺寸标注样式,以及常用的内部图块(如粗糙度、标高、门、窗和标题栏等图块)。标准文件和样板文件的创建方法可以参考本章实验 1 操作指导。

绘制工程图样时,应正确理解图形的构成方式,分解组成图形的基本形式,从而确定绘图次序。绘图过程中应尽量正确使用快捷命令或各种绘图技巧,以简化作图过程和提高绘图速度。如修改某种图线时,可以将该层设置为当前图层,然后关闭其他图层,使编辑修改对象变得清晰而明了。绘图过程中还应注意不同的图形、尺寸、文字和图块应绘制在各自的图层内,即使不在自己层内也应该通过特性匹配命令或其他方法将它们更改到指定层内。特别一提的是要充分利用设计中心的功能,将标准文件或样板文件中的图层、文字样式、尺寸标注样式、图块等插入到当前文件中,以减少不必要的重复劳动。

10.2.1　零件图的绘图流程及操作示例

绘制零件图应该按照规范的流程进行操作。下面以 1:1 绘图并打印输出到 A4 图纸为例,详细介绍绘制图 10.3 零件图的基本操作步骤。

1. 设置绘图界限

使用 LIMITS 命令,将绘图界限大小设成 A4 图幅 297×210。

2. 设定图样比例

直接单击状态栏上的注释比例下拉列表 ⛄ 1:1/100% ▾ ,选择所需的图样比例(缺省比例为 1:1)。

3. 创建图层、文字样式和标注样式,设置线型的全局比例

(1) 通过设计中心将本章实验 1 创建的"标准文件.dwg"中的图层、文字样式 utext 和标注样式 udim 添加到当前图中。

(2) 调用线型命令 LINETYPE(或直接调用线型全局比例命令 LTSCALE),将"全局比例因子"设为 0.33。

(3) 如果图样比非 1:1,为了保证打印输出图纸上的点画线、虚线、双点画线的间隔符合标准值,则还需要调用系统变量命令 MSLTSCALE,将值改为 1。

4. 绘图步骤

(1) 设置"端点"、"交点"、"象限点"等对象捕捉方式;单击状态栏 ▢ 按钮,打开对象捕捉功能;单击 ∠ 按钮和 ⛢ 按钮,打开对象捕捉追踪和极轴追踪功能。

(2) 按图 10.4～图 10.6 所示的分解图,使用有关的绘图命令和编辑修改命令在相应图层上绘制主、左视图。

5. 标注尺寸和技术要求

(1) 将"标注"图层设为当前图层,并将文字样式 utext 和标注样式 udim 均设置为当前样式。

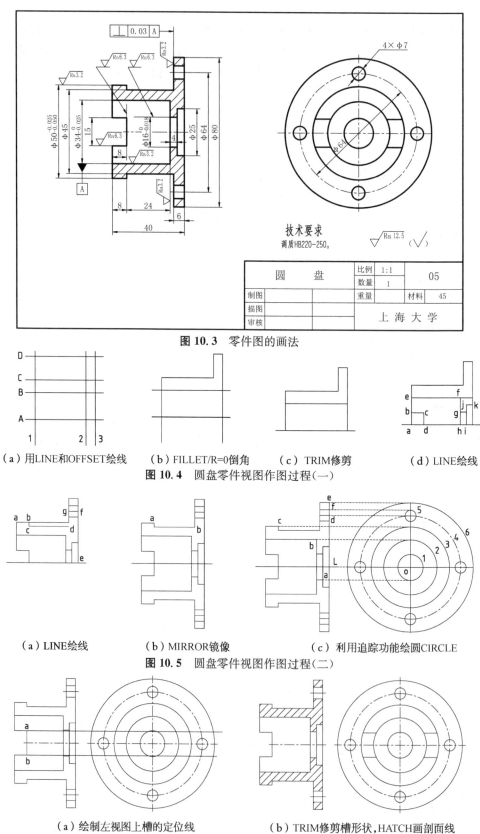

图 10.3　零件图的画法

（a）用LINE和OFFSET绘线　（b）FILLET/R=0倒角　（c）TRIM修剪　（d）LINE绘线

图 10.4　圆盘零件视图作图过程（一）

（a）LINE绘线　　　　　（b）MIRROR镜像　　　　（c）利用追踪功能绘圆CIRCLE

图 10.5　圆盘零件视图作图过程（二）

（a）绘制左视图上槽的定位线　　　　　（b）TRIM修剪槽形状，HATCH画剖面线

图 10.6　圆盘零件视图作图过程（三）

（2）使用线性标注和直径标注等命令标注所有尺寸。已标注的 $\phi50$ 和 $\phi60$ 两个尺寸缺少尺寸公差,需要通过特性管理器进行修改,或创建具有尺寸偏差的替代样式,重新标注。

（3）用引线标注命令标注几何公差。

（4）通过设计中心将"标准文件.dwg"中带属性的粗糙度图块和带属性的几何公差基准符号图块以 1:1 插入当前图中。

（5）注写技术要求文字,字高分别为 5 和 3.5。

6. 画图框和插入标题栏图块

（1）在"粗线"层绘制 277×190 大小的内框(＝不留装订边的图框)。

（2）通过设计中心将"标准文件.dwg"中的标题栏图块按 1:1 插入到"细线"层,然后切换到"粗线层"重画标题栏外框。

10.2.2　建筑平面图的绘图流程及操作示例

绘制建筑图样也应按照规范的流程进行操作。以图 10.7 所示的建筑平面图为例,介绍绘图纸幅面 A4,图样比例 1:100 条件下,绘制建筑平面图的基本步骤。

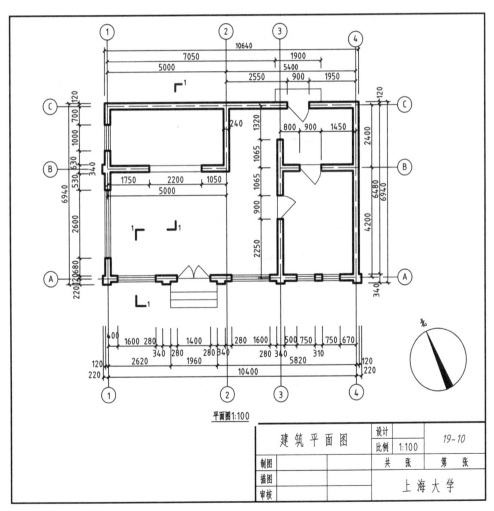

图 10.7　建筑平面图

1. 设置绘图界限

使用 LIMITS 命令，将绘图界限大小设成 A4 图幅/打印比例，即 29700×21000。

2. 设定图样比例

直接单击状态栏上的注释比例下拉列表 ![1:100/1%]，选择所需的 1:100 图样比例。

3. 创建图层、文字样式和标注样式，设置线型的全局比例

（1）通过设计中心将本章实验 1 创建的"标准文件.dwg"中的图层、文字样式 utext 和标注样式 udim 添加到当前图中。

（2）调用线型命令 LINETYPE（或直接调用线型全局比例命令 LTSCALE），将"全局比例因子"设为 0.33。

（3）因为图样比非 1:1，所以还需要调用系统变量命令 MSLTSCALE，将值改为 1，才能保证打印输出图纸上的点画线、虚线、双点画线的间隔符合标准值。

4. 绘图步骤

（1）设置"端点"、"交点"、"象限点"等对象捕捉方式；单击状态栏 ![口] 按钮，打开对象捕捉功能；单击 ![∠] 按钮和 ![⊙] 按钮，打开对象捕捉追踪和极轴追踪功能。

（2）用 MLSTYLE 命令设置线宽为 240 的多线样式。

（3）按图 10.8(a)～(i)所示的绘图步骤分别在相应的图层内绘制图线。

（4）绘制指北针，插入"标准文件.dwg"中的轴线编号图块，如图 11.14 所示。

5. 标注尺寸

（1）将标注样式 udim 设置为当前样式，用线性、连续标注等命令标注所有尺寸。

（2）将文字样式 utext 设置为当前样式，标注"平面图 1:100"文字，字高为 3.5。

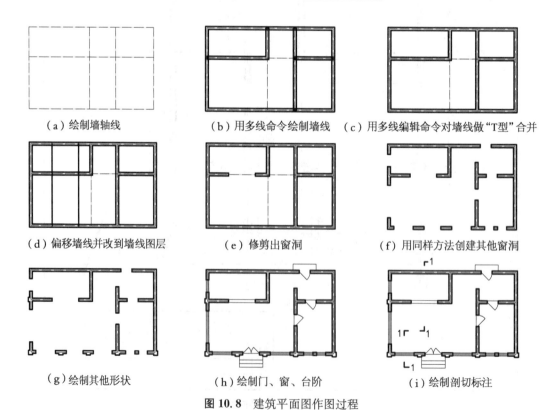

（a）绘制墙轴线　　　　（b）用多线命令绘制墙线　　（c）用多线编辑命令对墙线做"T型"合并

（d）偏移墙线并改到墙线图层　　（e）修剪出窗洞　　　　（f）用同样方法创建其他窗洞

（g）绘制其他形状　　　　（h）绘制门、窗、台阶　　　（i）绘制剖切标注

图 10.8　建筑平面图作图过程

6. 插入标题栏

（1）在"粗线"层画 27700×19000 大小的内框（＝不留装订边的图框/图样比例）。

（2）通过设计中心将"标准文件.dwg"中的标题栏图块以 1:1 插入到"细线"层，切换到"粗线"层重画标题栏外框。

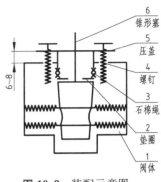

图 10.9　装配示意图

10.2.3　装配图的绘图流程及操作示例

现以旋塞装配图的画法为例，介绍画装配图的一般步骤。

已知装配示意图如图 10.9 所示，按画零件图的要求逐个画好旋塞的各个零件图，如图 10.10～图 10.14 所示，然后按 1:1 在 A3 图纸上绘制如图 10.15 所示的旋塞装配图。

画旋塞装配图的方法有三种：

（1）修改阀体零件图，删去无用的信息，另存为装配图文件。修改其他各零件图，将有用部分依次做成外部图块，再通过设计中心插入到阀体图中进行编辑修改。

（2）利用阀体零件图，删去无用的信息，另存为装配图文件。依次插入其他零件图，经编辑修改后移到装配位置，再将多余的图线删除。

（3）无零件图文件，直接画装配图。

下面介绍使用第二种方法画装配图的步骤：

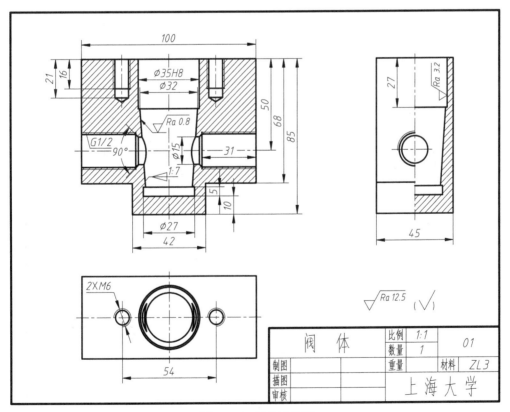

图 10.10　阀体零件图

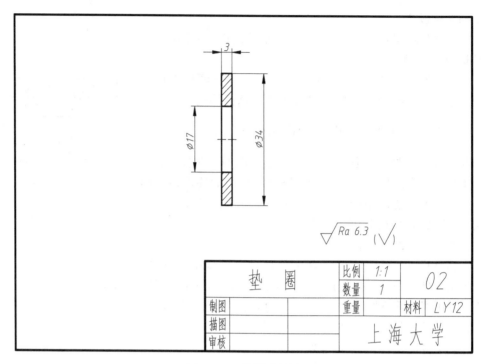

图 10.11 垫圈零件图

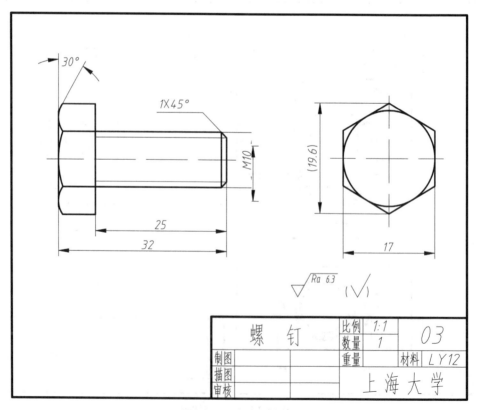

图 10.12 螺钉零件图

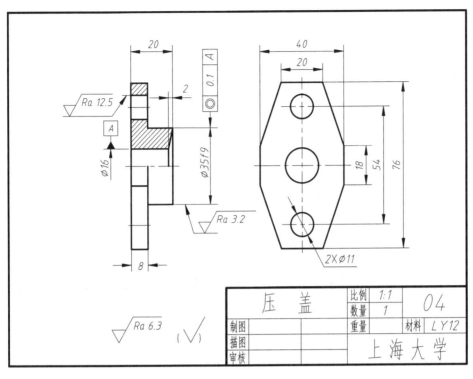

图 10.13　压盖零件图

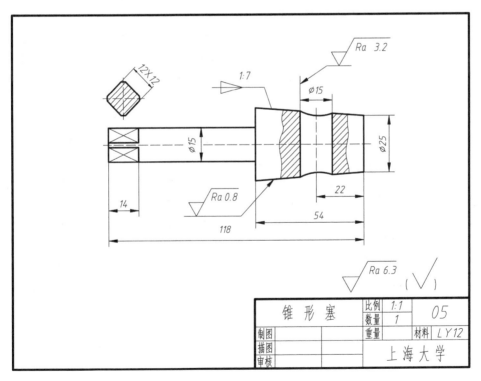

图 10.14　锥形塞零件图

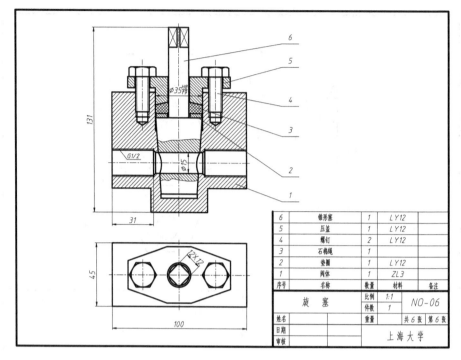

6	锥形塞	1	LY12	
5	压盖	1	LY12	
4	螺钉	2	LY12	
3	石棉绳	1		
2	垫圈	1	LY12	
1	阀体	1	ZL3	
序号	名称	数量	材料	备注

旋 塞	比例	1:1	NO-06	
	件数	1		
姓名	重量		共6张 第6张	
日期				
审核		上海大学		

图 10.15　旋塞装配图

1. 画装配图

（1）修改阀体零件图：打开阀体零件图，切换到模型空间，用删除等命令对其进行编辑修改，如图 10.16 所示，以文件名"旋塞装配图.DWG"存盘。

（2）画锥形塞：用图块插入命令将锥形塞文件插入到当前图中（插入的 x、y 比例＝1，旋转角度 angle＝－90°），再用分解命令炸开它，删去无用对象后编辑修改成如图 10.17 右图所示的形状，最后使用移动命令将其从 A 点移动到 B 点位置，并修剪被挡住的图线，再删除重叠的图线即可。

（3）画垫圈：用块插入命令把垫圈文件插入到当前图中（插入的比例 x、y＝1，角度 angle＝90°），再用分解命令炸开它，删去无用对象后编辑修改成如图 10.18 右图所示的形状。最后用移动命令将其从 A 点移到 B 点位置，并修剪被挡住的图线和删除重叠的图线。

（4）画压盖：用图块插入命令把压盖文件插入到当前图中（插入的 x、y 比例＝1，旋转角度 angle＝－90°），再用分解命令炸开它，删去无用对象后编辑修改成如图 10.19 右图所示的形状，最后用移动命令将其从 A 点移到 B 点位置，并修剪被挡住的图线和删除重叠的图线，补全俯视图中压盖的投影。

（5）画螺钉：用图块插入命令把螺钉文件插入到当前图中（插入的 x、y 比例＝1，旋转角度 angle＝－90°），再用分解命令炸开它，删去无用对象后编辑修改成如图 10.20 右图所示，最后用移动命令将其从 A 点移到 B 点位置，再用复制命令复制出另一个螺栓，并用修剪被挡住的图线和删去重叠的图线。

（6）画剖面线：设置细线层为当前层，用图案填充命令补全填料和阀体的剖面线，如图 10.21 所示。

2. 设置图样比例

在状态栏注释比例下拉列表选择装配图所需的比例。

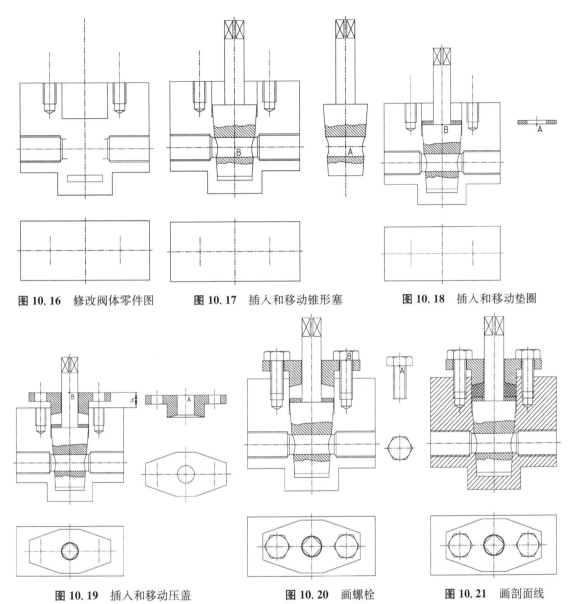

图 10.16　修改阀体零件图　　图 10.17　插入和移动锥形塞　　图 10.18　插入和移动垫圈

图 10.19　插入和移动压盖　　图 10.20　画螺栓　　图 10.21　画剖面线

3. 标注装配图尺寸

在"标注"图层上标注如图 10.15 所示的装配图尺寸。

4. 画图框、标题栏和明细表

由于阀体零件图是 A3 图纸,所以可以利用它的图框和标题栏,然后使用动态文本编辑命令修改标题栏中的文字即可。在"细线"层画明细表的表格细线,在"粗线"层画明细表的粗框。明细表水平线的间距为 8,其他尺寸可由标题栏确定,最后再用单行文字命令的"正中(MC)"定位方式,按 Shift+鼠标右键,在弹出的光标菜单中选择"两点之间的中点"项,随后捕捉填写栏框格的对角点,将文字注写在对角线的中点位置(即表格栏的正中位置)。明细表中的文字高度可以取为 5。

5. 装配图存盘

作图过程中应注意经常存盘,以免因发生意外情况而失去修改结果。最后结果保存为"旋塞装配图. DWG"文件。

10.3 实验及操作指导

【**实验 10.1**】 创建名为"标准文件.dwg"的文件和"自定义样板文件.dwt"。

【**要求**】

（1）机械图样可以按表 10-1 创建图层，建筑图样应按表 10-2 创建图层。线宽可以不在图层中设置，而是在打印样式表设置，由打印样式表的颜色来控制输出图纸上的线宽。

表 10-1 机械图样的图层设置

图层名	颜色	线 型	线宽	用 途
轮廓线	黑/白色	Continuous	0.45	可见轮廓线等
细线	洋红色	Continuous	0.15	剖面图案、标题栏细线和文字、波浪线等
标注	蓝色	Continuous	0.15	尺寸、形位公差、粗糙度符号、剖切平面的投影方向箭头、技术要求文字等
点画线	红色	ACAD ISO08W100	0.15	中心线、轴线、对称线等
粗线	青色	Continuous	0.60	标题栏外框线、图框线、剖切平面位置线等
虚线	绿色	ACAD ISO02W100	0.15	不可见轮廓线

表 10-2 建筑图样的图层设置

图层名	颜色	线 型	线宽	用 途
轮廓线	白色	Continuous	0.45	建筑物外轮廓线、被剖到的轮廓线（墙线）等
中粗线	黄色	Continuous	0.23	剖面图中未被剖到但仍能看到的轮廓线
细线	洋红色	Continuous	0.15	剖面图案、标题栏细线和文字、门窗等
标注	蓝色	Continuous	0.15	尺寸、标高符号、剖切平面的投影箭头、注写文字等
点画线	红色	ACAD ISO08W100	0.15	中心线、轴线、对称线、墙轴线等
粗线	青色	Continuous	0.60	标题栏外框线、图框线、剖切位置线、地面线等
虚线	绿色	ACAD ISO02W100	0.15	不可见轮廓线

（2）创建名为 utext 的文字样式；创建名为 udim 的标注样式。

（3）机械图样应创建如图 10.22 所示的粗糙度图块和基准符号图块。

建筑图样应创建如图 10.23 所示的标高图块、墙轴编号图块和门窗图块。

（4）创建如图 10.24 所示的标题栏图块，图（a）和（b）分别用于机械和建筑图样。

（5）为了规范化表达图样，将图纸上表示注释对象外观要素的参数定义为标准绘图参数。绘图时只要预先设置了注释性对象和注释比例，就可以直接选取标准绘图参数作为图纸空间和模型空间的绘图参数，如表 10-3 所示。由于对象的注释性特性，使得非 1∶1 图样比例绘图时无需人工计算缩放比例，由系统根据注释比例自动缩放注释性对象外观，确保输出到图纸上的注释对象的外观大小与标准绘图参数完全相等，为快速高效绘制规范的工程图样提供了可靠的保证。

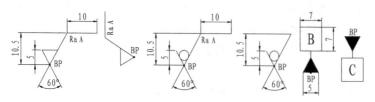

图 10.22 用于机械图样的图块

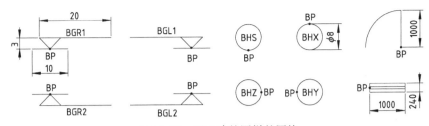

图 10.23 用于建筑图样的图块

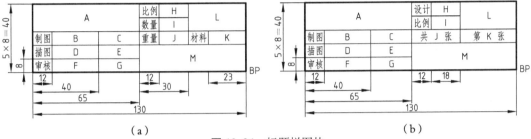

图 10.24 标题栏图块

表 10 - 3　标准绘图参数

参数名称	标准绘图参数	图纸空间绘图参数	浮动模型空间绘图参数
图样中文字高度	3.5 或 5	3.5 或 5	3.5 或 5
标题栏的大号文字高度	7	7	7
标题栏的小号文字高度	5	5	5
线型全局比例因子	0.33	0.33	0.33
图线的宽度	由打印样式表设定 B=0.15(细线)、0.23 (中粗线)0.45、(粗线)、0.6(图框)	B	B
剖面图案比例	S	S	S
图块的插入比例	1	1	1

【操作指导】

(1) 按表 10 - 1 创建图层。

(2) 创建 utext 文字样式。根据"国标"规定,该样式的西文字体应选取 AutoCAD 系统所带的斜体字 gbeitc. shx,中文字体选择大字体 gbcbig. shx,并勾选"注释性"复选项。

(3) 创建标注样式 udim。以 ISO - 25 样式为基础创建新样式,再作适当修改。其中将该标注样式的基线间距修改为 6,尺寸界限超出尺寸线的量修改为 1.8,尺寸界限起点偏移量修改为 0;折弯角度改为 60;文字高度改为 3.5,文字从尺寸线偏移改为 1,文字样式选择 utext;调整选项取"文字"单选项,标注特征比例选择"注释性"复单选项,优化选项选择"标注时手动放置文字"复选项。如果标注样式是用于建筑图样,尺寸界限起点偏移量修改为 10,箭头大小改为 2,类型改为"建筑标记",其他参数同上。

(4) 机械图样按图 10.22 创建名为 CCD1、CCD2、CCD3、CCD4 的粗糙度图块(其中前 3 个带有属性,属性名为 C1、C2 和 C3)和名为 JZ1、JZ2 的几何公差基准符号图块(带属性,属性名为 J1 和 J2)。其中属性高度均为 3.5。

建筑图样则按图 10.23 创建名为 BG1、BG2、BG3、BG4 的标高图块,它们的属性字分别为

GBR1、GBR2、GBL1、GBL2；创建名为 BH1、BH2、BH3、BH4 的墙轴编号图块，它们的属性字分别为 BNS、BHX、BHZ、BHY；创建名为 WIN 和 DOOR 的门和窗图块。这些图块的属性字高均为 3.5。

创建图块时，应先设置当前注释比例 1∶1，然后在 0 层上绘制表示图块的图形和定义属性，接着才能创建图块。创建图块时应勾选对话框中的"注释性"复选项，以使图块打印输出时的大小不受图样比例的影响保持不变。图块上的 BP 点表示图块的插入基点。

（5）创建标题栏图块。在 0 层上按图 10.24 所示大小绘制标题栏，用 ATTDEF 命令的"正中"定位方式，依次在框格中心定义各个文字属性，创建过程中也要勾选"注释性"复选项。具体操作过程中遇到确定属性位置时，可以按 Shift＋右击鼠标左键，在弹出的光标菜单中选择"两点之间的中点"项，随后捕捉待填写的框格栏对角点，属性文字就被注写在对角线的中点位置，即在框格栏的正中位置。表格中的 A、L、M 属性文字高度为 7，其他属性文字高度取 5。以标题栏的 BP 点为基点做成名为 TITLE 的内部图块。

（6）以"标准文件.dwg"名字存盘，再以"自定义样板文件.dwt"名字存盘（保存于缺省文件夹"template"中）。

【实验 10.2】 练习使用各种绘图和编辑命令，绘制图 10.25 所示的偏心轴零件图。

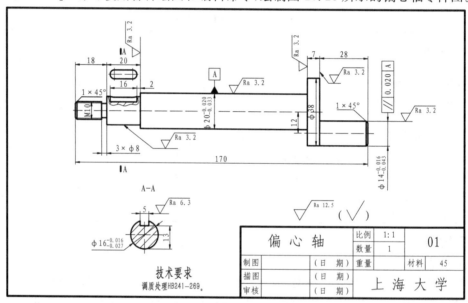

图 10.25 偏心轴零件图

【要求】

（1）图纸幅面 A4，图框 277×190（不留装订边），图样比例 1∶1。

（2）通过设计中心将本章实验 1 创建的"标准文件.dwg"内的图层、文字样式、和标注样式插入到当前图中。

（3）按给定的尺寸画出视图，标注尺寸、技术要求（文字的高度分别为 3.5 和 5），画图框和标题栏。

（4）结果以 DRAWING9.DWG 文件名存盘。

【操作指导】

（1）使用 LIMITS 命令按 A4 图幅大小设置绘图界限 297×210。

（2）创建图层、文字样式和标注样式，设置线型的全局比例。

通过设计中心将本章实验 1 创建的"标准文件. dwg"中的图层、文字样式 utext 和标注样式 udim 添加到当前图中。调用线型命令 LINETYPE，设置"全局比例因子"为 0.33。

（3）选择状态栏上的注释比例下拉列表 1:1/100% 的 1∶1 比例。

（4）按以下作图步骤绘制图形。

① 设置"端点"、"交点"等对象捕捉方式，按 F3 键打开对象捕捉功能，按 F10 键打开极轴追踪功能，再按 F11 键打开对象捕捉追踪功能，如有必要可以按 F8 键打开正交方式。

② 使用相应的绘图命令和编辑修改命令绘制图形（各种图线应绘制在相应的图层上），具体绘图过程如图 10.26～10.28 所示。

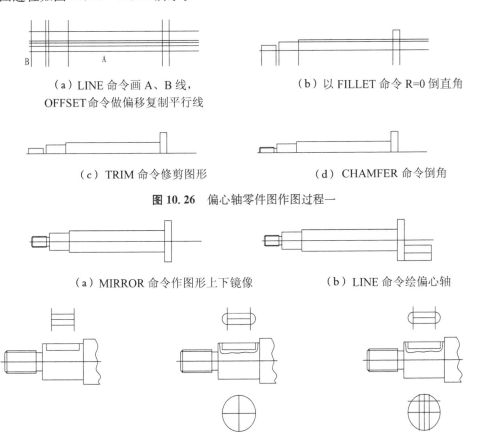

（a）LINE 命令画 A、B 线，
OFFSET 命令做偏移复制平行线

（b）以 FILLET 命令 R=0 倒直角

（c）TRIM 命令修剪图形

（d）CHAMFER 命令倒角

图 10.26　偏心轴零件图作图过程一

（a）MIRROR 命令作图形上下镜像

（b）LINE 命令绘偏心轴

（c）LINE、OFFSET 命令画线　（d）FILLET 命令倒圆角　（e）OFFSET 命令偏移槽线

图 10.27　偏心轴零件图作图过程二

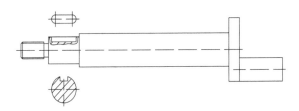

使用 TRIM 命令修剪断面，BHATCH 命令填充图案

图 10.28　偏心轴零件图作图过程三

（5）将"标注"图层设为当前图层，标注尺寸和技术要求。

① 将标注样式 udim 设置为当前样式，用线性标注和直径标注等命令标注所有尺寸。三个带偏差的直径尺寸，需要创建包含尺寸偏差的替代样式，再进行标注。

② 用引线标注命令标注几何公差。

③ 通过设计中心将"标准文件. dwg"中带属性的粗糙度图块和带属性的形位公差基准符号图块按比例 1:1 插入图中。

④ 将文字样式 utext 设置为当前样式，注写技术要求文字，字高分别为 5 和 3.5。

（6）绘制图框和插入标题栏。

① 在"粗线"图层画 277×190 的图框（不留装订边）。

② 通过设计中心将"标准文件. dwg"中的标题栏图块插入到"细线"层，插入比例 1:1，然后在"粗线"图层重画标题栏外框。

（7）以文件名 DRAWING9. DWG 存盘。

【实验 10.3】 练习使用各种绘图和编辑命令，绘制图 10.29 所示的建筑立面图图样。

【要求】

（1）图幅 A3（420×297），图纸边框 400×277（不留装订边），图样比例 1:100。

（2）通过设计中心将本章【实验 10.1】创建的"标准文件. dwg"内的图层、文字样式和标注样式插入到当前图中。

（3）按给定的尺寸画出立面图，标注尺寸和标高，画图框和标题栏。

（4）将文件以 DRAWING10. DWG 存盘。

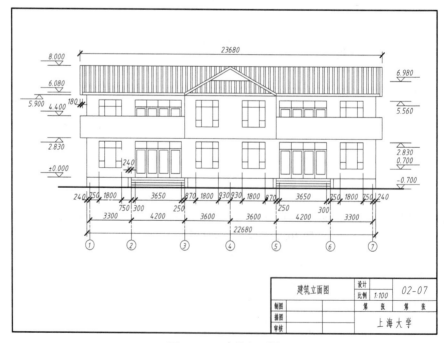

图 10.29　建筑立面图

【操作指导】

（1）由于是 1:100 图样比例，所以绘图界限应当是 A3 图纸幅面除以图样比例后的值才是使用 LIMITS 命令设置的大小,具体为 42000×29700。

(2) 从选择状态栏上的注释比例下拉列表 ▲ 1:100 / 1% ▾ 中选择图样比例 1:100。

(3) 创建图层、文字样式和标注样式,设置线型全局比例。

① 通过设计中心将"标准文件.dwg"中的图层、文字样式 utext 和标注样式 udim 添加到当前图中。

② 调用线型命令 LINETYPE,设置"全局比例因子"为 0.33,并勾选"缩放时使用图纸空间单位"复选框。还要调用 MSLTSCALE 系统变量命令,将值改为 1,以确保点画线、双点画线和虚线的间隔距离为设置的大小不变。

(4) 绘图步骤。按以下作图步骤绘制图形:

① 切换到浮动模型空间,设置"端点"、"交点"等对象捕捉方式,按 F3 键打开对象捕捉,按 F10 键打开极轴追踪,再按 F11 键打开对象捕捉追踪,或按 F8 键打开正交方式。

② 在相应图的层上使用相关绘图和编辑命令按图 10.30 的分解图绘制图形。最后再使用镜像命令 MRROR 完成全图。

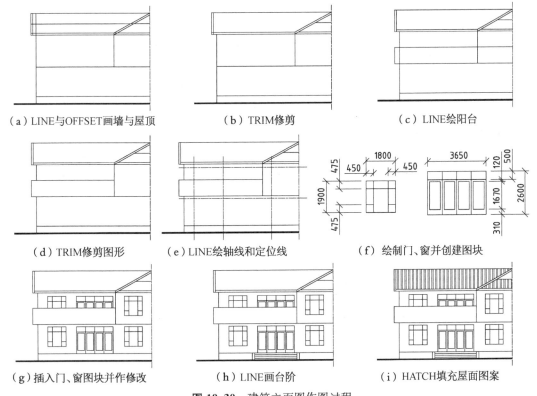

图 10.30 建筑立面图作图过程

(5) 标注尺寸和标高。

① 将标注样式 udim 设置为当前样式,用线性、连续标注等命令在"标注"图层标注平所有尺寸。

② 通过设计中心将"标准文件.dwg"中的标高图块按 1:1 插"标注"图层中。

(6) 画图框和标题栏。

① 在"粗线"层画 40000×27700 大小的内框(=图框大小/图样比例)。

② 通过设计中心将"标准文件.dwg"中的标题栏图块以比例 1 插入到"细线"层。切换到"粗线层"重画标题栏粗线框。

（7）以 DRAWING10.DWG 文件名存盘。

注：打印输出图纸时选择 A3 图纸和 1∶100 打印比例。关于打印输出内容请查看第十一章的相关内容。

【实验 10.4】　练习使用各种绘图和编辑命令，绘制建筑平面图。

【要求】　对正文 10.2.2 节中的"建筑平面图的绘图流程及操作示例"进行练习操作（见图 10.7～图 10.8）。完成的图形保存为 DRAWING11.DWG

【实验 10.5】　练习使用各种绘图和编辑命令，绘制图 10.15 所示的旋塞装配图。

【要求】

（1）图幅 A4，图框大小 267×200（留装订边），图样比例 1∶2。

（2）使用"标准文件.dwg"中的图层、文字样式和标注样式。

（3）画装配图，标注装配图尺寸，画图框和标题栏。

（4）将结果保存为"旋塞装配图.DWG"文件。

【操作指导】

参考 10.2.4 节介绍的画装配图的流程及操作示例绘制装配图。

❦❦❦❦❦❦❦ **思考与练习** ❦❦❦❦❦❦❦

1. 在 A4 图纸上，按图样比例 1∶2 绘制图 10.31 所示的泵体零件图，并保存为 DRAWING12.DWG 文件。（提示：可以通过设计中心将"标准文件.dwg"的文件的图层、文字样式、标注样式和图块

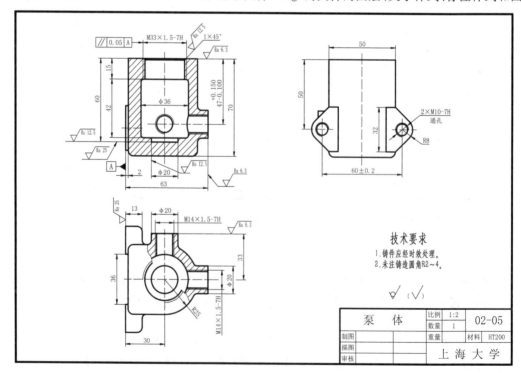

图 10.31　练习图一

插入到文件中,或采用打开"自定义样板文件.dwt"的方式直接使用设定的图层、文字样式、标注样式和图块)。

2. 在 A4 图纸上,按图样比例 1:2 绘制图 10.32 所示的钳座零件图,并保存为 DRAWING13.DWG文件。

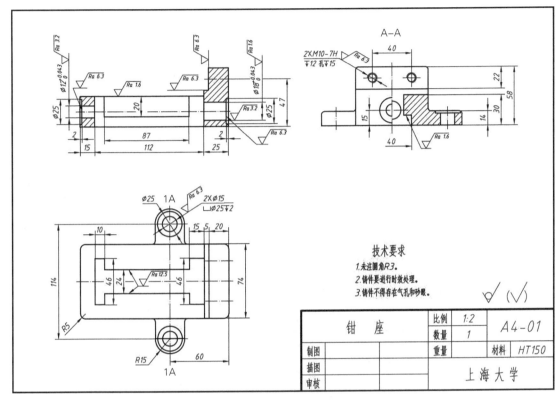

图 10.32　练习图二

3. 在 A4 图纸上,按 1:100 绘制图 10.33 所示的建筑平面图,并保存为 DRAWING14.DWG。提示:可以通过设计中心将"标准文件.dwg"的文件的图层、文字样式、标注样式和图块插入到文件中,或采用打开"自定义样板文件.dwt"的方式直接使用设定的图层、文字样式、标注样式和图块。

4. 实体对象的追踪方式是否具有基点捕捉功能? 是否具有点的过滤功能?

5. 打开正交开关或打开目标捕捉、对象捕捉追踪和极轴追踪开关,绘制连续且互相垂直的折线,最方便的输入方法是直接输入线段的长度,还是输入各顶点的相对坐标?

6. 绘制机械图样常用哪些命令? 绘制建筑图样又常用哪些命令?

7. 画装配图的常用方法有哪几种? 它们各有哪些特点?

8. 画零件图有哪些基本步骤?

9. 若在图样比例为 1:100 的环境下绘制图形、标注尺寸、注写文字、按 1:1 插入图块,请问打印输出时的比例应取 1:1 还是 1:100?

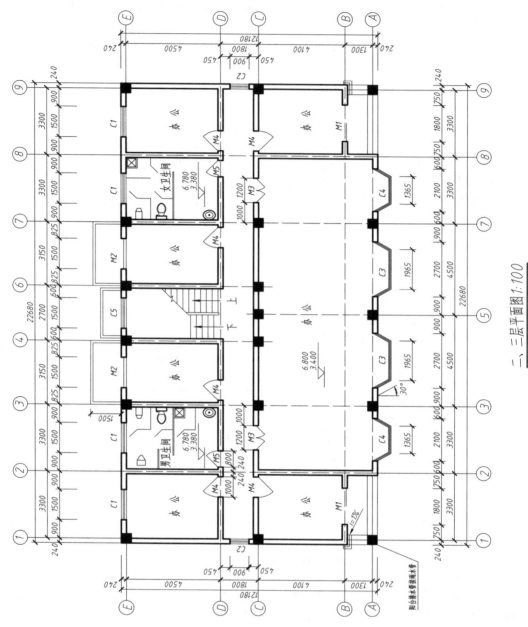

图 10.33 练习图三

第十一章

图纸布局和文件输出

本章知识点

- 注释性概念及其有关的控制开关。
- "布局"的作用以及与图形输出的关系。
- "布局"和"页面设置"。
- "图纸空间"和"模型空间"的概念及相互关系。
- 图纸空间布局与浮动模型空间绘图的工作方法与操作过程。
- 打印样式表的创建与修改;工程图样的打印输出操作。

常用的绘图方法共有两种,一种称为传统绘图方法,即所有绘图和设计工作都是在模型空间(系统默认)环境下完成,即如前面各章使用的方法。另一种则是使用了图纸空间布局和浮动模型空间绘图的方法。本章重点介绍第二种绘图方法,这种绘图方法的流程如下:①设置绘图比例(即视口比例);②图纸空间画图框、插入标题栏图块;③浮动模型空间绘视图、标注尺寸、插入粗糙度图块、注写技术要求文字等。

从 AutoCAD 2008 版起由于有了注释性功能,从而解决了非 1:1 图样比例下,图块、图案、文字、尺寸等外观自动缩放问题。通常,第一种方法只适用于表达一组具有相同比例的视图,同时需要计算绘图界限的大小;第二种方法则比较灵活且用途较广,其既能够在图纸空间创建单个视口也能够创建多个视口,且不同视口中的视图可以具有不同的比例。

11.1 注 释 性

注释性功能可以使具有注释特性的对象,包括图案填充、文字(单行和多行)、尺寸、公差、引线和多重引线、图块和图块属性,自动完成缩放注释的过程,从而使注释对象能够不受图样比例的影响,而以设定的大小在图纸上打印或显示。

用于创建这些对象的许多对话框中都包含了"注释性"复选项 □注释性(A),勾选之,对象即成为注释性对象。如果只需要单独更改对象的注释性特性,可以打开特性管理器,在"其他"栏目的"注释性"下拉列表中直接选择"是"或"否"即可。当光标悬停在具有注释性特性的对象上时,光标会显示一个 注释性标志。

状态栏右侧的几个与注释性有关的按钮和下拉列表(在布局状态下)含义如下:

- 注释比例下拉列表 1:1/100% :用于设置注释性比例,对应的命令是 CANNOSCALE,其变量值就是注释比例。单击此下拉列表可以选择所需的比例(即图样比例),或者选择"自定义"项(对应命令为 SCALELISTEDIT),在弹出的"编辑比例列表"对话框添加所需的比例。
- 注释可见性按钮 :这是个开关按钮(对应的命令是 ANNOALLVISIBLE),0 代表关闭,1 代表打开,分别对应于按钮的两种状态。打开将显示所有比例的注释性对象,关闭则只显示与当前注释比例相同的注释性对象,隐藏与当前注释比例不同的注释性对象。

● 自动更新注释比例按钮 ✖ ✖:也是个开关按钮(对应的命令是 ANNOAUTOSCALE),4 表示打开,−4 表示关闭。该开关打开时会自动将注释比例添加到所有注释性对象,该开关关闭时所有的注释性对象的注释比例不受影响。

11.2　布局、图纸空间和模型空间的概念

启动 AutoCAD 后所进入的是模型空间工作环境。在绘图区下方左侧有三个选项卡,从左到右依次为 模型、布局1 和 布局2。缺省情况下首次单击布局选项卡(如 布局1)时,图形区域出现一张虚拟图纸,用户可以设定该图纸的幅面,并将模型空间中的图形布置在虚拟图纸上。页面上显示的是单一视口,如图 11.1 所示,其中虚线表示当前所配置图纸的有效作图区域和打印机的可打印范围。

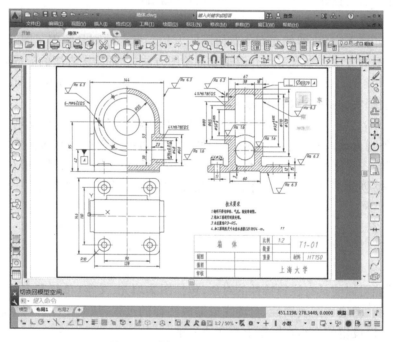

图 11.1　"布局1"的图纸空间状态

图纸布局是设置绘图环境的一种工具。一个布局就是一张图纸。布局主要用于图纸页面设置(包括幅面、页边距等),创建和配置绘图视口,在不同视口中为视图设置不同的绘图比例,最终能够将屏幕上多个视口内的视图如实打印在一张纸上。

进入"布局"后,绘图环境可以随时在"图纸空间"和"浮动模型空间"之间切换。在两者之间相互切换时,可保持图面布置不变。

"模型空间"是打开 AutoCAD 后直接进入的缺省绘图环境,"浮动模型空间"(见图 11.2)则是经图纸布局和页面设置后通过视口进入的绘图环境。在这两个空间中用户都可以创建二维和三维图形。

"图纸空间"和"浮动模型空间"的切换方式,是通过点击状态栏中的 图纸/模型 切换按钮

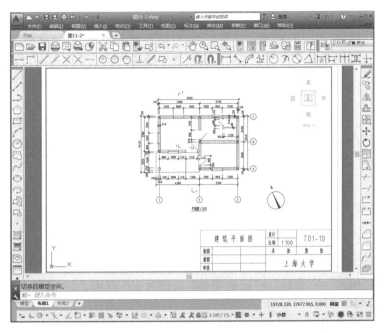

图 11.2 "布局 1"浮动模型空间状态

实现的。简捷的切换方式是在"图纸空间"的视
口中双击,自动切换到"浮动模型空间"(视口边
界变粗);在"浮动模型空间"视口外的空白区双
击,自动切换到"图纸空间"。

模型空间和图纸空间有着不同的坐标系图
标,如图 11.3 所示,分别指示当前的工作环境。

(a)模型空间坐标系图标　(b)图纸空间坐标系图标

图 11.3　不同空间的坐标系图标

11.3　布局的作用和图形的输出

11.3.1　布局的作用

"布局"属于图纸空间的环境,它模拟了图纸页面。用户可以在图纸空间创建多个视口,表
达模型的多个视图,或显示模型的全貌和局部细节。利用图纸空间,多个具有不同显示比例的
视图,其尺寸、文本、符号和非实线线型的比例,可以做到具有统一外观。从而无需在不同绘图
界限内计算和设置各种比例(如尺寸外观的比例,线型的比例、图块的插入比例、注写文字的高
度比例等)。用户以将标题栏图块按 1:1 直接插入到"图纸空间"。打印输出时,不需考虑绘图比
例,按 1:1 打印即可。用户可以应用"布局"命令方便地在图纸空间创建多张新的布局"图纸",并
在新创建的布局"图纸"上,对多个视口的大小、位置进行布置和调整,并可在一张图纸上输出。

创建了布局之后,用户就可以在浮动模型空间运用 ZOOM 命令的 nXP 选项,或
CANNOSCALE 命令设置图样比例,也可以在状态栏视口比例下拉列表 [1:1 / 100%▼] 选择各视口的
图样比例,随后就可以按实际尺寸绘图、标注尺寸、插入粗糙度图块、添加说明文字等。接着切
换到图纸空间进行布局,调整视口大小和位置,再按 1:1 插入标题栏图块。所有工作完成后,

就可以将页面上的所有图形和其他实体按预定要求一并输出到图纸上。

同一张图样可以有不同的布局或输出要求,可以设置和使用多种"布局"来表达同一个对象。如建筑图中,可使用多个布局表达同一房屋各个楼层的建筑平面图或布置图。

11.3.2 布局与图形输出的关系

要将模型空间中多视口的图形输出,必须先用 LAYOUT(布局)命令创建布局图纸,然后在图纸空间进行布局,并用页面设置命令 PAGESETUP 对布局图纸的尺寸、输出比例、图形方向和输出设备等进行必要的设置,最后才能输出给定要求的图纸。

11.4 布局的设置与控制

1. 布局命令的调用

单击菜单栏"插入"⇒"布局"⇒"新建布局",或键入 LAYOUT ↵(或 LO ↵)。

2. 布局的控制

命令调用后,系统提示:

输入布局选项[复制(C)/删除(D)/新建(N)/样板(T)/重命名(R)/另存为(SA)/设置(S)/?]

各选项的功能如下:

"复制(C)":复制已存在的布局(如名为"布局 1")作为新的布局。

"删除(D)":删除已有布局。

"新建(N)":新建布局。

"样板(T)":利用样板图的布局创建新的布局。

"重命名(R)":重新命名布局。

"另存为(SA)":将布局命名另存。

"设置(S)":设置某个布局为当前布局。

"?":列出当前布局名。

【操作示例】

例 11.1:创建名为"USER"的布局。

命令:LAYOUT ↵ (调用布局命令)

输入布局选项[复制(C)/删除(D)/新建(N)/样板(T)/重命名(R)/另存为(SA)/设置(S)/?]<设置>:N↵ (选新建布局选项)

输入新布局名 <布局 3>:USER↵ (输入新建布局名)

例 11.2:复制已有布局"USER"为"NEW"布局。

命令:LAYOUT ↵ (调用布局命令)

输入布局选项[复制(C)/删除(D)/新建(N)/样板(T)/重命名(R)/另存为(SA)/设置(S)/?]<设置>:C↵ (选复制布局选项)

输入要复制的布局名 <布局 1>:USER↵ (输入要复制的选项名)

输入复制后的布局名 <USER (2)>:NEW↵ (输入要创建的布局名)

布局"USER"已复制到"NEW" (显示复制布局完成信息)

11.5　页　面　设　置

页面设置是为了能在图纸空间状态下或模型空间状态下按用户指定要求输出图纸，输出前必须进行页面设置，如选择打印机，设置图纸尺寸、打印比例、打印样式表和打印方向等。

1. 命令调用

单击菜单栏"文件"⇒"页面设置管理器"，或键入 PAGESETUP ↵。

2. 页面设置的操作

调用"PAGESETUP"命令，弹出如图 11.4 所示的"页面设置管理器"对话框，其中 置为当前 按钮用于将页面列表区中选择的页面设置为当前页面，新建 按钮用于新建一张页面，修改 按钮用于修改列表中显示的页面，输入 按钮用于获取某个 dwg 文件中设置的页面格式。

在页面列表区中选择一个页面（如 user），单击 修改 按钮，弹出"页面设置 - user"对话框（图 11.5）。用户可以在此对话框中按自己要求完成以下设置。对话框的主要内容如下：

●页面设置：显示页面名称。

●打印机/绘图仪：在"名称"下拉列表中选择已安装的打印设备（如果系统中没有安装打印机，

图 11.4　"页面设置管理器"对话框

则只能选择"无"或者暂时选择 DWF6 ePlot. pc3 电子文件），单击 特性 按钮，可以在弹出的"绘图仪编辑器"对话框中对打印机介质、页边距等作必要的设置。如在对话框中选择"修改标准图纸（可打印区域）"项，然后在"大小"列表中选择图纸幅面和尺寸 ISO A4(297×210)，再单击 修改 按钮，在弹出的"自定义图纸尺寸—可打印区域"对话框中修改上、下、左、右边界距离，

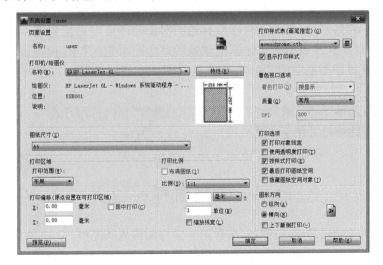

图 11.5　"页面设置- user"对话框

即可重新设定可打印区域的大小。修改完成后,单击 另存为 按钮将修改结果以打印机名保存于缺省文件夹,供以后选择。

● 图纸尺寸:在下拉列表中选择图纸幅面。

● 打印区域:模型空间出图时,"打印范围"下拉列表中提供的选项为"窗口"、"范围"、"图形界限"和"显示";图纸空间出图时,"打印范围"下拉列表中提供的选项为"布局"、"窗口"、"范围"和"显示"。用户可以选择其中一项,以确定打印范围。布局:打印图纸空间布局图纸时,将打印可打印区域内的所有内容,其原点从布局中的0,0点计算得出。图形界限:从"模型"空间输出布局图纸时,将打印绘图界限定义的整个绘图区域。范围:打印当前空间中的所有图形。打印之前,可能会重新生成图形以重新计算范围。显示:打印"模型"选项卡当前视口中的视图或布局选项卡上当前图纸空间视口中的视图。窗口:打印指定窗口内的图形。单击"窗口"按钮以使用定点设备指定要打印区域的两个角点,或输入坐标值。

● 打印比例:"布满图纸"选项适用于视口区域超出打印设备有效区域或视口太小的场合,通过自动调整打印比例来缩放打印图形以布满所选图纸。"比例"下拉列表可供选择打印比例或设置自定义比例,还可以设置打印输出的单位。图纸空间布局的默认比例为1:1,一般应取此比例,模型空间布局的比例一般应取图样比例。"缩放线宽"复选项用于控制输出图形线宽不受打印比例的影响仍按实际设定的宽度输出。

● 打印偏移(原点设在可打印区域):在X、Y编辑框输入偏移量,或勾选"居中"复选项可以保证图形位于图纸内。

● 打印样式表(画笔指定):在下拉列表中选择一个打印样式表文件(由系统给出或用户创建),打印彩色图形选择 acad. ctb 文件,打印黑白图形选择 monochrome. ctb 文件。单击右侧的(编辑)按钮,弹出"打印样式表编辑器",可以按要求编辑或修改打印样式表中的颜色、线型和线宽等属性。

● 显示打印样式:控制是否在屏幕上显示指定给对象的打印样式的特性。如果使用了 monochrome. ctb 文件,视口中的图形便会显示成黑白色。

● 着色视口选项:在"质量"下拉列表中给出的"草稿"、"预览"、"常规"、"演示"、"最高"、"自定义"之间选择一个打印质量的选项。

● 打印选项:有5个复选框,其中"打印对象线宽"项,控制是否按图层中设置的线宽打印图线;"使用透明打印"项,仅用于打印具有透明对象的图形时才应勾选;"按样式打印"项,可以按已选择的打印样式表格式打印图纸;"最后打印图纸空间"项,控制首先打印模型空间几何图形,然后再打印图纸空间几何图形;"隐藏图纸空间对象"项,用于控制打印时隐藏图纸空间对象。

● 图形方向:选择"纵向"或"横向"打印方向,或选择"反向打印方式"。

● 预览:单击此按钮可预览图纸全貌。

11.6　工程图样的输出

图样输出可以使用多种输出设备,最常用的是打印机或绘图机。

在输出前,除了设置页面外还应设置好打印样式表。打印样式表能够设置和控制对象输出时的"颜色"、"抖动"、"灰度"、"笔号"、"虚拟笔号"、"显淡"、"线型"、"自适应"、"线宽"、"端点"、"连接"、"填充"等属性,还可以按颜色设置线宽值,确保输出图形的线宽就是设定的值,所有这些属性是以扩展名为.stb 或.ctb 的文件存储在系统中。

设置打印样式表的方法有 4 种:第一种是"创建新打印样式表"(新建打印样式表);第二种是"使用现有打印样式表"(基于现有打印样式表创建新的打印样式表);第三种是"使用 R14 绘图仪配置(CFG)(C)"(从 R14CFG 文件输入笔表特性);最后一种是"使用 PCP 或 PC2 文件(P)"(从现有的 PCP 或 PC2 文件中输入笔表特性)。

11.6.1　打印样式表的设置

控制输出图纸上图线粗细的方法有两种,一种方法是通过图层直接设定线宽,另一种方法则是通过修改打印样式表,按不同颜色设置线宽。下面将具体介绍如何使用 STYLESMANAGER 命令创建和修改打印样式表。

1. 命令调用

单击菜单栏"文件"⇒"打印样式管理器",或键入 STYLESMANAGER↵。

2. 创建打印样式表文件

设置"红色"(1 号色)、"蓝色"(5 号色)、"洋红色"(6 号色)的"线宽"为 0.15,"黑白色"(7 号色)的"线宽"为 0.45,并将结果保存为打印样式表文件 user.ctb。操作步骤如下。

(1) 调用 STYLESMANAGER 命令,弹出如图 11.6 所示的"Plot Styles"(打印样式)管理器;双击管理器中的"添加打印样式表向导"图标,弹出如图 11.7 所示的"添加输出样式表"对话框,可以从这个对话框中了解创建输出样式表的信息;单击 下一步 按钮,弹出如图 11.8 所示的"添加打印样式表—开始"对话框。

图 11.6　Plot Styles 管理器

(2) 在对话框中,系统提供了 4 种创建输出样式表的单选项:创建新打印样式表;使用现有打印样式表;使用 R14 绘图仪配置(CFG)(C);使用 PCP 或 PC2 文件。

选择第一个单选项,单击 下一步 按钮,弹出如图 11.9 所示的"添加打印样式表-选择打印样式表"对话框。采用缺省设置,单击 下一步 按钮,打开如图 11.10 所示的"添加打印样式表-文件名"对话框。

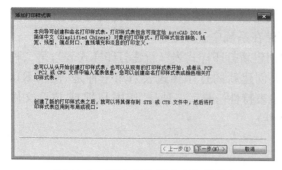

图 11.7 "添加打印样式表"对话框

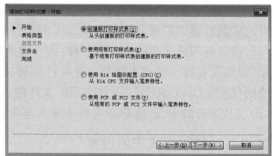

图 11.8 "添加打印样式表-开始"对话框

（3）在图 10.11 对话框中输入打印样式表名称 user，单击 下一步 按钮，弹出如图 11.11 所示的"添加打印样式表-完成"对话框。

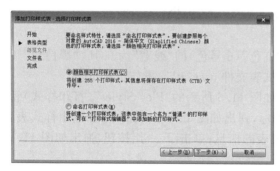

图 11.9 "添加打印样式表-选择打印样式表"对话框

图 11.10 "添加打印样式表-文件名"对话框

图 11.11 "添加打印样式表-完成"对话框

（4）单击 打印样式表编辑器 按钮，弹出如图 11.12 所示的"打印样式表编辑器- user.ctb"对话框。对话框共有三个选项卡，其中"表格视图"选项卡可以设置输出对象的各种属性，下面按颜色来设置相应线宽。

① 设置"颜色 1"（红色）线宽为 0.15：单击"打印样式"区的"颜色 1"，在"线宽"下拉列表区中挑选 0.15 线宽。如果在下拉列表中没有找到所要选择的线宽，可以单击编辑线宽按钮，在弹出的编辑对话框中设定。

② 设置"颜色 5"（蓝色）线宽为 0.15：单击"打印样式"区的"颜色 5"，在"线宽"下拉列表区中挑选 0.15 线宽。

③ 设置"颜色 6"（洋红色）线宽为 0.15：单击"打印样式"区的"颜色 6"，在"线宽"下拉列表区中挑选 0.15 线宽。

④ 设置"颜色 7"（黑/白）线宽为 0.45：单击"打印样式"区的"颜色 7"，在"线宽"下拉列表区中挑选 0.45 线宽。

（5）对于非 ISO 线型，必要时可以设置线型的全局比例因子。单击"常规"选项卡（见图 11.13），选中"向非 ISO 线型应用全局比例因子"复选框，在"比例因子"编辑框键入比例值。

图 11.12 "打印样式表编辑器- user.ctb"
对话框的"格式视图"选项卡

图 11.13 "打印样式表编辑器- user.ctb"
对话框的"基本"选项卡

（6）观察打印样式设置结果。单击"表视图"选项卡（见图 11.14），该选项卡以表格形式显示了打印样式表的设置情况。

（7）保存打印样式表文件 USER.CTB。单击 保存并关闭 按钮，返回图 11.11 对话框，再单击 完成 按钮，完成打印样式表文件 USER.CTB 的创建。

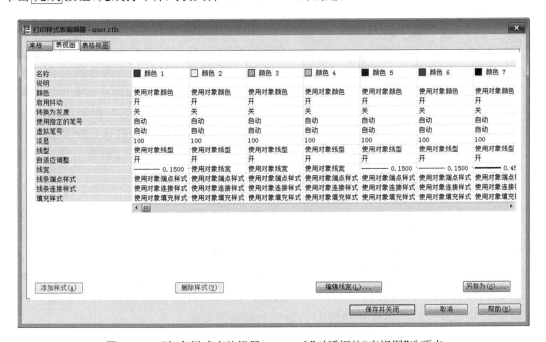

图 11.14 "打印样式表编辑器- user.ctb"对话框的"表视图"选项卡

3. 编辑修改系统提供的打印样式表文件

以修改单色打印样式表文件 monochrome.ctb 为例，介绍具体修改方法。修改要求为：

1～3、5～6 号色的线宽修改为 0.15,7 号色的线宽修改为 0.45,4 号色的线宽修改为 0.6。

修改步骤如下:调用 PAGESETUP 命令,弹出"页面设置-布局 1"对话框,如图 11.15 所示。选择打印样式表文件 monochrome. ctb,单击 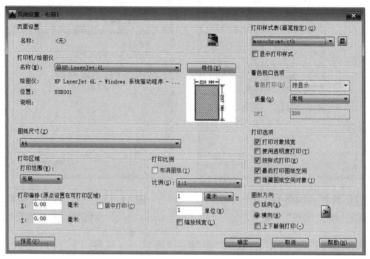（编辑）按钮,弹出"打印样式表编辑器-monochrome. ctb"对话框,如图 11.16 所示。在"表格视图"选项卡中按要求设定线宽,单击 保存并关闭 按钮完成修改工作。

图 11.15 "页面设置-布局 1"对话框

图 11.16 "打印样式表编辑器-
monochrome. ctb"对话框

11.6.2 工程图样的打印输出操作

图样的打印输出简称出图。若已配置了打印机或绘图仪,且打印样式表文件和页面也已创建和设置,就能够使用打印输出命令按页面中设定的图幅和比例输出图纸。模型空间和图纸空间都可以输出图样,打印设置也基本相同,两者的唯一区别是打印比例不同,前者打印比例就是图样比例,后者打印比例始终为 1∶1 固定不变。下面介绍图纸空间图样输出操作。

1. 打印命令调用

单击菜单栏"文件"⇒"打印",或单击标准工具栏打印图标 🖶 ,或键入 PLOT ↵（或 PRINT ↵）。

2. 出图操作

要求:使用已修改的打印样式表文件 monochrome. ctb 为当前样式,设置图纸尺寸为 A4 幅面、1 毫米＝1 单位、打印比例为 1∶1,输出当前绘图文件。

操作步骤:

（1）使用 PAGESETUP 命令按要求设置布局 1 页面,具体操作方法见 11.4 节。

（2）调用打印命令 PLOT,弹出"打印-布局 1"对话框,如图 11.17 所示。

（3）单击 预览 按钮查看打印效果,经确定无问题后,再单击 确定 按钮输出图纸。如果发现页面设置不合理,用户可在该对话框中对打印机、图纸尺寸、打印范围、打印比例等选项作重新设置。

图 11.17　"打印-布局 1"对话框

11.7　图纸空间布局与浮动模型空间绘图的方法

11.7.1　工作方法

如果给定了图纸幅面和图样比例,首先应创建一个新的布局,通过页面设置,选定所要求的图纸幅面和设置其他选项,然后切换到浮动模型空间,设定相对于图纸空间的缩放比例(一般就是给定的图样比例)。在浮动模型空间完成绘图、尺寸标注、插入粗糙度图块、注写技术要求文字等工作后,切换到图纸空间,调整图形视口的位置和大小,按 1:1 画图框、插入标题栏图块。完成后从图纸空间以 1:1 输出布局图纸。

这种工作方法利用了浮动模型空间作图方便,图纸空间布局随意的优点,实现了高效率地绘图和打印输出。

11.7.2　操作示例

以如图 11.18 所示的压盖零件图为例,介绍如何创建布局,在浮动模型空间以 1:2 图样比例绘图;如何将图纸空间布局图纸输出到 A4 图纸上。

已知输出图框线宽为 0.6,轮廓线宽为 0.45,细线、点划线线宽为 0.15,尺寸文本高为 3.5,标题栏中的大字体高为 7、小字体高为 5,其他文字高为 5 或 3.5,线型的全局比例因子为 0.33。

1. 布局与页面设置

(1) 使用 LAYOUT 命令的"新建"选项创建名为 USER 的新布局。

(2) 单击 USER 选项卡,切换到图纸空间,然后调用 PAGESETUP 命令,弹出"页面设置管理器"。单击 修改 按钮,在弹出的"页面设置- user"对话框中选择已安装的打印机,A4 幅

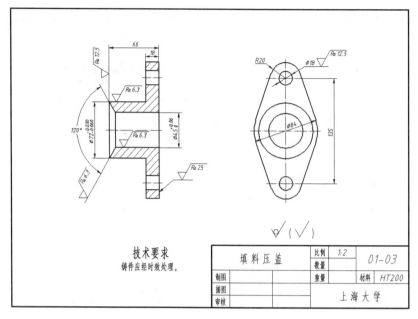

图 11.18   压盖零件图

面,1:1打印比例,根据颜色将单色打印样式表文件 monochrome. ctb 的线宽值改成为指定的值。其他选项都使用系统默认设置。

2. 调整图纸空间的视口大小和位置

因为 USER 布局上自动生成的视口大小不等于图框大小,所以需要重新设置。具体操作如下:切换到图纸空间,删除原有视口,然后选择菜单栏项"视图⇒视口⇒1 个视口"或调用 MVIEW 命令,也可以使用视口工具栏 上创建单视口的图标命令□,输入视口的左下角点 0,0 ↵,再输入视口的右上角点 277,190 ↵,使新创建的视口等于图框 277× 190 大小(不留装订边),这样就不用关闭视口所在图层。使用移动命令将视口移到图纸的合适位置。

3. 创建图层、文字样式和标注样式,设置线型的全局比例

(1) 通过设计中心将实验 10.1"标准文件. dwg"中的图层、文字样式 utext 和标注样式 udim 添加到当前图中。

(2) 调用线型命令 LINETYPE,弹出"线型管理器"对话框,单击 显示细节 按钮,在"全局比例因子"编辑框输入 0.33,并勾选"缩放时使用图纸空间单位"复选框,保证打印输出的线型比例为 0.33 不变。

4. 浮动模型空间绘图、标注尺寸、插入粗糙度图块和标注文字

(1) 单击 USER 项卡切换到 USER 布局状态,在视口中双击进入到浮动模型空间,设定图样比例。设置图样比例共有三种方法,方法一,通过调用屏幕缩放命令 ZOOM,输入 0.5XP 设定相对于图纸空间的图样比例 1:2;方法二,调用 CANNOSCALE 命令,输入注释比例 1:2 (图样比例);方法三,通过状态栏上视口比例下拉列表 选择所需的图样比例。由于已设定了视口图样比例,相应的命令中又勾选过注释性,所以浮动模型空间中绘制图形、标注尺寸、1:1 插入图块和注写文字时就不必考虑比例,直接按图中的尺寸绘制。

注:如有必要可以单击状态栏的自动更新注释比例按钮,使之处于打开状态 ;也可以单

击状态栏的注释可见性按钮,使之处于打开状态 。

（2）为了确保设定的图样比例固定不变,一般应锁定视口。有三种锁定方法：

① 执行 MVIEW 命令,选择"锁定"选项,再选择"开"选项。

② 在图纸空间,拾取视口边框右击,在弹出的光标菜单中,选择"显示锁定⇒是"或"显示锁定⇒否"。

③ 在浮动模型空间直接单击状态栏的"锁定 /解锁 "按钮,使之锁定。

（3）进入浮动模型空间,在相应图层上绘制视图。

（4）将文字样式 utext 和标注样式 udim 设置为当前样式,在"标注"层以字高 3.5 或 5 注写技术要求文字,及标注所有尺寸。

（5）通过设计中心将实验 10.1"标准文件.dwg"中的粗糙度图块插入到"标注"层中,插入比例为 1。

（6）在浮动模型空间使用 MOVE 命令调整图形的位置,使视图布局更为合理。

5. 图纸空间绘制图框和插入标题栏图块

（1）在"粗线"层用多段线或矩形命令按尺寸 277×190 画图框与视口重合。

（2）通过设计中心将"标准文件.dwg"中的标题栏图块插入"细线"层,插入比例为 1。插入过程中按提示依次输入标题栏的属性文字。切换到"粗线"层重画标题栏外框。

6. 图纸空间出图

切换到图纸空间,调用打印输出命令 PLOT,弹出"打印"对话框,其中所有选项都不必设置,因为在"页面设置"对话框中已完成。单击 完全预览 按钮,预览图纸的打印效果（如图 11.19）,如果符合要求,单击 确定 按钮输出图纸。

7. 说明

（1）由于是按 1∶1 打印输出图纸,所以打印样式表文件设定的线宽为实际宽度不变,如细线（洋红色）、点划线（红色）的线宽＝0.15,图形轮廓线（黑色）线宽＝0.45,粗线（青）线宽＝0.6。如果不使用打印样式表文件控制打印输出的图形线宽,则可以通过图层设置实际线宽,然后勾选"页面设置"或"打印"对话框的"缩放线宽"复选项,同样能够保证打印的图线是设定的实际宽度。

（2）在浮动模型空间中,只要调用过 ZOOM 命令就会改变已设置的图样比例。因此,要保持 1∶2 图样比例不变,必须锁定视口。如果绘图过程中从未锁定视口,那么在图纸输出前一定要再次设定 1∶2 图样比例。

（3）在浮动模型空间进行图案填充前,如已在"图案填充和渐变色"对话框的"图案填充"选项卡勾选过"注释

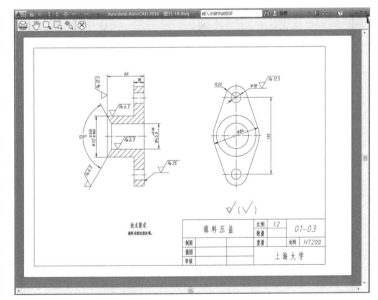

图 11.19　图纸打印预览

性"复选项,图案填充的比例不会受图样比例 1:2 的影响而缩小,仍保持设定的比例,自动与打印输出图纸匹配。

(4) 由于注释性的特性所决定,不论采用哪种图样比例,输出图纸上的文字、尺寸、图块、填充图案的外观大小是由表 10 - 3 列出的标准绘图参数所决定,一般是固定不变的。从 AutoCAD 2008 版开始已经提供了实现这一要求的方法,所以用户在创建文字样式、标注样式、图块和图案填充等操作时,别忘了勾选相应对话框上的"注释性"复选项。

11.8　实验及操作指导

【实验 11.1】　使用浮动模型空间作图、图纸空间布局的方法,绘制如图 11.20 所示的建筑剖面图,将结果保存为 DRAWING14. DWG 文件。

【要求】

(1) 创建必要的图层,在浮动模型空间以 1:100 图样比例绘图和标注尺寸(个别缺少尺寸的形状,其大小可以自定)。

(2) 在图纸空间绘制图框和插入标题栏图块。

(3) 通过打印样式表设置细线 0.15、中粗线 0.23、点划线线宽 0.15,轮廓线线宽 0.45,粗线线宽 0.60。设置 1:1 打印比例,将图纸输出到 A4 纸上。

【操作指导】

(1) 调用 LAYOUT 命令,选择"新建"方式创建新布局 TEST1。

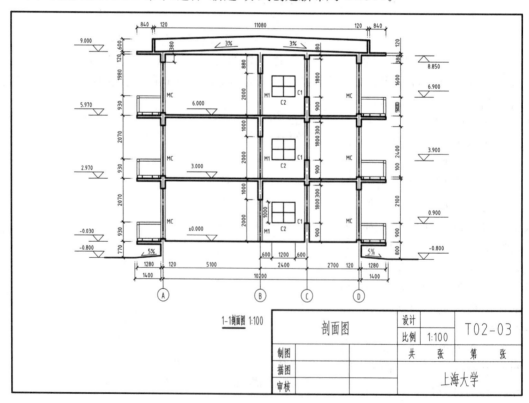

图 11. 20　建筑平面图

（2）切换到图纸空间，调用页面设置 PAGESETUP 命令，进行页面设置。在"页面设置"对话框中，选定 A4 图纸和打印设备，选择 1:1 打印比例、选择 monochrome.ctb 打印样式表文件，按颜色设置各种线型的宽度。

（3）通过设计中心将实验 10.1"标准文件.dwg"中的图层、文字样式 utext 和标注样式 udim 添加到当前图中。

（4）调用线型命令 LINETYPE，弹出"线型管理器"对话框，单击 显示细节 按钮，在"全局比例因子"编辑框输入 0.33，并勾选"缩放时使用图纸空间单位"复选框。

（5）切换到图纸空间，删除视口，调用 MVIEW 命令，然后输入视口的左下角点 0,0 ↵，再输入视口的右上角点 277,190 ↵，使重新创建的视口与无装订边图纸的图框同样大小，并用 MOVE 命令移到合适位置。

（6）切换到浮动模型空间，在状态栏视口比例下拉列表 ▣ 1:100 / 1% ▾ 选择 1:100 图样比例。

（7）切换到浮动模型空间直接单击状态栏的"锁定 🔒/解锁 🔓"按钮锁定视口，确保设定的图样比例不变。

（8）切换到浮动模型空间绘制平面图形，将 utext 和 udim 样式设置为当前样式，标注尺寸和注写高度 3.5 的"1—1 剖面图 1:100"文字。通过设计中心插入标高图块和墙轴线编号图块，插入比例为 1。

（9）切换到图纸空间，以"粗线"层为当前图层画图框（与视口一样大小），或者直接将视口边框改到粗线层也可。利用设计中心将实验 10.1"标准文件.dwg"中的标题栏块图 TITLE，插入到"细线"层，插入比例为 1，按提示输入标题栏的属性文字（如图名为"剖面图"、比例为"1:100"等）。再次切换到"粗线"层重画与视口重合的图框和标题栏外框。

（10）切换到浮动模型空间，用 MOVE 命令调整图形的位置，使布局更为合理。将文件保存为 DRAWING14.DWG。

（11）调用打印输出命令 PLOT，先预览图形输出效果，然后再实施打印输出。

【实验 11.2】 用图纸空间布局、浮动模型空间绘图的方法，绘制如图 11.21 所示的轴零件图，将结果保存为 DRAWING15.DWG 文件，并打印输出到 A4 图纸上。

【要求】
（1）在浮动模型空间绘图、标注尺寸、注写技术要求文字、插入粗糙度图块。
（2）在图纸空间画图框、插入标题栏图块。
（3）在图纸空间以 1:1 打印输出布局图纸，输出图形的细线、点划线线宽应为 0.15，轮廓线线宽应为 0.45，粗线线宽应为 0.60。

【操作指导】
（1）使用 LAYOUT 命令创建名为 USER 的布局。
（2）使用 PAGESETUP 命令打开 USER 页面，选择 A4 图幅、1:1 打印比例，选择打印样式表文件 monochrome.ctb，按对应颜色将细线、点划线线宽设为 0.15，轮廓线线宽设为 0.45，粗线线宽设为 0.60。

（3）通过设计中心将实验 10.1"标准文件.dwg"中的图层、文字样式 utext 和标注样式 udim 添加到当前图中。

（4）调用线型命令 LINETYPE，弹出"线型管理器"对话框，单击 显示细节 按钮，在"全局比例因子"编辑框输入 0.33，并勾选"缩放时使用图纸空间单位"复选框。

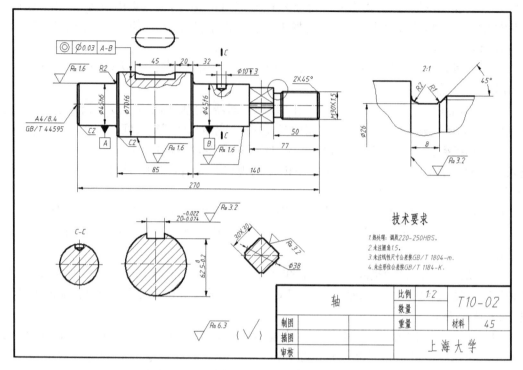

图 11.21 轴零件图

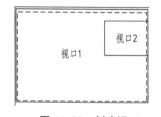

图 11.22 创建视口

(5) 切换到图纸空间,新建"视口"图层,并将它设置为当前图层,调用 MVIEW 命令,选择 P 选项,或使用"视图"工具栏 [图标] 上的图标 ▯(多边形视口)和 □(单视口)功能,绘制如图 11.22 所示的多边形视口 1 和矩形视口 2。视口 1 的长与宽等于图框尺寸 267×200(保留装订边)。

(6) 由视口 1 进入浮动模型空间,通过状态栏上视口比例下拉列表 [1:2/50%] 设置图样比例值 1:2。由视口 2 进入浮动模型空间,通过状态栏上视口比例下拉列表 [2:1/200%] 设置图样比例值 2:1。切换到图纸空间,拾取两个视口右击之,选择光标菜单项"显示锁定⇒是"锁定两视口。

(7) 切换到视口 1 的浮动模型空间,绘制视图、标注尺寸。通过设计中心将"标准文件.dwg"文件中的粗糙度图块插入到当前图中(插入比例为 1)。标注剖切标注文字,字高为 3.5;注写字高为 5 的技术要求文字。

(8) 切换到视口 2 的浮动模型空间,绘制局部放大图,标注尺寸和插入粗糙度图块(插入比例为 1)。标注局部放大图比例文字,字高为 3.5。

(9) 切换到图纸空间,在"粗线"层绘制与视口 1 重合的图框,通过设计中心将第十章实验 1"标准文件.DWG"的标题栏图块插入到"细线"层,插入比例为 1。切换到"粗线"图层,重画标题栏外框。

(10) 在浮动模型空间使用 MOVE 命令调整视图等对象的相对位置。关闭"视口"图层以隐藏视口边框。将文件保存为 DRAWING15.DWG。

(11) 切换到图纸空间,调用 PLOT 命令,选择打印机,按 1:1 打印输出图纸。

注意点：

（1）第一视口绘制的图形如果出现在第二视口中,最简单解决方法是解锁第二视口,用 PAN 命令平移视区足够距离直到第二视口中完全看不到第一视口的对象为止,然后重新锁定视口。接着再绘制第二视口中的图形,一般不会出现第一视口中。

（2）创建视口和将对象转换为视口,既可以使用 MVIEW 命令也可以使用"视口"工具栏 的图标 （将对象转换为视口）功能。

思考与练习

1. 哪些对象可以设置注释特性？什么情况下需要设置注释比例？注释比例有什么用处？主要用于解决什么问题？

2. 图纸空间、模型空间和浮动模型空间有何区别？它们分别用在哪些场合？

3. 在浮动模型空间调用屏幕缩放命令 ZOOM 缩放图形,是视觉上的缩放还是实际缩放？而在图纸空间调用屏幕缩放命令缩放图形又是属于哪种性质的缩放？

4. 用什么命令和哪几种方式可以锁定视口和解锁视口？锁定视口有什么用处？

5. 如果图样中存在几个不同比例的视图,应采用哪种布局方法和设置才能使得 1:1 打印输出图纸时,各视口的图形符合给定的比例,而它们的文字、尺寸、图块、线宽、图案等外观又具有统一标准大小。

6. 给定图样比例 1:2,使用图纸空间布局、浮动模型空间绘图的方法,绘制如图 11.23 和图 11.24 所示的零件图,分别打印输出到 A4 和 A3 纸上。

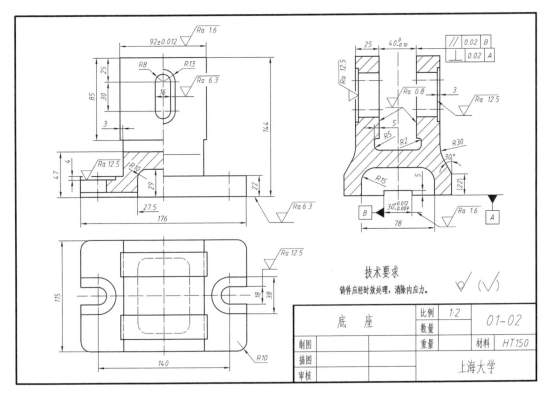

图 11.23 练习图一

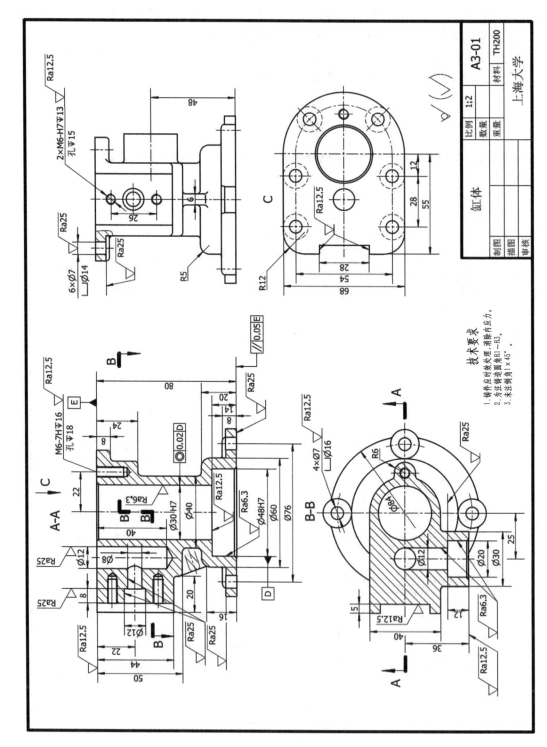

图11.24 练习图二

第十二章

三维图形基础

本章知识点

- 三维图形的概念和确定三维点位置的各种方式方法。
- 三维线框图的生成方法。
- 三维图形的基本显示方式。
- 用户坐标系的概念及其常用设定方法。
- 三维编辑命令及其使用。

12.1　三维图形概念和 AutoCAD 2016 的三维功能

现实生活中的物体和工程对象都处于三维空间中,都具有长、宽、高三个尺度。所以,要全面、形象地表达和描述物体或工程对象,唯有构造出具有真实感的模型图。这种模型图,从不同方向观察,所获得的视觉效果和形象是不同的。因此,在屏幕上显示的图形也将随着变化。这种具有三维信息,并随观察方向变化而视觉效果发生变化的模型图就是三维图。它不同于仅能表示一个观察方向的纸面立体图(俗称"假三维图")。真正的三维图,不但在视觉上富有层次和立体感,而且能绕任意空间直线旋转,从而获得不同的形貌和视觉效果。

AutoCAD 2016 不但能方便快捷地生成和编辑二维图形,而且,还具有丰富的三维图形功能。其主要的三维功能表现在以下几个方面:

(1) 可构造多种类型的三维模型——线框模型、面片模型、实体模型。

(2) 有多种显示三维模型的方式。

(3) 能将三维模型直接转化为二维视图或剖视图,并能自动分离可见和不可见轮廓线。

(4) 可编辑和赋予实体某种材料,创造多种场景(视图和灯光)。使实体更富真实感。

(5) 有专用的三维编辑命令。

12.2　空间点的位置确定和三维线框图

12.2.1　空间点的位置确定

用 AutoCAD 表示并确定空间某点位置的方式和方法有如下几种:

1. 空间直角坐标

三维物体的长、宽、高三个方向,对应于空间直角坐标系的 X、Y、Z 三轴。按照右手系规

图 12.1　右手系空间直角坐标

则,三轴分别对应于右手的大拇指、食指和中指。如图 12.1 所示。据此,在初始状态下,Z 轴方向为垂直屏幕,且其正向指向操作者。

用空间直角坐标确定一点的空间位置,有绝对坐标和相对坐标两种表示形式。绝对坐标是相对于坐标系原点的位置,它的输入方式为 X,Y,Z(两坐标间用逗号分开),如 10,20,30。相对坐标是相对于当前点的位置,它的输入方式为 @dx,dy,dz(在二维坐标后加 Z 坐标差),如 @10,20,30。

无论是绝对坐标还是相对坐标,都有另一种输入方式,这种方式为"过滤符"输入。它是先输入三个坐标中的一个或两个,确定一个或两个坐标后再输入其余坐标。具体操作时,先键入"●"(点)和字母 XYZ 中的一个或两个后按 Enter 键。出现"于"提示后用光标指定或捕捉相应位置,接着,在"需要(其余坐标)"提示下,输入其余坐标。举例如下:在图 12.2 中,已知两相交直线 AB、CD,现要以两线交点正上方 100 处的点为圆心,画一半径为 20 的圆。

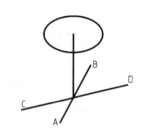

图 12.2　过滤符输入示例

操作过程如下:

命令：CIRCLE ↵

指定圆的圆心或[三点(3P)/两点(2P)/相切、相切、半径(T)]：.xy ↵

于(捕捉两线交点)

(需要 Z)：100 ↵

指定圆的半径或[直径(D)]：20 ↵

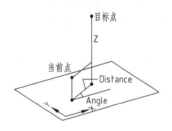

图 12.3　相对柱坐标

2. 相对柱坐标

目标点相对于当前点的 X、Y 坐标差,用相对极坐标表示,再加上它们的 Z 坐标差,就是目标点相对于当前点的相对柱坐标。它的输入方式为 @Distance<Angle,Z。其中,Distance 为当前点和目标点在 XY 平面上两投影之间的距离;Angle 为两投影连线与 X 轴的夹角(与二维极坐标同);Z 为目标点与当前点的 Z 坐标差,如图 12.3 所示。

3. 相对球坐标

过当前点作 XY 平面的平行面,目标点在该平面上的投影和当前点的连线与 X 轴的夹角为目标点的平面角,目标点和当前点的连线与 XY 平面的夹角为空间角,目标点到当前点的距离为球半径。由以上球半径、平面角、空间角确定的坐标,称为相对球坐标,如图 12.4 所示。

相对球坐标的输入方式为 @Radius<Angle1<Angle2。其中 Radius 为球半径;Angle1 为平面角;Angle2 为空间角。

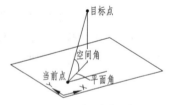

图 12.4　相对球坐标

4. 目标捕捉

除二维目标捕捉类型外,在三维图形的绘制和编辑中,还可捕捉立体上的顶点、边中点、面中心、垂直面、最靠近面等目标。但是,三维图形中的某些元素是不能捕捉的,如圆柱体外形线的端点、中点等。

12.2.2　三维线框模型及其生成

三维线框模型是没有表面信息、前后没有遮挡关系的三维骨架模型,它的构图简单,所占

储存空间小。三维线框模型可以使用绘图命令,输入三维坐标直接生成,也可以用绘图和编辑命令综合生成。下面列举两例:

例 12.1:已知三棱锥 $S-ABC$ 的 4 顶点坐标分别为 $A(100,100,0)$、$B(150,50,0)$、$C(200,100,0)$、$S(150,80,150)$,作出该三棱锥(图 12.5)。

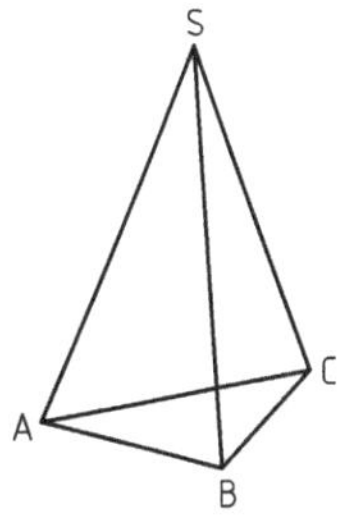

方法一,用直线命令和输入端点坐标生成。具体操作如下:

命令:LINE↵

指定第一点:100,100↵   (A 点 Z 坐标为 0 时,可不输入)

指定下一点 或[放弃]:150,50↵   (B 点)

指定下一点 或[放弃]:200,100↵   (C 点)

指定下一点 或[闭合/放弃]:100,100↵   (A 点)

指定下一点 或[闭合/放弃]:150,80,150↵   (S 点)

指定下一点 或[闭合/放弃]:150,50↵   (B 点)

指定下一点 或[闭合/放弃]:↵   (命令结束)

命令:↵   (重复 LINE 命令)

LINE 指定第一点:150,80,150↵   (S 点)

指定下一点 或[放弃]:200,100↵   (C 点)

指定下一点 或[放弃]:↵   (命令结束)

图 12.5 三棱锥

方法二,采用绘图和编辑命令综合生成。具体操作如下:

命令:LINE↵

指定第一点:100,100↵   (A 点)

指定下一点 或[放弃]:150,50↵   (B 点)

指定下一点 或[放弃]:200,100↵   (C 点)

指定下一点 或[闭合/放弃]:100,100↵   (A 点)

指定下一点 或[闭合/放弃]:150,80↵   (S 点的投影)

指定下一点 或[闭合/放弃]:150,50↵   (B 点)

指定下一点 或[闭合/放弃]:↵   (命令结束)

命令:↵   (重复 LINE 命令)

LINE 指定第一点:150,80↵   (S 点的投影)

指定下一点 或[放弃]:200,100↵   (C 点)

指定下一点 或[放弃]:↵   (直线命令和绘图结束)

命令:STRETCH↵   (调用拉伸命令)

以交叉窗口或交叉多边形选择要拉伸的对象

选择对象:指定对角点:(交叉窗口框选 S 点投影) 找到 3 个

选择对象:↵   (选择结果)

指定基点或位移:0,0,150↵   (输入拉伸量)

指定位移的第二个点或<用第一个点作位移>:↵

例 12.2:用绘图和编辑的综合方法生成图 12.6(a)所示的线框模型图。

操作步骤如下:

(1) 调用直线命令,按尺寸在 XY 平面上画出立体的俯视图,如图 12.6(b)所示。

(2) 调用复制命令,在原图正上方复制俯视图,位移量为 0,0,160,如图 12.6(c)所示。

（3）调用直线命令，并采用目标捕捉，连接上下对应端点，如图12.6(d)所示。

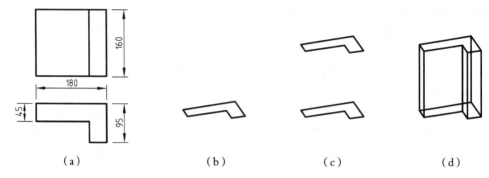

（a） （b） （c） （d）

图12.6 用绘图和编辑综合方法生成线框图

12.3 三维图的显示方式

12.3.1 视点（View 点）与视图（View）

1. 视点

视点是确定观察者观察三维形体的站点，用一个方向矢量表示。不同的视点，能显示立体不同方向的形貌，它可以显示立体6个方向的基本视图（正交视图）和任意角度的正轴测图（立体图的一种）。

表示和确定视点的方法有如下两种形式：

（1）用一点表示。该点与坐标系原点的连线，就是视线（方向指向原点）。

例如：（0，0，1）表示从立体的上面观察（投影），显示立体的俯视图（顶视图）。

（0，−1，0）表示从立体的前面观察，显示立体的主视图（前视图）。

（−1，0，0）表示从立体的左面观察，显示立体的左视图。

（1，0，0）表示从立体的右面观察，显示立体的右视图。

（0，1，0）表示从立体的后面观察，显示立体的后视图。

（0，0，−1）表示从立体的下面观察，显示立体的仰视图（底视图）。

（−1，−1，1）表示从立体的左前上方观察，显示立体的正等轴测图。

由于视点只表示视线方向，不确定观察距离，所以，视点（1，1，1）与（2，2，2）显示的立体形状和大小是相同的。

（2）用视线的平面角（视线在XY平面上的投影与X轴的夹角）和空间角（视线与XY平面的夹角）表示。

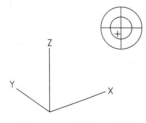

图12.7 罗盘和三脚架

根据不同的表示方法，用视点命令观察立体的操作也就不同。

操作方法一，键入_VPOINT ↵命令后，在"指定视点或［旋转(R)]＜显示坐标球和三轴架＞："提示下，输入确定视线方向的一点。

操作方法二，键入_VPOINT ↵命令后，在"指定视点或［旋转(R)]＜显示坐标球和三轴架＞："提示下，按 Enter 键，或单击菜单栏"视图"⇒"三维视图"⇒"视点"，屏幕上出现一罗盘（由两同心圆和两正交直线组成）和一三脚架（空间X、Y、Z三轴的投影），如图12.7所示。

其中,罗盘可以指示视点的 8 个区域:

小圆左下四分之一区域,表示视点在立体的左前上方。

小圆右下四分之一区域,表示视点在立体的右前上方。

小圆右上四分之一区域,表示视点在立体的右后上方。

小圆左上四分之一区域,表示视点在立体的左后上方。

罗盘小圆和大圆之间左下四分之一区域,表示视点在立体的左前下方。

罗盘小圆和大圆之间右下四分之一区域,表示视点在立体的右前下方。

罗盘小圆和大圆之间右上四分之一区域,表示视点在立体的右后下方。

罗盘小圆和大圆之间左上四分之一区域,表示视点在立体的左后下方。

光标在上述 8 个不同区域指点,可以获得不同的视点效果。当光标在不同区域移动时,三脚架会跟着变化,供用户预览三轴的视点效果。

根据以上原理和用户的需要,单击罗盘的相应区域和位置,就可完成视点操作。

AutoCAD 2016 版还提供了 ViewCube 工具,它能快捷生成不同视点的视图。该工具默认位置位于图形窗口的右上角,操作者只要把光标指在图标上,点击图中视向名或按住鼠标左键拖动,就能生成预定视图或动态观察立体的轴测图。如图 12.8 所示。

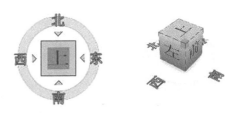

图 12.8 ViewCube 工具

利用"视点预置"对话框也可设置视点,方法如下:

单击菜单栏"视图"⇒"三维视图"⇒"视点预设",引出用以设定平面角和空间角的"视点预设"对话框,如图 12.9 所示。

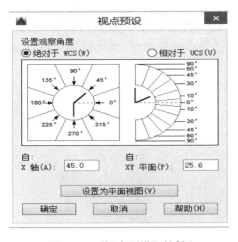

图 12.9 "视点预设"对话框

在对话框左边图中单击,或在"自 X 轴"编辑框中输入平面角;在对话框右边图中单击,或在"自 XY 平面"编辑框中输入空间角,单击 确定 按钮,完成视点设置。

在对话框左边图中单击或在"自 X 轴"编辑框中输入平面角,在对话框右边图中单击或在"自 XY 平面"编辑框中输入空间角,然后,单击 确定 按钮,完成视点设置。

对于特定视点生成的常用视图可从菜单或工具条中直接点取:

单击菜单栏"视图"⇒"三维视图",在弹出的级联菜单中,单击固定视图名,显示相应视图。其中有俯视图、仰视图、左视图、右视图、主视图、后视图、西南等轴测图、东南等轴测图、东北等轴测图、西北等轴测图。

打开"视图"工具栏,单击工具栏图标直接显示相应视点图形,工具栏图标对应的视点如图 12.10 所示。

图 12.11 显示了由相应视点生成的立体 6 个基本视图和 4 个正等轴测图。图中仰视图的形状与制图中的视图不同(旋转了 180°),这是因为它把 X、Y 轴的正向放在了正常位置所致。

2. 视图

AutoCAD 所说的视图,是指一定视点下的可见区域。它用以保存和恢复操作过程中的某

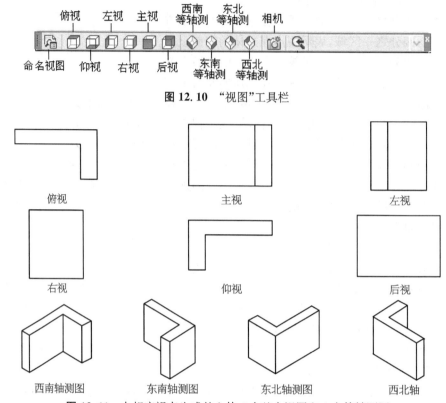

图 12.10   "视图"工具栏

俯视   主视   左视

右视   仰视   后视

西南轴测图   东南轴测图   东北轴测图   西北轴

图 12.11   由相应视点生成的立体 6 个基本视图和 4 个等轴测图

一屏幕画面(视区)。在二维和三维绘图中都可以使用。所以,它只是一种显示管理工具,本身并不具有独特的显示功能。在三维绘图中,当需要保存某一视点下的图形时,可调用"视图"(VIEW)命令予以实现。当某一时刻需要重现(恢复)前已保存的视图时,也可调用 VIEW 命令实现。VIEW 命令的操作如下:

键入 VIEW ↵,或单击菜单栏"视图"⇒"命名视图",弹出"视图管理器"对话框(图 12.12)。

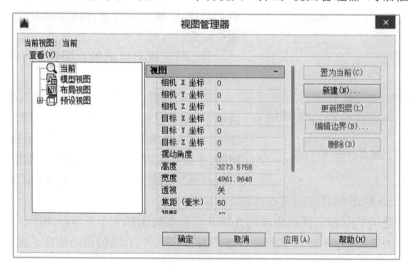

图 12.12   "视图管理器"对话框

单击[新建]按钮,将弹出"新建视图/快照特性"对话框(图 12.13),在"视图名称"框内输入视图名,然后,单击[确定]按钮,当前视图就被保存在当前文件中(并不保存在盘上),并在"视图管理器"对话框中记录了保存的视图名。当需要恢复该视图时,使用同样方法可弹出"视图管理器"对话框,然后,在视图列表中单击该视图名,再单击[置为当前]按钮,该视图就被恢复。

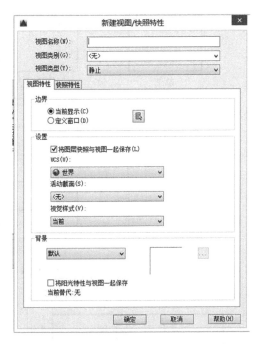

　　由于视图是某一视点下的一个可见区域,所以保存视图,只保存这个视区,并不记录该视区中的图形个数和具体图形。所以,当视图保存后,该视区中图形发生变化(增加或删除)时,在以后恢复的视图中,将随之发生相应的变化。

12.3.2　视口(Viewports)

　　视口就是把图形区划分成多个显示区域(也称视窗)。AutoCAD 2016 提供的多视口由"片形多视口"(Tiled Viewports)和"浮动多视口"(Floating Viewports)两种。

图 12.13　"新建视图/快照特性"对话框

　　片形多视口是在原始模型空间(状态栏左边的[模型]按钮打开时的空间)中设置的多视口。这种多视口不能对立体模型进行图纸化操作(不能自动分离可见和不可见轮廓、不能统一各视口的显示比例、不能对齐各视口之间的投影关系等,也不能分窗口控制图层)。输出时,只能输出一个视口的图形。一般用于立体模型建立时的不同方向操作。

　　浮动多视口是在布局(图纸空间)中设置的多视口。与前者相反,它可以对立体模型进行图纸化操作。输出时,能将所有视口的图形输出,还能在各视口分别控制图层。除此之外,在布局状态中能设置任意数量的浮动多视口,并能对各视口及其边框进行复制、删除、移动、缩放、拉伸等的编辑。而片形多视口,只能在当前视口中分隔和进行相邻视口的连接(合并)。

　　视口的操作包括视口的设置、编辑。

1. 片形多视口的设置和合并

　　对片形多视口的设置,就是对当前视口的分隔形式作设定。而当前视口的分隔仅限于图 12.14 所列几种形式,且每一种形式都充满整个图形区。设置时,在确认系统处于原始模型空间情况下,键入_VPORTS ↵,或单击菜单栏"视图"⇒"视口"⇒"命名视口",在弹出的"视口"对话框中单击"新建视口"并选择视口数和分隔形式,然后单击[确定]按钮即可完成。如需对现有视口进行合并(连接),可单击菜单栏"视图"⇒"命名视口"⇒"合并",然后,在"选择主视口<当前视口>:"提示下,单击主视口(将另一视口与之连接的视口),然后在"选择要合并的视口:"提示下,单击要连接的对象,且与主视口相邻并能形成一矩形的视口(非相邻视口不能连接),系统就能自动合并两视口。

2. 浮动多视口的设置和编辑

　　浮动多视口的设置只能在布局状态中进行。可以一次设置多个(最多 4 个,并均匀分布)

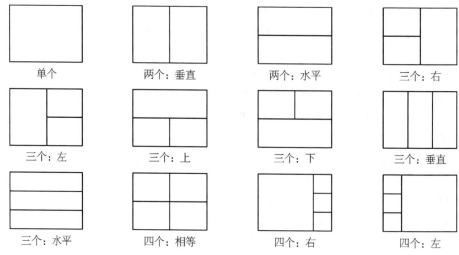

单个 两个：垂直 两个：水平 三个：右

三个：左 三个：上 三个：下 三个：垂直

三个：水平 四个：相等 四个：右 四个：左

图 12.14 片形多视口的分隔形式

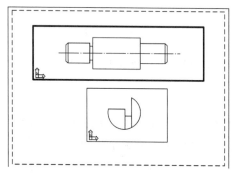

图 12.15 浮动多视窗

视口配置形式，所设视口可充满整个图形区，也可只占图形区的一部分(用鼠标单击所占矩形区的两个对角点确定)，还可以逐一设置，置于图形区的任意位置，甚至可以不规则排列，互相交叠(但不能重叠)，整个图形区可以设置任意个互不相连的视口。图12.15 为两个大小不一、又互相分离的浮动视口，分别显示了一轴的主视图和局部放大图。

浮动多视口的设置操作如下：在确认系统当前处于布局状态下，单击菜单栏"视图"⇒"视口"⇒"命名视口"，在弹出的视口对话框中单击"新建视口"并选择视口数，然后，在"指定第一个角点或[布满(F)]<布满>："提示下，单击视口所占矩形区的第一角点；再在"指定对角点："提示下单击视口所占矩形区的第二角点；若所设视口需布满整个图形区，可在"指定第一个角点或[布满(F)]<布满>："提示下输入 F↵。若一次只设置一个视口，则可调用 MV 命令，直接指定视口角点。浮动多视口可以逐一重复设置。另外，在系统进入布局状态时，一个系统预设的视口已经存在，如不需要该视口，可在图纸空间单击它的边框给予擦除。

浮动多视口的编辑必须在布局的图纸空间(状态行中部的 模型 按钮必须切换到 图纸)进行。编辑内容包括视口复制(COPY、ARRAY)、视口删除(ERASE)、视口移动(MOVE)、视口缩放(SCALE)、拉伸视口(STRETCH)和改变视口边界(窗框)所在的图层等。所有编辑都借助视口边界进行。当进行视口编辑且系统提示"选择对象"时，应单击或框选视口边框，而不是选择视口中的实体。在复制、移动、删除视口时，窗框连同其内的图形一起复制、移动和删除。但在缩放和拉伸视口时，视口内的图形保持原样，仅改变窗口的大小。

3. 浮动多视口的图层控制

在浮动多视口的模型空间(称为浮动模型空间)状态下，一个视口内画的图，会同时在其他视口中显示出来，这显然不能满足设计绘图的要求。为此，需要对各视口的图层给予分别控制，浮动多视口可以满足这一需要。利用图层设置中"视口冻结图层"选项，把不需在当前视口显示的图层予以冻结,这样,就可控制某一图层在一视口内打开,而在另外的视口内被冻结。该图层上的图形也就在图层打开的视口内显示,在图层被关闭的视口内不显示。现举例如下:

假设在布局状态中用 2 个浮动视窗,在 A3 图纸中分别以 1:2 和 2:1 显示一齿轮轴的主视图和退刀槽的局部放大图,如图 12.16 所示。

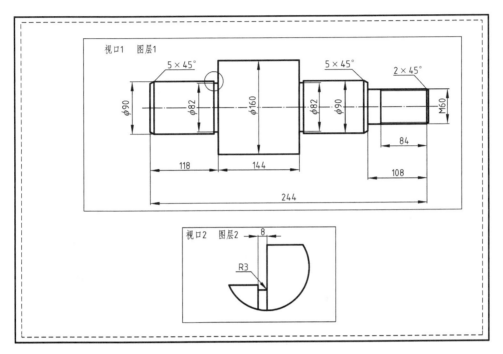

图 12.16　浮动多视窗中的图层控制

操作方法如下:

在确认系统当前处于布局状态下,将页面设置为 A3 图纸横放。

单击菜单栏"视图"⇒"视口"⇒"一个视口",在"指定视口的角点或[开(ON)/关(OFF)/布满(F)/着色打印(S)/锁定(L)/对象(O)/多边形(P)/恢复(R)/图层(LA)/2/3/4]<布满>:"提示下,单击视口 1 所占矩形区的第一角点;再在"指定对角点:"提示下单击视口 1 所占矩形区的第二角点。按同样方法设置视口 2。

点击状态栏中的"图纸"按钮,使操作状态切换到浮动模型空间,激活视口 1,调用"图层"(LAYER)命令,弹出"图层特性管理器"对话框,新建图层 1 和图层 2 两个图层;在对话框中选择图层 2,使其呈蓝色,然后点击其中的"视口冻结"图标(图 12.17)。设置完成后关闭对话框。激活视口 2,再次调用"图层"(LAYER)命令,弹出"图层特性管理器"对话框,在对话框中选择图层 1,然后点击其中的"视口冻结"图标。设置完成后关闭对话框。

激活视口 1,调用"ZOOM"命令,键入 1/2xp ↵,对视口 1 进行视口比例缩放。将图层 1 置为当前层后,按尺寸绘制主视图。激活视口 2,调用"ZOOM"命令,键入 2xp ↵,对视口 2 进行视口比例缩放。将图层 2 置为当前层后,按尺寸绘制局部放大图。

最后,点击状态栏中部的"模型"按钮,使操作状态切换到图纸空间,选择两视口的边框予以删除,并直接在图纸空间标注尺寸。

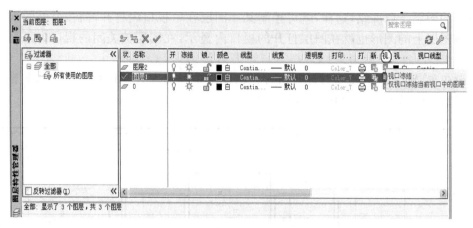

图 12.17　在当前视口关闭无关图层

图 12.17　在当前视口关闭无关图层

12.4　用户坐标系(UCS)

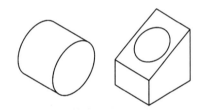

图 12.18　非平行 WCS 中
XY 坐标面的圆

前面介绍的空间直角坐标系是确定物体空间位置的通用坐标系,称作世界坐标系(World Coordinate System,简称 WCS)。到目前为止,我们介绍和讨论图形的绘制和编辑,都是在 WCS 的 XY 平面方向上进行的。另外,大多数二维绘图命令,也只能生成平行作图平面的图元。然而,物体的形状是多种多样的,需要多方向进行描述。

图 12.18 中的两圆是非平行 WCS 中 XY 平面的圆,它在 WCS 中不可能绘制出来,这就要求用户自定义作图和编辑平面,也就是说,用户要定义自己的坐标系。用户自己定义的坐标系,称为用户坐标系(User Coordinate System,简称 UCS)。

12.4.1　用户坐标系的定义

根据图形绘制和编辑的需要,定义用户坐标系有以下几种方式:

(1) 定义新的原点,三轴方向与前坐标系相同。

(2) 以三点定义坐标系。其中第一点为新坐标系的原点,第二点为新 X 轴正向上一点,第三点为新 XY 平面上 Y 坐标为正的一点,新的 Y 轴垂直新 X 轴。

(3) 以当前视图的视平面作为当前 UCS 的 XY 平面。此方式可将某一基本视图或轴测图的视平面转换成为 UCS 的 XY 平面。

(4) 建立新的 Z 轴及其正向(Z 轴矢量),将前坐标系平移和旋转使新老 Z 轴重合,旋转后的前坐标系的 XY 平面即为新坐标系的 XY 平面。

(5) 以已有的二维图元或平面图形(统称"对象")所在平面作为 UCS 的 XY 平面,新的原点和 X、Y 轴方向由图标指示。

(6) 以实心体的表面作为新 UCS 的 XY 平面。相邻表面可以切换,X、Y 轴正向也可以改变。

(7) 绕前坐标系的 X 或 Y 或 Z 轴旋转 XY 平面,使成为新坐标系的 XY 坐标面。

定义 UCS 的操作如下：

单击菜单栏"工具"⇒"新建 UCS"⇒（定义方式），根据定义方式，作相应的输入：

① 若选择"原点"，后面应指定新的原点，一般采用目标捕捉指定。

② 若选择"三点"，后面依次指定新原点，新 X 轴正向上一点和指定 UCS 的 XY 平面上 Y 坐标为正的一点。

③ 若选择"视图"，系统自动将当前视图的视平面转为新的 UCS。

④ 若选择"Z 轴矢量"，后面依次指定新原点和指定 UCS 的 Z 轴正向上一点。

⑤ 若选择"对象"，后面应点选使其成为 UCS 的实体对象。

⑥ 若选择"面"，后面应单击欲成为 UCS 的实心体表面（可点在表面区域内或棱线上），因两表面共一棱线，所以很可能选中的不是需要的表面。此时系统提示"输入选项［下一个(N)/X 轴反向(X)/Y 轴反向(Y)]<接受>："，键入 N ↵ 便可切换表面，键入 X ↵ 或 Y ↵ 可根据坐标系指示图标，翻转 X 轴或 Y 轴的正向；按 Enter 键，表示接受所选到的面。

⑦ 若选择"X"或"Y"或"Z"，后面应输入旋转角度。旋转方向按右手握拳规则，大拇指指向轴的正向，4 指握拳方向为旋转角的正向。

下面以图 12.18 右图所示立体线框图的绘制为例，进一步说明 UCS 的定义和应用（图 12.19）。

步骤 1：单击菜单栏"视图"⇒"三维视图"⇒"主视"，UCS 自动切换到正面。

步骤 2：调用"矩形"（RECTANG）绘图命令，绘制立体的正面长方形（参考尺寸长宽均 100）。

步骤 3：调用"拉伸"（STRETCH）编辑命令，将长方形左上角往下拉一段距离（至左边中点），使成为直角梯形。

步骤 4：调用"复制"（COPY）编辑命令，在正前方复制梯形（前后参考距离 100）。

步骤 5：单击菜单栏"视图"⇒"三维视图"⇒"西南等轴测"，显示西南等轴测图。

步骤 6：调用"直线"（LINE）绘图命令，采用交点或端点捕捉，连接前后梯形的对应端点。

步骤 7：单击菜单栏"工具"⇒"新建 UCS"⇒"三点"，然后，依次捕捉 O、A、B 三点。

步骤 8：调用"直线"（LINE）绘图命令，采用中点捕捉，连接顶面上下两线的中点；再调用画"圆"（CIRCLE）命令，以连线的中点为圆心画圆（参考半径长度 35）。

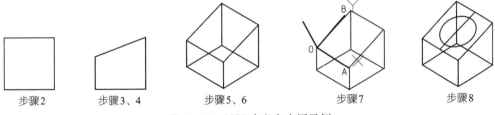

步骤 2　步骤 3、4　步骤 5、6　步骤 7　步骤 8

图 12.19 UCS 定义和应用示例

12.4.2 坐标系的状态和指示图标

一般情况下，AutoCAD 2016 在定义新的坐标系后，会自动切换到新的 XY 坐标面。另外，在菜单栏中调用"三维视图"命令时，系统在转换视图的同时也会自动切换 UCS。但是，有时转换视图或 UCS，系统不会自动转换 UCS，此时，因为视平面与 UCS 不一致，所以不能在视平面上画图。

坐标系指示图标,用以指示系统当前所处坐标系的状态。AutoCAD 2016提供了二维和三维两种指示图标。图12.20分别显示了三种图标不同的坐标系状态。

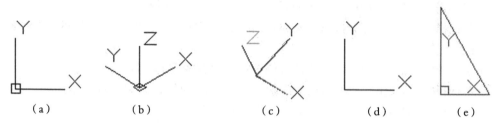

图12.20 坐标系各种状态指示图标

其中,图12.20(a)为世界坐标系二维图标,它表示系统处在WCS状态,图标中原点处有符号"口";图12.20(b)为三维图标,表示系统处在WCS状态;图12.20(c)为三维图标,表示系统处在UCS状态,图标中原点处无符号"口";图12.20(d)为二维图标,表示系统处在UCS状态;图12.20(e)为布局图纸空间状态。

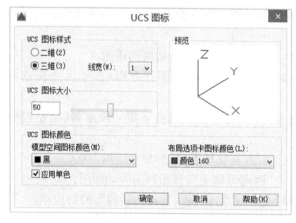

图12.21 "UCS图标"对话框

二维和三维两种指示图标,可通过UCSICON命令(见下一段)中的特性(P)选项弹出"UCS图标"对话框(图12.21)进行切换。

指示图标可以打开(显示),也可以关闭(不显示),可以显示在坐标系的原点处,也可以不显示在原点处。其状态可通过命令UCSICON控制。

该命令的操作如下:

命令:UCSICON↵

输入选项[开(ON)/关(OFF)/全部(A)/非原点(N)/原点(OR)/特性(P)]

<开>:(输入所需选项)

其中,选项"ON"为图标开;"OFF"为图标关;"A"为控制图标在多视口中的状态;"N"为图标不显示在原点处,而是显示在屏幕左下角;"OR"为图标显示在原点处。

指示图标的显示,也可调用菜单栏"工具"⇒"命名UCS",在弹出的"UCS"对话框中选择"设置"选项卡,然后选取相应选项予以控制。

图12.22为使用"UCS"对话框中指示图标在所有视口中均不显示在原点处,而是显示在屏幕左下角的一种设置。

12.4.3 使用UCS对话框设置和控制UCS

单击菜单栏"工具"⇒"命名UCS",弹出"UCS"对话框(图12.22)。该对话框有"命名UCS"、"正交UCS"和"设置"三个选项。其中:

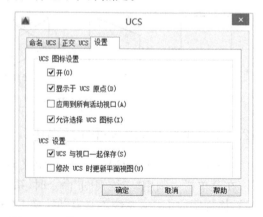

图12.22 使用"UCS"对话框控制指示图标的显示

"命名 UCS"页[图 12.23(a)]用以恢复保存的 UCS,单击 UCS 名后,再依次单击 置为当前 和 确定 按钮完成转换。

"正交 UCS"页[图 12.23(b)]用以设置正交视图(6 个基本视图)对应的 UCS,单击 UCS 列表中的正交视图名后,再依次单击 置为当前 和 确定 按钮完成设置。

"设置"页(前已叙述)(图 12.22)用以控制 UCS 指示图标和 UCS 设置,其中"UCS 图标设置"区三个复选框的作用对应于 UCSICON 命令各选项。在该页中的"UCS 设置"区,用于保存 UCS 时,可与视口一起保存,或当改变 UCS 时,同时更新视图。

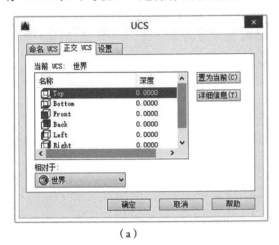

(a)

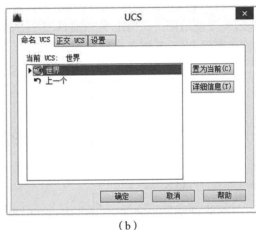

(b)

图 12.23 "UCS"对话框

12.4.4 用户坐标系的管理与切换

用户可以对用户坐标系进行管理,如命名保存(SAVE)等,还可以进行恢复(RESTORE)或者删除(DELETE)等。

(1) 将当前 UCS 命名保存的操作如下:

命令:UCS↵

当前 UCS 名称:＊世界＊

指定 UCS 的原点或[面(F)/命名(NA)/对象(OB)/上一个(P)/视图(V)/世界(W)/X/Y/Z/Z 轴(ZA)]<世界>:NA↵

输入选项[恢复(R)/保存(S)/删除(D)/?]:S↵

输入保存当前 UCS 的名称或[?]:(输入要保存的 UCS 名)

(2) 恢复已保存的 UCS,可选择"恢复"(键入 R↵)后,输入要恢复的 UCS 名。

(3) 删除已保存的 UCS,可选择"删除"(键入 D↵)后,输入要删除的 UCS 名。

(4) 恢复当前 UCS 的前一个 UCS,可以选择 UCS 命令中的"上一个"(键入 P↵)选项。

(5) 若要将视平面转换成 UCS,可采用定义 UCS 中的"新建"(键入 N↵)选项后面的"视图"(键入 V↵)。

(6) 若用户转换新的 UCS 后,系统未自动转换到新的 XY 坐标面,此时,可调用 PLAN 命令或单击菜单栏"视图"⇒"三维视图"⇒"平面视图"⇒"当前 UCS"进行切换。PLAN 命令还可以直接将 WCS 或命名保存的 UCS(U)切换成当前的 UCS。

另外系统变量 UCSFOLLOW 可以控制 UCS 的自动切换到新设的 UCS,当变量值为 1

时,自动切换功能打开;变量值为 0 时,自动切换功能关闭。

AutoCAD 2016 推出了动态 UCS(DUCS)的新功能,使用动态 UCS,可以在创建对象时使 UCS 的 XY 平面自动与实体模型上的平面临时对齐。其应用和操作步骤举例如下:

图 12.24(a)为一带有斜面的柱体,当前的 UCS 为主视(前视)图平面。现利用动态 UCS 在柱体的斜面上画一圆(斜面必须是一个整体)。

步骤一,点击状态栏中的"DUCS"按钮,使动态 UCS 功能打开。

步骤二,调用画圆命令后,将光标移至柱体的斜面内,待斜面的边线呈现虚线,并光标上出现 x、y、z 坐标轴[如图 12.24(b)所示]时,在需要的位置上点击左键指定圆心,再输入或指定半径,操作便结束。在确定半径前,UCS 图标会临时变为与斜面一致。如图 12.24(c)所示。操作结束后 UCS 又恢复到操作前的状态。

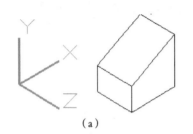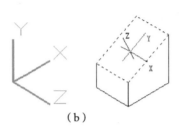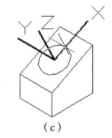

(a) (b) (c)

图 12.24 动态 UCS 应用举例

12.5 三维编辑命令

除了二维编辑命令复制(COPY)、移动(MOVE)、拉伸(STRETCH)、比例(SCALE)、圆角(FILLET)、倒角(CHAMFER)等可以作三维编辑外,AutoCAD 2016 还提供了一些专用于三维操作的编辑命令。这些命令有:对齐(ALIGN)、三维阵列(3DARRAY)、三维镜像(MIRROR 3D)和三维旋转(ROTATE 3D)。

另外,针对三维表面和实心体的编辑,系统提供了专门命令。本节介绍三维操作编辑命令,有关三维面片和实心体的编辑,将在其他相关章节中介绍。

12.5.1 对齐(ALIGN)命令

该命令可把处于不同坐标系的两个实体进行某一平面的对齐,相当于把一实体进行空间平移加空间旋转,使原来两个不同方向的平面贴合在指定位置上。如图 12.25 所示把原直立圆柱的底面,与长方体正面对齐(贴合),且圆心与正面中心重合,圆柱变成前后平放。

该命令还可以作平移或平移加二维旋转之用,甚至在对齐时,对实体进行比例缩放。

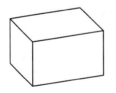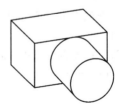

图 12.25 "对齐"命令应用示例

ALIGN 命令的操作步骤如下：

(1) 调用命令(键入 ALIGN ↵或单击菜单栏"修改"⇒"三维操作"⇒"对齐")。

(2) 选择要搬移的实体(选完按 Enter)。

(3) 指定搬移实体上的第一点(称为第一源点,用于定位)。

(4) 指定目标面上第一点(称为第一目标点)。

(5) 指定搬移实体上的第二点(称为第二源点,用于确定平面的第一方向)。

(6) 指定目标面上第二点(称为第二目标点)。

(7) 指定搬移实体上的第三点(称为第三源点,用于确定平面的第二方向)。

(8) 指定目标面上第三点(称为第三目标点)。

从操作过程可见,该命令的操作顺序与 3DALIGN 有所不同,使用时,一定要注意系统提示。该命令执行中如果在提示"指定第二源点:"时,按 Enter 键,结束命令,则该操作等于移动(MOVE)。如果在提示"指定第三源点:"时,按两次 Enter 键,结束命令,该操作相当于移动(MOVE)加二维旋转(ROTATE)。在对齐过程中,若在提示"指定第三源点:"时,按一次 Enter 键,系统会提示"是否基于对齐点缩放对象?〔是(Y)/否(N)〕<否>:"若回答是(Y),系统即将搬移实体平移加二维旋转,再按第二目标点的位置进行缩放。

三点对齐操作示例如下(图 12.26)：

命令：ALIGN ↵

选择对象：(点选圆柱)

选择对象：↵

指定 第一源点：(捕捉圆心 S1)

指定 第一目标点：(捕捉中点 T1)

指定 第二源点：(捕捉四分点 S2)

指定 第二目标点：(捕捉中点 T2)

指定 第三源点或<继续>：(捕捉四分点 S3)

指定 第三目标点：(捕捉中点 T3)

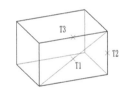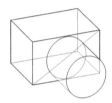

图 12.26 "对齐"命令的操作

对于一点和两点对齐,以及对齐后对实体进行缩放,读者可自行练习和实验。

12.5.2 三维阵列(3DARRAY)命令

本命令用于实体有规则排列的三维多重复制。与二维 ARRAY 命令一样,它也有矩形(RECTANGULAR)和环形(也称极点 POLAR)两种阵列。在矩形阵列中,除在行列(X、Y)两方向复制以外,还可在层面(LEVEL,即 Z)方向复制,如图 12.27 所示。在极点阵列中,阵列中心轴线可以是一条任意空间直线,如图 12.28 所示。

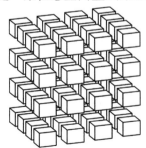

图 12.27 三维矩形阵列

图 12.28 三维环形阵列

三维矩形阵列的操作如下：

命令：3DARRAY↵　　　　　　　　　（或单击菜单栏"修改"⇒"三维操作"⇒"三维阵列"）

选择对象：(选择阵列对象)

选择对象：↵

输入阵列类型［矩形(R)/环形(P)］<矩形>：↵

输入行数（—）<1>：(输入行数)

输入列数（||||）<1>：(输入列数)

输入层数（...）<1>：(输入层数)

指定行间距(—)：(输入或指定行间距)

指定列间距（||||）：(输入或指定列间距)

指定层间距（||||）：(输入或指定层间距)

三维环形阵列的操作如下：

命令：3DARRAY↵　　　　　　　　　（或单击菜单栏"修改"⇒"三维操作"⇒"三维阵列"）

选择对象：(选择阵列对象)

选择对象：↵

输入阵列类型［矩形(R)/环形(P)］<矩形>：P↵　　　　　　　　　　（环形阵列）

输入阵列中的项目数目：(输入总个数)

指定要填充的角度（＋＝逆时针，－＝顺时针）<360>：(输入总张角)

旋转阵列对象?［是(Y)/否(N)］<是>：↵　　　　　　　　　（要旋转复制实体）

指定阵列的中心点：(指定或捕捉阵列中心第一点)

指定旋转轴上的第二点：(指定或捕捉阵列中心第二点)

12.5.3　三维镜像(MIRROR3D)命令

该命令用于镜像复制或移动三维对象。当实体处于双斜位置时，在正交视图的 UCS 中无

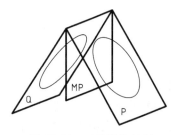

图 12.29　三维镜像复制

法进行实体的二维镜像，此时，可用 MIRROR3D 命令作三维镜像，如图 12.29 所示，处于空间一般位置的两平面 P、Q(其上画有一圆)，以平面 MP 为对称，如果已知其中一个，要复制另一个时，可采用该命令实现。

三维镜像的参考物，必须是一个平面(称作镜像面)，而镜像面可以是坐标面 XY 或 YZ 或 ZX，也可以是二维图元圆、圆弧、多段线形成的平面或不在一直线的三点。

"三维镜像"命令的操作如下：

命令：MIRROR3D↵　　　　　　　　（或单击菜单栏"修改"⇒"三维操作"⇒"三维镜像"）

选择对象：(选择镜像对象)

选择对象：↵

指定镜像平面(三点)的第一个点或［对象(O)/最近的(L)/Z 轴(Z)/视图(V)/XY 平面(XY)/YZ 平面(YZ)/ZX 平面(ZX)/三点(3)］<三点>：［指定镜像平面第一点(或选择镜像面类型，然后根据镜像面类型，指定通过点或选择图元)］

在镜像平面上指定第二点：(指定或捕捉镜像平面第二点)

在镜像平面上指定第三点：(指定或捕捉镜像平面第三点)

是否删除源对象？［是(Y)/否(N)］＜否＞：［回答是否擦除原图(Y 或 N)］

选择镜像面类型中，各选项含义如下：

● 对象(O)：二维图元。

● 最近的(L)：先前选择过的镜像面。

● Z 轴(Z)：通过镜像面上一点的法线(指定镜像面上一点，再指定法线——Z 轴上一点)。

● 视图(V)：通过镜像面上一点，且平行当前视平面的平面。

● XY 平面(XY)/YZ 平面(YZ)/ZX 平面(ZX)：通过镜像面上一点，且平行坐标面 XY 或 YZ 或 ZX 的平面。

● 三点：以任意三点作为镜像面。

12.5.4　三维旋转(ROTATE3D)命令

本命令用于对象的空间旋转位移。旋转轴可以是任意空间直线，当旋转轴垂直于当前 UCS 时，可用二维旋转代替。旋转角正负方向可以用右手握拳规则确定，大拇指指向旋转轴的正向，四指握拳方向为旋转角的正向，如图 12.30 所示。

图 12.30　右手握拳规则

"三维旋转"命令的操作如下：

命令：ROTATE3D↵　　　(或单击菜单栏"修改"⇒"三维操作"⇒"三维旋转")

选择对象：(选择旋转对象)

选择对象：↵

指定轴上的第一个点或定义轴依据［对象(O)/最近的(L)/视图(V)/X 轴(X)/Y 轴(Y)/Z 轴(Z)/两点(2)］：［指定或捕捉旋转轴上第一点或选择旋转轴类型(键入关键字)，再根据旋转轴类型，指定通过点或选择图元］

指定轴上的第二点：(指定或捕捉旋转轴上的第二点)

指定旋转角度或［参照(R)］：［输入旋转角度(或键入 R↵后，输入旋转前角度和旋转后角度)］

选择旋转轴类型中，各选项含义如下：

● 对象(O)：二维图元，若图元为直线段，该直线段就是旋转轴。轴的正向按绘制时的起点指向终点。若图元为圆和弧线，则旋转轴通过圆心，并为圆或弧线所在平面的法线。

● 最近的(L)：先前选择过的旋转轴。

● 视图(V)：以当前视平面的法线为旋转轴。

● X 轴(X)/Y 轴(Y)/Z 轴(Z)：旋转轴平行 X 或 Y 或 Z 轴。

● 两点(2)：以任意两点作为旋转轴，轴的正向从第一选择点指向第二选择点。

12.6　实验及操作指导

【实验 12.1】　练习三维坐标输入和建立三维线框模型。

【要求】　已知正四棱锥底面为 30×30 的正方形，顶点距底面距离为 40，用"直线"命令和坐标输入，建立该四棱锥的线框模型，见图 12.31(a)，位置自定。

【操作指导】　新建文件后，调用"直线"命令，在图形区适当位置单击，确定起点，然后采用二维相对直角坐标,依次输入底面各端点的位置,画出底面正方形,画完后不结束命令,继续依次输入锥顶位置(使用它与底面第二端点的三维相对坐标),画出两条棱线后终止命令,再重复"直线"命令,从底面第三端点开始,画另两条棱线,完成整体图形。

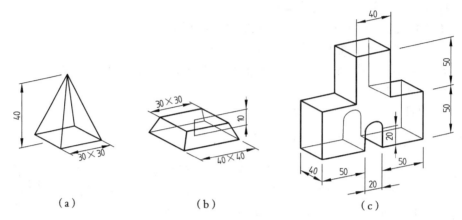

（a）　　　　　　　　　　（b）　　　　　　　　　　（c）

图 12.31　实验 12.1、实验 12.2 题图

【实验 12.2】　练习视点操作和用编辑法生成三维线框模型。

【要求】　已知正四棱台底面和顶面分别为 40×40 和 30×30 的正方形,顶面到底面的距离为 10,见图 12.31(b),另有图 12.31(c)所示一立体(尺寸见图)。要求用绘图和编辑综合方法绘制两图[与【实验 12.1】画在同一文件中,位置自定]。

【操作指导】　绘制图 12.31(b):

(1) 调用"矩形"(RECTANG)或"正多边形"(POLYGON)命令,在当前视图(俯视图)中画出图 12.31(b)的底面正方形。

(2) 调用"偏移"(OFFSET)编辑命令,在底面正方形内侧相距 5 作平行线,生成四棱台顶面正方形的俯视图,再调用移动(MOVE)命令,将该正方形沿 Z 方向移动 10(键入位移量为 0,0,10↵)。

(3) 调用"直线"命令,采用端点捕捉,连接两正方形的对应端点,完成四棱台的俯视图。

绘制图 12.31(c):

(1) 单击菜单栏"视图"⇒"三维视图"⇒"主视",将当前视图转为主视图。

(2) 绘制模型的正面图形[可采用"多段线"(PLINE)一个命令画出]。

(3) 调用"复制"(COPY)命令,在正前方复制正面图形(输入位移量为 0,0,40 ↵↵)。

(4) 调用"视点"(VPOINT)命令,输入-1,-2,1 ↵,将当前视图转为轴测图,然后用直线连接前后对应点。

【实验 12.3】　练习三维编辑及 UCS 操作。

【要求】　将实验 12.1、实验 12.2 生成的模型装配、编辑、添加内容,使其成为图 12.32。

【操作指导】　在当前 UCS 为主视、当前视图为轴测图状态下,调用"移动"(MOVE)命令,将实验 12.2 生成的图 12.31(b)平移至 12.31(c)顶端(可采用端点捕捉,使两面重合),成为图 12.33(a)。

按同样方法,将实验 12.1 生成的图 12.31(a)平移至装配后的图 12.32(a)顶端,成为图

12.33(b)。

再次调用"移动"（MOVE）命令，将四棱锥向正上移 40（可键入 P↵选择四棱锥，输入位移量为 0,40,0 ↵↵），成为图 12.33(c)。

调用"直线"命令，连接三棱锥底面和四棱台顶面对应顶点，成为图 12.33(d)。

将当前轴测图切换到主视图。再以前面线框的对角线中点为圆心画一时钟，见图 12.33(e)，时钟半径 13，式样自定。可直接在时钟所在平面上绘制，也可在平行平面或任意平面上绘制后，用"移动"（MOVE）或"对齐"（ALIGN）命令平移或对齐到目标平面上。

在当前 UCS 为主视、当前视图为轴测图状态下，调用"三维阵列"（ARRAY3D）命令，将时钟作环形阵列复制。阵列总张角为－90，总个数为 2，阵列中心线第一点为最高点（锥顶），第二点可用光标正交拖动在锥顶上面任意高度指定。再先后调用"擦除"（ERASE）和"修剪"（TRIM）命令，将立体后面的线删除和剪除，如图 12.32(f)所示（修剪时，若不能剪除，要使用"投影"选项，并选择"视图"作为投影面）。

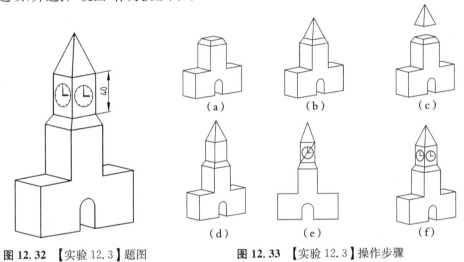

图 12.32 【实验 12.3】题图　　　　图 12.33 【实验 12.3】操作步骤

【实验 12.4】　继续练习 UCS 及三维编辑操作。

【要求】　新建一文件，构造如图 12.34 所示的线框模型（底面正方形每边长为 100，顶面正方形每边长为 60，四角圆弧向立体中心弯曲）。

【操作指导】　在初始坐标系 WCS 中，画底面正方形，然后，调用"偏移"（OFFSET）命令复制顶面正方形，在内侧相距 20，同在 XY 坐标面上，如图 12.35(a)所示。

用"移动"（MOVE）命令，将顶面正方形上移 80（输入位移量为 0,0,80 ↵↵），然后，执行"视点"命令，将当前视图转为西南等轴测图，如图 12.35(b)所示。

调用"UCS"命令，选择"新建"、"三点"选项，依次捕捉 O、A、B 三点，定义 UCS，如图 12.35(b)所示。

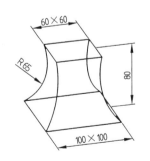

图 12.34 【实验 12.4】题图

调用"圆弧"（ARC）命令，采用"起点、终点、半径"方式，画 R65 圆弧，如图 12.35(c)所示。

调用"三维阵列"命令，将圆弧作三维环形阵列复制，阵列中心线为底面对角线中点和顶面对角线中点的连线,如图 12.35(d)所示(应先作出阵列中心线,再进行阵列),擦除辅助线,完成题图要求图形。

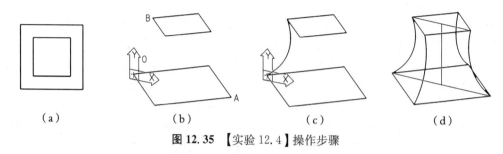

（a）　　　　　　（b）　　　　　　（c）　　　　　　（d）

图 12.35 【实验 12.4】操作步骤

【**实验 12.5**】 练习三维综合操作。

【**要求**】 综合应用三维基本知识,新建一文件,建立如图 12.36 所示的线框模型。

【**操作指导**】 执行视点功能,将当前视图切换到主视图。

调用"直线"和"偏移"(OFFSET)命令,绘制立体的正面图形,如图 12.37(a)所示。

调用"复制"(COPY)命令,将正面图形向正前方复制(输入位移量为 0,0,150 ↵)。

调用"视点"(VPOINT)命令,输入−1,−0.8,0.5 ↵,将当前视图切换到轴测图,然后,调用"直线"命令,将前后对应端点连接起来,如图 12.37(b)所示。

调用"UCS"命令,选择"新建"、"三点"选项,将斜面定义为 UCS,如图 12.37(c)所示。

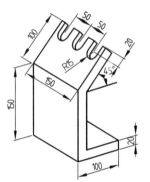

图12.36 【实验 12.5】题图

在轴测图上,使用二维绘图和编辑命令,生成斜面及其背面上三个凹槽,最后擦除看不见的线(综合使用"圆"、"直线"、"复制"、"修剪"、"擦除"等命令),如图 12.37(d)所示。

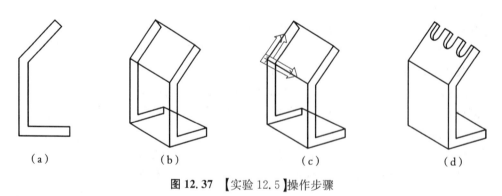

（a）　　　　　　（b）　　　　　　（c）　　　　　　（d）

图 12.37 【实验 12.5】操作步骤

思考与练习

1. 第一个点的绝对坐标为 100,100,0,第二个点的绝对坐标为 200,200,100,若分别用相对直角坐标、相对极坐标、相对球坐标表示第二点与第一点的相对位置时,各应如何表达?

2. 在 WCS 中,将一图形向正前方移动 10,其位移量该如何输入? 在主视 UCS 中,将图形作相同的移动,其位移量又该如何输入?

3. 视点的含义是什么? 视点(1,1,1)和(2,2,2)以及(1,1,1)和(−2,−2,−2)所显示的图形在大小和形状方面有无区别?

4. 视图的含义是什么? 保存视图和保存图形文件有何区别? 保存视图后,后面的绘图或编辑操作对保存的视图有无影响?

5. 在原始模型空间和布局中配置多视口有何不同? 片形多视口和浮动多视口的区别是什么?

6. 按本章所述片形多视口和浮动多视口的设置、连接和编辑方法进行操作,实践该部分内容。

7. 在浮动多视口中,怎样控制同一图层在不同视口中的可见性?

8. UCS 与视点有无区别? 由 WCS 转换为轴测图后,用 UCS 命令切换到主视 UCS,与将视图切换到主视图,两者结果是否相同?

9. UCS 命令的选项和 UCS 对话框的内容是否相同? 怎样引出 UCS 对话框?

10. 菜单栏"工具"中的"命名 UCS"或"正交 UCS"、"移动 UCS","新建 UCS"功能分别对应于 UCS 的什么选项?

11. 图 12.19 中斜面上的圆,除了使用 UCS 功能绘制外,还能用其他方法形成吗? 如可以,请上机验证。

12. 什么情况下,三维环形阵列与二维环形阵列等同?

13. 什么情况下,三维镜像与二维镜像等同?

14. 什么情况下,三维旋转与二维旋转等同?

15. 用"对齐"(ALIGN)命令作三点对齐时,三个点的作用分别是什么?

16. 使用 UCS 功能,将实验 12.3 生成的图形,在指定表面填充指定图案,如右图所示。

17. 使用 UCS 功能,在实验 12.5 生成的图形中标注尺寸,如正文图 12.36 所示。

图 12.38　练习 16 题图

第十三章

三维建模与模型图纸化

本章知识点

- 面片的生成途径和面片模型的构建。
- 曲面和实心体模型的生成、建模方法及编辑。
- 模型的消隐和视觉样式。
- 实心体模型的剖切和断面图生成及其他编辑操作。
- 实心体模型转化为二维投影图、剖视图的相关操作。

13.1　面片与网格模型

面片和网格是不透空的闭合线框，没有厚度，但能遮挡其后的实体。面片模型是由面片或网格围成的空心体，它没有壁厚，但面片和网格可用于薄壁构件的三维建模，所建模型形象也可逼真。并且，面片可以加厚变成为实心体。

AutoCAD 2016 开发了一系列网格编辑的功能，其中可将网格转化为实体或曲面。从而使面片和网格的应用更广。

13.1.1　面片的生成途径

用 AutoCAD 2016 生成面片有以下几种途径：

（1）由二维绘图命令多段线（PLINE）、二维填充（SOLID）、圆环（DONUT）直接生成相应图元面片，如图 13.1 所示。

多段线

二维填充

二维圆环

图 13.1　二维图元面片

二维图元面片生成时，只能平行于当前 UCS 的 XY 坐标面。

（2）由"三维面"（3DFACE）命令生成任意位置的平面面片。3DFACE 命令可构造三角形、四边形和任意边数的多边形平面面片，并且多边形平面可以倾斜于当前 UCS。用 3DFACE 命令构造平面面片时，先按顺序输入四个顶点（第四个顶点按 Enter 键时，三、四两点重合），形成一个四边形平面面片，然后，以第三、第四两点作为下一个四边形的第一、第二两点，等待用户输入第三、第四点，这样就可以连续构造相连的平面面片，从而形成任意边数的多边形平面面片，两相邻四边形的交线，可以控制为显示或不显示。3DFACE 命令的操作如下：

命令：3DFACE ↵　（或点击菜单"绘图"⇒"建模"⇒"网格"⇒"三维面"）

指定第一点或[不可见(I)]：（输入第一点；若下一条边不显示，先键入 I ↵，再输入点）（以下同）

指定第二点或[不可见(I)]：（输入第二点）

指定第三点或[不可见(I)]<退出>：（输入第三点）

指定第四点或[不可见(I)]<创建三侧面>：（输入第四点，若按 Enter 键，则第三、四两点重合，形成三角形平面，即"创建三侧面"。）

指定第三点或[不可见(I)]<退出>：（输入下一个四边形的第三点或按 Enter 结束命令）

（3）设置或改变二维图元的"厚度"（THICKNESS），使所画二维图元沿 XY 坐标面的垂直方向，生成高度等于厚度的面片，厚度为正值时，面片向上，反之，向下。

本方法可先调用 ELEV 命令，设置所画图元的起始层面高度（ELEVATION）（离 XY 坐标面的距离）和厚度，然后，绘制二维图元。也可先绘制二维图元，然后调用特性编辑命令 PROPERTIES 或 DDMODIFY，在弹出的"特性"对话框中，修改对话框中的厚度数值。

现以一条直线生成面片为例，说明其两种操作方法。

方法一：

命令：ELEV ↵　　　　　　　　　　（键入 ELEV 命令）

指定新的默认标高 <0.0000>：↵

　　　　　　　　　　（输入层面高度，↵为默认缺省值 0）

指定新的默认厚度 <0.0000>：（输入厚度）

命令：LINE ↵　　　　　　　（调用 LINE 命令画直线）

指定第一点：（输入起点）

指定下一点 或[放弃]：（输入第二点）

指定下一点 或[放弃]：↵　　　　　　　　　（画线结束）

方法二：

命令：LINE ↵　　　（调用 LINE 命令画直线，当前厚度为 0）

指定第一点：（输入起点）

指定下一点 或[放弃]：（输入第二点）

指定下一点 或[放弃]：↵　　　　　　　　　（画线结束）

单击所画直线，再单击"特性"图标，在弹出的"特性"对话框

图 13.2 "特性"对话框

（图 13.2）修改一般特性中的"厚度"数值，然后单击关闭按钮，完成直线的厚度修改。

调用视点命令，上述两种方法生成的面片可在轴测图中看出。

（4）调用"面域"（REGION）或"边界"（BOUNDARY）命令，将闭合的平面线框变成区域模型（一种特殊的平面面片）。

REGION 命令可以把任意位置的平面闭合线框（每边必须头尾相接，严格共点）转化为区域模型。BOUNDARY 命令可以把相交线段构成的某个区域（每边只要相交，不一定头尾共点）也可构建区域模型。但它构建区域模型后，仍保留原来的线段。

区域模型不但具有面片的性质，还能在两个互相干涉的区域模型之间作布尔运算，进行交（求两者的公共部分）、并（合并两者为一体）、差（在一个中减去另一个）操作。如图 13.3 所示，构造圆和矩形之间的平面面片，可先将圆和矩形转化为区域模型，然后，两个区域模型求差便成。

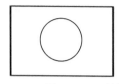

图 13.3　区域模型的生成及差集

选择对象：↵

用"边界"命令生成区域模型的操作如下：

命令：BOUNDARY ↵（或单击菜单栏"绘图"⇒"边界"）

弹出"边界创建"对话框（图 13.4）。

单击"对象类型"下拉列表中的"面域"选项，然后，单击对话框上边的"拾取点"左边的图标按钮，对话框暂时退出。在系统提示"选择内部点："下，单击构造区域内任意位置，当系统再次提示"选择内部点："时，按 Enter 键，对话框重新出现，单击 确定 按钮，完成操作。用该命令创建区域模型时，该"边界"必须平行 UCS 平面。

区域模型的布尔操作如下：

① 并集（图 13.5）：

命令：UNION ↵（或单击菜单栏"修改"⇒"实体编辑"⇒"并集"）

选择对象：（选择要合并的区域模型）

选择对象：↵　　　　　　　　　　　　　　　（选完确认）

用"面域"命令生成区域模型的操作如下：

命令：REGION ↵（或单击菜单栏"绘图"⇒"面域"）

选择对象：（框选或逐一选择闭合平面线框的每一边）

　　　　　　　　　　　　　　　　　（选完确认即可）

图 13.4　"边界创建"对话框

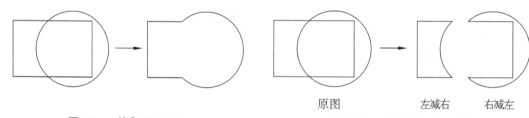

图 13.5　并集（UNION）　　　　　　图 13.6　差集（SUBTRACT）

② 差集（图 13.6）：

命令：SUBTRACT ↵（或单击菜单栏"修改"⇒"实体编辑"⇒"差集"）

选择要从中减去的实体或面域…

选择对象：（选择被减的区域模型）找到 1 个

选择对象：↵　　　　　　　　　　　　　　　（选完确认）

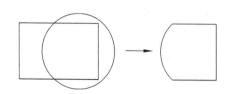

图 13.7　交集（INTERSECT）

选择要减去的实体或面域…

选择对象：（选择要减去的区域模型）找到 1 个

选择对象：↵　　　　　　　　　　　　　　　（选完确认）

③ 交集（图 13.7）：

命令：INTERSECT ↵（或单击菜单栏"修改"⇒"实体编辑"⇒"交集"）

选择对象：(选择要求交的区域模型)　(可同时选择两对象)

选择对象：↵　(选完确认)

(5) 使用"网格"创建面片

① 调用"直纹网格"(RULESURF)命令生成直纹规则面片。RULESURF 命令以两给定线段为面片的定义曲线(Defining Curve)，两线间以直素线连接，从而构成直纹面片。直素线的数量取决于线段的等分数(由系统变量 Surftab1 设定，缺省值为6)，直素线的端点为两线的对应分点，而线段的等分起点为光标点选时的近端点。两定义曲线可以是平面或空间曲线，也可以是直线。但是，如果一条是闭合的，另一条也必须是闭合的。一个点也可以作为定义曲线，并且既可以当作开口的，也可以当作闭合的线段使用，图 13.8 为用 RULSURF 命令生成的几种直纹规则面片。

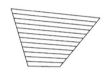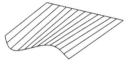

图 13.8　直纹网格面片

"直纹网格"命令的操作如下：

命令：RULESURF ↵(或单击菜单栏"绘图"⇒"建模"⇒"网格"⇒"直纹网格")

选择第一条定义曲线：(点选第一条定义曲线)

选择第二条定义曲线：(点选第二条定义曲线)

② 调用"平移网格"(TABSURF)命令生成矢量延展面片。TABSURF 命令以一已知线段作为轮廓曲线，另一直线段作为方向矢量。轮廓曲线沿方向矢量延展，形成延展面片，它的延展长度等于矢量长度，矢量方向由光标所指近端点指向远端点。如果轮廓曲线是直线，则延展面片为平面面片，延展面片也是直纹面片，面片中显示直素线，数量由系统变量 Surftab1 设定。图 13.9 为轮廓曲线 S 沿方向矢量 L 由左向右延展生成的面片。

图 13.9　平移网格
(矢量延展)面片

③ 调用"旋转网格"(REVSURF)命令生成旋转面片。REVSURF 命令以一条已知直线为旋转轴，将另一条给定线段作为母线绕轴线旋转一个角度。从而生成旋转面片。母线旋转角度的正向，按右手握拳规则确定。即右手大拇指指向旋转轴的正向，四指握拳方向为旋转角的正向，而旋转轴的正向按光标点选位置确定，由近端点指向远端点，母线的原始位置为旋转角 0°(起始角)。图 13.10 为母线 C(二维多段线)绕轴线 A 旋转 270°生成的回转面片，光标点选旋转轴的位置在 A 的下端，故轴的方向向上，旋转方向由前向后至最左端后又向前。

图 13.10　旋转网格面片

旋转网格面片由网格显示，网格线数由系统变量 Surftab1 和 Surftab2 设定。前者设定经线数，后者设定纬线数。当母线为直线时，纬线数为 2。

"旋转网格"命令的操作如下：

命令：REVSURF ↵(或单击菜单栏"绘图"⇒"建模"⇒"网格"⇒"旋转网格")

选择要旋转的对象：(选择母线)

选择定义旋转轴的对象：(点选旋转轴)

指定起点角度 <0>：↵   (默认起始角为 0°)

指定包含角（＋＝逆时针，－＝顺时针）<360>：(输入旋转角度)

④ 调用"边界网格"（EDGESURF）命令生成边界网格面片。EDGESURF 命令以 4 条头尾相接的线段作为边界，并根据边界的形状拟合面片。若 4 条边界都是直线，则生成的面片为平面面片。两两边界相接必须严格共点，不能脱开，也不能过头。

边界面片也由网格显示，网格数也由系统变量 Surftab1 和 Surftab2 设定。图 13.11 为以 4 条不在同一平面上的圆弧作边界生成的 12×12 网格数的边界面片。

图 13.11 边界及边界网格面片

"边界网格"命令的操作如下：

命令：EDGESURF ↵ (或单击菜单栏"绘图"⇒"建模"⇒"网格"⇒"边界网格")

选择用作曲面边界的对象 1：(点选第一边界)

选择用作曲面边界的对象 2：(点选第二边界)

选择用作曲面边界的对象 3：(点选第三边界)

选择用作曲面边界的对象 4：(点选第四边界)

除了以上网格命令以外，AutoCAD 还提供了构建三维网格图元(长方体、楔形体、圆锥体、球体、圆柱体、圆环体、棱锥体)命令，可直接生成相应的网格面片，但都不是实心体，而是空心体。

13.1.2 面片模型的创建

一般形体的面片模型可以采用面片拼接。拼接时可使用三维编辑命令，进行三维操作。另外面片的生成，应视模型的形状特点选择适当的途径。为了建模简单，有时可将对称的模型拆成一半或一分为四，然后，先构建模型的一半或四分之一，再作镜像复制完成整体模型的构建。

下面列举两例说明。

例 13.1：构建图 13.12 所示小屋的面片模型。

建模步骤如下(图 13.13)：

(1) 进入新文件，设置足够的绘图界限(16000×12000 即可)。

(2) 在 WCS 中，绘制三面墙壁展开于地面的面片图[画出线框图后，用 REGION 命令转换成区域模型，用"差集"（SUBTRACT）命令减去窗洞]，并在距前面墙门框顶部 60 处，用"多段线"（PLINE）命令画一条宽 50，长 2200 的多段线作为雨篷。

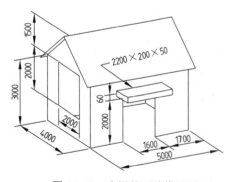

图 13.12 小屋的面片模型图

(3) 用特性编辑命令将多段线的厚度改为－600，见图 13.13(a)。

(4) 用"三维旋转"（ROTATE3D）命令将各墙面分别绕自身的墙脚线旋转 90°，使其立于地面之上。前墙面上的雨篷随墙面一起旋转。再调用视点命令，将当前视图转换到轴测图，见

图 13.13(b)。

(5) 用"复制"(COPY)命令将左面山墙复制到右面,见图 13.13(c)。

(6) 用 3DFACE 命令,并捕捉墙的上端点,连续绘制前后屋面,见图 13.13(d)。

(7) 用 SCALE 命令,取屋脊中点为缩放中心,将屋面向四周放大为 1.2 倍。再用"移动"命令,将屋面上移 5(位移量为 0,0,5),以使屋面与墙顶稍有脱开,消隐时可遮去墙顶,见图 13.13(e)。

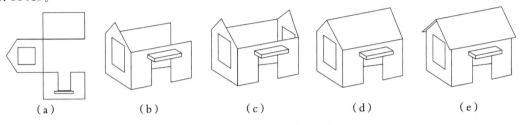

图 13.13 小屋建模步骤

例 13.2:构建如图 13.14 所示浴缸的面片模型。

形体和建模方法分析:

该浴缸表面较多,如用平面面片拼接势必步骤繁多,且内角转角处不能光滑过渡,由于浴缸左右、前后均对称,所以可把浴缸一分为四,先构造其四分之一面片,然后,两次镜像就可得到整体模型。浴缸的四分之

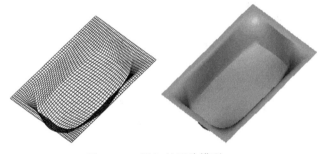

图 13.14 浴缸的面片模型

一面片,可用纵剖面、横剖面以及两条边缘线构成四条边界,再用边界网格命令 EDGESURF 进行构造。

建模步骤如下(图 13.15):

(1) 在原始模型空间建立 4 个视口,并分别显示为主、俯、左、西南等轴测视图。然后,将主视图置为当前视口,并用新建 UCS 中的"视图"选项,把主视图设为新 UCS。再用"多段线"

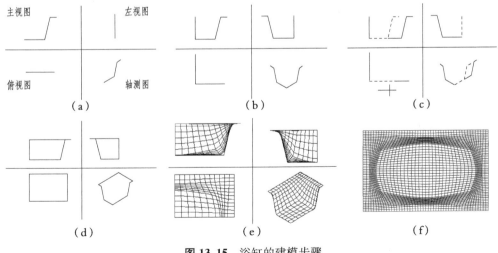

图 13.15 浴缸的建模步骤

命令画浴缸的纵剖面,见图 13.15(a)。

(2) 将俯视图设为新 UCS,用二维环形阵列复制横剖面,见图 13.15(b)。

(3) 用"拉伸"命令,将纵剖面底部拉伸适当长度,见图 13.15(c)。

(4) 仍在俯视图中,用"直线"命令,捕捉纵横剖面的端点,并用对象跟踪,绘制两条边缘线,见图 13.15(d)。

(5) 设置系统变量 Surftab1 和 Surftab2 均为 16,然后,调用"边界网格"命令,以 4 条边界构造边界面片,见图 13.15(e)。

(6) 调用二维"镜像"命令,左右、前后分别复制面片,完成建模,见图 13.15(f)。

13.1.3 面片模型的消隐与视觉样式

1. 消隐(HIDE 命令)

在视图(正交或轴测图)中,隐去(不显示)被前面面片遮挡的线、面片等要素,称为消隐。AutoCAD 能根据三维模型的前后关系,自动判别被遮挡的要素,从而,在视图消隐显示时,隐去它们(不是删除)。

消隐的命令为 HIDE。对视图进行消隐,只要在"命令:"提示下键入 HIDE 命令或单击菜单栏"视图"⇒"消隐"即可。在多视口中,HIDE 命令只影响当前视口,不影响其他视口,并且,消隐命令只在模型空间有效,在图纸空间不起作用。

2. 视觉样式(VSCURRENT 命令)

不同的视觉样式,可用于模型不同的显示要求。AutoCAD 提供了多种视觉样式。图 13.16 所列为网格球面体的各种视觉样式。

| 二维线框 | 线框 | 消隐 | 真实 | 概念 | 着色 | 带边缘着色 | 灰度 | X 射线 |

图 13.16 网格球面体的各种视觉样式

其中,"二维线框"在视图中只显示面片,且不消隐。"线框"(也称"三维线框")在视图中也只显示面片,且不消隐,但视图背景变为非界面背景,而是缺省的纯色或经设置的其他颜色和图像背景。后几种视觉样式除了显示不同的面片轮廓及样式外,都显示与"线框"样式相同的视图背景。

模型视觉样式的操作如下:

键入 VSCURRENT 命令或单击菜单栏"视图"⇒"视觉样式"⇒(选择样式类型)。

用户如果要从着色图退回着色前的网格显示状态,可再次执行 VSCURRENT 命令并选择"二维线框"类型。

关于视觉样式的更多知识,将在后面一章模型修饰的视觉样式中介绍。

13.2 曲 面 建 模

物件的形状是复杂多样的,上节介绍的建模面片,还不能创建形状更复杂的曲面模型,有时还需要对曲面进行编辑。AutoCAD 2016 还提供了另外的曲面创建及编辑功能,并建立了专用工具栏,图 13.17 所示为两个曲面创建工具栏。

（a）曲面创建   （b）曲面创建Ⅱ

图 13.17 "曲面创建"与"曲面创建Ⅱ"工具栏

13.2.1 曲面创建

图 13.17 两工具栏中,"曲面创建"中的"放样"、"平面曲面"和"曲面创建Ⅱ"中的四工具,其代表的命令及其功能与下节实心体建模工具栏中的命令重复。所以将在下节中介绍。下面介绍曲面网格、曲面过渡、曲面修补、曲面偏移、曲面圆角等命令的功能和操作步骤。

1. ⚙ 曲面网格（SURFNETWORK 命令）

曲面网格类似于网格面片中的边界网格面片。它以两个方向(U、V)的多条曲线创建三维曲面。与创建边界网格面片不同的是,命令调用后,应先选择同一方向的曲线(可多于两条),选完后按 Enter 键,再选择另一方向的曲线,选完后按 Enter 键,即完成创建。创建的曲面是光滑的。

图 13.18 左图为构建曲面的ⓐ、ⓑ两方向的曲线;中图为构建后的曲面网格;右图为曲面的真实显示。

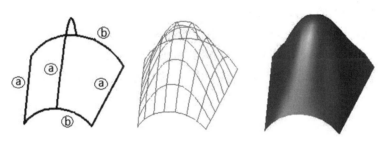

图 13.18 曲面网格

2. ⟜ 曲面过渡（SURFBLEND 命令）

曲面过渡是在两个已有的曲面之间建立过渡曲面。当过渡曲面与两已有曲面合为一体时,交接处可设置曲面的连续性和凸度幅值。

曲面过渡命令的操作步骤如下:

命令:SURFBLEND ↵

连续性=G1-相切,凸度幅值=0.5   （当前值）

选择要过渡的第一个曲面的边或[链(CH)]:(点选一曲面过渡端的过渡边)

选择要过渡的第一个曲面的边或[链(CH)]: ↵   （选完按 Enter 确认）

选择要过渡的第二个曲面的边或[链(CH)]:(点选另一曲面过渡端的过渡边)

选择要过渡的第二个曲面的边或[链(CH)]: ↵   （选完按 Enter 确认）

按 Enter 键接受过渡曲面或[连续性(CON)/凸度幅值(B)]: ↵   （接受过渡曲面）

凸度幅值是曲面与另一曲面接合时的弯曲或"凸出"程度。幅值有效值介于 0 和 1 间。其中 0 表示平坦,1 表示弯曲程度最大。默认值为 0.5。

连续性是两条曲线或两个曲面交接处的平滑程度。连续性类型有 G0、G1、G2 三种:

G0(位置)。只测量位置。若曲面的边共线,则曲面的位置在边曲线处是连续的。

G1(相切)。包括位置连续性和相切连续性。对于相切连续的曲面,各端点切向在公共边处一致。

G2(曲率)。包括位置、相切和曲率连续性。两个曲面具有相同曲率。

凸度幅值和连续性均可对过渡曲面的起点和站点的值分别进行设置。在操作过程中若选择这两个选项之一,系统会先后提示起点和站点的值。

图 13.19 所示为原图和以不同凸度幅值及连续性类型创建的过渡曲面。

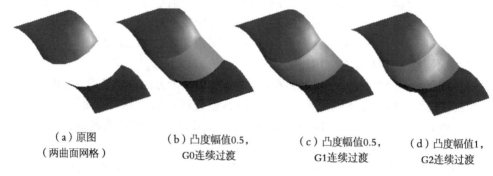

（a）原图　　　　　（b）凸度幅值0.5,　　　（c）凸度幅值0.5,　　　（d）凸度幅值1,
（两曲面网格）　　　　G0连续过渡　　　　　G1连续过渡　　　　　G2连续过渡

图 13.19　曲面过渡

3. 曲面修补(SURFPATCH 命令)

曲面修补是通过闭合曲面或闭合曲线来创建曲面。修补曲面时,可以指定连续性和凸度幅值。还可以设置导向线或点,以进一步约束修补曲面的形状。图 13.20 为原图和以不同凸度幅值及连续性类型创建的修补曲面。其中图(e)为以导向点、凸度幅值 1、G1 连续性构建的修补曲面。

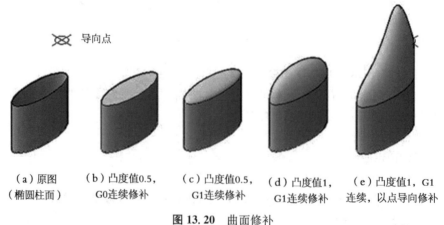

⊗　导向点

（a）原图　　　（b）凸度值0.5,　　（c）凸度值0.5,　　（d）凸度值1,　　（e）凸度值1, G1
（椭圆柱面）　　　G0连续修补　　　　G1连续修补　　　G1连续修补　　　连续,以点导向修补

图 13.20　曲面修补

曲面修补命令的操作步骤如下:

命令: SURFPATCH ↵

连续性=G0-位置,凸度幅值=0.5

选择要修补的曲面边或[链(CH)/曲线(CU)]<曲线>：(点选修补边)找到 1 个

选择要修补的曲面边或[链(CH)/曲线(CU)]<曲线>：↵　　　　　　　　　（选完确认）

按 Enter 键接受修补曲面或[连续性(CON)/凸度幅值(B)/导向(G)]：CON ↵

（设置连续性）

修补曲面连续性[G0(G0)/G1(G1)/G2(G2)]<G0>：(输入连续性类型)↵

按 Enter 键接受修补曲面或[连续性(CON)/凸度幅值(B)/导向(G)]：B ↵

（设置凸度幅值）

修补曲面的凸度幅值 <0.5000>：(输入数值)↵

按 Enter 键接受修补曲面或[连续性(CON)/凸度幅值(B)/导向(G)]：G ↵　（设置导向）

选择要约束修补曲面的曲线或点：(点选导向元素)找到 1 个

选择要约束修补曲面的曲线或点：↵　　　　　　　　　　　　　　　（选完确认）

按 Enter 键接受修补曲面或[连续性(CON)/凸度幅值(B)/导向(G)]：↵　　（接受修补曲面）

图 13.21 是以一椭圆为要修补的曲面边，一圆为导向曲线生成的修补曲面。

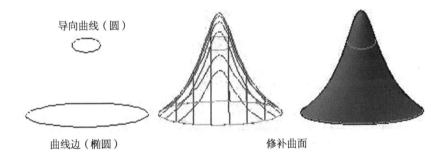

导向曲线（圆）

曲线边（椭圆）　　　　　　　　　　　　　　修补曲面

图 13.21　以曲线边和导向曲线生成的修补曲面

4. 曲面偏移（SURFOFFSET 命令）

按设定的偏移距离创建平行曲面或实体（相当于加厚）。偏移距离为正值时，向外侧偏移；偏移距离为负值时，向内侧偏移。如图 13.22 所示。

偏移曲面命令的操作步骤如下：

命令：SURFOFFSET ↵

连接相邻边＝否

选择要偏移的曲面或面域：(点选原曲面)找到 1 个

选择要偏移的曲面或面域：↵　　　　　　　　　　　　　　　　　　（选完确认）

指定偏移距离或[翻转方向(F)/两侧(B)/实体(S)/连接(C)/表达式(E)]<5.0000>：
F ↵　　　　　　　　　　　　　　　　　　（设置为翻转，等于偏移距离为正值）

指定偏移距离或[翻转方向(F)/两侧(B)/实体(S)/连接(C)/表达式(E)]<5.0000>：(输入偏移距离数值)↵　　　　（虽然设置为"翻转"，如果偏移距离为负值，仍向内侧偏移）

1 个对象将偏移。

1 个偏移操作成功完成。

命令提示中的"连接"为两个或多个相邻曲面向外偏移时，复制的曲面会分离，如果希望仍然相连，应该设置该选项，其结果复制的曲面会自动延伸。

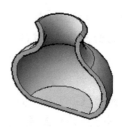

（a）原图　　　（b）偏移距离为负值　　（c）偏移距离为正值，且为实体

图 13.22　曲面偏移

5.　曲面圆角（SURFFILLET 命令）

曲面圆角命令用于在已有曲面之间创建设定半径的圆弧形曲面。新曲面与被连接的曲面相切，并自动修剪多余部分。该命令类似于二维中的 FILLET（圆角）命令。其操作步骤也很类似。故这里不作详细介绍。读者可自行实践。

13.2.2　曲面编辑

AutoCAD 2016 提供的曲面编辑功能有曲面修剪和去除修剪、曲面延伸、曲面造型、曲面转化为 NURBS 曲面、曲面转化为网格、提取边、提取素线、显示和隐藏控制点、添加和删除控制点、曲面控制点重生成等。其对应的工具栏如图 13.23 所示。

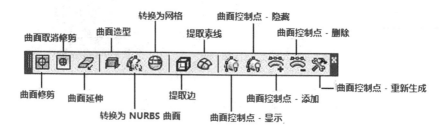

图 13.23　曲面编辑工具栏

1.　曲面修剪（SURFTRIM 命令）

曲面修剪命令的功能是曲面或面域被另一曲面或曲线等几何图形相交（含延长可相交）并分割，或两者相互分割后，舍弃不需要的部分。与二维修剪命令 TRIM 类似，其操作步骤也十分相似。图 13.24 为曲面被平面剪切后舍弃上部的图形。其操作过程如下：

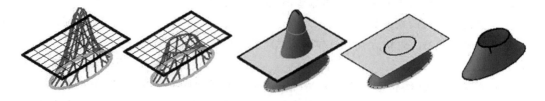

图 13.24　曲面修剪

命令：_SURFTRIM ↵

延伸曲面＝是，投影＝视图

选择要修剪的曲面或面域或者［延伸（E）/投影方向（PRO）］：（选择要修剪的曲面）

选择要修剪的曲面或面域或者[延伸(E)/投影方向(PRO)]：↵ （选完确认）

选择剪切曲线、曲面或面域：(点选平面)找到 1 个

选择剪切曲线、曲面或面域：↵ （选完确认）

选择要修剪的区域[放弃(U)]：(点选曲面上部)

选择要修剪的区域[放弃(U)]：↵ （选完确认）

选项延伸(E)/投影方向(PRO)的作用分别是控制修剪面是否可延长；是否将曲面进行投影后，再作修剪。

修剪完成后，如要删除修剪平(曲)面，必须在曲面的特性对话框中，将"曲面关联性"改为"删除"或"无"，如图 13.25 所示。也可使用分解命令将修剪后的曲面炸开后，删除修剪平面。否则，删除修剪平面时，曲面会恢复原样。

图 13.26 为两相交曲面相互修剪的情况。操作中，选择要修剪的曲面时，可一起框选两者，确认后，点选各自要舍弃的部分。

图 13. 25 曲面特性对话框

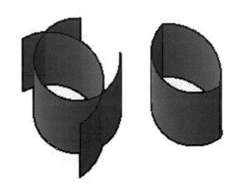

图 13. 26 曲面相互修剪

2. ▣ 曲面取消修剪（SURFUNTRIM 命令）

该命令为取消 SURFTRIM 命令执行的结果，与 UNDO 命令不同的是，可在 SURFTRIM 命令后，任何时候执行。命令调用后，只要选择要恢复的曲面，或恢复端的边，确认后即可。

3. ⬗ 曲面延伸（SURFEXTEND 命令）

曲面延伸命令用于在指定曲面边，创建一个相邻的新曲面。新曲面与被延伸曲面在公共边相切连续。如图 13.27 所示。

原图

延伸后

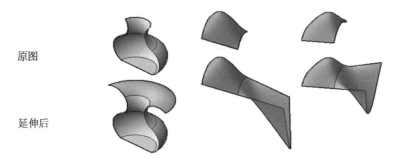

图 13. 27 曲面延伸

曲面延伸命令的操作步骤如下：

命令：SURFEXTEND ↵

模式＝延伸，创建＝附加

选择要延伸的曲面边：(点选要延伸的曲面边)　　找到 1 个

选择要延伸的曲面边：↵　　　　　　　　　　　　　　　　　(选完确认)

指定延伸距离[表达式(E)/模式(M)]：(输入或指定延伸距离)

选项表达式(E)是用表达式计算距离；模式(M)是选择延伸曲面的方式(延伸/拉伸)。是模仿还是不模仿被延伸曲面形状延续曲面。其中"延伸"模式的延伸距离一般不受限制，而"拉伸"模式的延伸距离受被延伸曲面形状限制。

还有可选择延伸曲面与被延伸曲面合并，或成为相邻的附加曲面。

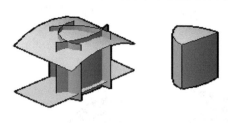

造型前　　　　　造型结果

图 13.28　曲面造型

4. 曲面造型（SURFSCULPT 命令）

曲面造型命令的功能是将多个曲面围成的封闭区域创建为实心体。如图 13.28 所示。

曲面造型命令的操作步骤如下：

命令：SURFSCULPT ↵

网格转换设置为：平滑处理并优化。

选择要造型为一个实体的曲面或实体：(框选所有参与围组的曲面)　　找到 5 个

选择要造型为一个实体的曲面或实体：↵

(选完确认)

5. 转换为（CONVTONURBS 命令）

该命令的功能是将网格曲面转换为由控制点、线形成的 NURBS 曲面。转换后的曲面可对控制点进行编辑(拉伸、添加、删除等)。从而改变曲面的形状及复杂程度。图 13.29(a)为一圆柱面转换为 NURBS 曲面后，显示的控制点；图(b)为拉伸中前部控制点后，显示的曲面形状和控制点图形。图(c)为一平面转换为 NURBS 曲面后，拉伸中部控制点，使曲面形状改变的图形。

CONVTONURBS 命令的操作步骤，为命令调用后只要点选要转换的曲面即可。

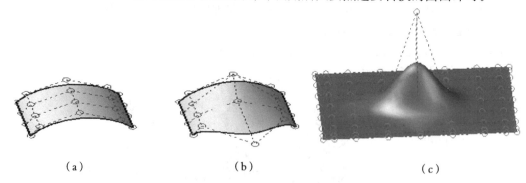

（a）　　　　　　　　　（b）　　　　　　　　　（c）

图 13.29　将网格曲面转换为 NURBS 曲面

6. 转换为网格（MESHSMOOTH 命令）

该命令的功能是将非网格对象，如 3DFACE(三维平面)、REGION(面域)、闭合多段线及基本几何体等转换为网格。以便作细节建模，如图 13.30 所示。命令调用后只要点选要转换的对象即可。

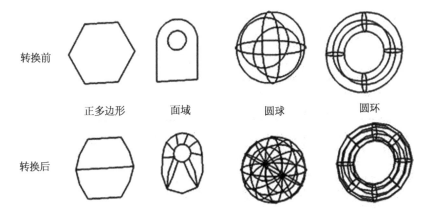

转换前　　　　　正多边形　　　面域　　　　　圆球　　　　　圆环

转换后

图 13.30　转换为网格

7. 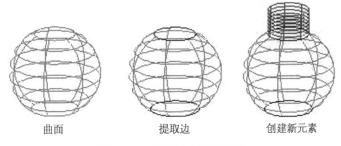提取边（XEDGES 命令）

该命令的功能是从三维实体、曲面、网格、面域等对象中提取边线，用以创建新的元素，如图 13.31 所示。

曲面　　　　　　　提取边　　　　　　　创建新元素

图 13.31　提取边创建新元素

XEDGES 命令的操作步骤：命令调用后只要点选要提取边的对象即可。

8. 提取素线（SURFEXTRACTCURVE 命令）

该命令的功能是在曲面或立体表面提取素线，用以创建新的元素，如图 13.32 所示。

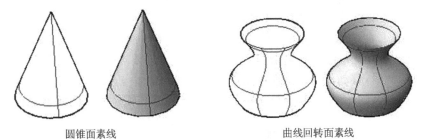

圆锥面素线　　　　　　　　　　　曲线回转面素线

图 13.32　提取素线

SURFEXTRACTCURVE 命令的操作步骤如下：

命令：SURFEXTRACTCURVE ↵

链＝否

选择曲面、实体或面：

正在以 U 方向提取素线曲线　　　　　　　　　（默认在 U 方向提取素线）

在曲面上选择点或[链(C)/方向(D)/样条曲线点(S)]：D↵　　　（改在 V 方向提取素线）

正在以 V 方向提取素线曲线

在曲面上选择点或[链(C)/方向(D)/样条曲线点(S)]：（点击曲面后指定素线位置）

正在以 V 方向提取素线曲线

在曲面上选择点或[链(C)/方向(D)/样条曲线点(S)]：↵　　　　　　　（操作结束）

9. 曲面控制点-显示（CVSHOW 命令）

该命令用以显示 NURBS 曲面的控制点，以便对控制点进行操作。命令调用后只要点击要显示控制点的 NURBS 曲面即可。

10. 曲面控制点-隐藏（CVHIDE 命令）

该命令用以关闭 CVSHOW 命令显示的 NURBS 曲面的控制点。命令调用后只要点击要隐藏控制点的 NURBS 曲面即可。

11. 曲面控制点-增加（CVADD 命令）

该命令用于增加 NURBS 曲面的控制点密度，以改变曲面的形状及复杂程度。图 13.33 为曲面控制点增加前（左图）、后（右图）的主、俯两组视图的对比。从两俯视图可明显看出，控制点增加后曲面的复杂程度比控制点增加前更甚，形状差异也颇大。

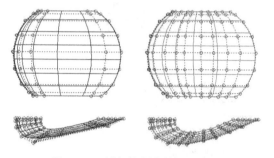

图 13.33　增加控制点前后的视图

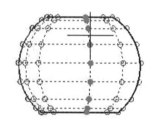

图 13.34　增加控制点

CVADD 命令的操作，一般需在曲面显示为"真实"或"概念"或"三维隐藏"视觉样式时进行。命令调用后只要点击曲面，一组显示红色的控制点即显示出来，此时，移动鼠标将这组控制点移到需要的位置点击即可。在"线框"视觉样式显示状态下不能操作。

12. 曲面控制点-删除（CVREMOVE 命令）

CVREMOVE 命令与 CVADD 命令，用于删除 NURBS 曲面的控制点，以改变曲面控制点的密度。从而改变曲面的形状和复杂程度。命令调用后只要点击曲面，一组显示红色的控制点即显示出来，此时，移动鼠标将这组控制点移到需要的位置点击之即可。

该命令与 CVADD 命令的操作要求一样，不能在"线框"视觉样式显示状态下操作。操作方法也与 CVADD 命令相同。命令调用后只要点击曲面，一组显示红色的控制点即显示出来，此时，移动鼠标将这组控制点移到需要的删除控制点的位置点击即可。

需要特别指出，在首次对曲面控制点进行增减时，系统会弹出"曲面建模-无法编辑曲面"对话框，提示"若要编辑控制点，请使用 CVREBUILD 将曲面沿 U 和 V 方向都更改为 3 阶"，如图 13.35 所示。

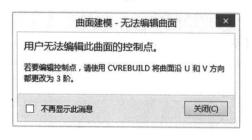

图 13.35　"无法编辑曲面"对话框

此时,应先点击 CVREBUILD 工具 ,弹出"重新生成曲面"对话框,如图 13.35 所示。点击 确定 按钮,确认曲面 U 和 V 方向均为 3 阶的默认值。然后,对曲面控制点进行增减操作。

13. 曲面控制点-重新生成(CVREB-UILD 命令)

该命令用于设置 NURBS 曲面控制点数和曲面阶数,并重新生成曲面。命令调用后,弹出"重新生成曲面"对话框,如图 13.36 所示。用户根据需要对控制点数进行设置,设置完成后点击 确定 按钮,退出对话框。曲面阶数最少为 3 阶,阶数越多曲面越复杂,无特殊要求,一般就取默认值。

图 13.36　"重新生成曲面"对话框

13.3　实心体模型

实心体模型是具有壁厚、与现实中的物体没有差别的真正三维实体。在 AutoCAD 中,它能与平面或其他实心体模型自动产生交线、交集、并集和差集。

13.3.1　实心体建模

AutoCAD 2016 提供了创建基本实心体模型的功能。用户可以利用这些建模功能创建多种基本实心体模型,进而可利用系统提供的编辑功能构建复杂的三维实心体模型。

1. 三维图元的创建

图 13.37 为系统可创建的三维图元及部分用于基本体编辑的"建模"工具栏。

图 13.37　"建模"工具栏

(1) 多段体(POLYSOLID)

多段体是具有宽度和高度的连续柱体。可用于创建建筑墙体等处,其高度方向垂直于操作平面。创建时除需输入其宽度和高度外,还需指定宽度方向定位(对正)的方式(左对正/居中/右对正)。

命令调用:键入 POLYSOLID ↵(或单击菜单栏"绘图"⇒"建模"⇒"多段体",或单击"建模"工具栏"多段体"图标)。

创建多段体的操作如下:

命令调用后,系统提示:"指定起点或[对象(O)/高度(H)/宽度(W)/对正(J)]<对象>:"

其中,选项"对象(O)"为指定图中已有的多段线。多段体可沿着该多段线生成,从而无需指定多段体的起止和折弯点。

(2) 长方体(BOX) ⬜

参数:底面两对角点和高度,或底面前左下角角点和长、宽、高,或底面中心、底面一角点和高度,或底面中心和长、宽、高。

创建长方体的操作如下:

命令调用:键入BOX ↵(或单击菜单栏"绘图"⇒"建模"⇒"长方体",或单击"建模"工具栏"长方体"图标)。

命令调用后,若以底面两对角点和高度创建长方体,只需依次指定底面两对角点的位置后输入长方体高度。若为立方体,应在指定底面一角点后,键入C ↵(Cube),然后输入边长。

命令调用后,若以底面一角点和长、宽、高创建长方体,则应先指定底面一角点位置,然后键入L ↵,输入底面边长,再依次输入底面宽度和长方体高度。

命令调用后,若以中心点和一角点及高度创建长方体,则需先键入C ↵(Center),然后依次指定底面中心和一角点位置及长方体高度。

(3) 圆球体(SPHERE) ⭕

参数:球心和半径或直径。

命令调用:键入SPHERE ↵(或单击菜单栏"绘图"⇒"建模"⇒"球体",或单击"建模"工具栏的"球体"图标)。

命令调用后,只要依次指定球心位置和球体半径。

(4) 圆柱体或椭圆柱体(CYLINDER) 🛢

参数:正圆柱体——底圆心和半径或直径、圆柱高或顶圆心(若输入圆柱高,圆柱轴线垂直当前 UCS;若输入顶圆心,圆柱轴线平行当前 UCS,且两端面垂直当前 UCS)。

椭圆柱体——底面椭圆(参数同二维椭圆)、柱高或顶面中心。

创建圆柱体或椭圆柱体的操作如下:

命令CYLINDER ↵(或单击菜单栏"绘图"⇒"建模"⇒"圆柱体",或单击"建模"工具栏的"圆柱体"图标)。

调用后若画轴线垂直当前 UCS 的圆柱,依次指定底圆中心位置、输入底圆半径(或直径)和柱高。

命令调用后若画椭圆柱,应先键入E ↵,然后按椭圆参数画椭圆,再指定柱高。

(5) 圆锥体或椭圆锥体(CONE) 🔺

参数:同圆柱体和椭圆柱体。

命令调用:键入CONE ↵(或单击菜单栏"绘图"⇒"建模"⇒"圆锥体",或单击"建模"工具栏的"圆锥体"图标)。

命令调用后,系统提示和操作方法与创建圆柱体和椭圆柱体相同。

(6) 楔形体(WEDGE) ◺

参数:同长方体。

命令调用:键入WEDGE ↵(或单击菜单栏"绘图"⇒"建模"⇒"楔体",或单击"建模"工具栏的"楔体"图标)。

命令调用后,系统提示和操作方法也与创建长方体相同。

(7) 圆环体(TORUS) ◎

参数：环心、环半径、管半径。

命令调用：键入TORUS↙（或单击菜单栏"绘图"⇒"建模"⇒"圆环"，或单击"建模"工具栏的"圆环体"图标）。

命令调用后，只要依次指定圆环中心位置和输入圆环半径、圆管半径。

（8）棱锥体（PYRAMID）

棱锥体是以任意边数正多边形（默认为正方形）为底，高线垂直底面的正锥体。其创建参数中，除需输入底面边数和锥高外，还需指定底面多边形的确定方式（包括指定中心后，需指明内接于圆还是外切于圆；或者使用一边来确定多边形）。

创建棱锥体的操作如下：

命令调用：键入PYRAMID↙（或单击菜单栏"绘图"⇒"建模"⇒"棱锥体"，或单击"建模"工具栏"棱锥体"图标）。

命令调用后，系统提示：指定底面的中心点或［边（E）/侧面（S）］：

其中选项"边（E）"为使用一边来确定多边形。选项"侧面（S）"为输入侧面数（底面边数）。

输入边数后，如果指定底面中心，系统提示："输入选项［内接于圆（I）/外切于圆（C）］<I>："，此时，输入I或C，再输入半径值。确定底面多边形后，根据系统提示，输入锥高。

（9）螺旋（HELIX）

螺旋是用作扫略或放样路径的一种三维曲线。它可以是圆柱或圆锥形的。它的创建参数有底面中心位置、底面和顶面半径或直径、螺旋高度或螺距（圈高）、圈数和旋向（扭曲方向）。

创建螺旋的操作如下：

命令调用：键入HELIX↙（或单击菜单栏"绘图"⇒"螺旋"，或单击"建模"工具栏"螺旋"图标）。

命令调用后，先指定底面的中心点位置，然后依次输入底面和顶面半径或直径（如需输入直径应先键入D↙，再输入直径值）；接着系统出现下列提示：指定螺旋高度或［轴端点（A）/圈数（T）/圈高（H）/扭曲（W）］< >：

提示中选项"轴端点（A）"为以指定螺旋顶面的中心来确定螺旋高度和放置方向（此时轴线平行当前UCS）。选项"圈高（H）"为要求输入螺距高度，不再输入螺旋高度。选项"扭曲（W）"为要求输入螺旋的旋向（顺时针CW或逆时针CCW）。

（10）平面曲面（PLANESURF）

平面曲面用以创建矩形平面或将二维闭合图形转化为平面。

创建平面曲面的操作如下：

命令调用：键入PLANESURF↙（或单击菜单栏"绘图"⇒"建模"⇒"平面曲面"，或单击"建模"工具栏"平面曲面"图标）。

命令调用后，系统提示：指定第一个角点或［对象（O）］<对象>：

此时，若绘制矩形平面，可依次指定矩形两对角点。若将已有的二维闭合图形转化为平面，应先键入O↙，再在图上点取要转化的对象。

（11）拉伸体（EXTRUDE）

拉伸体是由二维图元（多线除外）或由"边界"（BOUNDARY）命令生成的边界或由"面域"（REGION）命令生成的区域模型等平面要素（称为拉伸对象）沿指定方向或路径（直线或平面曲线）伸展形成的面片或实心体（统称拉伸体）。延伸路径和延伸要素不能位于同一平面或平行面上，平面要素边缘伸展时，产生的表面与直延伸路径之间的夹角，称为倾斜角（或称锥度角）。倾斜角可以为正，也可以为负。当倾斜角为负值时，生成的拉伸体成倒锥形。

按照延伸路径和锥度角的不同，拉伸体可分为柱形拉伸体、锥形拉伸体、斜拉伸体和曲拉伸体。如图 13.38 所示。

柱形拉伸体的延伸路径为直线，倾斜角为 0°，路径直线可以是缺省路径（被延伸平面的法线），也可以另行指定，但必须是已经存在的直线或多段线。

锥形拉伸体的延伸路径也为直线，但只能是缺省路径——被延伸平面的法线。生成锥形拉伸体的操作与柱形拉伸体基本相同，仅在指定拉伸高度前键入 T↵，再输入一个非 0 的倾斜角。必须注意，延伸高度和倾斜角必须匹配，当延伸高度或倾斜角过大时，都可能导致两者不匹配，从而无法生成拉伸体。

斜拉伸体的延伸方向与拉伸对象所在平面不垂直。

曲拉伸体的延伸路径为平面曲线。对路径曲线的要求，除不能与延伸对象位于同一平面上之外，两者还必须匹配。当延伸对象在延伸过程中，相邻两位置产生相互干涉时，拉伸体就不能生成，换言之，路径曲线的曲率半径不能过小，否则延伸对象无法"转弯"（直折线除外）。

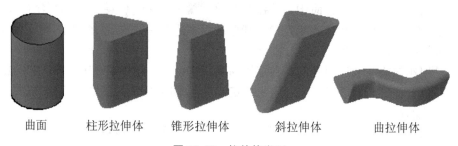

曲面　　　　柱形拉伸体　　　　锥形拉伸体　　　　斜拉伸体　　　　曲拉伸体

图 13.38　拉伸体类型

创建拉伸体的操作如下：

命令调用：键入 EXTRUDE ↵（或单击菜单栏"绘图"⇒"建模"⇒"拉伸"，或单击"建模"工具栏"拉伸"图标）。

命令调用后，系统提示："选择要拉伸的对象或〔模式（MO）〕："

若拉伸后生成曲面或面片时应键入 MO↵，

系统接着提示："闭合轮廓创建模式〔实体（SO）/曲面（SU）〕＜实体＞："，此时键入 SU↵。

系统回到命令调用后提示："选择要拉伸的对象或〔模式（MO）〕："

此时选择拉伸对象，选完后按 Enter 确认。接着系统提示："指定拉伸的高度或〔方向（D）/路径（P）/倾斜角（T）/表达式（E）〕＜＞："，此时，可输入拉伸体的高度，或选择括号中的选项后作相应操作。

提示中选项"方向（D）"为以指定两点确定拉伸方向和距离，其结果可生成斜拉伸体；选项"路径（P）"为以指定已存在的路径作为延伸导向，一般用以生成曲拉伸体；选项"倾斜角（T）"为先输入锥形拉伸体的锥度角，然后输入拉伸高度。

（12）**按住并拖动（PRESSPULL）**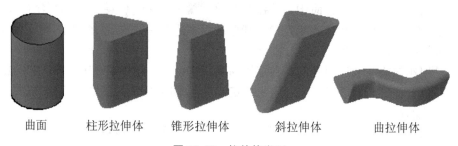

按住并拖动也是一种拉伸。它除了能拉伸闭合的平面图素外，还能将非环闭（头尾相接）的有效区域进行沿区域的法线方向拉伸，从而生成拉伸体。图 13.39 为将同平面上四条圆弧相交的有效区域，采用按住并拖动拉伸的结果。

按住并拖动的操作如下：

命令调用：键入PRESSPULL↵（或单击菜单栏"绘图"⇒"建模"⇒"按住并拖动"，或单击"建模"工具栏"按住并拖动"图标）。

命令调用后，系统提示："单击有限区域以进行按住或拖动操作"。此时，将光标指在需拉伸的有效区域内，当该区域以虚线形式显示时，按下鼠标左键后拖动，待拖至需要的拉伸长度后释放，再点击之。

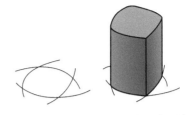

图 13.39　按住并拖动拉伸有效区域

（13）旋转体（REVOLVE）

旋转体是由二维图元（多线除外）或由"边界"（BOUNDARY）命令生成的边界或由"面域"（REGION）命令生成的区域模型等平面要素绕指定轴线旋转形成的曲面或实心体（统称旋转体）。旋转对象必须位于轴线的同侧，否则命令不能执行。轴线可以是任意两点的连线，也可以是 X 或 Y 或 Z 轴，或已经存在的直线段；旋转角度的正向同旋转网格。

创建旋转体的操作如下：

命令调用：键入REVOLVE↵（或单击菜单栏"绘图"⇒"建模"⇒"旋转"，或单击"建模"工具栏的"旋转"图标）。

命令调用后，系统提示："选择要旋转的对象或［模式（MO）］："，此时，如果要生成实心体，选择旋转对象，选完后按 Enter 确认。如果要生成曲面，应键入MO↵，然后键入SU↵。

接着系统提示："指定轴起点或根据以下选项之一定义轴［对象（O）/X/Y/Z］<对象>："，此时，指定旋转轴的起点，再指定旋转轴的终点和旋转角度。或选择括号中的选项后作相应操作。选项中"对象（O）"为以一已存在的直线作旋转轴；选项"X/Y/Z"为选择 X、Y、Z 坐标轴之一，再指定旋转角度。

（14）扫掠体（SWEEP）

扫掠是沿一条开口或闭合的二维或三维路径，扫掠一个或多个开口或闭合的平面图形或平面曲线、实心体的平表面等生成实心体或曲面（统称扫掠体）。扫掠多个对象时，这些对象必须位于同一平面中。并且这些对象在扫略过程中保持原来或等比例的相对位置。

可用作扫略对象的元素有：直线、圆弧、椭圆弧、二维多段线、二维样条曲线、圆、椭圆、平面三维面（3DFACE）、二维实体（SOLID）、面域（REGION）、平曲面（PLANESURF）、实心体的平面（通过按住 CTRL 键选择实体的面）等。

可用作扫略路径的元素有：直线、圆弧、椭圆弧、二维多段线、二维样条曲线、圆、椭圆、三维多段线、螺旋、实心体或曲面的边（通过按住 CTRL 键选择实体或曲面上的边）等。

扫掠的操作如下：

命令调用：键入SWEEP↵（或单击菜单栏"绘图"⇒"建模"⇒"扫略"，或单击"建模"工具栏的"扫略"图标）。

命令调用后，系统提示："选择扫掠路径或［模式（MO）］："，确定模式后选择要扫掠的对象，选完后按 Enter 键确认。接着系统提示："选择扫掠路径或［对齐（A）/基点（B）/比例（S）/扭曲（T）］："，此时，可指定扫略路径，或选择括号中的选项后作相应操作。

选项中"对齐（A）"为指定扫掠元素是否与路径垂直（默认为是）。选项"基点（B）"为指定要扫掠对象的基点（与路径起点重合的点）。

选项"比例（S）"为设置扫掠过程中，路径终点和起点处扫略对象的缩放比例因子（必须是非 0 的正值，默认为 1）。

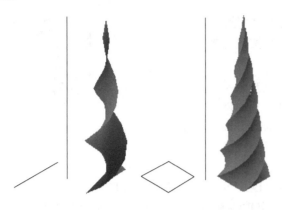

图 13.40 扫略建模实例—螺旋状曲面和立体

选项"扭曲（T）"为设置扫略过程中，扫略元素在路径终点处与起点处绕路径旋转的角度和是否允许扫略元素与路径对齐关系的自然倾斜（默认为不倾斜；B 为倾斜）。图 13.40 分别为一直线和一正方形为扫略对象，直线为扫略路径，创建的螺旋状锥形曲面和立体。其中扫略参数的比例均为 0.01，扭曲角度均为 540°，其余为默认值。

（15）放样体

放样是以两个或多个平面图形或二维曲线为横截面，以一条直线或二维曲线为路径，或以多条曲线为导向，创建三维实体或曲面的又一方法。若以一组二维曲线为横截面，这些曲线必须同为开口或闭合的。若以多条曲线为导向，这些导向线必须从头至尾依次与每个横截面相交。

可用作放样横截面的元素有：直线、圆弧、椭圆弧、二维多段线、二维样条曲线、圆、椭圆、平面三维面（3DFACE）、二维实体（SOLID）、面域（REGION）、平曲面（PLANESURF）、实心体的平面（通过按住 CTRL 键选择实体的面）等。

可用作放样路径的元素有：直线、圆弧、椭圆弧、二维多段线、二维样条曲线、圆、椭圆、三维多段线、螺旋等。

系统变量 DELOBJ 控制是否在创建实体或曲面后自动删除横截面、路径和导向，以及是否在删除轮廓和路径时进行提示。

图 13.41 为以多种条件和方式放样生成的曲面和实体。其中图（a）是以一条多段线（底部）和一条圆弧（顶部）为横截面，五条圆弧为导向线放样生成的曲面。图（b）是以上下多个圆和中间两个八边形为横截面，一条直线为路径放样生成的实体。图（c）是以顶部椭圆和底部正圆为横截面，前后两条样条线为导向线放样生成的实体。图（d）是仅用三个横截面（左右两个正圆，中间一个椭圆）放样生成的实体。

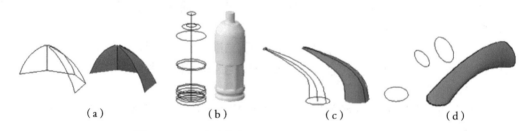

（a）　　　　　（b）　　　　　（c）　　　　　（d）

图 13.41　以多种条件和方式放样创建的曲面和实体

放样建模的操作如下：

命令调用：键入 LOFT ↵（或单击菜单栏"绘图"⇒"建模"⇒"放样"，或单击"建模"工具栏的"放样"图标）。

命令调用后，系统提示："按放样次序选择横截面或［点（PO）/合并多条边（J）/模式（MO）］："

选项中"点"为放样起点与闭合曲线构成放样体。选项"合并多条曲线"为将多个端点相交曲线合并为一个横截面。选项"模式"为控制放样结果是实体还是曲面。

　　此时,若按放样次序逐一点选横截面,选完按 Enter 键确认。接着系统提示:"输入选项[导向(G)/路径(P)/仅横截面(C)/设置(S)]<仅横截面>:",此时,若按 Enter 键确认采用"仅横截面",并按默认设置完成放样。若选择导向或路径应先键入"G"或"P"后点选导向线或路径线。若选择"设置"选项,键入"S"后系统将弹出"放样设置"对话框,如图 13.42 所示。按放样条件和方式选择括号中的选项,然后进行相应的操作。

图 13.42　"放样设置"对话框

　　对话框中各选项的意义如下:

　　选项"直纹"是指定实体或曲面在横截面之间为直纹表面;选项"平滑拟合"为指定在横截面之间生成平滑表面;选项"法线指向"为控制放样实体或曲面沿横截面法线逐渐过渡。选项"拔模斜度"控制放样实体或曲面在第一个和最后一个横截面处"鼓出"或"凹进"的程度,用起点、终点的角度(与横截面法线倾斜度)和幅值(控制角度作用的值)限定。图 13.43 显示了仅使用横截面放样中各种设置的不同效果。选项"闭合曲面或实体"为闭合和开放曲面或实体。使用该选项时,横截面应该形成圆环形图案,以便放样曲面或实体可以形成闭合的圆管。

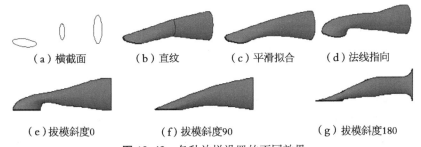

（a）横截面　　（b）直纹　　（c）平滑拟合　　（d）法线指向

（e）拔模斜度0　　　　（f）拔模斜度90　　　　（g）拔模斜度180

图 13.43　各种放样设置的不同效果

2. 将网格转换成曲面或实心体

将网格转换成曲面或实心体功能,大大增加和扩大了网格面片的实用性和应用范围。

（1）将闭合的网格图元转换成曲面或实心体

闭合的网格图元可直接转换成实心体或曲面,转换形式有如图 13.44 所示四种(上图为未经剖切和消隐的图形,下图为转换后实体和曲面被切去上部后的消隐图):

　　其中,转换后具有镶嵌面的实体和曲面显示具有明显轮廓的表面面块和增密面块。转换后的平滑实体和曲面,表面极为光滑。

　　将闭合的网格图元转换成曲面或实心体的操作如下:

　　点击菜单"修改"⇒"网格编辑"⇒(转换形式),在"选择对象"提示下点选网格对象,选完按 Enter 键。命令结束。

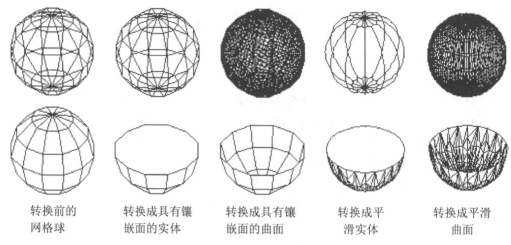

转换前的网格球 | 转换成具有镶嵌面的实体 | 转换成具有镶嵌面的曲面 | 转换成平滑实体 | 转换成平滑曲面

图 13.44 网格球及转换成的实心体和曲面

（2）通过加厚转换非闭合的网格面片

非闭合的网格面片不能直接转换成实体和曲面，但可通过加厚操作，使其转换并加厚。图 13.45 为将用边界网格构造的浴缸网格模型转换成加厚的实心体模型。

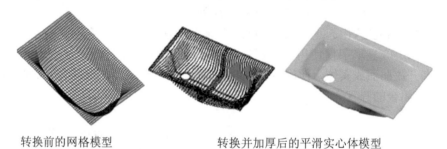

转换前的网格模型   转换并加厚后的平滑实心体模型

图 13.45 网格模型经加厚转换成实心体模型

网格加厚的操作如下：

点击菜单"修改"⇒"三维操作"⇒"加厚"，在"选择要加厚的曲面："提示下点选网格对象，选完按 Enter 键，系统弹出"网格—转换为三维实体或曲面？"对话框（图 13.46）。

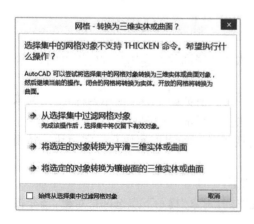

图 13.46 网格转换对话框

选择对话框中的"将选定对象转换为平滑三维实体或曲面"。再在"指定厚度<…>"提示下输入加厚的厚度，命令结束。

加厚（THICKEN）命令还可将由二维线段经建模命令 PLANESURF（平面曲面）、EXTRUDE（拉伸）、SWEEP（扫略）、REVOLVE（旋转）、LOFT（放样）等创建的曲面加厚，使之变成实心体。加厚值为正时，向曲面内侧加厚。反之，加厚值为负时，向曲面外侧加厚。加厚时，对象不能产生自交（加厚部分叠交）。

3. 实体的组合

实体（包括实心体和曲面）经布尔组合可构成

复杂的组合体。

实体的布尔组合与区域模型的布尔操作一样,两互相干涉的实心体,也可以进行并、交、差操作。并且,在操作中自动产生表面交线。图 13.47 为两正交等直径圆柱体的布尔组合。

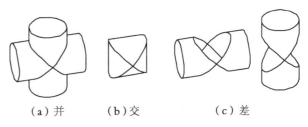

(a) 并　　　　(b) 交　　　　(c) 差

图 13.47　两正交等直径圆柱的布尔组合

实体的布尔操作与区域模型的布尔操作相同,这里不再重复。

组合实心体模型可以用两种方法建立。其一,是根据模型的形状特征将其拆分成若干简单体,然后,用系统预定义几何体、拉伸、旋转、扫掠或放样等建模方法,先建立简单体的模型,再将它们移动定位后,进行布尔组合,拼成整体。其二,对于形状特征不便拆分的模型,可以视为某些简单体的差集或交集。据此,可先建立几个相应的简单体,然后,经移动定位后,作布尔差集或交集操作。在实际操作中,两种方法可以结合使用,关键是要对建模对象有一个正确的形体分析,下面列举数例,供读者参考。

4. 建模实例

例 13.3:建立如图 13.48 所示的扳手实心体模型。

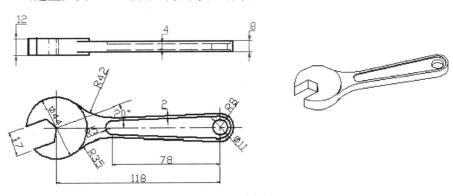

图 13.48　扳手

形体分析:从图中可以看出,扳手形体比较明显,它可拆分为钳体和手柄两大部分,而手柄的凹陷部分又可视为手柄整体与相关形体的差集。

建模步骤如下(图 13.49):

(1) 按题图尺寸绘制俯视图,见图 13.49(a)。

(2) 连续用"边界"(BOUNDARY)命令,分别构造 A、B、C、D 四个区域模型(只要在 A、B 两点处单击),见图 13.49(b)。

(3) 调用"拉伸"(EXTRUDE)命令,分别将 A、B、C、D 四个区域模型延伸 12、8、2、20 高度,倾斜角均为 0,然后,调用"视点"命令,将当前视图转换到前视图,见图 13.49(c)。

(4) 将手柄部分所有拉伸体向上移动 2(键入位移量为 0,2↙↙),见图 13.49(d)。

(5) 调用二维"镜像"(MIRROR)命令将手柄底部凹块复制到顶部,见图 13.49(e)。

(6) 调用"差集"(SUBTRACT)命令,将手柄部分的凹块和圆柱从手柄主体减去,再调用"并集"(UNION)命令,将手柄和钳体合并,见图 13.49(f)。

整体建模完毕,转入轴测图,删除"边界"命令在构建区域模型时留下的原有轮廓线。

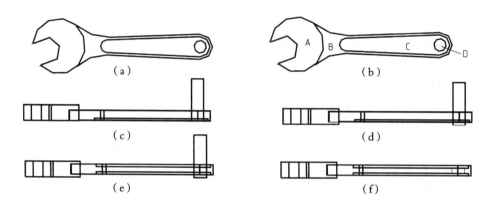

图 13.49　扳手的建模步骤

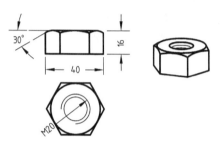

图 13.50　螺母

例 13.4：建立如图 13.50 所示螺母的实心体模型。

形体分析：螺母是一个带有螺纹孔的六棱柱体，其上端的倒角为圆锥面，母线与底面夹角为 30°，据此，螺母主体可视为六棱柱和圆锥体的交集，整体为主体与螺旋体的差集。

建模步骤如下（图 13.51）：

（1）按尺寸，在 WCS 中画一正六边形和与其内切的圆，见图 13.51(a)。

（2）调用"拉伸"（EXTRUDE）命令，分别拉伸六边形和圆，六边形拉伸高度为 16，倾斜角为 0，圆的拉伸高度为 18(>=16)，倾斜角为−60°，使其成倒锥形，见图 13.51(b)。

（3）执行"视点"命令，将当前视图转换到前视图，再调用"旋转"（ROTATE）命令，将两立体旋转 180°（上下颠倒过来），见图 13.51(c)。

（4）调用"交集"（INTERSECT）命令，求两立体的公共部分，见图 13.51(d)。

（5）在俯视图中作一直径为 17，高度为 30 的圆柱体；与圆柱同心作一上下直径均为 17，

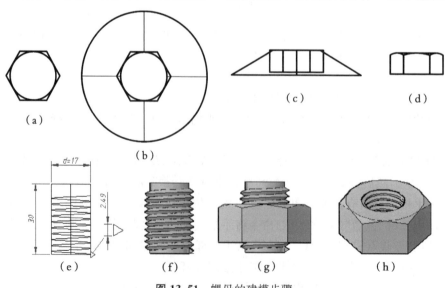

图 13.51　螺母的建模步骤

圈高 2.5,圈数 10 的螺旋;再在前(主)视图中画一边长 2.49 的正三角形,并将其移至一边的中点与螺旋的起点重合。见图 13.51(e)。

(6) 调用"扫掠"(SWEEP)命令,将正三角形沿路径螺旋扫掠,生成螺旋体,见图 13.51(f)。

(7) 将当前视图转为俯视图,将圆柱和螺旋体移动至与六棱柱同轴,再将视图转为前视图,移动圆柱和螺旋体至穿透六棱柱。然后调用"差集"(SUBTRAC)命令,在六棱柱中减去圆柱和螺旋体,见图 13.51(g)。提示:由于圆柱和螺旋直径相同,所以在与六棱柱作差集时,产生的螺孔很可能不完整,如是,可将圆柱直径改为 18。

(8) 转至轴测图显示题图,见图 13.51(h)。

例 13.5:建立如图 13.52 所示水龙头的实心体模型。

建模步骤如下:

(1) 出水管建模如图 13.53 所示。

(2) 主体建模如图 13.54 所示。

(3) 手柄建模如图 13.55 所示。

(4) 将出水管与主体移动至正确位置后合并。

(5) 旋转并移动手柄至主体上方正确位置。

(6) 调用"概念"视觉样式,显示模型。

图 13.52 水龙头

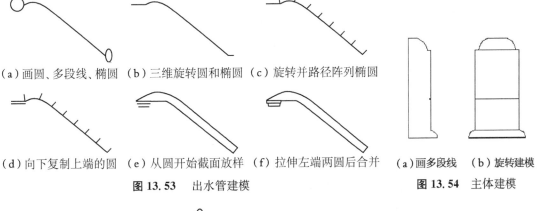

(a)画圆、多段线、椭圆 (b)三维旋转圆和椭圆 (c)旋转并路径阵列椭圆

(d)向下复制上端的圆 (e)从圆开始截面放样 (f)拉伸左端两圆后合并

图 13.53 出水管建模

(a)画多段线 (b)旋转建模

图 13.54 主体建模

(a)画圆、多段线、椭圆 (b)三维旋转圆和椭圆 (c)截面和路径建模

图 13.55 手柄建模

13.3.2 实心体的剖切与断面图生成

1. 实心体剖切(SLICE 命令)

实心体可以被给定平面或曲面剖开而一分为二,剖开后的两部分,可以全部保留,也可以保留指定部分。剖切平面可以用三点指定,也可以由已经存在的平面图元(圆、圆弧、正多边形、多段线等)或 XY、YZ、ZX 坐标面和当前视平面的平行面给定;也可通过平面上指定一点和在平面的 Z 轴(法向)上指定另一点来定义剪切平面。以曲面作剖切面时,不能使用由

EDGESURF、REVSURF、RULESURF 和 TABSURF 命令创建的网格。

实心体剖切操作如下：

命令调用：键入 SLICE↵，或单击菜单栏"修改"⇒"三维操作"⇒"剖切"。

命令调用后，系统提示："选择要剖切的对象:"，此时，选择要剖切的实心体，选完按 Enter 键确认。接着系统提示："指定切面的起点或［平面对象(O)/曲面(S)/Z 轴(Z)/视图(V)/XY(XY)/YZ(YZ)/ZX(ZX)/三点(3)]<三点>:"，此时，若剖切平面垂直 UCS，应指定剖切面的起点，然后指定平面上的第二个点；若剖切平面为已经存在的平面图元，应键入 O↵，然后选择该图元；若剖切平面由面上一点和该平面法线上一点决定，应键入 Z↵，然后分别指定剖切面上一点和法线上一点；若剖切平面平行 XY、YZ、ZX 坐标面和当前视平面之一，应键入相应的选项，然后指定平面的通过点。若剖切面为已存的曲面，应键入 S↵，然后选择该曲面。

当剖切面指定后，系统提示："在所需的侧面上指定点或［保留两个侧面(B)]<保留两个侧面>:"，此时，应点击要保留的一边，或键入 B↵，以保留剖切后立体的两边。至此操作结束。

图 13.56(a)为一圆锥被用 3D PLINE 命令绘制的平面图元剖切，保留两部分后，移开上部的结果。图 13.56(b)为管夹座被由 2D PLINE 拉伸的曲面剖切及移去 1/4 的模型。

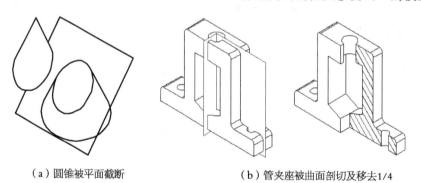

（a）圆锥被平面截断　　　　　　　　　（b）管夹座被曲面剖切及移去1/4

图 13.56　实心体的剖切

2. 实心体的断面图生成（SECTION 命令）

实心体的断面图是实心体与剖切平面的交线。与实心体剖切不同的是实心体并不被截断，而是仍然保持整体。另外剖切面不能为曲面。

生成实心体断面图的操作与实心体剖切基本相同。

命令只能键入。由于实心体并不被截断所以不需要指定保留哪一边。图 13.57 为圆轴断面图真形的生成过程。

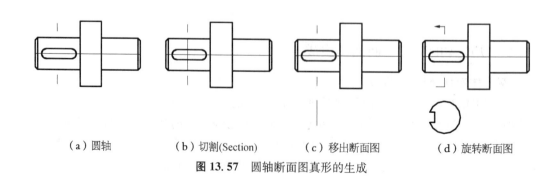

（a）圆轴　　　　（b）切割(Section)　　　　（c）移出断面图　　　　（d）旋转断面图

图 13.57　圆轴断面图真形的生成

13.3.3　实心体的倒角（FILLETEDGE 和 CHAMFEREDGE 命令）

将实心体相邻两面用圆柱面或圆环面光滑连接或用斜面过渡,称为实心体倒角。实心体倒角命令与二维倒角命令相同,但操作上有所不同。

1. 倒圆角操作与示例（图 13.58）

命令：FILLETEDGE ↵

半径＝1.0000　　　　　　　　　　　　　　　　　　　　　　　　（当前半径为 1）

选择边或[链(C)/环(L)/半径(R)]：R↵　　　　　　　　　　　（要重新输入半径）

输入圆角半径或[表达式(E)]<1.0000 >：（输入半径数值）

选择边或[链(C)/环(L)/半径(R)]：（点击要倒圆角的两棱面交线）

选择边或[链(C)/环(L)/半径(R)]：↵　　　　　　　　　　　　　（选完确认）

已选定 1 个边用于圆角。

按 Enter 键接受圆角或[半径(R)]：↵　　　　　　　　　　　　　（命令结束）

如果在"选择边或[链(C)/环(L)/半径(R)]：",提示下键入C↵,为对同一棱面边界的直线、曲线构成的边链进行倒圆角,构成圆角"链"。接着提示：

选择边链或[边(E)/半径(R)]：（点击要倒圆角的直线边或曲线边,选完按 Enter 结束）

如果键入L↵,为对同一棱面的所有边棱(环边)倒圆角,构成圆角"环"。接着提示：

"选择环边或[边(E)/链(C)/半径(R)]：（点击环的一边)",此时图中显示选到的环,并提示："输入选项[接受(A)/下一个(N)]<接受>：N↵"（当选到的为非所需要的环时,键入 N 可调整要选的环）。

输入选项[接受(A)/下一个(N)]<接受>：↵　　　　　　　　　　　（接受）

选择环边或[边(E)/链(C)/半径(R)]：↵　　　　　　　　　　　　（结束选择）

已选定 4 个边用于圆角。

按 Enter 键接受圆角或[半径(R)]：↵　　　　　　　　　　　　（结束命令）

  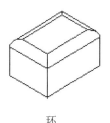

　　倒角前　　　　　　倒角后　　　　　　链　　　　　　　环

图 13.58　倒圆角

2. 倒棱角（切斜角）**的操作及示例**（图 13.59）

命令：CHAMFEREDGE ↵

距离 1＝1.0000,距离 2＝1.0000（显示当前为修剪模式,切角两距离均为 1)

选择一条边或[环(L)/距离(D)]：（单击两面交线）　　（这里单击顶面最前边）

选择同一个面上的其他边或[环(L)/距离(D)]：

D↵　　　　　　　　　　　（要输入倒角的距离）

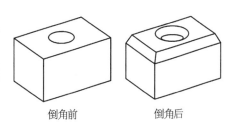

　　倒角前　　　　　　倒角后

图 13.59　倒棱角

指定距离 1 或[表达式(E)]<1.000>：5↵　　　　　　　（第一距离为 5）

指定距离 2 或[表达式(E)]<1.0000>：5↵　　　　　　（第二距离为 5）

选择同一个面上的其他边或[环(L)/距离(D)]：L↵　　　　（按环形式倒角）

选择同一个面上的其他边或[环(L)/距离(D)]：（单击圆孔顶部的圆）

选择同一个面上的其他边或[环(L)/距离(D)]：↵　　　　　（选完确认）

按 Enter 键接受倒角或[距离(D)]：↵　　　　　　　　（接受倒角）

13.3.4　实心体专用编辑命令 SOLIDEDIT

SOLIDEDIT 命令的功能和"实体编辑"工具栏如下（图 13.60）：

（1）实心体表面移动（MOVE）、旋转（ROTATE）、复制（COPY）、延伸（EXTRUDE）、删除（DELETE）、偏移（OFFSET）、倾斜（TAPER）和改变颜色（COLOR）。

（2）实心体轮廓边线的改色（COLOR）和复制（COPY）。

（3）实心体的压印（IMPRINT）、压印清除（CLEAN）、分离（SEPARATE）、抽壳（SHELL）和检查实心体是否为 ACIS 文件格式的实体[ACIS 文件格式，是空间技术公司（Spatial Technology, Inc.）实心体建模使用的一种文件格式]。

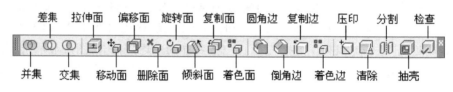

图 13.60　"实体编辑"工具栏

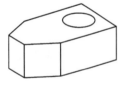

图 13.61　原图

1. 实心体表面编辑

（1）各种编辑的含义、执行条件和要点：表 13-1 列出了实心体各种编辑的名称及其图示，以图 13.61 为原图，表中图形为所选表面执行该编辑的结果，借此说明该编辑的含义。表中的执行条件与要点，是选择某种编辑的依据。

（2）实心体表面编辑的命令调用：键入 SOLDEDIT↵，选择"面"选项后，再选择编辑项目（输入关键字），或单击菜单栏"修改"⇒"实体编辑"⇒（编辑项目），或直接单击"实体编辑"工具栏中的编辑项目图标。

表 13-1　实心体表面编辑名称、含义及执行条件与要点

表面编辑名称	含义（图 13.61 为原图，编辑结果图形如下）	执行条件与要点
移动面		所选表面移动时，不能使其他表面产生旋转。左图左端面向右移动，圆孔向左移动结果
旋转面		所选表面旋转时，不能使其他表面产生扭曲。左图为右端面绕顶上棱线旋转，圆孔绕底圆垂直中心线旋转结果，该立体其他表面均不能作旋转

（续表）

表面编辑名称	含义(图 13.61 为原图,编辑结果图形如下)	执行条件与要点
复制面	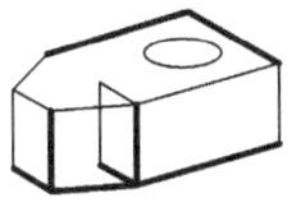	只能复制表面,不能改变实心体。孔表面也能复制,但实心体上不增加孔,左图为左端面的复制,复制的面可以放在任意位置
拉伸面	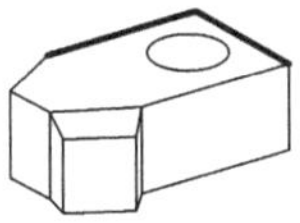	所选表面可以向其法线正向(立体外)延伸,此时,可产生柱形或锥形拉伸体,也可沿指定路径延伸,若向立体内延伸,则主体与拉伸体自动求差,左图为左前面向其正前方延伸,倾斜角大于 0°
删除面	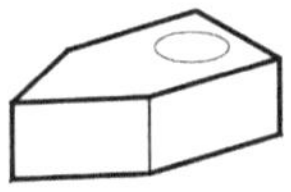	所选表面删除后,相邻表面扩展相交,若与所选表面的相邻两面平行,则该表面不能删除,左图为删除左端面后,与其相邻的两面扩展相交,右端面不能删除
偏移面	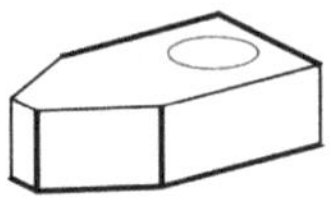	表面偏移条件与"移动面"同,左图为偏移左端面的结果。圆孔可用偏移放大或缩小
倾斜面	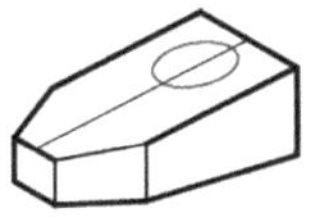	将指定的斜度线,按逆时针方向旋转,使所选表面倾斜,倾斜结果不能使其他表面产生旋转。左图将顶面按前后对称中线倾斜结果
着色面	(图略)	改变所选表面边界的颜色

编辑命令的操作顺序如下:

调用命令及选择编辑项目,然后点选要编辑的表面(点在边线上;若可见表面,可点在该面空白处。若多选了,可键入R↵后,扣除多选表面,选完按 Enter 键),再按所选编辑项目,输入相应数据。以上操作顺序一般都在轴测图中进行。

下面列举表面旋转、表面倾斜和表面拉伸的具体操作,从中可见一斑。

例 13.6:表面旋转(见表 13-1 中的右端面旋转图)。

命令:SOLIDEDIT ↵

输入实体编辑选项[面(F)/边(E)/体(B)/放弃(U)/退出(X)]<退出>:F↵　(表面编辑)

输入面编辑选项

[拉伸(E)/移动(M)/旋转(R)/偏移(O)/倾斜(T)/删除(D)/复制(C)/着色(L)/放弃(U)/退出(X)]<退出>:R↵　(表面旋转)

选择面或[放弃(U)/删除(R)]:(单击顶面右边线)

选择面或[放弃(U)/删除(R)/全部(ALL)]:R↵　(转入扣除选择)

删除面或[放弃(U)/添加(A)/全部(ALL)]:找到 2 个面,已删除 1 个。

(顶面和右端面边线醒目显示,呈虚线状)

删除面或[放弃(U)/添加(A)/全部(ALL)]:↵　(选完确认)

指定轴点或[经过对象的轴(A)/视图(V)/X 轴(X)/Y 轴(Y)/Z 轴(Z)]<两点>:(捕捉右端面上边线的前端点)

在旋转轴上指定第二个点:(捕捉右端面上边线的后端点)　(两点定转轴)

指定旋转角度或[参照(R)]:30↵　(输入旋转角 30°)

例13.7：表面倾斜（见表13-1中顶面倾斜的图）。

命令：SOLIDEDIT ↵

实体编辑自动检查：SOLIDCHECK＝1

输入实体编辑选项［面(F)/边(E)/体(B)/放弃(U)/退出(X)］＜退出＞：F ↵

输入面编辑选项

［拉伸(E)/移动(M)/旋转(R)/偏移(O)/倾斜(T)/删除(D)/复制(C)/着色(L)/放弃(U)/退出(X)］＜退出＞：T ↵　　　　　　　　　　　　　　　　　（倾斜表面）

选择面或［放弃(U)/删除(R)］：（单击顶面空白处）

找到一个面。

选择面或［放弃(U)/删除(R)/全部(ALL)］：↵　　　　　　　　　　　（选完确认）

指定基点：（捕捉顶面前边线的右端点）

指定沿倾斜轴的另一个点：（捕捉顶面前边线的左端点）　　　（两点确定斜度线）

指定倾斜角度：10 ↵　　　　　　　　　　　　　　　　（输入逆时针倾斜角度）

例13.8：表面拉伸（见表13-1中的左前面拉伸图）。

命令：SOLIDEDIT ↵

实体编辑自动检查：SOLIDCHECK＝1

输入实体编辑选项［面(F)/边(E)/体(B)/放弃(U)/退出(X)］＜退出＞：F ↵

输入面编辑选项

［拉伸(E)/移动(M)/旋转(R)/偏移(O)/倾斜(T)/删除(D)/复制(C)/着色(L)/放弃(U)/退出(X)］＜退出＞：E ↵　　　　　　　　　　　　　　　　　　　　（拉伸表面）

选择面或［放弃(U)/删除(R)］：（单击左前面空白处）

找到一个面。

选择面或［放弃(U)/删除(R)/全部(ALL)］：↵　　　　　　　　　　　（选完确认）

指定拉伸高度或［路径(P)］：（输入拉伸高度）

指定拉伸的倾斜角度 ＜0＞：（输入拉伸角度）

2. 实心体轮廓线的改色和复制

实心体轮廓线的改色只影响所选轮廓线，不影响实心体整体和其他轮廓线。轮廓线的复制，只是在文件中增加一些线条，不改变实心体的形状、尺寸和其他任何东西。实心体轮廓线改色和复制命令的调用过程是，在键入SOLIDEDIT ↵后，选择"边"选项，再选择"着色"或"复制"。也可单击菜单栏"修改"⇒"实体编辑"⇒"着色边"（或"复制边"）。具体操作过程与表面改色和复制雷同，这里不再赘述。

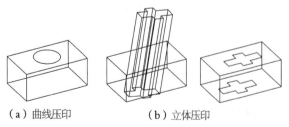

（a）曲线压印　　　　　　（b）立体压印

图13.62　实心体的压印

3. 实心体实体编辑

（1）实心体的压印

所谓实心体压印，是将与实心体表面重合的曲线、区域模型或实心体与另一立体表面相交部分压印在实心体表面上。压印时，被刻印的曲线、区域模型、立体（统称为源实体）可以保留也可以删除。图13.62(a)为将一圆压印在长方体顶面上,图 13.62(b)为将"＋"字形立体与长方体顶面和底面接触的部分压印在长方体两个表面上(源实体删除)。

若在实心体表面上的压印把表面轮廓一分为二或自成封闭线框,则实心体表面可以按两个表面处理。据此,用户可利用压印和表面编辑来对实心体进行改变或修改。

实心体的压印操作如下:

命令:SOLIDEDIT ↵

实体编辑自动检查:SOLIDCHECK＝1

输入实体编辑选项[面(F)/边(E)/体(B)/放弃(U)/退出(X)]＜退出＞:B↵　　(实体编辑)

输入体编辑选项[压印(I)/分割实体(P)/抽壳(S)/清除(L)/检查(C)/放弃(U)/退出(X)]＜退出＞:I↵　　(实体压印)

选择三维实体:(点选实心体)

选择要压印的对象:(点选源实体)

是否删除源对象[是(Y)/否(N)]＜N＞:y↵　　(要删除源实体)

选择要压印的对象:↵　　(不再压印下一个)

[压印(I)/分割实体(P)/抽壳(S)/清除(L)/检查(C)/放弃(U)/退出(X)]＜退出＞:↵
　　(退出实体编辑)

输入实体编辑选项[面(F)/边(E)/体(B)/放弃(U)/退出(X)]＜退出＞:↵
　　(退出实心体编辑)

下面列举利用压印和实心体表面编辑功能建模的实例(按图 13.63 所示尺寸,建立该压盖的实心体模型)。

操作过程如下(图 13.64):

① 按图中尺寸在 WCS 中画俯视图外形,并用"多段线编辑"(PEDIT)命令将其连成同一条多段线,再用"拉伸"(EXTRUDE)命令将外形延伸成拉伸体,见图 13.64(a)。

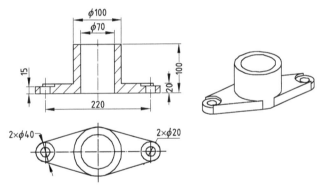

图 13.63　压盖

② 转入轴测图,并按尺寸在顶面的指定位置画三个圆,并按实心体压印操作将三圆压印在顶面上,见图 13.64(b),压印时源实体删除。

③ 按实心体表面延伸,将左右压印内域下延 5(延伸高度－5);将中间大圆内域上延 80,见图 13.64(c)。

④ 按尺寸在压印延伸后的顶面上画三个圆,并按压印操作将它们刻印在各自的面上,见图 13.64(d),源实体删除。

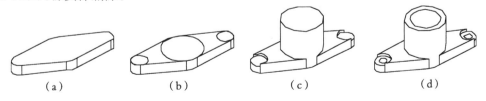

(a)　　　　　　　　(b)　　　　　　　　(c)　　　　　　　　(d)

图 13.64　压盖的建模过程

⑤ 按实心体表面延伸操作,将三个压印同时下延 110(延伸高度为-110),整体建模完成。

实心体压印的清除:只要选择 SOLIDEDIT 命令中的"体"编辑和"清除"选项,然后,单击压印所在的实心体即可。

(2) 实心体的分离

实心体的分隔是将貌似两个立体实为同一体的实心体进行分隔。如图 13.65 所示,有一个直径大于长方体宽度的圆柱体,将长方体与圆柱体求差后,长方体貌似分成左右两部分,但左右两部分仍连在一起,当你点选一边时,另一边也被选中。对于这种实心体,可使用实心体分隔,把左右两部分分离为两个独立实体。

对于已经合并的组合体,不能自行分离(用"分解"命令炸开实心体,也不能将已经合并的实心体分隔成基本体,而只能将组合体变成拼接的面片模型)。

(3) 实心体的抽壳

将完全实心的立体变成指定壁厚的薄壳体,且立体的某一面可以"开口",如图 13.66 所示为一长方体抽壳后,变成一个前面开口的薄壳体。

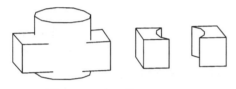

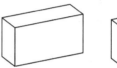

图 13.65　实心体差集的分离　　　　　　　　**图 13.66**　实心体的抽壳

实心体抽壳的操作示例:

命令: SOLIDEDIT ↵

实体编辑自动检查: SOLIDCHECK=1

输入实体编辑选项[面(F)/边(E)/体(B)/放弃(U)/退出(X)]<退出>: B↵ (实体编辑)

输入体编辑选项

[压印(I)/分割实体(P)/抽壳(S)/清除(L)/检查(C)/放弃(U)/退出(X)]<退出>: S↵ (实体抽壳)

　　选择三维实体:(选择实心体)

　　删除面或[放弃(U)/添加(A)/全部(ALL)]: (单击要开口面)(若不要开口则按 Enter)

　　删除面或[放弃(U)/添加(A)/全部(ALL)]: ↵

　　　　　　　　　　　　　(选完确认;若选错了面,可键入"U"后,重新选择)

　　输入抽壳偏移距离:(输入壁厚)

实体编辑中的"检查"选项可用于检查实体对象是否为有效的三维实体对象。对于有效的三维实体,对其进行修改不会出现错误信息。如果三维实体无效,则不能编辑对象。在该操作中,只要选择实心体编辑中的"体"编辑和"检查"选项后单击实心体,系统检查后即会提示"此对象是有效的 ShapeManager 实体"。

13.3.5　影响实心体显示质量的三个系统变量

1. FACETRES

该变量控制实心体曲面轮廓的光滑度。其缺省值为 0.5,取值范围为 0.01~10,取值越高,渲染速度越慢,一般取 5 已足够光滑。

2. DISPSILH

该变量控制实心体消隐显示时,具有抑制曲表面三角形小面块显示的功能。当变量值为 0 时,该功能不起作用,三角形小面块仍然显示;而当变量值设为 1 时,其抑制功能打开,实心体消隐显示时,三角形小面块被抑制显示。

3. ISOLINES

该变量控制曲面实心体在轴测图和相关视图中显示的素线数。缺省值为 4,最少数为 0,最多数无限制。

改变上述三个变量的值,可在命令窗口键入变量名并按 Enter 键后输入新值即可。

13.4　模型图纸化

模型图纸化是将已经建成的三维模型,转化为多个二维正交视图、斜视图或剖视图,并且对各视图统一显示比例和对齐投影关系。对于实心体,还应去除平面与曲面光滑过渡处的分界线,分离可见与不可见轮廓线,并能分别控制其显示,还应在相关视图中标注立体的必要尺寸等。模型图纸化应该在"布局"状态进行,并应随时切换图纸空间和模型空间。

1. 模型转化为正交视图或斜视图

模型转化为正交视图或斜视图有两种操作方法,一是根据一个已知视图生成相邻视图,再将生成视图的可见和不可见轮廓分离出来;二是将已知视图重新投影成可见和不可见轮廓分离的视图。用户可视表达要求,按就简原则选用。下面以图 13.63 所示压盖模型转化为正交视图(以 1:1 比例画在 A3 图纸上)实例进行介绍。

方法一操作步骤(图 13.67):

(1) 建模后显示俯视图。

(2) 进入"布局"状态,调用"页面设置"(PAGESETUP)命令,设置 A3 图幅,当前为一个视口,显示压盖俯视图,见图 13.67(a)。

(3) 在图纸空间状态,调用二维移动(MOVE)、缩放(SCALE)或拉伸(STRETCH)等命令,将视口边界缩小,并移至图纸适当位置。也可删除已知视图后,调用视口(VPORTS)命令,重新拉出一个大小适中的俯视图。见图 13.67(b)。

(4) 调用 SOLVIEW 命令(键入 SOLVIEW ↵ 或单击菜单栏"绘图"⇒"建模"⇒"设置"⇒"视图"),设置主视图(前视图),见图 13.67(c)。命令调用后,按以下操作应答命令提示:

输入选项[UCS(U)/正交(O)/辅助(A)/截面(S)]:O↵ 　　　　　　(设置正交视图)

指定视口要投影的那一侧:(单击视口下边界中点处)　　　(表示从俯视图前面投影)

指定视图中心:(将光标移至视口上部,指点前视图的中心位置)

指定视图中心<指定视口>:↵ 　　　　　　　　　　　　　(不再调整主视图位置)

指定视口的第一个角点:(指点主视图视口的左下角位置)

指定视口的对角点:(指点主视图视口的右上角位置)

输入视图名:(输入视图名,例如 FV↵)

SOLVIEW 命令的作用是生成新的视图,并自动建立本视图分离虚实轮廓和标注尺寸等所需的图层,另建立一个存放所有视口边界线的 VPORTS 图层。

(5) 调用"删除"(ERASE)命令,单击俯视图视口边界,然后,擦除俯视图,见图 13.67(d)。

（6）再次调用 SOLVIEW 命令，按设置主视图方法，重新设置俯视图，见图 13.67(e)。

（7）调用 SOLDRAW 命令（键入 **SOLDRAW** ↵，或单击菜单栏"绘图"⇒"建模"⇒"设置"⇒"图形"）获取两视口的投影图，即对投影视图作虚实轮廓分离。在"选择要绘图的视口选择对象："提示下，选择两视口的边界（选完按 Enter 键），经操作后，系统自动把虚实轮廓分离于对应的图层中，并去除实心体相切两面的交接线和曲面中不需要的素线。

（8）打开"图层"对话框，将层名中带有"Hid"的层的线型改成虚线。

（9）键入 MVSETUP ↵，统一视口显示比例，见图 13.67(f)。该操作为：

命令：MVSETUP ↵

输入选项［对齐(A)/创建(C)/缩放视口(S)/选项(O)/标题栏(T)/放弃(U)］：S ↵　　（设置比例）

选择要缩放的视口… all ↵　　　　　　　　　　　　　　　（设置所有视口的比例）

选择对象：指定对角点：找到 2 个

选择对象：↵　　　　　　　　　　　　　　　　　　　　　（选完确认）

设置视口缩放比例因子。交互(I)/<统一(U)>：↵　　　　　（所有视口比例一致）

设置图纸空间单位与模型空间单位的比例…

输入图纸空间单位的数目 <1.0>：↵　　　　　　　　　　（图纸空间一个单位）

输入模型空间单位的数目 <1.0>：↵　　　　　（等于模型空间一个单位，即 1:1）

输入选项［对齐(A)/创建(C)/缩放视口(S)/选项(O)/标题栏(T)/放弃(U)］：↵

（退出命令）

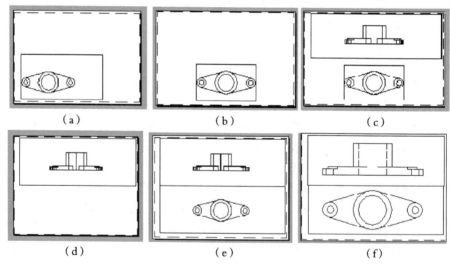

(a)　　　　　　　　(b)　　　　　　　　(c)

(d)　　　　　　　　(e)　　　　　　　　(f)

图 13.67　模型转化为正交视图方法一

MVSETUP 程序的作用是设置视图比例，对齐视图间的投影关系，建立图框，插入标题栏等，因系统提供的图框和标题栏为美国格式，故我国用户一般不用。

（10）关闭 VPORTS 图层，去除视口边界。

（11）仍然在图纸空间，按需要标注尺寸。如需插入图框与标题栏，可在图纸空间插入，至此完成从模型到图纸的转换（图略）。

若实心体某一结构处于倾斜位置，需作其斜视图时，可在 SOLVIEW 命令中选择"辅助"选项，键入 A ↵后，指定已知视图中该斜面（投影为一条线）上的两个点，再指定观察方位、视图中心位置、视口两个对角点、输入视图名,斜视图设置即告完成。实例见下节的实验13.4。

方法二操作步骤(图13.68):

(1) 进入"布局"状态,调用"页面设置"命令,设置A3图幅,见图13.68(a)。

(2) 在图纸空间状态,调用"删除"(ERASE)命令,擦除原有视口,见图13.68(b)。

(3) 调用"视口"命令,选用视口数2和水平(H)配置,指定两视口区域的两个对角点,生成两个视口,见图13.68(c)。

(4) 执行视点命令,将下面视口显示为俯视图,上面视口显示为主视图。视口中的图形如太小,可用ZOOM命令适当放大,见图13.68(d)。

转入模型空间,调用SOLPROF命令(键入SOLPROF↵,或单击菜单栏"绘图"⇒"建模"⇒"设置"⇒"轮廓"),将实心体在两个视口内分别作投影(分离虚实轮廓线)。该操作过程如下:

命令:SOLPROF↵

选择对象:(点选当前视口中的实心体)

选择对象:↵ (选完确认)

是否在单独的图层中显示隐藏的轮廓线?[是(Y)/否(N)]<是>:↵
(隐藏线显示在分离的层上)

是否将轮廓线投影到平面?[是(Y)/否(N)]<是>:↵ (要将轮廓投影到一平面上)

是否删除相切的边?[是(Y)/否(N)]<是>:↵ (要删除相切的边线)

该操作在每个视口中都要进行,操作完成后,系统在每个视口自动生成两个图层,一个存放不可见轮廓线(层名中含有"PH"字样),另一个存放可见轮廓线(层名中含有"PV"字样),但实心体原来所在的图层(如0层)中,仍然存放着实心体模型。

(5) 打开图层对话框,将层名中带有"PH"图层的线型改成虚线,同时,关闭实心体原来所在的图层(如0层),至此,虚实便被区分出来,见图13.68(e)。若不需要显示视图中的虚线,可关闭虚线层。

(6) 调用MVSETUP程序,统一两视口的显示比例(操作同方法一),并对齐两视图的投

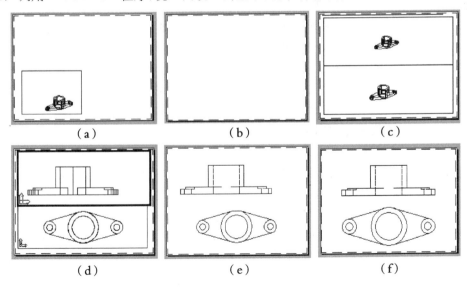

(a) (b) (c)

(d) (e) (f)

图13.68 模型转化为正交视图方法二

影关系(长对正),见图 13.68(f)。对齐的操作如下:

> 命令: MVSETUP↩
>
> 输入选项[对齐(A)/创建(C)/缩放视口(S)/选项(O)/标题栏(T)/放弃(U)]: A↩ (对齐)
>
> 输入选项[角度(A)/水平(H)/垂直对齐(V)/旋转视图(R)/放弃(U)]: v↩ (垂直对齐)
>
> 指定基点: (捕捉俯视图中间圆心)
>
> 指定视口中移动的目标点: (单击主视图视口后,捕捉主视图顶部中间点)
>
> 输入选项[角度(A)/水平(H)/垂直对齐(V)/旋转视图(R)/放弃(U)]: ↩ (完成)
>
> 输入选项[对齐(A)/创建(C)/缩放视口(S)/选项(O)/标题栏(T)/放弃(U)]: ↩
>
> (完成,退出)

(7) 仍然在图纸空间,按需要标注尺寸。

2. 模型转化为剖视图

(1) 模型转化成采用单一平面剖切的全剖视图

在图 13.67 中,若主视图需采用全剖视图表达,可在调用 SOLVIEW 命令后,选择"Section"选项。其操作过程如下:

> 命令: SOLVIEW↩
>
> 输入选项[UCS(U)/正交(O)/辅助(A)/截面(S)]: S↩ (作剖视图)
>
> 指定剪切平面的第一个点: (捕捉俯视图左端圆心)
>
> 指定剪切平面的第二个点: (捕捉俯视图右端圆心) (两点定剖切面)
>
> 指定要从哪侧查看: (单击俯视图下任意位置,指明观察方位)
>
> 输入视图比例 <0.1078>: ↩ (暂按缺省比例显示)
>
> 指定视图中心 <指定视口>: ↩ (不再调整主视图位置)
>
> 指定视口的第一个角点: (指点主视图视口的左下角位置)
>
> 指定视口的对角点: (指点主视图视口的右上角位置)
>
> 输入视图名: (输入视图名,例如 QS↩)

视图设置完成后,调用 SOLDRAW 命令时,主视图自动改为全剖视图,包括填上当前缺省剖面线。如非所需图案,可在模型空间,用修改图案填充功能,改成要求的图案。

(2) 模型转化成非单一平面剖切的剖视图或局部剖视图

如果需要将模型转化成半剖、阶梯状或局部等剖切的剖视图时,可在转化成正交视图后,在模型空间和对应的图层中使用二维绘图和编辑命令删除或修剪不需要的图线,添加剖面符号、断裂线(波浪线)和中心线、轴线等线条或改变线型。实例见下节实验 13.5。如果转化后的正交视图成图形块状态,在编辑前需对其进行分解(炸开)。

3. 在视图中标注尺寸

模型转化成二维视图后,无需在模型空间标注尺寸,只要在图纸空间,将视口间距移至适当位置,以保证有足够空间标注尺寸。然后关闭视口框线的图层 VPORTS,按工程图样的尺寸标注要求,标注必要的尺寸和加工要求。但要特别注意,在标注尺寸后,尽量不要回到模型空间进行视图移动或缩放,否则图形和尺寸之间会脱开,或失去比例的同一性。如果发生这些情况,虽然可以恢复视图操作前的状态,但是步骤繁杂,十分费时。如要避免这类情况发生,可在模型空间和对应的图层中标注尺寸。这样图形和尺寸永远保持关联性。

13.5　实验及操作指导

【**实验 13.1**】　网格面片模型建模。

【**要求**】　建立如图 13.69 所示的排风罩的网格面片模型,尺寸在操作指导中提供。

【**操作指导**】　排风罩上圆下方,是一种变形接头。其中,侧表面按实际生产中的制作方法,采用平面和曲面结合构造,如题图所示。用该方法建模的过程如下(图 13.70):

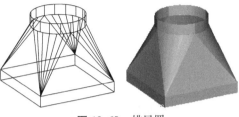

图 13.69　排风罩

(1) 在 WCS 中,以同一个中心画出一圆(直径 100)和一正方形(边长 160),见图 13.70(a)。

(2) 调用 MOVE 命令,将圆沿 Z 方向上移 100(输入位移量 0,0,100 ↙↙),再用"直线"命令,捕捉圆的四分点和正方形端点,画出三条素线,见图 13.70(b)。

(3) 调用"修剪"(TRIM)命令,剪除四分之三圆弧和正方形三条边,另外,将正方形一边炸开成直线,再调用"点"(POINT)命令,在左下角端点置一样式为"X"的点,见图 13.70(c)。

(4) 调用"面域"(REGION)命令将三角形变为区域模型,调用"直纹曲面"(RULESURF)命令,以点和四分之一圆弧构造直纹规则曲面[图 13.70(d)]。

(5) 擦除点后,将全部图形作二维环形阵列复制(阵列中心为圆心),见图 13.70(e)。

(6) 转入轴测图,调用"矩形"(RECTANG)命令,捕捉底部两对角点,画一与底面重合的长方形(也是正方形),见图 13.70(f)。

(7) 调用特性编辑器,将长方形的厚度改为 -20,将顶部四段圆弧的厚度改为 20,见图 13.70(g)。

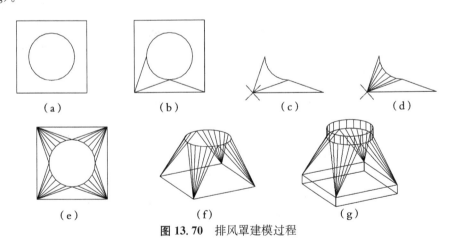

图 13.70　排风罩建模过程

【**实验 13.2**】　曲面建模与编辑。

【**要求**】　构建图 13.71 所示小车前盖(引擎上盖)的三维模型。

【**操作指导**】　根据俯视图和断面图形状,无法采用单一的建模方法直接构建该模型。而可采用曲面放样后通过修剪成型。为此,按下列步骤建模(图 13.72):

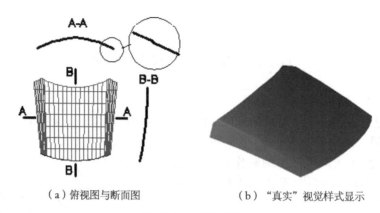

（a）俯视图与断面图　　　　　　　　　　（b）"真实"视觉样式显示

图 13.71　小车前盖

（1）为确保模型左右对称，在主视图上，按 A—A 断面形状一半，画两条长、短，形状相似的多段线（圆弧-直线-圆弧）。如图 13.72(a)所示。

（2）在左视图上，按 B—B 断面形状，画一条圆弧或多段线。如图 13.72(b)所示。

（3）在左视图上，移动上下两条多段线的起点分别与圆弧起点和终点重合。然后调用放样命令的截面—路径进行放样。如图 13.72(c)所示。

（4）在左视图上，调用镜像命令，复制模型另一边。然后并集调用，将两边合并。如图 13.72(d)所示。

（5）在俯视图上，按模型俯视图形状，画两条多段线（上端为直线-圆弧-直线。下端为圆弧）。如图 13.72(e)所示。

（6）调用曲面修剪命令，对曲面进行修剪。完成曲面建模。

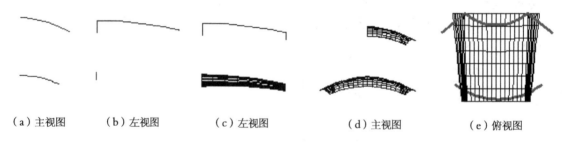

（a）主视图　　　（b）左视图　　　（c）左视图　　　　（d）主视图　　　　（e）俯视图

图 13.72　小车前盖建模步骤

【**实验 13.3**】　实心体建模。

【**要求 1**】　构造图 13.73 所示轴承座的实心体模型。

【**操作指导**】　根据轴承座的形体，可以把它拆分成三大部分：底板、支承块（中间段）、轴承套（圆鼓）。底板和轴承套上还可分解出穿孔大小不等的圆柱（虚线部分），见图 13.74。

根据模型的形体分析，建模过程如下（图 13.75）：

（1）在 WCS 中画出三大部分的轮廓图（轴承套画左半部），见图 13.75(a)。

（2）调用"面域"（REGION）命令，将所画图形分别变成面域，然后，调用"拉伸"（EXTRUDE）命令将底板轮廓延伸 44，支承块延伸 30，分别成拉伸体，调用"旋转体"（REVOLVE）命令，将轴承套半边绕对称轴旋转一周，成回转体，见图 13.75(b)。

（3）调用"三维旋转"（ROTATE3D）命令，将底板旋转 90°后，转入轴测图，然后，用"直

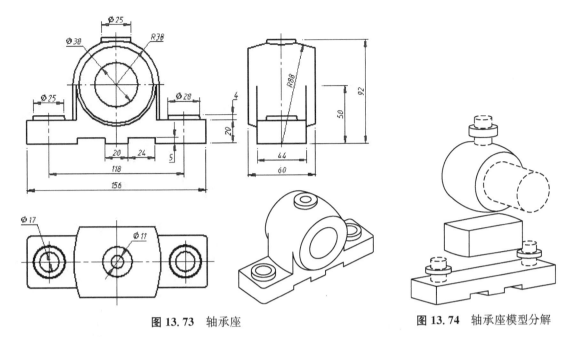

图 13.73 轴承座

图 13.74 轴承座模型分解

线"命令,分别在底板底部、支承块顶面和轴承套中间,捕捉中点或圆心,画三条直线备作定位之用,见图 13.75(c)。

(4) 调用"移动"(MOVE)命令,将支承块移至底板上部,使支承块底面前边线的中点与底板顶面前边线的中点重合,将轴承套移至支承块内,使两定位线的中点重合,然后,调用"并集"(UNION)命令,将三者合并,见图 13.75(d)。

(5) 利用"对象跟踪"或"相对捕捉"(捕捉自)方法定位,在底板顶面画凸台底圆(左右两个)。然后,转入主视图,在轴承套前面画一与圆孔等径的圆,如图 13.75(e)所示。

(6) 利用实心体编辑中的压印和表面延伸功能,在底板上延伸出两个锥形凸台(延伸高度4,倾斜角取 20°),在轴承套部位延伸出轴承孔,然后,在底板凸台顶面各画一个与凸台孔等径的圆,再用压印和表面延伸方法,延伸出两个凸台孔,见图 13.75(f)。

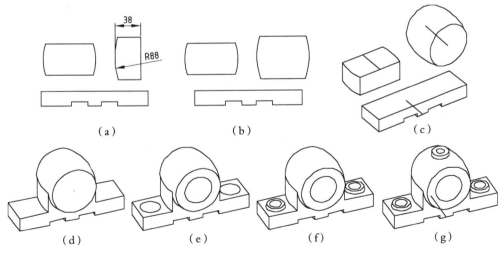

图 13.75 轴承座建模步骤

（7）转入 WCS 后，再切换到轴测图，利用"相对捕捉"（捕捉自）方法定位，圆心在底板底部定位线的中点上方 92 处画两个同心圆（直径分别等于轴承油孔直径和油孔凸台直径），然后，调用"拉伸"（EXTRUDE）命令，将外圆向下延伸 10（延伸高度－10），生成一个圆柱体，将该圆柱与主体合并，再用压印和表面延伸，生成油孔，如图 13.75(g)所示。

【要求 2】 用扫掠建模方法创建图 13.76 所示厚度为 3 的螺旋输送器三维模型。

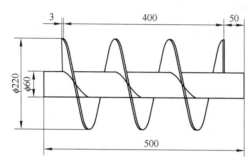

图 13.76　方截面螺旋弹簧

【操作指导】 在左视图上先创建一半径 30，高 500 的圆柱体；按螺旋的操作步骤建一上下半径均为 30，螺旋高 400 的螺旋线；再画一长度为 80 的直线。然后，调用扫掠命令，在系统提示"选择要扫掠的对象："时选择直线（选完按 Enter 确认）。再在系统提示"选择扫掠路径或[对齐(A)/基点(B)/比例(S)/扭曲(T)]："下，点选路径螺旋线，完成螺旋面建模。在前视图上将螺旋面左移 50，使其居中于圆柱体。调用菜单"修改"→"三维操作"→"加厚"命令，点选螺旋面，输入厚度 3，结束操作。

【要求 3】 使用放样建模方法构建图 13.77 所示鼠标三维模型（尺寸自定）。
【操作指导】

图 13.77　鼠标三维模型

调用二维多段线（PLINE）命令，在俯视图中画一条折线，再将其编辑拟合成鼠标底部形状。如图 13.78(a)所示。

调用样条线（SPLINE）命令，在主视图上画一条曲线，形如鼠标顶部轮廓。如图 13.78(b)所示。

回到俯视图，在底部轮廓内均匀绘制多条直线，垂直前后对称线。如图 13.78(c)所示。

从左视图转为西南轴测图，然后调用圆弧（ARC）命令，以每条直线两端点为圆弧的第一、三点，第二点在样条线上画圆弧。再调用三维多段线（3DPOLY）命令，并采用最近点捕捉相应圆弧上的点，画一条折线，然后将其编辑拟合成曲线，该线备作嵌条的放样路径。如图 13.78(d)所示。

调用画圆（CIRCLE）命令，画一小圆，作为横截面。再调用放样（LOFT）命令，以前画的三维曲线为路径，进行放样，参数比例为 0.7 左右。如图 13.78(e)所示。

调用多段线编辑（PEDIT）命令，将各圆弧与对应直线合并成闭合图形。再调用单点（POINT）命令，在底部轮廓的左右各置一点。如图 13.78(f)所示。

调用放样（LOFT）命令，以点和圆弧闭合多段线为横截面，仅采用横截面选项进行放样，创建鼠标的曲面体。如图 13.78(g)所示。

调用二维多段线（PLINE）命令，在俯视图中画一条闭合折线，再将其编辑拟合成光滑曲线。再调用拉伸（EXTRUDE）命令，将该曲线拉伸成柱体，并将其移动到鼠标主体左边的前后中心位置。如图 13.78(h)所示。再将其与主体一起复制为步骤(j)备用。

调用差集(SUBTRACT)命令,在鼠标主体中减去拉伸体。如图 13.78(i)所示。

调用交集(INTERSECT)命令,将步骤(h)的复件变成鼠标滚轮周围的嵌块。如图 13.78(j)所示。

调用二维多段线(PLINE)命令,在俯视图中画一个长圆形,并将其拉伸后,移至步骤(j)的交集左端。再求两者的差集。最后,将差集移到步骤(i)差集的孔中。如图 13.78(k)所示。

调用圆柱(CYLINDER)命令,在主视图上画一个扁圆柱,并将两端倒圆角。再将其移至嵌块中。如图 13.78(l)所示。

调用差集(SUBTRACT)命令,在嵌块中减去扁圆柱。在嵌块上部形成凹坑。如图 13.78(m)所示。

调用圆柱(CYLINDER)命令,在主视图上画一个扁圆柱,并将两端倒圆角。再将其移至嵌块中下部,使其成为鼠标滚轮。如图 13.78(n)所示。

在俯视图中镜像复制嵌条。再创建鼠标电线及其连接端。(图及详细步骤略)。

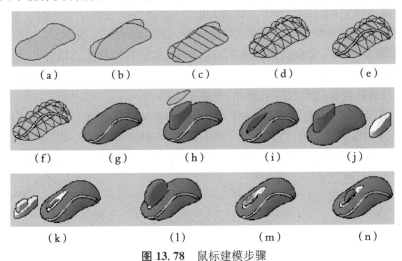

图 13.78 鼠标建模步骤

【实验 13.4】 实心体的剖切与倒角应用。

【要求 1】 建立如图 13.79 所示的扳手腔模,扳手尺寸如图 13.48 所示,外壳长 200,宽 80,两半总厚 40(等分)。

【操作指导】 扳手腔模实际上是长方体与实心体扳手差集的剖分。据此,只要构造一个长方体,然后,将实心体扳手置于长方体内(可用长方体的中轴线定位),求出两者的差集,再用平行于 XY 坐标面的平面作为剖切面,在高度的一半处,

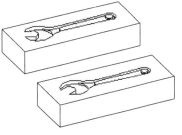

图 13.79 扳手腔模

将差集切开,最后,将上半部绕水平线旋转 180°,便可得到题图要求的形状,以上操作过程如图 13.80 所示。

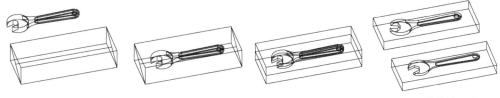

（a）作长方体及其中轴线　（b）移入扳手后求差集　（c）沿上下中心面剖切　（d）三维旋转180°

图 13.80 扳手腔模的建模步骤(实心体剖切的应用)

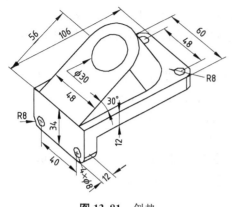

图 13.81 斜垫

【**要求 2**】 建立如图 13.81 所示的斜垫实心体模型。

【**操作指导**】 斜垫可分成两大部分：底板和斜块。底板端部有圆角，斜块顶部的圆柱面可看作是前后两个圆角。据此，这些圆角可以先做成直角，然后用倒角命令编辑而成。这样，斜垫就可按以下步骤建模（图 13.82）：

（1）在主视图中，画出斜垫的前视轮廓，见图 13.82(a)。

（2）用"边界"（BOUNDARY）命令，将上下两部分轮廓分别编辑成同一条多段线，再用"拉伸"（EXTRUDE）命令将它们分别延伸 60（底板）和 48（斜块），生成两个实心体。转入轴测图，删除由"边界"命令生成多段线时，保留的原有轮廓线，如图 13.82(b)所示。

（3）调用"移动"命令，先将斜块前移 6，前后居中，然后将两块实心体合并，见图 13.82(c)。

（4）调用"圆角"（FILLET）命令，对底板左下部和右端的前后四个角都倒成 R8 的圆角，对斜块右上端的前后两角都倒成 R24 的圆角，见图 13.82(d)。

（5）转入 WCS，在底板右端画两个圆，并利用压印和实心体表面延伸，产生右端两孔。转入左视图，在底板左侧面画两个圆，并利用压印和表面延伸，再产生两孔。用三点定义 UCS，然后在斜块的顶面上画一圆，利用压印和表面延伸，产生斜块的大圆孔（圆孔穿过底板），见图 13.82(e)。

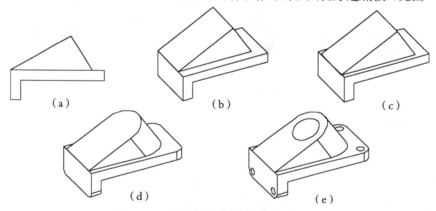

图 13.82 斜垫的建模步骤（倒角的应用）

【**实验 13.5**】 模型图纸化综合应用一。

【**要求**】 将上一实验生成的斜垫实心体模型转化为正交视图和一个辅助视图（斜视图）。图纸采用 A3 幅面，1∶1 比例。其中，主视图采用全剖视图，俯视图表达外形，再用一个斜视图表达斜面的真形，另添加必要的中心线、轴线和标注尺寸。

【**操作指导**】 上一实验建模完成后，不另建文件，接着将视图切换到俯视图后，按以下步骤进行操作（图 13.83）：

（1）单击菜单栏"文件"⇒"页面设置"，在弹出的对话框中，将图纸尺寸设置为 A3 幅面，然后，单击 布局1 按钮，进入布局状态。

（2）调用二维"拉伸"（STRETCH）、"移动"（MOVE）等命令将单一视口边框拉压至适当大小，并移至图纸下方，见图 13.83(a)，再单击状态行的 图纸 按钮，使转入到模型空间后，设置 UCSFOLLOW 变量为 0。

（3）调用 SOLVIEW 命令，并选择"截面"选项，作全剖主视图，见图 13.83(b)，该操作具体过程如下：

命令：SOLVIEW↵

输入选项[UCS(U)/正交(O)/辅助(A)/截面(S)]：S↵　　　　　　　　（作剖视图）

指定剪切平面的第一个点：（捕捉俯视图左端中点）

指定剪切平面的第二个点：（捕捉俯视图右端中点）　　　　　　（两点定剖切面）

指定要从哪侧查看：（单击俯视图下方任意位置，指明观察方位）

输入视图比例 < >：↵　　　　　　　　　　　　　　　　　　　（暂按缺省比例显示）

指定视图中心 <指定视口>：↵　　　　　　　　　　　　（不再调整主视图位置）

指定视口的第一个角点：（指点主视图视口的左下角位置）

指定视口的对角点：（指点主视图视口的右上角位置）

输入视图名：（输入视图名，例如 FS↵）　　　　　　　　　　　　（输入视图名称）

输入选项[UCS(U)/正交(O)/辅助(A)/截面(S)]：↵　　　　　　　（完成和退出）

操作后视口中如没有图形，可进入浮动模型空间，用 ZOOM 命令的 A 选项将图形显示于视口中。

（4）转入图纸空间，擦除俯视图视口，见图 13.83(c)。

（5）调用 SOLVIEW 命令，建立俯视图投影视口，见图 13.83(d)，（选择命令中的"正交"选项）。

（6）再次调用 SOLVIEW 命令，选择"辅助"选项，作斜视图，见图 13.83(e)。该操作的具体过程如下：

命令：SOLVIEW↵

输入选项[UCS(U)/正交(O)/辅助(A)/截面(S)]：A↵

指定斜面的第一个点：（在主视图中捕捉斜面的下端点）

指定斜面的第二个点：（在主视图中捕捉斜面的上端点）

指定要从哪侧查看：（指点斜面上方，表明观察方位）

指定视图中心 <指定视口>：（指定斜视图视口的中心点）

指定视图中心 <指定视口>：↵　　　　　　　　　　　　　　　（不调整视口中心）

指定视口的第一个角点：（指定斜视图视口的一个角点）

指定视口的对角点：（指定斜视图视口的另一个对角点）

输入视图名：Av↵　　　　　　　　　　　　　　　　　　　　　（输入视图名称）

输入选项[UCS(U)/正交(O)/辅助(A)/截面(S)]：↵　　　　　　　（完成后退出）

（7）调用 SOLDRAW 命令，将两个视图中的虚实轮廓分开，在剖视图中填充剖面线[图 13.83(f)]。

命令调用后，在"选择要绘图的视口…选择对象："提示下，键入ALL↵即可。

（8）进入浮动模型空间，将主视图视口置为当前视口，编辑剖面线（图案选用 ANSI31，角度改为 10°）[图 13.83(g)]。

（9）关闭图层名中带有"HID"字样的图层和"VPORTS"图层，隐去不可见轮廓线和视口边界线[图 13.83(h)]。

（10）调用 MVSETUP 程序（按命令键入），统一三个视图的比例均为 1:1。统一比例后，视图超出视口边界，此时，可在图纸空间用"缩放"（SCALE）命令，将视口边界放大，若视图间需要对齐投影关系,也可在本命令中选择"对齐"选项予以对齐,见图 13.83(i)。统一比例和视图对齐后,仍在图纸空间,在各视图中添加中心线和轴心线、标注尺寸,完成图纸化全部操作。

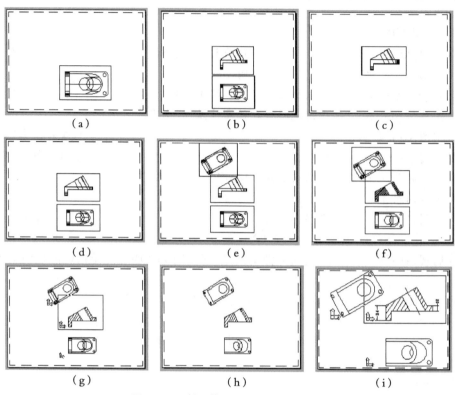

图 13.83　斜垫模型的图纸化操作步骤

【实验 13.6】　模型图纸化综合应用二。

【要求】　构建图 13.84 所示物体的实心体模型,并将其转化为局部剖视图。

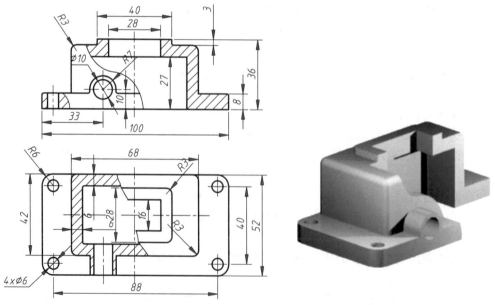

图 13.84　物体的尺寸与模型图

【操作指导】 建模:步骤叙述略,结果如图 13.85(a)所示。

模型图纸化操作如下:

1. 建模完成后,进入"布局 1",删除原有视口,在图纸下部重新建立一个适当大小的视口,转入模型空间,将视图设为顶(俯)视图。如图 13.85(b)所示。

2. 调用 SOLVIEW 命令,在顶视图基础上创建正交的前(主)视图视口 qs。然后,删除原有顶视图视口,再调用 SOLVIEW 命令,在前视图基础上重新创建正交的顶视图视口 ds。如图 13.85(c)所示。

3. 调用 SOLDRAW 命令,将两视图转化为二维视图。转化后在图层窗口出现 7 个新的图层。如图 13.85(d)所示。其中图层 qs-DIM 用于在前视图中标注尺寸;qs-VIS 存放模型在前视图中的可见轮廓;qs-HID 存放模型在前视图中的不可见轮廓;ds-DIM 用于在顶视图中标注尺寸;ds-VIS 存放模型在顶视图中的可见轮廓;ds-HID 存放模型在顶视图中的不可见轮廓;VPORTS 存放所有视口的边框。

4. 转入模型空间,将图层 qs-VIS 置为当前层。然后在前视图中按题图主视图样图编辑图形(修剪、删除、添加图线和剖面符号);将图层 ds-VIS 置为当前层。然后在顶视图中按题图俯视图样图编辑图形。如图 13.85(e)所示。

5. 关闭图层 VPORTS,隐藏视口边框,转入图纸空间,标注尺寸。如图 13.85(f)所示。也可进入模型空间后将图层 qs-DIM 置为当前层,然后在前视图中标注前视图中的尺寸;将图层 ds-DIM 置为当前层,然后在俯视图中标注俯视图中的尺寸。最后转入图纸空间,待输出。

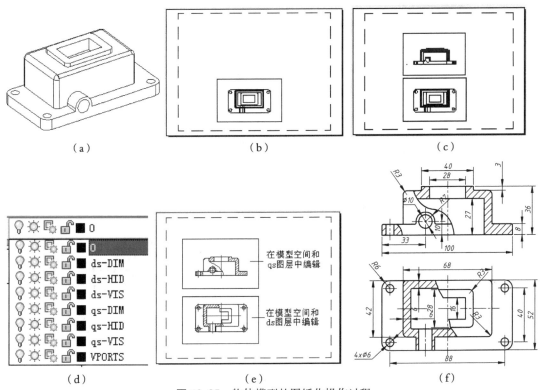

图 13.85 物体模型的图纸化操作过程

思考与练习

1. 面片模型和实心体模型有什么区别?

2. 控制网格面片光滑度和实心体曲表面轮廓光滑度的系统变量分别是什么?

3. 面片中哪一种面片可进行布尔操作? 这种面片有哪些生成方法?

4. 面片模型中的网格能否隐去? 实心体模型中的小面块能否隐去? 若能隐去,如何隐去?

5. 在模型图纸化中,对面片模型可做到何种程度? 对实心体模型可做哪些工作?

6. 在模型图纸化中,要显示模型的半剖视图有何办法?

7. SOLVIEW、SOLDRAW 命令的作用是什么? 能否将未经 SOLVIEW 命令生成的视图作 SOLDRAW 或 SOLPROF 命令处理?

8. 实心体编辑命令 SOLIDEDIT 能编辑哪些内容? 各种编辑项目有哪些限制?

9. 用适当的面片生成途径,构造图 13.86 所示的茶壶模型。其中的茶壶嘴,除了用网格面片生成外, 还能用什么建模方法生成? 试实践和比较一下各方法的优缺点。

提示:茶壶嘴可用边界网格面片构造。先构造半个,然后镜像之。四边界先画两条纵向边,再以两端 点画半圆后,用 ROTATE3D 将半圆转 90°,上下同。

10. 有哪些途径和方法可构造图 13.87 所示的面片和图 13.88 所示的实心体模型?

图 13.86　练习图一　　　　图 13.87　练习图二　　　图 13.88　练习图三

11. 选择适当的建模方法,构造图 13.89 和图 13.90 所示的实心体模型,按题图样式将其转化 为图样。

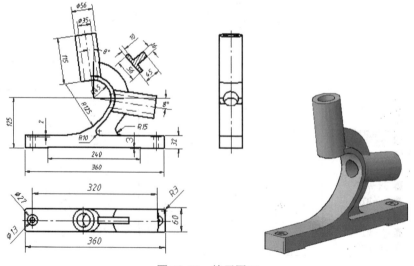

图 13.89　练习图四

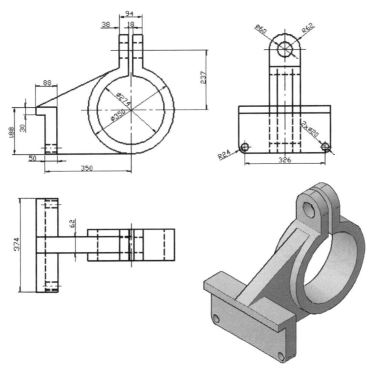

图 13. 90　练习图五

12. 构造图 13.91 所示阀体的实心体模型,并将其图纸化。要求主视图采用全剖视图,左视图采用半剖视图,俯视图表达外形。

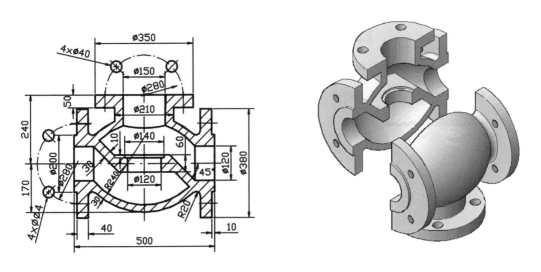

图 13. 91　练习图六

提示:(1) 主体可用回转体生成。

　　(2) 内腔隔板可建内腔回转体和隔板拉伸体,然后求交集,再打孔。

　　(3) 避免上部法兰伸出内腔,可将法兰与主体相加后,减去内腔回转体,ϕ 150 大孔,最后打。

13. 构造图 13.92 所示的弯头实心体模型,并按题图样式将模型图纸化。

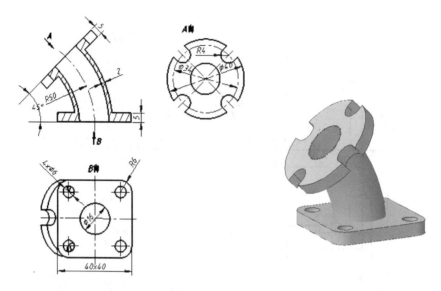

图 13.92 练习图七

14. 参照图 13.93,构建拖鞋的三维模型。

图 13.93 练习图八

提示:参考图 13.94 各步骤创建鞋面。

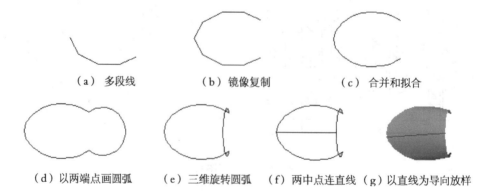

（a）多段线　　　（b）镜像复制　　　（c）合并和拟合

（d）以两端点画圆弧　（e）三维旋转圆弧　（f）两中点连直线　（g）以直线为导向放样

图 13.94 练习图九

15. 构建图 13.95 所示的楼梯的三维模型。垂直栏杆为半径 10,高 900 的圆柱。

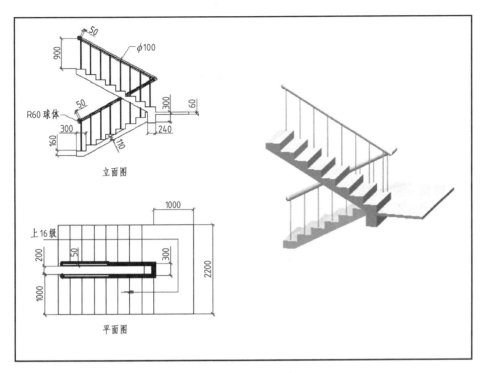

图 13.95 练习图十

16. 思考一下,下列模型中,左图中间过渡段、中图和右图中的轮齿如何建模。

图 13.96 练习图十一

第十四章
模型及其环境的修饰和显示

本章知识点

- 模型真实感显示的环境(光源、背景)设置。
- 模型材质的调制及赋予。
- "概念"、"真实"视觉样式和渲染的主要参数设置。
- 相机的设置和相机视图的生成及操作。
- 自由动态观察器的使用。

要使建成的模型具有强烈的真实感,必须在光照、材质、配景、显示方式等方面对模型进行修饰,本章介绍 AutoCAD 2016 在这些方面的功能和处理方法。

14.1 真实感显示中的环境及其设置

14.1.1 光源(LIGHT)及其设置

1. 光源类型及其特性

不同类型的光源将产生不同的光照效果。AutoCAD 2016 提供的光源有自然光源(太阳光)和人工光源。人工光源又提供标准光源(不使用任何光源单位的常规光源)和光度光源两类光源。本书仅介绍标准光源中的点光源(POINT LIGHT)、平行光(DISTANT LIGHT)和聚光灯(SPOT LIGHT)。三种光源的特性如下:

点光源有位置,有亮度,有强度衰减(随着距离的增加,亮度减弱),但无专一照射方向,只能向四周发散。

平行光无位置,无强度衰减,但有固定照射方向,有亮度。

聚光灯有位置,有亮度,有强度衰减,还有照射方向和范围(锥形区域),在照射范围中还有强光区和弱光区,如同探照灯和手电筒一样。

一般情况下同一种光源,光度光源的亮度要比标准光源的亮度大(更亮)。

所有光源都具有颜色。图 14.1 为三种相同颜色的光源照射相同物体的渲染效果。其中,图 14.1(a)使用点光源;图 14.1(b)使用平行光;图 14.1(c)使用聚光灯。

一个场景中,可以设置多种光源,而且同一种光源可以设置多个。另外,当用户设置新光源时,系统默认光源一般应予关闭。

2. 标准光源的设置

设置标准光源,首先在命令窗口键入LIGHTINGUNITS↵ 将该系统变量值设置为 0。

注:0 为未使用光源单位并启用标准(常规)光源。

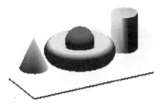
（a）使用点光源

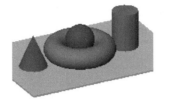
（b）使用平行光

（c）使用聚光灯

图 14.1　不同光源照射相同物体的渲染效果

1 为使用美制光源单位（呎烛光），并启用光度控制光源。

2 为使用国际光源单位（勒克斯），并启用光度控制光源。

本章只介绍标准光源。

（1）点光源的设置💡

命令调用：键入 POINTLIGHT ↵（或单击菜单栏"视图"⇒"渲染"⇒"光源"⇒"新建点光源"，或打开"渲染"工具栏后，单击"光源"弹出式工具栏中的"新建点光源"图标 ☼→💡）。

命令调用后系统弹出"光源-视口光源模式"对话框，如图 14.2 所示。此时应点击"关闭默认光源（建议）"选项。

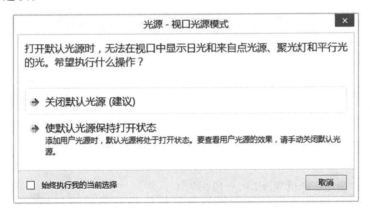

图 14.2　"光源-视口光源模式"对话框

接着系统提示："指定源位置 <0,0,0>："，此时，可用光标指定或输入坐标确定点光源的位置。

系统继续提示："输入要更改的选项[名称（N）/强度（I）/状态（S）/阴影（W）/衰减（A）/颜色（C）/退出（X）]<退出>："

选项"名称（N）"是给光源命名。若不操作该项，默认系统自动为光源所作的命名（如"点光源 1"、"点光源 2"）。

选项"强度（I）"为设置光的亮度，其取值范围为 0～最大浮点数。

选项"状态（S）"控制光源开启或关闭。

选项"阴影（W）"控制是否启用灯光阴影。若启用，可设置阴影类型[锐化（显示带有强烈边界的阴影）/已映射柔和（显示带有柔和边界的真实阴影）/已采样柔和（指定阴影的形状、大小和形的可见性）]。

选项"衰减（A）"控制光强度的衰减类型。其中"无"表示光强度与距离无关；"线性反比"

表示光强度是距离增加倍数的倒数;"平方反比"表示光强度是距离增加倍数平方的倒数。

选项"颜色(C)"用以设置灯光的颜色。若不更改选项默认值或完成选项更改后,即可按Enter结束设置。

(2) 平行光的设置

命令调用:键入DISTANTLIGHT ↵,或单击菜单栏"视图"⇒"渲染"⇒"光源"⇒"新建平行光",或打开"渲染"工具栏后,单击"光源"弹出式工具栏中的"新建平行光"图标。

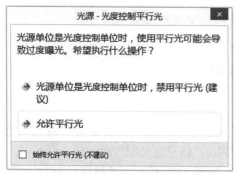

图14.3 "光源-光度控制平行光"对话框

命令调用并选择"关闭"或"使默认光源保持打开"后,系统弹出"光源-光度控制平行光"对话框,如图14.3所示。此时应选择"允许平行光"选项。然后系统提示:"指定光源来向 <0,0,0> 或[矢量(V)]:",此时,可用光标或坐标指定一点,表示光线来向,然后再指定一点,回答光线的去向。或选择选项"矢量(V)",用一组方向矢量表示光线照射方向,如(-1,-1,1)表示光线从西南上方向射来。

光线照射方向指定后,系统接着提示:"输入要更改的选项[名称(N)/强度(I)/状态(S)/阴影(W)/颜色(C)/退出(X)]<退出>:",提示中选项的含义与点光源相同。仅其中的强度取值范围为0~1之间。

(3) 聚光灯的设置

命令调用:键入SPOTLIGHT ↵(或单击菜单栏"视图"⇒"渲染"⇒"光源"⇒"新建聚光灯",或打开"渲染"工具栏后,单击"光源"弹出式工具栏中的"新建聚光灯"图标。)

命令调用后系统弹出"光源-视口光源模式"对话框(与点光源同),选择"关闭默认光源(建议)"选项后,系统提示:"指定源位置 <0,0,0>:",此时,可用光标或坐标指定一点,表示光源位置。

系统又提示:"指定目标位置 <0,0,-10>:",此时,再用光标或坐标指定一点,表示光照的目标位置。

系统接着提示:"输入要更改的选项[名称(N)/强度(I)/状态(S)/聚光角(H)/照射角(F)/阴影(W)/衰减(A)/颜色(C)/退出(X)]<退出>:",提示中与点光源同名选项的含义也相同。由于聚光灯的照射范围是一个锥形区域,并如同探照灯和手电筒那样,存在聚光区(也称强光区)和包含弱光区在内的全照射区,所以,提示中选项"聚光角(H)"和"照射角(F)"用以设置这两个区域的大小。

3. 光源的编辑

如果要对已设置的光源参数(位置、强度、阴影、颜色等)进行修改,可选择光源后,利用特性编辑器进行相应的修改。如图14.4所示为

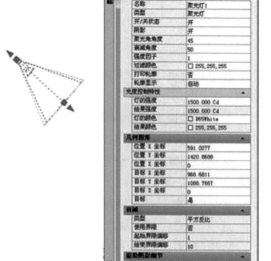

图14.4 聚光灯及其特性编辑面板

聚光灯的特性编辑面板。其中位置的修改,既可以用数字改变其坐标,也可用光标指定新位置。若采用后者,可选择编辑器中任意一个位置坐标,然后在该坐标栏的右边,点击拾取按钮,再在场景中指定新位置。编辑面板中的"强度因子"是初始设置强度的倍数。

14.1.2 视图背景和渲染背景及其设置

在模型创建和场景渲染时,如果用背景衬托模型,可以使观察者有身临其境的感觉。AutoCAD 2016 有多种类型背景可供设置,它们是纯色(用同一种颜色作为背景)、渐变色(由一种或三种渐深或渐淡的颜色组成的背景)和图像(背景是一张 bmp、jpg、tga、gif 等类型的图片)。3 种背景的效果如图 14.5 所示。

 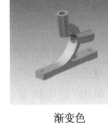 

纯色   渐变色   图像

图 14.5 三种背景

背景的设置操作如下:

调用"视图"命令(键入 VIEW ↵,或单击菜单栏"视图"⇒"命名视图",或打开"视图"工具栏后,单击"命名视图"图标),弹出"视图管理器"(图 14.6 a)。在管理器中点击 新建 按钮,弹出"新建视图"对话框(图 14.6 b)。在对话框的"视图名称"栏中给视图取名;在"背景"区,点击"默认"右边的箭头,在弹出的下拉列表中,选择所需背景类型,又弹出"背景"对话框。根据所选背景类型,在对话框中设置相应的颜色或图像(选择图像时,可点击 浏览 按钮,然后在图片文件中,选择所选图片)。背景设置完成后,先后点击"背景"对话框和"新建视图"对话框中的 确定 按钮,回到"视图管理器"。如果要在视图或渲染图中显示设置好的背景,可点击 置为当前 按钮,再点击 应用 和 确定 按钮。

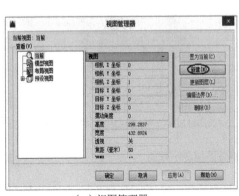 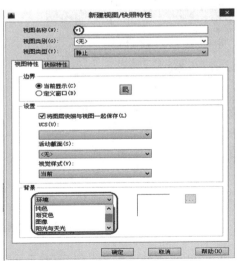

(a)视图管理器   (b)新建视图对话框中的背景类型

图 14.6 视图及其背景设置

14.2　模型的材质*

给模型赋以材质，也是增强模型真实感的有效措施。AutoCAD 2016 除提供了现成的预定义材质外，还提供了材质编辑器，用户可用以创建新的材质。

材质有纯色材质、纹理和贴图材质。纯色材质无方向性，纹理和贴图材质具有方向性，一般需要贴图坐标。AutoCAD 2016 调制和给模型赋予不同材质，是通过材质编辑器和浏览器实现的。

14.2.1　材质浏览器及其操作

调用"材质"命令（键入 MATERIALS ↵，或单击菜单栏"视图"⇒"渲染"⇒"材质浏览器"，或打开"渲染"工具栏后，单击"材质浏览器"图标 ），弹出"材质浏览器"如图14.7 所示。

在显示文档材质区和显示材质库材质区，各有三种显示方式，如图 14.8(a)、(b)所示。在材质库树状列表显示控制区（若没显示该区，可点击库标题右边的图标 予以显示），点击标题"主视图"左边的箭头，可显示"收藏夹"和"Autodesk 库"两组库文件标题。点击"Autodesk 库"左边

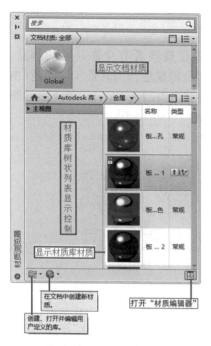

图 14.7　材质浏览器

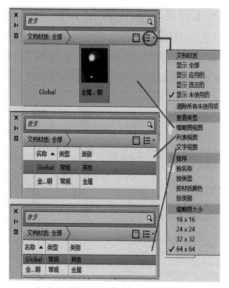

（a）文档材质显示区三种显示方式

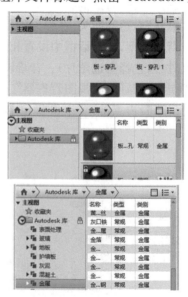

（b）材质库材质树状列表控制和库材质显示区三种显示方式

图 14.8　材质浏览器各区域显示控制

　＊　由于 2016 版对硬件要求高，若无法显示材质编辑器预览图像，建议使用 2012 版该功能，后面的渲染功能也同。

的箭头,弹出该库材质树状列表。在列表中选择不同材质的名称,如"金属"、"木材"等,就可在库材质显示区选择不同类型的材质。将光标指在所选材质的图标上时,图标下方会出现两个箭头 。点击左边的箭头,将把该材质添加到文档中,并在文档材质显示区显示。

14.2.2　给模型赋予材质

AutoCAD 2016 自备的"Autodesk 材质库"为用户提供了几十个不同品种、不同类型的预定义材质。这些材质可直接用来赋予模型。只要将材质库中要使用的材质样例直接拖曳到场景中的模型轮廓上即可。该材质同时被添加到材质浏览器的文档材质显示区。也可以先点击模型使其处于被选择状态,然后将样例添加到材质浏览器的文档材质显示区,右击样例,在弹出的快捷菜单中选择"指定给当前选择"。

在材质浏览器"文档材质"栏内有一个名为"global"的球形样例,这是一个能自动赋予场景中所有物体的全局材质,如果场景中只有一个模型或场景中的所有物体使用同一种材质,且该材质为单色材质,则 global 材质无需另行赋予模型。

14.2.3　材质编辑器

材质"global"的默认颜色为黑色,没有透明度和反射等特性,更不是图像材质。所以使用"global"材质,几乎都要经过编辑才能满足用户要求。另外,如果用户要创建新材质,必须通过材质编辑器进行调制。

调用"材质编辑器"命令(键入 MATEDITOROPEN ↵,或单击菜单栏"视图"⇒"渲染"⇒"材质编辑器",或打开"渲染"工具栏后,单击"材质编辑器"图标），弹出"材质浏览器"如图14.9 所示。也可以在材质浏览器"文档材质"区内,右击需编辑的材质样例,在弹出的快捷菜

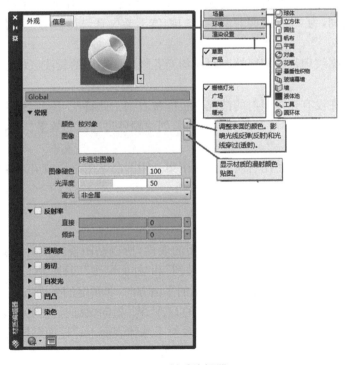

图 14.9　材质编辑器

单中选择"编辑",系统便出现"材质编辑器"。还可以点击材质浏览器右下角的"打开/关闭材质编辑器"图标▣,直接打开材质编辑器。

编辑器上部为材质预览设置及样例显示区。点击样例右下角的箭头,可对"场景"(样例形状)、"环境"(环境光类型)、"渲染设置"(渲染质量)等作预览设置。预览设置及样例显示区下方,为材质特性设置区,用于设置颜色或图像材质的各项效果。

在材质编辑器中,可以对材质的颜色或使用的贴图图像、光效、透明度等特性进行改变、装载、编辑等操作。

点击"常规"标题下的"颜色按对象"选项右边的箭头,在弹出的下拉列表中选择"颜色",再点击箭头,在弹出的下拉列表中选择"编辑颜色",在弹出的"选择颜色"面板中选择或调制所需的颜色;如果点击"图像"选项右边的箭头,系统弹出图像名称列表,从中可选择系统现成图像,也可点击列表中的"图像"泛称,装载用户自有图像。

在材质的特性编辑中各选项的含义和作用如下:

图像褪色:控制基础颜色和漫射图像之间的混合。

光泽度:模拟有光泽的曲面。

高光:控制材质的反射高光的获取方式。其中,金属高光,以各向异性方式发散光线。非金属高光是光线照射材质时所显现出的颜色。

反射率:控制材质的反射程度。并且可将周围环境反映在应用了此材质的任何对象的表面中。"直接"和"倾斜"滑块控制表面上的反射级别及反射高光的强度,值为 100 时,材质将完全反射。

透明度:"透明度"控制材质的透明度级别。100%表示材质完全透明;0 表示材质完全不透明。其下的"半透明度"和"折射率"特性仅当"透明度"大于 0 时才是可编辑。半透明度值 0 表示材质不透明;值 100%表示材质完全半透明。"折射率"控制光线穿过材质时的弯曲度。折射率在 0～5 之间,为 0 时,透明对象后面的物体不会失真,折射率为 5 时,对象后面的物体将严重失真。

剪切:用于根据纹理灰度解释控制材质的穿孔效果。贴图的较浅区域渲染为不透明,较深区域渲染为透明。

自发光:对象在没有光线照射的情况下也能被看到。此特性可控制材质的过滤颜色、亮度和色温。其下的"过滤颜色"可在照亮的表面上创建颜色过滤器的效果。色温可用于设置自发光的颜色。

凹凸:用于打开或关闭使用材质的浮雕图案。用凹凸贴图材质渲染对象时,贴图的较浅区域看起来升高,而较深区域看起来降低。

14.2.4 贴图模式与贴图坐标

贴图的原理是将纹理或图像映射于模型的表面,所以贴图模式按所贴对象的几何形状不同,分为"平面贴图"、"长方体贴图"、"球面贴图"和"柱面贴图"四种类型。

"平面贴图"是将纹理或图像映射于指定的平面方向,非指定的平面方向显示纹理深度或无图像;"长方体贴图"是将纹理或图像按指定的 U、V、W(横向、纵向、竖向)三轴方向映射到立体的所有表面上;"球面贴图"是将纹理或图像映射于球体表面上;"柱面贴图"是将纹理或图像映射于指定轴线的圆柱面上,圆柱顶面和底面上不反映纹理真形或无图像。如图 14.10 所示。纹理材质和图像贴图,都具有方向性。因此,材质赋予对象后,常需进行贴图坐标的设置或调整。

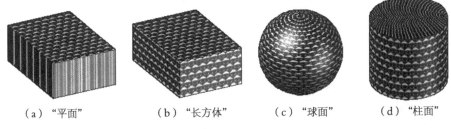

（a）"平面"　　　（b）"长方体"　　　（c）"球面"　　　（d）"柱面"

图 14.10　贴图的四种映射方式

贴图坐标的设置操作如下：

命令调用：键入 MATERIALMAP ↵（或单击菜单栏"视图"⇒"渲染"⇒"贴图"⇒ 贴图坐标名称，或打开"渲染"工具栏后，按下贴图弹出工具栏后，选择所需贴图工具图标。）

命令调用后系统提示："选择面或对象："，此时，选择要贴图的对象，选完后按 Enter 确认。

系统接着提示："选择选项［长方体（B）/平面（P）/球面（S）/柱面（C）/复制贴图至（Y）/重置贴图（R）］<长方体>："，此时，根据选项键入所需贴图模式。在所选对象上随即出现由红绿蓝三色组成的贴图坐标系（互相垂直的三轴）。系统又提示："接受贴图或［移动（M）/旋转（R）/重置（T）/切换贴图模式（W）］："，此时，如果坐标系指示的方向与用户的要求一致，可按 Enter 接受贴图。如果坐标系指示的方向与用户的要求不一致，需要移动或旋转坐标系，应选择相应的选项，然后用光标移至移动轴上，当移动轴出现长线时，将坐标系拖移或旋转至要求位置，再点击定位。若旋转后长方形贴图框与表面大小不一时，可将三角形夹点拖移，使与表面端点重合。图 14.11（a）显示了贴图坐标系移动前后的位置。图 14.11（b）显示了贴图坐标系旋转前后的位置。

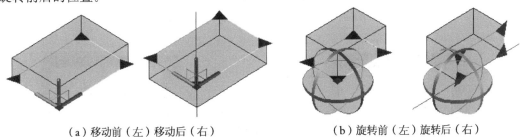

（a）移动前（左）移动后（右）　　　　　　（b）旋转前（左）旋转后（右）

图 14.11　贴图坐标系的平移和旋转

14.2.5　贴图图像编辑与纹理编辑器

模型被赋予纹理材质或图像贴图后，常需对纹理或图像的位置、数量等进行调整。这些调整的操作是通过纹理编辑器进行的。点击材质编辑器的"图像"栏右边的箭头，在弹出的菜单中点击"编辑图像…"选项，便出现纹理编辑器面板，如图 14.12 所示。

编辑器上部为贴图图案的预览区，它显示纹理或图像的纵横比例，但不反映贴图在模型上的实际效果（尤其不反映贴图图案的数量）；主要编辑区"位置"、"比例"、"重复"的功能和使用要点如下：

"位置"编辑区的功能，是调整贴图的位置。当贴图在模型中的位置偏移要求的位置时，可调整 X/Y 的数值。若 $X>0$，图案向右移动，可纠正图案偏左的缺点。反之，$X<0$，图案向左移动，可纠正图案偏右的缺点。若 $Y>0$，图案向上移动，可纠正图案偏下的缺点。反之，$Y<0$，图案向下移

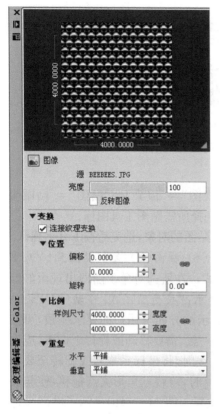

图 14.12 纹理编辑器

动,可纠正图案偏上的缺点。操作时,可根据两方向是否同时调整,用点击右边的按钮 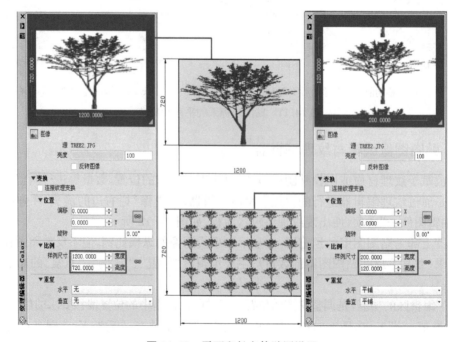 予以控制。默认情况下为分别编辑;框显 时为同时同距离偏移。X、Y 输入量始终从初始位置起测量,所以,若第二次输入偏移量时,不能从第一次偏移位置起计量。

另外,当贴图图案需要旋转方向时,可在"旋转"编辑框内拖移旋转角度的滑标,或在"0.00°"框内输入角度值。

"比例"编辑区的功能,是调整贴图图案的纵横比例。

"重复"编辑区的功能,是设置贴图的单一性或是重复性。若为单一性贴图,应在编辑框内选择"无";若为重复性贴图,应选择"平铺"。

对于平面和长方体贴图,若是单一性贴图,其"比例"区的宽度和高度数值应为模型贴图坐标面的对应尺寸值;若是重复性贴图,应根据贴图图案数量设置"比例"区的宽度和高度数值(样例尺寸=贴图坐标面尺寸/图案个数),如图 14.13 所示。

对于球面贴图,其"比例"区的宽度和高度与球的尺寸无关,若是单一性贴图,其"比例"区的宽度和高度数值应均为 1;若是重复性贴图,"比例"区的宽度和高度数值应为图案个数的倒数。图 14.14 为球面重复性贴图的样本尺寸的宽度和高度值均为 1/4,图案个数为 4。

图 14.13 平面和长方体贴图设置

对于柱面贴图，其"比例"区的样本宽度应为径向参数，样本高度为轴向参数。它们的取值依据为，单一性贴图径向取 1.1，轴向取圆柱的高度值；重复性贴图，径向取 1.1，轴向取圆柱高度值除以图案个数，即：圆柱高度/图案个数。图 14.15 为圆柱重复性贴图的样本尺寸的宽度为 1.1，高度值均为圆柱高度 200/图案个数 5，即为 40。

图 14.14　球面重复性贴图

图 14.15　柱面重复性贴图

14.2.6　贴图通道

贴图通道是在模型渲染过程中传递和处理材质纹理或图像颜色、色相等信息的路径。不同的贴图通道可产生不同的渲染效果。图 14.16 所示的是 3D 软件中漫射贴图、反射贴图、凹凸贴图、不透明贴图的渲染效果。

漫射贴图

反射贴图

凹凸贴图

不透明贴图(剪切贴图)

图 14.16　贴图通道效果示例

图中漫反射贴图是将纹理材质或图像直接映射到模型的表面；反射贴图是由模型表面材质的反射特性将邻近景物或虚拟场景(图像)映射到反射表面的某一区域；凹凸贴图是利用材质色差，在渲染时产生凹凸不平的浮雕效果；不透明贴图也称剪切贴图，是利用颜色通道原理，在渲染时图像的黑色部分透光，白色部分不透光，以此去除图像不需要的部分，保留需要的部分。不透明贴图常用于制作场景中形状复杂，不易建模的人物、树木等配景。

AutoCAD 2016 提供的贴图通道有反射贴图、透明贴图(可以创建透明效果和不透明效果)、剪切贴图(可以使材质部分透明，有些 3D 软件称为不透明贴图)、自发光贴图(可以使对象的某些部分看上去似乎在发光)、凹凸贴图(可以模拟起伏的或不规则的表面)。

14.2.7 材质编辑与贴图示例

1. AutoCAD 样板材质

例 14.1：为图 14.17 所示的茶杯赋予白色陶瓷材质。（假设模型已构建）

操作步骤如下：

打开材质编辑器，点击编辑器中的菜单栏项"创建材质"，选择"陶瓷"材质。在陶瓷区将"颜色"设为 RGB 255,255,255（白色）；"饰面"设为"强光泽/玻璃"。

点击"渲染"工具栏中的"渲染"图标，按系统默认设置渲染，显示赋材后的杯子图像。

说明：由于场景中只有一个模型和使用"global"样例材质，系统默认模型被赋予全局材质。所以无需再进行赋材操作。

例 14.2：给图 14.18 所示的台面赋予棕色木材。

图 14.17 陶瓷茶杯

图 14.18 台面

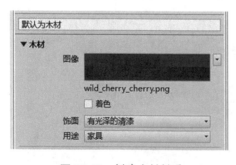

图 14.19 创建木材材质

操作步骤如下：

在上例（杯子）图形文件的俯视图中创建一个长、宽、高与杯子相适应的长方体。然后切换到"西南"轴测图。打开材质编辑器，点击编辑器底部的"创建或复制材质"图标右边的箭头 ，在弹出的下拉菜单中，选择"木材"。在"木材"区分别点击"饰面"和"用途"编辑框右边的箭头，在弹出的下拉列表中选择"有光泽的清漆"和"家具"。如图 14.19 所示。

打开材质浏览器，将"默认木材"样例球拖曳到场景中的长方体。

点击"渲染"工具栏中的"渲染"图标，按系统默认设置渲染，显示赋材后的杯子和台面图像。

2. 图像漫射和反射贴图

例 14.3：给长 1000，宽 600，高 50 的石板赋予黑白棋盘格材质，并反射树木图案（虚拟场景），如图14.20所示。其中黑白棋盘格材质为 AutoCAD 中的样板材质；树木图案可自己制作或使用有关资料。图中反射色为背景颜色（建议使用绿色）。

操作步骤如下：

（1）在俯视图中建一个长 1000，宽 600，高 50 的长方体。

（2）打开材质编辑器，点击编辑器底部的"创建或复制材质"图标右边的箭头 ，在弹出的下拉菜单中，选择"新建常规材质"。在"常规"区的"图像"框右边的下拉列表中选择"棋盘格"，"图像褪色"和"光泽度"均为50,"高光"选用"金属"。

（3）勾选"反射率"复选框,在该区的"直接"框右边的下拉列表中,选择"图像",然后按树木图片所在的路径打开它。

（4）右击"反射率"区的树木图像,在弹出的快捷菜单中点击"编辑图像"。在弹出的"纹理编

（a）满面反射　　　　（b）局部反射

图 14. 20　石板图像漫射和反射贴图

辑器-直接"窗口中,将"重复"区的"水平"和"垂直"栏,均选择"无";将"比例"区的"宽度"和"高度"分别设满面反射为 1000 和 800,局部反射为 800 和 400。

（5）点击渲染工具栏中的"平面贴图"工具 ⬛,选择长方体,在贴图坐标系显示为水平状态时,按 $\boxed{\text{Enter}}$ 键确认。

（6）将视图切换到西南轴测图,然后新建一个命名视图（菜单:"视图"⇒"命名视图"。名称自定）,在命名视图窗口中,将背景颜色设为深绿色或渐变色,并置为当前。

（7）打开"材质浏览器",将当前材质样例,拖曳至长方体,然后渲染当前视图。

3. 剪切贴图

例 14.4:利用图 14.21 汽车的"正片"和"负片",将汽车正片中的不需要部分去除,使其在渲染图中成为场景内的配景。题中的正片和负片的尺寸和位置都应该一致,负片可用正片复制后用图像处理软件制作而成。

正片

负片

图 14. 21　汽车配景

操作步骤如下：

（1）在前视图中创建一个长宽比为2∶1的平面曲面。并量出它的长、宽具体尺寸。

（2）打开材质编辑器，点击编辑器底部的"创建或复制材质"图标右边的箭头 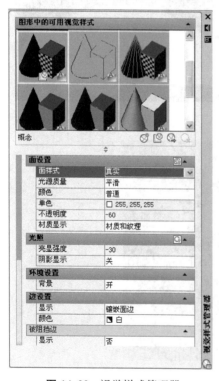，在弹出的下拉菜单中，选择"新建常规材质"。在"常规"区的"图像"框右边的下拉列表中选择"图像"，按汽车正片所在的路径打开它。将"高光"编辑栏选用"金属"。勾选"剪切"复选框，然后按汽车负片所在的路径打开它。

（3）右击"常规"区的图像（正片），在弹出的快捷菜单中选择"编辑图像"，在"纹理编辑器"窗口中将"比例"区样例尺寸的"宽度"和"高度"设为所建平面曲面的长度和宽度；将"重复"区的"水平"和"垂直"均设为"无"。右击"剪切"区的图像（负片），在弹出的快捷菜单中选择"编辑图像"，在"纹理编辑器"窗口中将各参数设置为与正片相同。

（4）打开材质浏览器，将当前材质样例拖曳至平面曲面。点击渲染工具栏中的"平面贴图"工具，选择所建的平面曲面，在贴图坐标系显示为垂直状态时，按 Enter 键确认。

（5）制作场景中的地面和背景。

（6）点击菜单"视图"⇒"三维视图"⇒"视点预设"，在"视点预设"对话框中将 X 轴编辑框中的值设为270，XY 平面编辑框中的值设为15~20之间。使视图显示立体状态。

（7）渲染当前视图。

14.3　视觉样式及渲染常用参数设置

1. 视觉样式管理器及其设置

图 14.22　视觉样式管理器

视觉样式管理器，是在图形窗口进行三维建模和模型的材质贴赋时，预览场景的各种显示方式。其中的"概念"、"真实"、"着色"、"灰度"等方式，都是用来着色对象，并使对象的边平滑化，还能显示已附着到对象的材质（复合材质不能显示）。其中"概念"样式，着色一般使用古氏面样式（一种冷色和暖色之间的过渡而不是从深色到浅色的过渡）。效果缺乏真实感，但是可以更方便地查看模型的细节。"真实"样式，着色使用实时面样式，效果更接近实际。

视觉样式的设置，都是在"视觉样式管理器"中操作的。点击菜单"视图"⇒"视觉样式"⇒"视觉样式管理器"，就弹出该管理器，如图14.22所示。管理器的上部是样本窗口，显示了第十三章中介绍的各种着色类型。样本窗下方有四个工具按钮，自左至右分别是"创建新的视觉样式"、"将选定的视觉样式应用于当前视口"、"将选定的视觉样式输出到工具选项板"、"删除选定的视觉样式"（无新建样式时，该按钮不可用。并且五种基本样式和正在使用的新建样式不能删除）。

工具按钮下面是参数设置区。对于"概念"和"真实"两种样式,参数设置区均包括了"面设置"、"材质和颜色"、"环境设置"、"边设置"、"边修改器"和"快速轮廓边"六个大项。"概念"样式还包括"暗显边"和"相交边"两项。对于具有人工光源、材质、背景等的复杂场景,常需改变默认设置的有,面设置区的"亮显强度"和"不透明度",材质和颜色设置区的"材质显示"(关/开),环境设置区的"阴影显示"和"背景"(开/关),边设置区的"边模式"(镶嵌面边/素线/无)。

其中,"亮显强度"是控制当前视口中不具有材质的面上高亮区的显示。取值范围为−100到100。数值越大,亮显区域越大。

"不透明度"是控制当前视口中面的透明度。取值范围为−100到100。值为100时,面完全不透明。值为0时,面完全透明。负值用于设置透明度级别但不会图形中显示效果。

"边模式"一般选择"无",可以模拟渲染效果。

图14.23为"概念"样式的两种不同设置的显示效果。从中可见左边的设置效果较好。

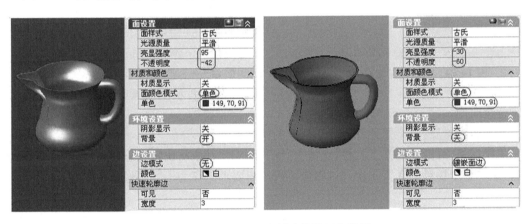

图14.23 "概念"视觉样式的设置与效果

使用某一视觉样式显示场景中的模型,可打开"视觉样式"工具栏,点击相应的工具图标即可。

2. 渲染预设置

视觉样式是一种显示方案,它虽然能显示出简单的灯光效果、阴影效果和表面纹理效果,但这一切都是粗糙的,它无法把显示出来的三维图形变成高质量的图像,这是因为着色采用的是一种实时显示技术,硬件的速度限制了它无法实时地反馈出场景中的反射、折射等光线追踪效果。所以它只能起到辅助观察模型的作用。另外,对于透明材质的物体和赋予不透明贴图的物体,在视觉样式中是无法显示的。要把模型或者场景输出成高质量的图像文件,就必须经过渲染。

渲染是基于一套完整的光影追踪、光能传递之类的程序,能计算、输出,并显示场景中的反射、折射等光线追踪效果。渲染的目的是创建一个可以表达用户想象的照片级真实感的演示质量图像。为此。在对场景渲染前,根据用户要求需对渲染目标、对象、环境、光源及照明要求、材质处理、输出图像精度(分辨率、反走样等)等进行设置。

渲染预设置的操作如下:

键入命令RPREF ↵(或点击菜单"视图"⇒"渲染"⇒"渲染预设设置",或"渲染"工具栏中的"渲染预设管理器"工具图标）。

弹出"渲染预设管理器",如图14.24所示。管理器包含的设置区及其功能如下:

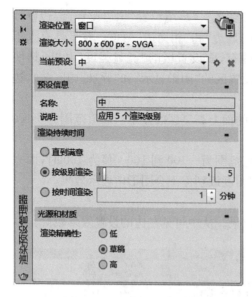

图 14.24　渲染预设管理器

- 渲染位置：窗口——渲染当前视图。
  - 视口——渲染多视口中的当前视口。
  - 面域——在当前视口中渲染指定区域。
- 渲染大小：渲染图像的输出尺寸和分辨率。仅在"渲染位置"中选择"窗口"时，此选项才可用。
- 当前预设：指定渲染级别或渲染时间。其中：
  - 低——应用一个渲染级别。
  - 中——应用五个渲染级别。
  - 高——应用十个渲染级别。
  - 茶歇质量——渲染十分钟。
  - 午餐质量——渲染六十分钟。
  - 夜间质量——渲染十二小时。
  - 预设信息：列示当前预设。包括名称、说明和渲染持续时间。
- 光源和材质：渲染器处理光源和材质的精确程度。

渲染场景，可打开渲染工具栏，点击工具图标 ，系统将出现渲染窗口，经一定时间的计算后，显示整个场景的真实图像。该图像可按用户要求储存为不同图像文件。

14.4　相机与相机视图

对于建筑物等大型模型，在显示其三维形态时，需要用透视图表达才更符合人的视觉规律（近大远小），效果逼真。AutoCAD 能根据用户设置的照相机位置自动生成和显示三维模型的透视图（相机视图）。并能模拟真实相机的焦距，调整相机的视野。除此之外，相机功能还有剪裁场景的功能。

14.4.1　相机的设置和相机视图的显示（CAMERA 命令）

设置相机一般在俯视图中进行，先分别指定或输入相机和拍摄目标的平面位置，然后变更相机的高度。

相机设置的操作如下：

命令调用：键入 CAMERA ↵（或点击菜单"视图"⇒"创建相机"，或打开"视图"工具栏后，单击"创建相机"图标 ￼ 。）

命令调用后系统提示："指定相机位置："，此时，可在俯视图上用光标指定相机的位置。

系统然后提示："指定目标位置："，此时，同样用光标指定相机拍摄目标的位置。

系统接着提示："输入选项[？/名称(N)/位置(LO)/高度(H)/目标(T)/镜头(LE)/剪裁(C)/视图(V)/退出(X)]<退出>："，此时，可键入"H↵"，输入相机放置高度。

系统重复提示："输入选项[？/名称(N)/位置(LO)/高度(H)/目标(T)/镜头(LE)/剪裁

（C）/视图（V）/退出（X）]＜退出＞:",此时,可键入"N↵",给相机命名;或键入"LO↵",调整相机位置;或键入"T↵",调整拍摄目标的位置;或键入"V↵",回答"Y"后显示相机视图;或键入"LE↵",调整相机的焦距。或键入"C↵",进行场景的裁剪。

14.4.2　相机视图的调整

相机视图生成后,如果发现视图不满意,可调整相机或拍摄目标的位置,也可调整相机的焦距(镜头长度)。调整的方法如下:

1. 调整相机或拍摄目标的位置

在图上点击相机,相机和目标处都出现蓝色夹点,点击相机上的夹点,使其变红色。然后移动鼠标,相机跟着移动,在相机要求的新位置上点击,完成相机位置的调整。拍摄目标的调整按同样操作。也可在相机夹点上右击,弹出相机特性编辑器,在该编辑器中修改相机或目标的位置。图 14.25 为选中后的相机、拍摄目标和视野(视角)及相机特性编辑器。

无论相机或拍摄目标的调整,相机视图不会自动随之变化。所以,不管调整哪个位置,调整后,需按鼠标右键,在弹出的快捷菜单中,选择"设定相机视图",这才能显示调整后的相机视图。

2. 调整相机焦距

图 14.25　选中后的相机及其特性编辑器

相机焦距也叫镜头长度。调整相机的焦距,可以调整视野和物景的大小。焦距越小,视野越大,物景越小。反之亦然。因此,焦距和视野是关联的,调整焦距,视野会跟着改变。

调整视距

图 14.26　三维导航工具条

调整相机焦距,可以选中相机后,在相机特性编辑器中修改,也可在图中,选择相机后,拖动相机视野的夹点(视锥底部的角点),改变视野。也可打开"三维导航"工具栏,点击"调整视距"工具(如图 14.26 所示),当光标变为大小箭头时,按下鼠标左键上下移动实现视距的变化。

14.4.3　场景的剪裁

相机与拍摄目标之间如果存在遮挡物,拍摄目标就不能在相机视图中清楚地显露出来。在拍摄目标后面如果存在用户不需表达的物体,致使影响拍摄目标的表达。如果遇到这两种情况,都可以通过相机功能中的场景剪裁给以解决。如图 14.27,由于室内空间狭小,相机拍摄室内景物时,相机无法置于室内合适的位置,也无法调整相机合适的焦距。而只能将相机置于室外。为了去除墙壁对室内景物的遮挡,采用了前剪场景,使拍摄目标能在相机视图中能充分地得到表达。其中,图 14.27(a)显示了相机、目标、剪裁平面在俯视图中的相对位置。图 14.27(b)为剪裁前的相机视图;图 14.27(c)为剪裁后的相机视图。

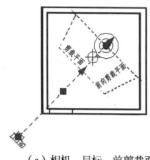

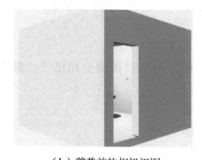

（a）相机、目标、前剪裁面 （b）剪裁前的相机视图 （c）剪裁后的相机视图

图 14.27 场景的剪裁

场景剪裁的操作步骤如下:

(1) 调用相机命令,指定相机和目标位置(操作同 14.4.1,指定后不退出命令)。

(2) 在系统提示中,选择选项"剪裁(C)",(键入 C↵)。

当系统提示:"是否启用前向剪裁平面?[是(Y)/否(N)]<否>:",键入 Y↵。

系统再次提示:"指定从目标平面的前向剪裁平面偏移 <0>:",此时,输入剪裁平面离目标的位置。

系统接着提示:"是否启用后向剪裁平面?[是(Y)/否(N)]<否>:",按 Enter 键确认否。

系统回到先前提示:"输入选项[?/名称(N)/位置(LO)/高度(H)/目标(T)/镜头(LE)/剪裁(C)/视图(V)/退出(X)]<退出>:",键入 V↵(要显示相机视图)。

然后系统提示:"是否切换到相机视图?[是(Y)/否(N)]<否>:",键入 Y↵,确认要切换到相机视图。

如果未在相机创建时进行裁剪,而在以后需要裁剪时,可以在相机的特性编辑器中的"裁剪"区,进行设置。

14.5　自由动态观察器

AutoCAD 2016 提供了一种能够环视三维模型的工具三维"动态观察"器。它具有三维旋转、三维视图显示、屏幕控制、投影模式(平行投影和透视投影)转换、着色、自动环绕转动等多种功能,这对于模型的显示操作更为便捷。现将该工具的功能及其操作分述如下。

1. 观察模型的视点旋转

调用"自由动态观察"命令(键入 3DFOrbit ↵,或单击菜单栏"视图"⇒"动态观察"⇒"自由动态观察",或打开"动态观察"工具栏后,单击其中的"自由动态观察"图标 ），图形区中央出现一个绿色的大圆,其上四分点处还有 4 个小圆,同时,在图形区的左下角出现一个三色坐标系图标(图 14.28),此时,在不同区域(大圆内、外和各小圆内)移动鼠标,可改变视点的位置,从而显示模型不同方向的形态。将光标置于大圆外面,按住鼠标左键沿时针走向移动,视点即绕过大圆中心的 Z 轴平行线旋转(图 14.29)。

将光标移到大圆 90°或 270°处的小圆内,按住鼠标左键上下移动,视点即绕过大圆中心的

X 轴平行线旋转(图 14.30),若未经绕 Z 和 X 轴旋转,而将光标移至大圆的 $0°$ 或 $180°$ 处的小圆内,按住鼠标左键左右移动,则视点绕过大圆中心的 Y 轴平行线旋转。

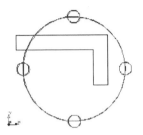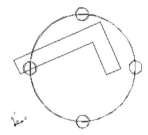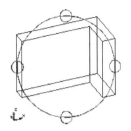

图 **14.28** "自由动态观察"工具　　图 **14.29** 绕 Z 轴平行线旋转　　图 **14.30** 绕 X 轴平行线旋转

在以上视点绕不同轴旋转的过程中,坐标系图标的三轴方向也在改变,说明这种旋转是视点的旋转。坐标系和模型是跟着一起旋转,经过不同方向的转动,可以显示模型不同观察角度的形象。

2. 投影模式的切换

"自由动态观察"工具的缺省投影模式为平行投影,因此,在视点旋转时,模型的图形是按平行投影模式显示的(空间平行的线,投影中仍然平行)。"自由动态观察"工具的另一种投影模式为透视投影(空间平行的线,投影中相交于同一灭点),当工具的投影模型设置为透视投影时,模型的图形即显示透视图。两投影模式的切换,可通过快捷菜单实现,在工具打开的情况下,单击鼠标右键,弹出工具专用的快捷菜单(图 14.31),单击快捷菜单"平行"或"透视",模式即可切换。

3. 模型的显示控制

如果在"自由动态观察"工具的操作中,需要对影响模型显示的视区位置、屏幕显示单位尺度和模型本身的显示效果等进行控制,也可选择快捷菜单中的相应选项,进行下列操作:

(1) 视区移动、屏幕缩放。选择菜单中的"其他导航模式"级联菜单中的"平移"选项,可按常规视区移动操作移动视区;选择"缩放"选项,可以进行屏幕实时拖动缩放。选择菜单中的"窗口缩放"或"范围缩放"(图 14.32),则可按"缩放"命令的常规操作作出相应的屏幕缩放。

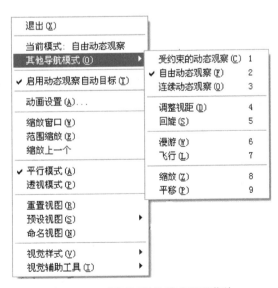

图 **14.31** "自由动态观察"快捷菜单　　　　图 **14.32** "其他"导航模式级联菜单

（2）消隐和着色。在"自由动态观察"操作中，如果要对模型进行消隐或填色，可选择快捷菜单中的"视觉样式"级联菜单中的相应选项（图 14.33）。

（3）显示罗盘、栅格和坐标系图标。如果要在操作中观察三个方向的旋转角度，可以单击级联菜单"视觉辅助工具"⇒"指南针"（图 14.34），打开工具的罗盘（三个带有刻度的圆）。若要显示栅格和坐标系图标，则可单击级联菜单中的"栅格"和"UCS 图标"选项，三选项打开后，屏幕显示如图 14.35 所示。

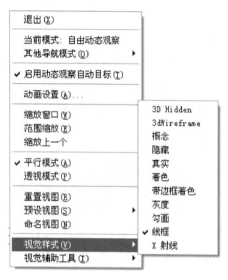

图 14.33 "视觉样式"级联菜单

图 14.34 "视觉辅助工具"级联菜单

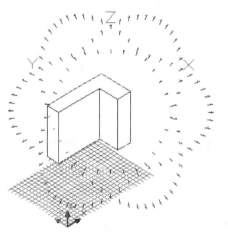

图 14.35 罗盘、栅格、坐标系图标打开后的图形

4. 观看正交视图和定向轴测图、恢复工具打开前的视图

如果在使用"自由动态观察"工具中，要观看六面基本视图之一或四个定向（西南、东南、东北、西北）轴测图，可单击级联菜单"预置视图"⇒（视图名）（图 14.36）。如果要恢复工具打开前

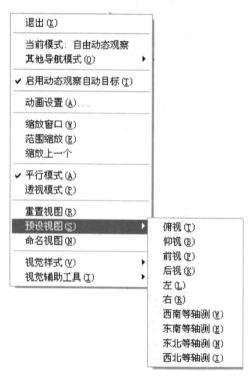

图 14.36 "预置视图"级联菜单

的视图,可以单击光标菜单中的"重置视图"选项。

5. 模型自动环绕转动

如果要让模型自动环绕周转,以观察模型各个部位的形状,可单击级联菜单"其他导航模式"⇒"连续动态观察",调用选项后,只要按下鼠标左键在屏幕上移动一段距离后释放左键,模型便按鼠标移动方向开始转动,直至按下鼠标右键,在快捷菜单中选择选项,停止转动,返回自转前的状态。

6. 利用自由动态观察器调整相机视图

调整相机视图,除了14.4.2所述的方法外,还可利用自由动态观察器进行调整。

若相机视图太大或太小,可使用"自由动态观察"器中"其他导航模式"级联菜单的"缩放"或"调整视距"选项,对视图进行缩放。

单击"其他导航模式"级联菜单的"回旋"选项,可对视线方向进行调整。

14.6　实验及操作指导

【**实验 14.1**】　建模与真实感显示综合应用(一)。

【**要求**】　按图 14.37 所示平板电脑的尺寸和图像,建立其三维模型,并贴赋材质,设置淡蓝色背景后渲染。(屏幕图片可从相关网站获取)

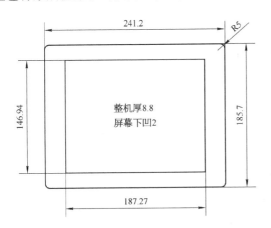

图 14.37　平板电脑的尺寸和图像

【**操作指导**】

1. 建模

在俯视图中按尺寸创建两个矩形后向后拉伸,再求差。

2. 调制和贴赋材质

(1) 打开材质编辑器,在菜单栏"创建材质"中选择"新建常规材质"。在"常规"区点击颜色框,在弹出的"选择颜色"对话框中选择全黑色;点击图像框,在弹出的"材质编辑器打开图像文件"对话框中按图像所在路径打开图像文件。结果如图 14.38(a)所示。

(2) 右击图像框,在弹出的快捷菜单中点击"编辑图像"选项,在弹出的"纹理编辑器"中按图 14.38(b)所示,设置各项参数。

(3) 打开材质浏览器,将当前材质拖曳到已建的模型上。

（4）点击渲染工具栏中的"平面贴图"工具，在图上点选模型。在出现贴图坐标系后，先点击水平坐标面的小方块，使坐标系随该面可移动。然后，将坐标系原点移到平板电脑屏幕的左下角，再利用右上角夹点，将贴图水平坐标面拉至与屏幕相同。如图 14.39 所示。

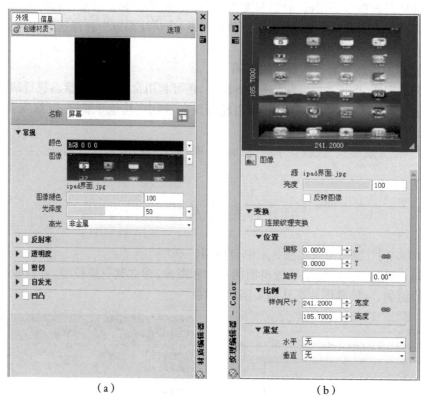

（a） （b）

图 14.38 创建材质和编辑材质参数设置

（a）坐标系原始位置　　　　（b）坐标系移动后　　　　（c）坐标面调整后

图 14.39 平面贴图坐标系的移动及调整

3. 设置渲染背景

点击菜单"视图"⇒"命名视图"，在弹出的"视图管理器"中，点击新建按钮，在弹出的"新建视图/快照特性"对话框中，给"视图名称"取名（输入任意文字），然后点击"背景"区的下拉列表框，在下拉列表中选择"纯色"，再在弹出的"背景"对话框中，点击"颜色"框，从"选择颜色"中，选择淡蓝色。设置完后，先后点击确定按钮，退出"选择颜色"、"背景"、"新建视图/快照特性"对话框，至"视图管理器"，从中分别点击置为当前、应用和确定按钮，完成设置。

4. 渲染

点击渲染工具栏的渲染工具，按默认设置渲染。

【实验 14.2】　建模与真实感显示综合应用(二)。

【要求】　按图 14.40 所示的场景,自定尺寸,建立咖啡壶的三维模型,并赋予茶色透明玻璃材质;添加木质反光台面,台面采用漫射贴图,并使用 AutoCAD 系统提供的"木材"纹理材质。再设置合适灯光和背景后渲染。场景中的杯子,延用正文实例。

【操作指导】

1. 咖啡壶建模

(1) 壶身:参照样图形状,在俯视图上绘制大小不等的 6 组半径差相等的同心圆。然后将它们沿高度方向移开适当距离。将底部同心圆的内圆上移半径差距离。将顶部两组同心圆分别断开一段距离后,用多段线绘制角形凸出部分(端部倒圆角),再将凸出部分与断开的圆弧合并成同一条多段线。另外,通过底圆和顶圆画一条直线。如图 14.41 所示。

图 14.40　实验 2 场景

图 14.41　壶身的建模

调用放样命令,分别以内、外圆为横截面,直线为路径,放样生成内外两个放样体。再调用差集命令将外体减除内体。

(2) 手柄:画一椭圆形横截面和一条样条线后,可用放样或扫掠或拉伸方法生成立体。完成后与主体对齐并合并。具体步骤,读者可自行操作。

2. 材质调制和贴赋

(1) 咖啡壶材质:打开材质编辑器,按图 14.42 设置材质参数。其中颜色为深咖啡色。调制完成后,将该材质赋给咖啡壶模型。

(2) 台面材质:打开材质编辑器,在"创建材质"菜单栏中选择"木材",先按图 14.43(a)设置参数。然后右击木材图像框,在弹出的快捷菜单中点击"编辑木材"选项,在弹出的"纹理编辑器"中按图 14.43(b)设置参数。设置完成后将该材质赋给台面。再点击渲染工具栏的"平面贴图"工具,当在图上出现贴图坐标系的 XY 坐标面与台面水平方向一致时,按 Enter 键确认。

3. 灯光设置

参照图 14.44 所示灯光位置和照射角(约 60°),在前

图 14.42　咖啡壶材质参数

323

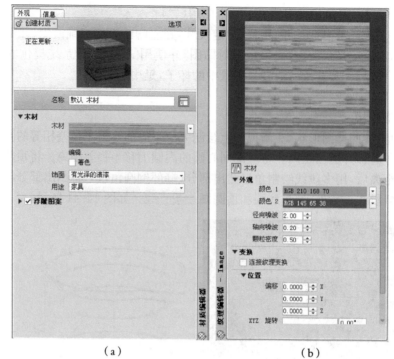

（a）   （b）

图 14.43 台面的材质参数

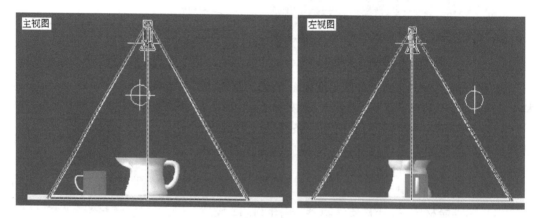

图 14.44 创建光度聚光灯和点光源

视图中分别创建一个光度聚光灯和一个点光源,然后在左视图中将它们移动至图示位置。

4. 设置视图背景

参照实验 14.1 设置渲染背景的方法,设置深蓝色的视图背景。

5. 按系统默认高级渲染设置渲染场景

若渲染结果场景照明较暗,可选中聚光灯后在特性编辑器中,将灯光的"强度因子"提高到2 或 3,然后重新渲染。

【实验 14.3】 建模与真实感显示综合应用(三)

【要求】

(1) 按图 14.45(a)、(b)所示尺寸和配景照片,建立走廊的三维模型。

（2）给墙壁、电梯门及门套、天花板、地面等赋以相应的材质，在场景中设置灯光、人物配景。

（3）显示如图 14.45(c)所示的单灭点透视图（长度和高度方向无灭点），并按系统默认渲染设置渲染场景。

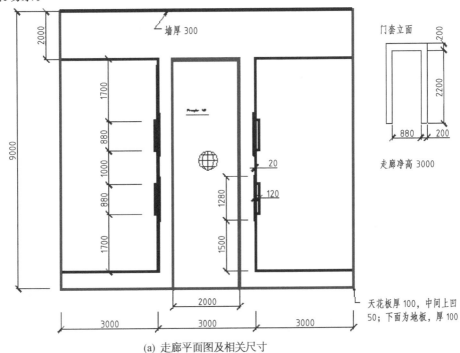

(a) 走廊平面图及相关尺寸

(b) 配景的正片、负片

(c) 走廊单密点透视图

图 14.45 走廊

【操作指导】

1. 建模

（1）在右视图中建一个长 6160，宽 3000，高 3000 的长方体。再按门套尺寸绘制和复制成两个闭合的多段线线框。然后按题目要求尺寸将线框移至长方体的前面。再调用实心体编辑中的"压印边"命令，将它们压印到长方体面上。如图 14.46(a)所示。

（2）调用实心体编辑中的"拉伸面"命令，将门套线框拉伸 20；将门框拉伸－120。如图 14.46(b)所示。

（3）在俯视图上建一个长 9000，宽 300，高 3000 的长方体，作为后墙，然后按题目要求，将它移至与左侧墙相距 2000。再将左侧墙镜像复制，生成右侧墙。如图 14.43(c)所示。

（4）在俯视图上建一个长 9000，宽 9000，高 100 的长方体，作为地面。然后，将它复制到顶面作为天花板。再建一个长 2000，宽 7000，高 50 的长方体，并将它移至天花板中前部，其底面和天花板底面相平。然后，在天花板中减去该长方体，使天花板底部上凹 50。如图 14.43(d)所示。

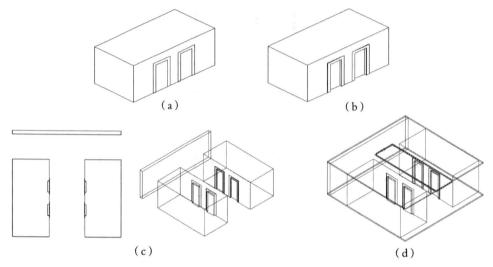

（a）　　　　　　　　　　　　　　（b）

（c）　　　　　　　　　　　　　　（d）

图 14.46　走廊建模步骤

2. 材质参数

（1）墙壁和天花板材质：常规材质。仅设置颜色为浅黄色(红 247，绿 234，蓝 135)，并使用同色"自发光"。

（2）门和门套材质：常规材质。仅设置颜色为蓝色(红 114，绿 170，蓝 248)。

提示：为了与墙壁材质区分，所以在赋予材质前，应先调用实体编辑中的"复制面"命令，将门和门套表面复制出来，并且复制出的面要置于被复制面前 1～2 毫米，以避免两者重叠。以上操作可先处理一处，然后镜像复制其他各处。

（3）地面材质：地面采用花边大理石图像平面贴图。花边大理石图像，可用类似图片代替，也可取自有关资料。

（4）人物配景：首先将视图切换到前视图，在走廊内建一个长 1000，宽 1800 的平面曲面(PLANESURF)。然后，在该平面上，采用常规材质，在"常规"区使用"正片"图像，勾选"剪切"复选框后，使用"负片"图像。

3. 灯光设置

在本场景中，设一个点光源作为主照明灯光，其位置位于天花板中央下方 500 左右，强度因子 0.5。灯光上面的吸顶灯(灯具)，可自行建模或从灯具资料中插入。再设一个从前向后的平行光，作为后墙照明的辅助光。其强度因子 0.8。两光源的阴影功能均关闭。

4. 相机设置和相机视图显示

调用"创建相机"命令，在俯视图上，创建一个从前向后拍摄的相机。如图 14.47(a)所示。相机高度 1800，镜头长度 15.1(视野 100)。相机视图预览如图 14.47(b)所示。

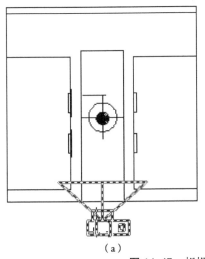
（a）

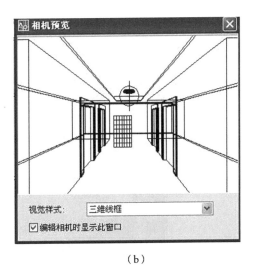
（b）

图 14.47 相机设置和相机视图预览

5. 采用系统默认渲染设置并渲染

思考与练习

1. 光源有几类,点光源、平行光、聚光灯各有哪些特性?

2. 光的衰减方式有哪几种,如何解释?

3. 各种光源如何设置? 设置标准光源时,系统变量 LIGHTINGUNITS 应设为多少?

4. 材质可分为几类,各材质间的差别何在?

5. 怎样调制和编辑一种新的材质?

6. 把不同类型的材质赋予模型时,操作上有何差别?

7. 视觉样式用于何处? 它与渲染有什么不同?

8. 渲染背景有几类,各种背景如何设置?

9. 渲染图像怎样保存为图像文件?

10. 相机设置应在何种视图上操作步骤?

11. 相机的镜头长度和视野是什么关系? 视野与图像大小有什么关系?

12. 自由动态观察工具有哪些功能,怎样实现这些功能?

13. 自定尺寸建立如图 14.48 所示的饮料瓶三维模型,给模型赋予透明塑料材质,并制作瓶贴,然后

图 14.48 饮料瓶及瓶贴

按系统默认照明和渲染设置,渲染模型。

提示:饮料瓶的建模,可参考第十三章图 13.41。瓶贴贴赋,可先建一个与贴图区域相当的空心圆柱,然后将瓶贴贴赋予该圆柱表面,再将贴图后的圆柱移至瓶的图示位置。

14. 参照图 14.49,构建水龙头的三维模型,并赋予金属"铬"材质后渲染。

图 14.49 水龙头

图 14.50 茶几

15. 自定尺寸建立如图 14.50 所示茶几和台灯的三维模型,给模型贴赋材质,设置合适的光源和背景后渲染场景。

提示:茶几的建模,可使用前端形状拉伸后,建一个比拉伸体宽度和高度小一点,长度长一点的长方体,然后将拉伸体与长方体求差。台面玻璃区类似做法,求差后再建一个与缺口等大的长方体嵌入。茶几的材质可使用相近的木纹图片贴图。灯光可以设置两个点光源,一个在灯罩内,另一个在灯罩外。

16. 参照图 14.51(b)、(c)、(d)、(e)尺寸(未注细节尺寸自定)建立如图 14.51(a)所示的房屋(墙体、屋顶、门窗、阳台、立柱等)模型,并给房屋各构件、地面贴赋材质,给场景添加人物、树木配景,设置合适的光源和背景后渲染场景。

提示:主屋顶的建模,可采用正面和侧面形状分别拉伸足够长度后,求交集生成。场景中所用的图片,可在 www.sstp.cn/computer 网址下的《AutoCAD 二维、三维教程——中文 2012 版》一书的"素材"中提取。

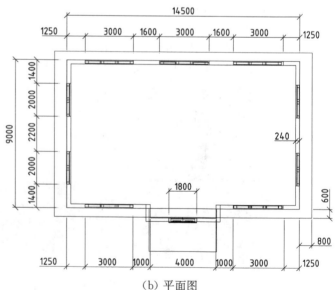

(a) 效果图

(b) 平面图

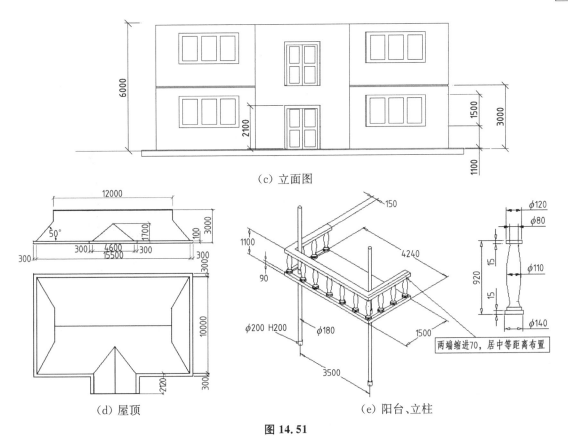

（c）立面图

（d）屋顶

（e）阳台、立柱

两端缩进70，居中等距离布置

图 14.51

17. 参照图 14.52(b)、(c)尺寸(未注细节尺寸自定)建立如图 14.52(a)所示的门廊三维模型，并贴赋材质，设置灯光、相机，显示相机视图后渲染。

室内净高 3200；门框净高 2200，木边框宽 50；鞋柜长 800，厚 300，高 1200；书架长 2200，厚 350，高 2400。

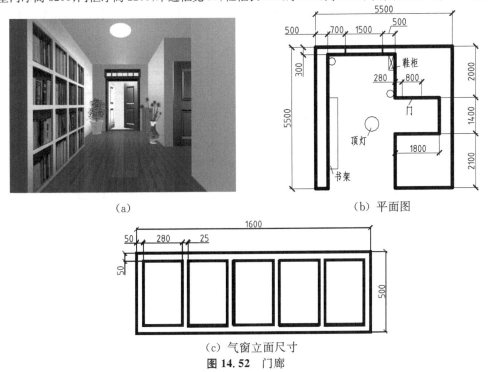

（a）

（b）平面图

（c）气窗立面尺寸

图 14.52 门廊

18. 按图 14.53(b)～(e)零件图所示尺寸构造各零件的三维模型,并赋以指定的材质。然后,参照样图 14.53(a)将各零件排列成表示装配关系的"爆炸"图,再配以合适的灯光和背景,作光线跟踪渲染。

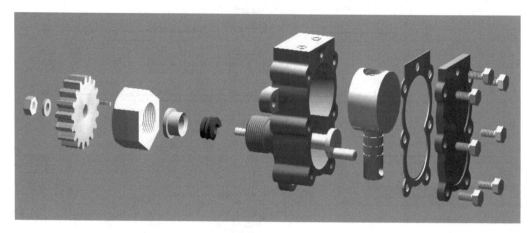

（a）"爆炸图"样图

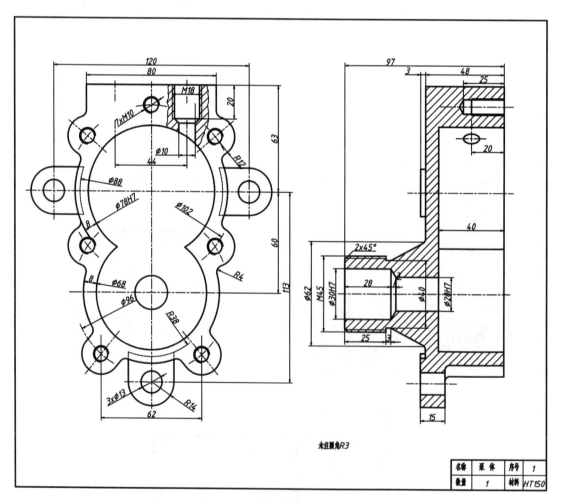

未注圆角R3

名称	泵 体	序号	1
数量	1	材料	HT150

（b）泵体

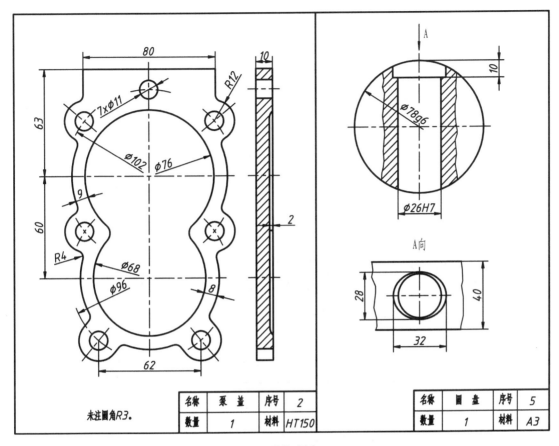

（c）泵盖、圆盘

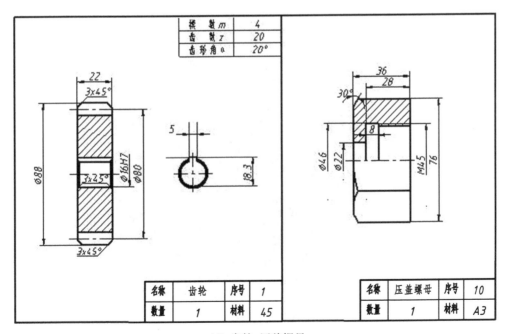

（d）齿轮、压盖螺母

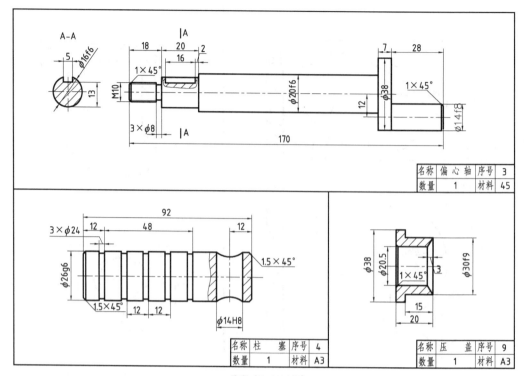

名称	偏心轴	序号	3
数量	1	材料	45

名称	柱 塞	序号	4
数量	1	材料	A3

名称	压 盖	序号	9
数量	1	材料	A3

（e）曲轴、柱塞、压盖

图 14.53

19. 参照图 14.54 所示台灯图片,自定尺寸,构建其三维模型,并调制合适的材质赋予各构件;再设置合适的灯光,添加背景后用光线跟踪渲染。

图 14.54　台灯

20. 按图 14.55 所示的电视机图像和尺寸,建立其三维模型(未注尺寸自定),并贴赋材质,添加合适的标准点光源后渲染。(屏幕图片可使用其他照片或图片。)

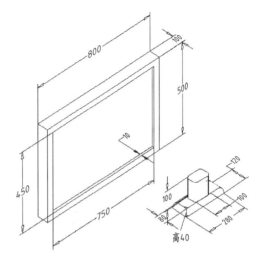

图 14.55　电视机图像与尺寸

圆弧连接

1. 在(420×297)图幅上按 1:1 比例绘制附图 1.1 所示图形,并标注尺寸。

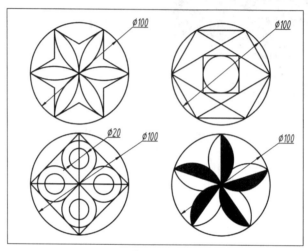

附图 1.1

2. 在(420×297)图幅上按 1:1 比例绘制附图 1.2 所示图形,并标注尺寸。

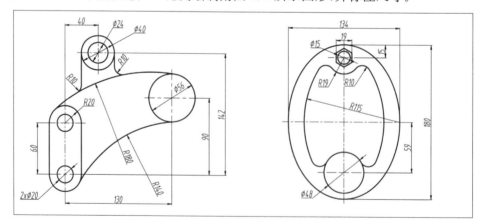

附图 1.2

3. 在(420×297)图幅上按 1:1 比例绘制附图 1.3 所示视图。

图层设置:

层　名	颜　色	线　型	用　途	线　宽
0	黑/白(black/white)	continuous	图框、外形轮廓	0.4
1	红(red)	ACAD_IS004W100	点画线	0.2

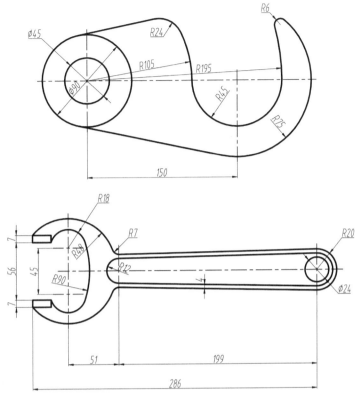

附图 1.3

4. 在(420×297)图幅上按 1:1 比例绘制附图 1.4 所示视图。

图层设置：

层　名	颜　色	线　型	用　途	线　宽
0	黑/白(black/white)	continuous	图框、外形轮廓	0.4
1	红(red)	ACAD_IS004W100	点画线	0.2

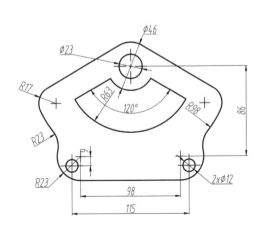

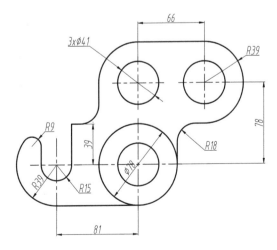

附图 1.4

三视图、剖视图、轴测图

5. 在(297×210)图幅上按 1:1 比例绘制附图 1.5 所示三视图并标注尺寸。

图层设置:

层 名	颜 色	线 型	用 途	线 宽
0	黑/白(black/white)	continuous	图框、外形轮廓	0.4
1	红(red)	ACAD_IS004W100	点画线	0.2
2	蓝(blue)	ACAD_IS002W100	虚线	0.1
3	玫红(color200)	continuous	尺寸	0.1

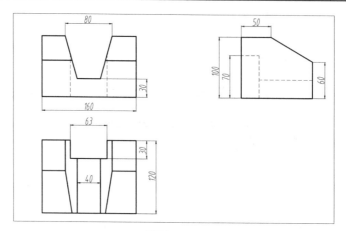

附图 1.5

6. 在(297×210)图幅上按 1:1 比例绘制附图 1.6 所示三视图并标注尺寸。(尺寸标注时字高为 5,箭头设置为 3.5)

图层设置:

层 名	颜 色	线 型	用 途	线 宽
0	黑/白(black/white)	continuous	图框、外形轮廓	0.4
1	红(red)	ACAD_IS004W100	点画线	0.2
2	蓝(blue)	ACAD_IS002W100	虚线	0.1
3	玫红(color200)	continuous	尺寸	0.1

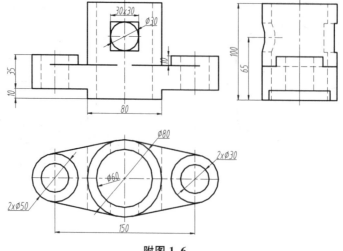

附图 1.6

7. 在(297×210)图幅上按 1:1 比例绘制附图 1.7 所示三视图并标注尺寸。(尺寸标注时字高为 5,箭头设置为 3.5)

图层设置:

层　名	颜　色	线　型	用　途	线　宽
0	黑/白(black/white)	continuous	图框、外形轮廓	0.4
1	红(red)	ACAD_IS004W100	点画线	0.2
2	蓝(blue)	ACAD_IS002W100	虚线	0.1
3	玫红(color200)	continuous	尺寸	0.1

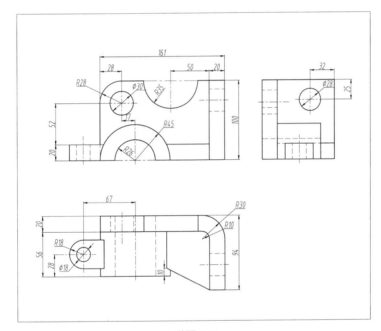

附图 1.7

8. 在(297×210)图幅上按 1:1 比例绘制附图 1.8 所示三视图并标注尺寸。(尺寸标注时字高为 5,箭头设置为 3.5)

图层设置:

层　名	颜　色	线　型	用　途	线　宽
0	黑/白(black/white)	continuous	图框、外形轮廓	0.4
1	红(red)	ACAD_IS004W100	点画线	0.2
2	蓝(blue)	ACAD_IS002W100	虚线	0.1
3	玫红(color200)	continuous	尺寸	0.1

9. 在(297×210)图幅上绘制附图 1.9 所示的三视图与轴测图。(开启对象捕捉、极轴追踪和栅格开关,按附图形体的长度、宽度、高度用栅格捕捉方法画三视图,每栅格取 10 毫米,在

极轴追踪对话框中新建 30°画长度线、150°画宽度线、90°画高度线。轴测图的长度、宽度、高度数值按栅格格数确定）

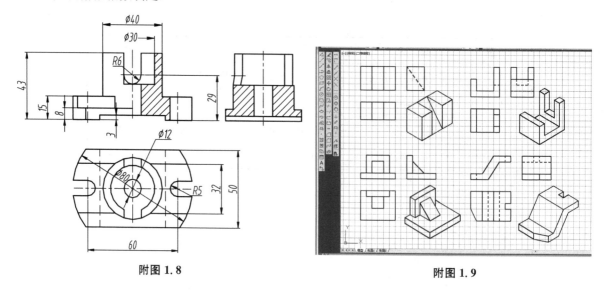

附图 1.8

附图 1.9

零件图和装配图（机类）

10. 在（297×210）图幅上按比例法绘制附图 1.10 所示的 M16 螺栓装配连接。

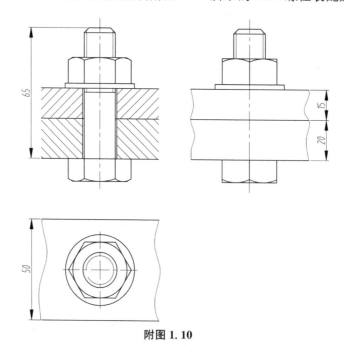

附图 1.10

11. 在(297×210)图幅上按比例法绘制附图 1.11 所示的 M10×30 螺钉装配连接。

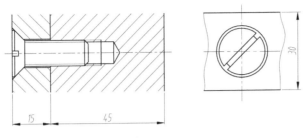

附图 1.11

12. 在(420×297)图幅上按 1:1 比例绘制附图 1.12 所示蜗轮轴零件图并标注尺寸。(尺寸标注时字高为 5,箭头设置为 3.5)

图层设置:

层　名	颜　色	线　型	用　途	线　宽
0	黑/白(black/white)	continuous	外形轮廓	0.4
1	红(red)	ACAD_IS004W100	点画线	0.2
2	蓝(blue)	continuous	尺寸	0.1
3	玫红(magenta)	continuous	剖面线	0.1

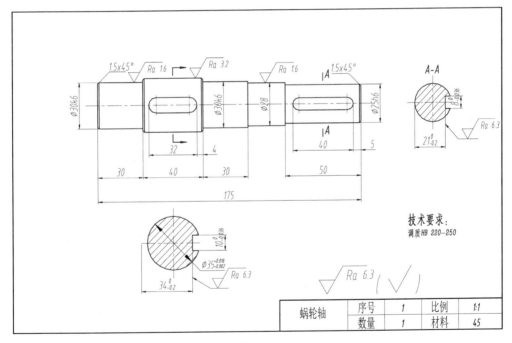

附图 1.12

13. 在(420×297)图幅上按 1:1 比例绘制附图 1.13 所示端盖零件图并标注尺寸。(尺寸标注时字高为 5,箭头设置为 3.5,小圆角半径为 R2-R3)

图层设置：

层 名	颜 色	线 型	用 途	线 宽
0	黑/白（black/white）	continuous	外形轮廓	0.4
1	红（red）	ACAD_IS004W100	点画线	0.2
2	蓝（blue）	continuous	尺寸	0.1
3	玫红（magenta）	continuous	剖面线	0.1

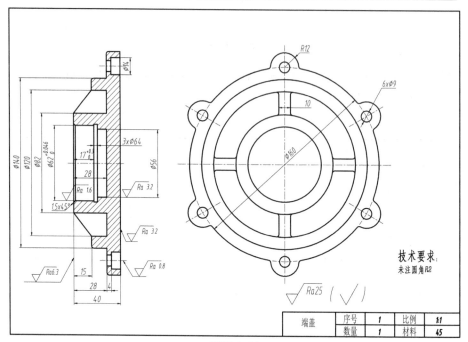

附图 1.13

14. 按图示尺寸，在（420×297）图幅上按 1:1 比例绘制附图 1.14 所示踏脚座零件图并标注尺寸。（尺寸标注时字高为 5，箭头设置为 3.5）

图层设置：

层 名	颜 色	线 型	用 途	线 宽
0	黑/白（black/white）	continuous	外形轮廓	0.4
1	红（red）	ACAD_IS004W100	点画线	0.2
2	蓝（blue）	continuous	尺寸	0.1
3	玫红（magenta）	continuous	剖面线	0.1

15. 按图示尺寸，在（420×297）图幅上按 1:1 比例绘制附图 1.15 所示箱盖零件图并标注尺寸。（尺寸标注时字高为 5，箭头设置为 3.5）

图层设置：

层 名	颜 色	线 型	用 途	线 宽
0	黑/白（black/white）	continuous	外形轮廓	0.4
1	红（red）	ACAD_IS004W100	点画线	0.2
2	蓝（blue）	continuous	尺寸	0.1
3	玫红（magenta）	continuous	剖面线	0.1

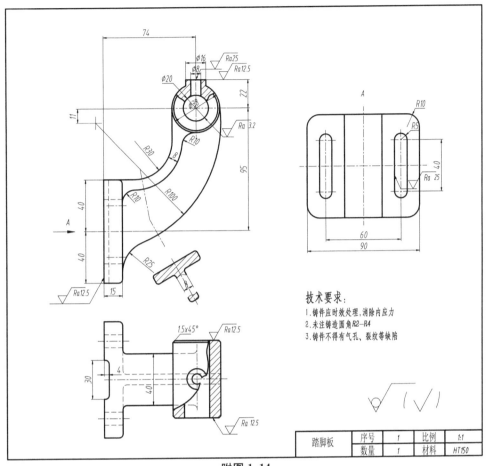

附图 1.14

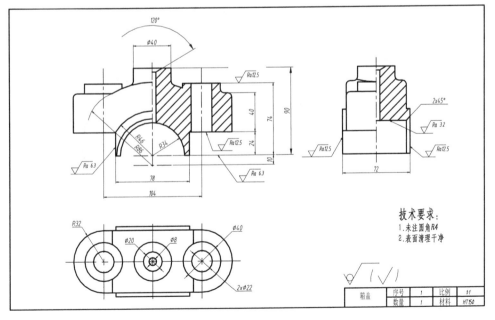

附图 1.15

16. 按图示尺寸,1:1比例分别在(420×297)图幅上(一幅一件)绘制附图1.16所示7个零件的图形(油缸部件的一套零件图),并标注尺寸和表面粗糙度及形位公差。7个零件分别为(a)活塞杆;(b)活塞;(c)缸体;(d)前盖;(e)后盖;(f)螺塞;(g)弹簧。

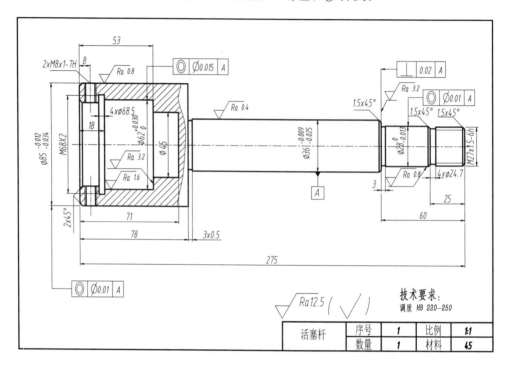

(a)

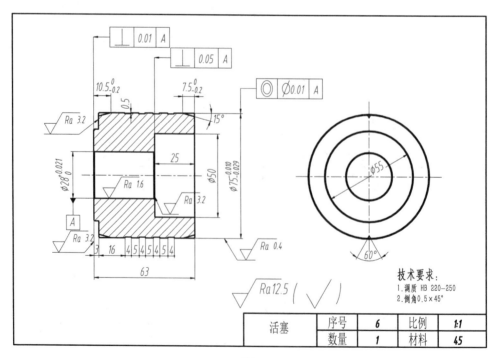

(b)

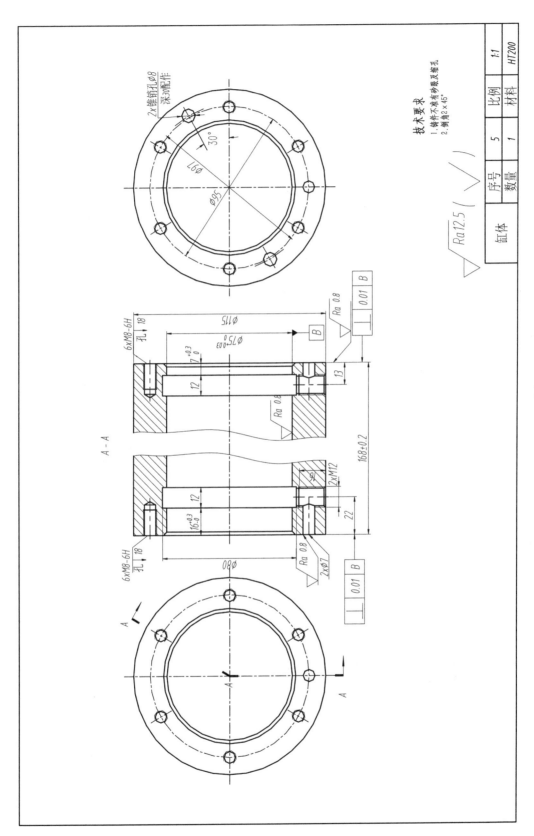

(c)

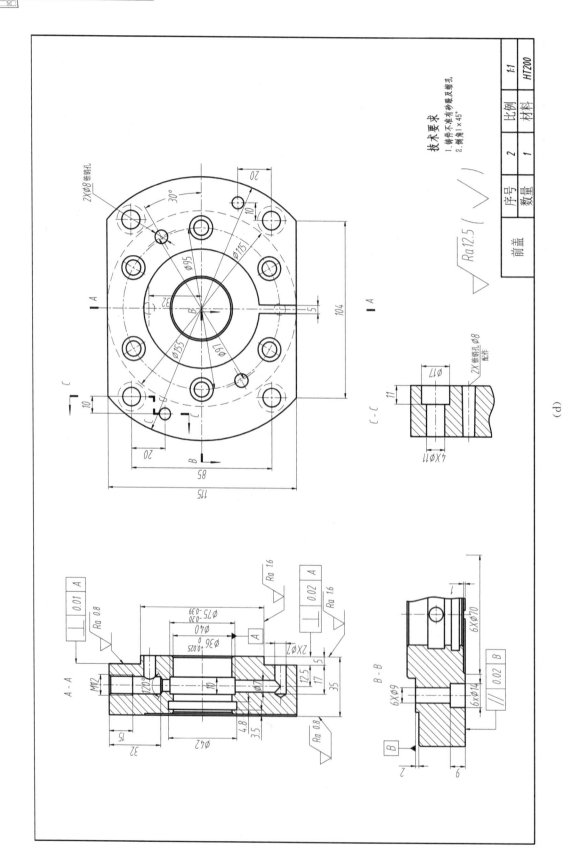

（d）

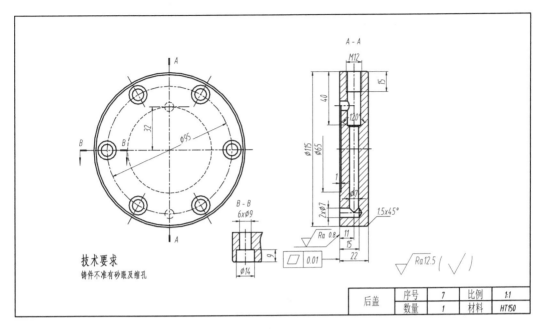

（e）

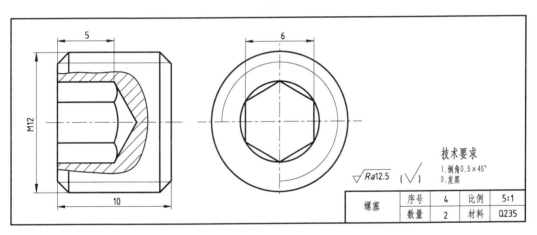

（f）

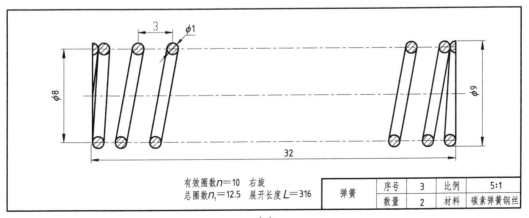

（g）

附图 1.16

结构件及建筑平面、立面、剖面图(土木类)

17. 按图示尺寸,在(420×297)图幅上以适当比例绘制附图 1.17 所示图形并标注尺寸。(尺寸文字字高为 30,箭头长为 20)。

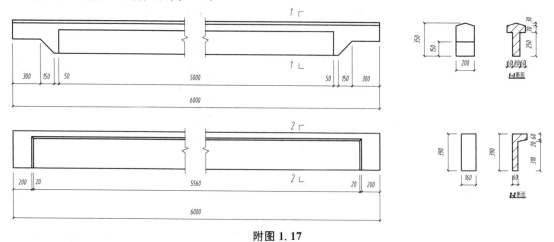

附图 1.17

18. 按图上所示尺寸,在 A4(297×210)图幅上,以 1:1 的比例,绘制附图 1.18 所示图形并标注尺寸,尺寸文字高为 3,箭头长为 2.5。

19. 应用"布局"和"页面设置"功能,按图上所示尺寸,在 A3 图幅的默认绘图区内,以 1:40 的绘图比例,绘制附图 1.19 所示图形并标注尺寸,将标注缩放到布局后,尺寸文字高为 3,箭头长为 2。

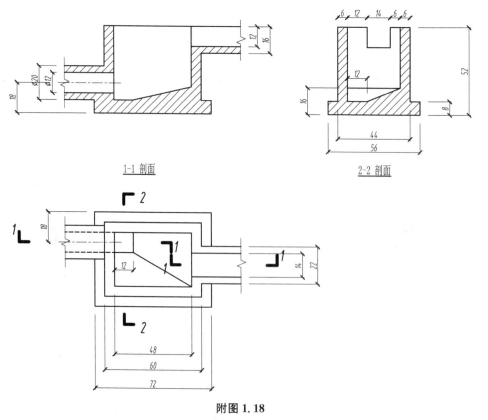

1-1 剖面   2-2 剖面

附图 1.18

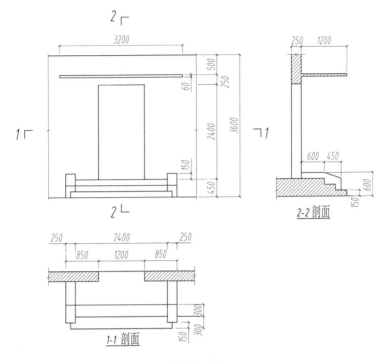

附图 1.19

20. 应用"布局"和"页面设置"功能,按图上所示尺寸,在 A3 图幅的默认绘图区内,以 1:30 的绘图比例,绘制附图 1.20 所示图形并标注尺寸,将标注缩放到布局后,尺寸文字高为 3,箭头长为 2。

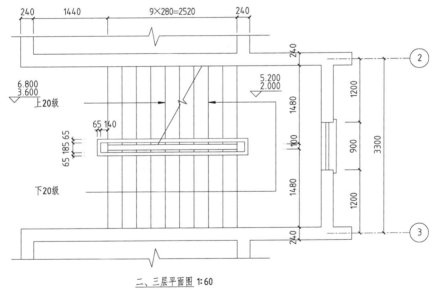

二、三层平面图 1:60

附图 1.20

21. 绘制附图 1.21 所示的建筑楼梯剖面图并标注尺寸,输出图纸幅面 A3(420×297),输出比例为 1:100。(轴线 D 处各层楼面梁断面为 240×300,二层以上楼梯梁断面 200×300,窗过梁和外墙窗台的断面 240×160,楼板厚 150,楼梯板厚 90,楼梯踏步宽 280,高 160,踢脚高

150,尺寸单位均为毫米)。

文本设置:尺寸字体名:gbeitc. shx;字高:200 文本字体名:gbeitc,bigfont;字高:200 尺寸线末端符号、箭头高为 100。

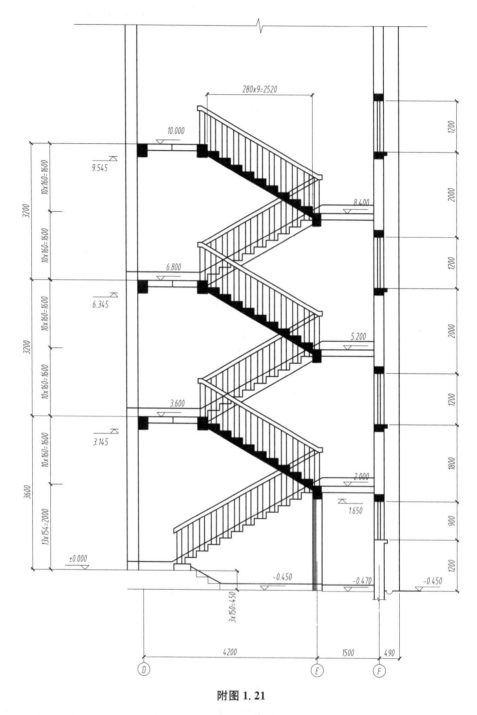

附图 1. 21

22. 绘制附图 1.22 所示的建筑立面图、平面图并标注尺寸。输出幅面 A3(420×297),输出比例为 1:100。

图层设置:

层 名	颜 色	线 型	用 途	线 宽
0	黑/白(black/white)	continuous	外形轮廓	0.4
1	红(red)	center	定位轴线	0.2
2	蓝(blue)	continuous	尺寸	0.1
3	玫红(magenta)	continuous	剖面图例线	0.1

文本设置:尺寸字体名:gbeitc. shx;字高:200 文本字体名:gbeitc,bigfont;字高:200 尺寸线末端符号、箭头高为100。

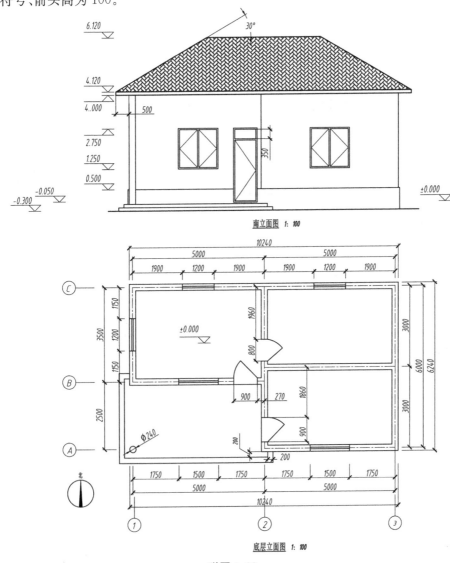

附图 1.22

说明:(1)所有墙身厚 240;(2)立面图中窗边框和门边框宽度均为50;(3)走廊左边为圆形立柱,中心位于西南外墙轴线交点;(4)指北针直径 1000(考虑可视性);(5)立面图尺寸只注标高。

23. 绘制附图1.23所示的建筑立面图并标注尺寸。输出幅面 A3(420×297),输出比例为1:100。

图层设置:

层 名	颜 色	线 型	用 途	线 宽
0	黑/白(black/white)	continuous	外形轮廓	0.2
1	蓝(blue)	continuous	尺寸	0.1
2	玫红(magenta)	continuous	剖面图例线	0.1

文本设置:尺寸字体名:gbeitc.shx;字高:200 文本字体名:gbeitc,bigfont;字高:200 尺寸线末端符号、箭头高为 100。

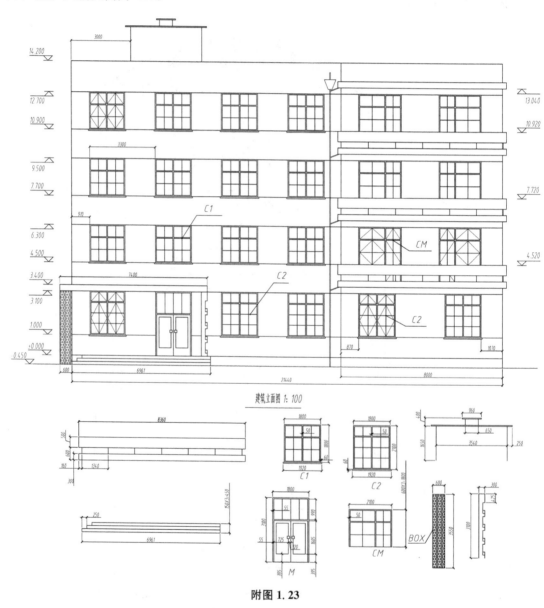

建筑立面图 1:100

附图 1.23

三维绘图操作测试题

1. 用曲面造型的方法绘制附图 2.1 的晴雨伞（未注尺寸自定）。

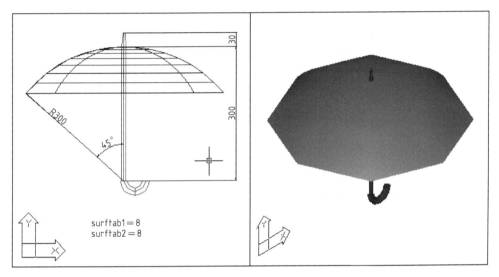

附图 2.1

2. 用曲面造型的方法绘制附图 2.2 的足球球门（Surftab1＝8，surftab2＝5，未注尺寸自定）。

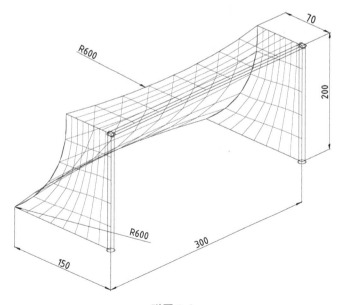

附图 2.2

3. 选择适当的造型方法绘制附图 2.3 所示的座椅(着色处理),尺寸自定。

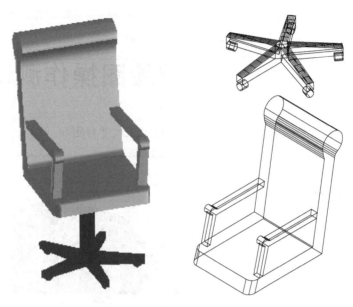

附图 2.3

4. 按附图 2.4 所示尺寸,建立凉亭和台阶的实心体模型,并用平、立面图和轴侧图表示,不标注尺寸。

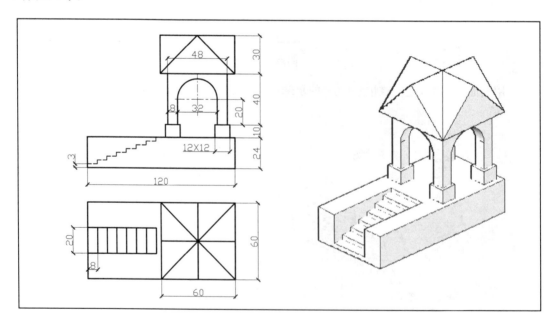

附图 2.4

5. 按要求作图:

(1) 按附图 2.5 所示尺寸构造支架的实心体模型,并以模型图纸化的方式表达其主、俯、左视图和轴侧图,其中左视图采用全剖视。

(2) 在三视图(附图 2.5)中标注尺寸。

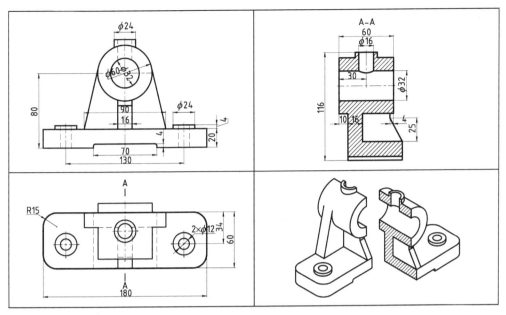

附图 2.5

6. 按要求构建下列零件的三维模型,并新建常规金属材质赋予它们,然后用视觉样式显示(附图 2.6)。

(1) 附图 1.14 视图对应的轴承盖。

(2) 附图所示的尺寸对应的圆柱齿轮。

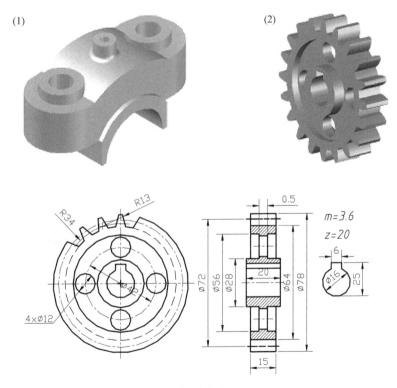

附图 2.6

7. 根据附录一中的二维绘图操作测试题(第16题,附图1.16)的油缸装配体中的零件图,创建活塞杆、活塞、缸体、前盖、后盖、螺塞的三维形体。

8. 根据油缸的工作原理和油缸的装配示意图(附图2.7),完成油缸的三维装配立体图。

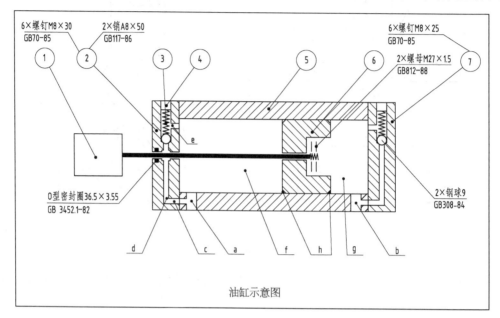

油缸示意图

附图 2.7

活塞杆和缸体

前盖和缸体

后盖和螺塞

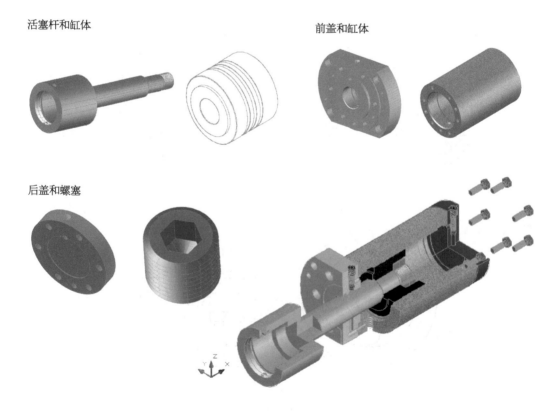

附图 2.8

9. 根据附图 2.9 所示的螺旋楼梯创建一个类似的三维螺旋楼梯(比例尺寸自定)。

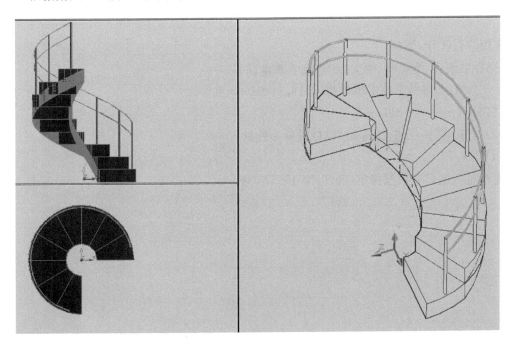

附图 2.9

10. 把附录一中的二维绘图操作测试题(第 21 题,附图 1.21)中的小屋,按附图 2.10 所示建立三维模型,并添加灯光、配景,设置相机生成透视图后进行渲染。

附图 2.10

图书在版编目(CIP)数据

AutoCAD 二维、三维教程:中文 2016 版 / 李良训等
编著. —上海:上海科学技术出版社,2017.1(2025.3 重印)
ISBN 978-7-5478-3178-6

Ⅰ.①A… Ⅱ.①李… Ⅲ.①AutoCAD 软件—教材
Ⅳ.①TP391.72

中国版本图书馆 CIP 数据核字(2016)第 169575 号

AutoCAD 二维、三维教程——中文 2016 版

李良训　余志林　俞琼　严明　瞿元赏　编著

上海世纪出版(集团)有限公司
上海 科 学 技 术 出 版 社　　出版、发行
(上海市闵行区号景路 159 弄 A 座 9F - 10F)
邮政编码 201101　　www.sstp.cn
苏州市古得堡数码印刷有限公司印刷

开本 787×1092　1/16　印张 23
字数:550 千字
2017 年 1 月第 1 版　2025 年 3 月第 7 次印刷
ISBN 978-7-5478-3178-6 / TP·42
定价:48.00 元